幻影大師 Mirage

影像大視界

著作權與商標聲明

推薦序

俊宏老師多年來擔任屏科大食科系「電腦在食品科技之應用」授課教師，在教學工作上盡心盡力，開創了食品學子在創作跟藝術上的眼界；食品生產自簡單的初級加工，到高層次的文化意境傳達，不免需要對事物圖像處理的能力，更需要藉用電腦軟體以數位方式，呈現跟創新食品領域相關的事物。

我們都曉得，工欲善其事，必先利其器，Mirage 提供強大的動畫製作及影片特效功能，使用者直接就可以在影片上繪圖、拼貼物件與應用特效，可讓使用者有更多靈活變化，去實現他的創意跟想像。

俊宏老師多年專研『Mirage 幻影大師』，他所撰寫之「Mirage 幻影大師 – 影像大視界」，藉由實際範例以圖文方式呈現出完整的步驟分析與實際操作，為讀者們將創作過程確實地做了沙盤推演。閱讀這本書，可以在很短的時間內，實現自我的創意設計，製作出很棒的作品。

國立屏東科技大學
食品科學系 主任
林貞信

推薦序

資訊科技的快速發展為電影產業帶來巨大的變革，二十年前只能存在作家筆下所描繪的奇特場景、角色，拜電腦特效技術所賜，不再是天方夜譚；時下多數叫好又叫座的電影莫不具有一個強大的特效團隊為其後盾。台灣近年來致力於文化創意產業的發展；以高雄市為例，積極招攬國際視覺特效企業及團隊，如紐西蘭第二大的３Ｄ動畫公司 Huhu Studios，和曾獲四座奧斯卡最佳視覺特效技術獎的 Rhythm & Hues Studios（R&H）進駐駁二藝術特區，以及在高雄軟體科技園區的視覺動畫 CG 公司的設立等，可代表高雄市發展特效產業的決心，同時也帶動在地電腦特效人才的培育，因此如何培育業界所需要的多媒體人才，縮短學用落差，是學校要努力的一大課題。陳俊宏老師長期致力於多媒體技術的教學與著述，尤其在 Mirage 的運用方面，耕耘至深；在此業界對人才需求孔急之際，陳老師的新作，將為多媒體特效產業注入新的活力。

Mirage 是一個兼具影像處理、動畫製作以及影片特效的軟體，多元而實用的功能是訓練同學多媒體技術及電影特效的理想工具。陳俊宏老師是一位具備豐富教學經驗的專家，在陳老師深入淺出、條理分明的解說下，不僅讓讀者馬上領略 Mirage 的神奇威力，引人入勝的範例更能吸引讀者想一鼓作氣學會它。相信本書的問世，將嘉惠更多有志於多媒體暨特效產業發展的讀者。

國立高雄餐旅大學
台灣飲食文化暨產業研究所 副教授
兼任圖書資訊館副館長
吳美宜

推薦序

當代數位媒體的傳達方式千變萬化，隨著電腦的發展，多媒體製作的 CG 動畫特效與後製合成處理，當屬 Mirage 首選，新一代動畫特效軟體 Mirage，操作介面更直覺化，使得數位繪畫創作、2D 動畫、後製作特效與分子特效系統的表現上更為精細，讓影音數位設計師能擁有更寬廣的揮灑空間，相較於 Combustion、After Effect 等特效軟體，初學者更容易上手。

數位化時代來臨，電視也朝向高畫質及數位化趨勢邁進，多媒體製作的 CG 特效等等……，不管是新聞或戲劇節目上，都需有更高水準的要求。尤其中國和香港等鄰近國度，都有長足的進步，更帶動電影等影視產業的飛進。

現代人拍片幾乎是沒有電腦特效就拍不出好電影的地步，台灣也要加油，人才的需求在數位時代必是與時俱進。

本書『Mirage 幻影大師 – 影像大視界』由鑽研 Mirage 多年的俊宏老師於實務及教學多年之後著手編寫，是一本專為 Mirage 及影像多媒體的初階以及進階使用者所寫的特效實用書籍，在此之前俊宏老師出版的『幻影大師 Mirage』，皆廣受全球華人學子及設計工作者所喜愛，並因內容完善已被多所學校採納為教學指定用書，其中縱橫各派之原則：『講求原理更講求技法』，讓眾多讀者扎好基礎，成為真正洞悉 Mirage 之設計者，而非僅是一般業餘玩家；相信藉由俊宏老師的悉心規劃，及其一手包辦的完整編排、清晰設計，讀者們定能體會此書之用心、進而習得最詳盡的新知。

民視南部中心執行主任

黃揚俊

推薦序

Mirage 是一套擁有全方位 2D 動畫創作的軟體，即時視訊彩繪，動畫與特效等影片製作功能，適用於無紙化動畫繪圖環境。以往，CG 動畫製作時都需要用到不少設計軟體。如今，一套軟體就可以學習到影片製作、特效合成、平面設計及動畫等製作方式，讓藝術家可以更專注在原創內容上的發揮。

Mirage 多樣且豐富的特效工具，讓你的影片更加活潑與生動，直覺式的效果呈現可以說是從事動畫或影片創作者最佳的選擇。相對於其他特效軟體，Mirage 操作介面更容易上手。而 Mirage 更是支援 4K 以上的電影畫質，可產生解析度超高的動態序列圖檔，對於各類特效及動畫製作，都有能力達成，對於台灣的電影工業來說，Mirage 絕對是節省成本的第一選擇。許多方便的設計只要透過一個按鈕就可以做出專業並炫麗的效果，讓您充份感受 Mirage 無限的創意。同時透過作者俊宏老師清楚的整體架構及流程說明並搭配實際應用與操作，可快速的讓學子們在最短時間內運用創意設計出極佳的作品，讓您的創意不再受限，無限發揮並且充份保持 Mirage 的驚奇表現。

文藻外語大學

數位內容應用與管理系 主任

陳泰良

推薦序

邀請俊宏老師來高雄醫學大學教書，已是多年以前的事了，俊宏老師一直為高醫的學子提供優質的教學與服務，尤其在多媒體領域的教學，更是俊宏老師的拿手絕活。

『Mirage 幻影大師』可以同時處理圖像及影片，並有強大的特效功能，是一個使用者能呈現自己想法的實用軟體；更為藝術創作者，可以實現夢想的好工具。本書分為基礎篇與實戰篇，基礎篇介紹基本軟體操作介面及彩繪與構圖工具；實戰篇更以實作方式帶入如電影之特效與模板的應用，在俊宏老師圖文並茂的解說下，帶領使用者進入藝術的殿堂。

透過本書輕鬆與快速的學習，在微電影盛行的今日，每個人均可以透過『Mirage 幻影大師』後製出有水準、富有魅力、感人的圖像或影片，提升個人工作技能及生活品味。

高雄醫學大學

推廣教育暨社會資源中心 組長

陳以德

作者序

國內現階段在數位視訊領域中，有不少教育學者及企業精英投入了相當程度的努力以及研究。而在這些先進們的成就之下，筆者亦不敢懈怠於求取新知及提昇技術而不斷自我要求。其目地就是為了國內在數位視覺科技領域中盡上一份心力。

本書雖並非是筆者的第一本著作，但卻是筆者由規劃至出版投入了極多時間及技術的成果。此書的對象不單只限於數位視覺領域中有專精的人士。對於在學校上課的學生們更是有著引領的效果。

筆者於此領域除了累積學校多年的教學經驗之外，更有著多年的實務運作成效。筆者更是深信著藉由本書提供之學理及應用，再搭配學校各系所之教授先進們的專精指導，必定可以激發學生們的潛能創意，創作出國際級水準、品質一流的頂尖作品。屆時筆者必定與各位先進們一同進軍國際，讓國內優秀的精英人才大展宏志。

在此，筆者對於本書的所有創作懷抱著相當遠大及崇高的理想。然而限於筆者的才拙學淺，必定有著不少缺失等待各界先進們的批評及指正。筆者必當虛心受教以期改進。亦希望讀者們也都能夠藉由本書而得到些許助益，也請各位先進們多給予筆者意見，在後續的內容中呈現出更精進的知識與智慧的結晶！

陳俊宏

致謝

對於本書的促成，需要感謝的人有很多，筆者在此要獻上最誠摯地感謝之意。來自各個領域的英雄豪傑們不吝指正及相當專業精闢的協助，亦是使得本書得以加分的重要功臣。而筆者不過只是將各位先進們的專業加以整合代為推手而已。

首先，筆者相當感謝民視南部中心執行主任 - 黃揚俊主任對於筆者的大力支持以及指正。揚俊兄長期致力並要求高畫質的電視數位化製作而不遺餘力，筆者在此要深表誠摯地感佩之意，更是筆者晚輩學習的標竿。

再來，筆者要感謝國立高雄餐旅大學圖書資訊館副館長 - 吳美宜老師的頂力相助。美宜老師對於資訊科技的發展與影視產業有其相當獨特的見解，更對高雄市發展特效產業相當關注，而美宜老師對於筆者的指導將是筆者持續努力的動力。

再者，筆者要感謝國立屏東科技大學食品科學系 - 林貞信主任的大力輔助及長期關愛與指導。筆者於系上任教此相關領域時，貞信主任相當有遠見且不斷關切筆者與學生們對於投入此領域的用心，而表示最大的鼓勵及支持。

另外筆者相當感謝文藻外語大學數位內容應用與管理系 - 陳泰良主任對於筆者的支持。泰良主任為本書提的序文中所舉出的各項要點，再再都印証及突顯 Mirage 強大的整合環境，並為各層級觸角的延伸而做出最佳的註解。

筆者在此還要再衷心感謝一位老朋友，高雄醫學大學推廣教育暨社會資源中心陳以德組長。以德老師對於高醫學子所付出的努力一直是晚輩值得虛心學習及效法的對象，筆者在此要向以德老師多年來的鼓勵及照顧表達最真誠的感恩之意。

最後，由於筆者期望本書能夠跳脫以往電腦書籍皆為工具書籍的刻板印象，而在設計觀念上期望以數位科技而結合藝術的角度切入此領域。因此在 GOTOP 碁峰資訊的大力協助及支持下得以完成本拙著。當然，筆者也要感激女兒陳蓁在筆者這段寫書期間的貼心，以及妻子玉萍的關懷容忍。本書將獻給支持筆者及獻身此領域的每一位敬愛親友，以及筆者的母親和在天上的慈父。

導讀

本書規劃有 2 篇，分別是第 1 篇 - 基礎篇，第 2 篇 - 實戰篇。於第 1 篇基礎篇的第 1、2 章，筆者針對 Mirage 的定義與相關之應用學理做出觀念探討與整合介紹，而其中亦包含了設定上的運用；第 3 章則全面性地介紹了使用者之介面操作與說明，而筆者以一個完整的實例說明了 Mirage 的強大功能為讀者們先行熱身一下；第 4 章則深入探討了 Mirage 在配置設定上完整及重要的設計理念，以及實際操作以加強讀者對 Mirage 的本質學能；第 5 章將重點放置於檔案與專案管理上的運用，並配合了一個實例介紹出一系列的特效整合與應用；而在第 6、7 章中筆者詳盡地介紹了 Mirage 在彩繪及構圖上相當精湛且優異的表現。

而於第 2 篇實戰篇的內容中，筆者則針對 16 種不同的特效製作進行細部講解，希望能為讀者們作為啟發原創的導引創意作用。

目錄

| Chapter 01 | 從零開始

| Chapter 02 | Mirage 簡介

目錄

| Chapter 03 | 介面總覽

| Chapter 04 | Mirage 配置設定

目錄

| Chapter 05 | 檔案與專案管理之實例應用

| Chapter 06 | 彩繪

| Chapter 07 | 構圖

目錄

Chapter

1 從零開始

學習重點

PAINT、ANIMATE、EFFECT 三個清楚又簡潔的重點，開門見山直接了當的道出了原廠 Bauhaus 對 Mirage 的定位與定義。一位以動畫及繪圖創作的影音媒體工作者（Media Designer）經常需要往返在多套專業且定位不同的軟體之間，而其目的也許可能只是要完成一項特效而已。從事教育多年的我，雖然也經常告訴學生們不要只學會一套軟體之後就排斥接受其他軟體。就像以往我們以一套程式來開發軟體或系統，因為需要以時間來累積知識、經驗以及技術，所以程式設計師大多堅守著使用自己所專精的軟體一定可以完成各種需求的信念。只不過是程式的長短、軟體的效能等等需要多注意罷了。

然而多套屬性不同的專業軟體需要不少的時間來熟悉其中的知識及技術，更有可能會因為涉及到更多相關的領域而導致軟體之間產生相容性問題，以及設計者的思緒衝突等等諸多的問題。

前身為 NewTek Aura 的 Mirage 是一套以無紙化作業整合方式的環境，並且結合功能強大的影音動畫繪圖及視覺特效的軟體。當我們開啟 Mirage 之後所看到的介面似乎是由多套影音視訊媒體所整合起來的綜合體。而藉由 Mirage 可以輕輕鬆鬆地在影片中天馬行空、創意自如，更可以快速簡單地加入一些如好萊塢影片中強大的動態特效，不論是在動畫或是影片的創作，勢必引起極大的震撼與漣漪，也將帶領著使用者邁向一個嶄新的視覺創作新領域。

1.1 通用設定

1.1.1 使用者設定與程式管理

當 Mirage 安裝完成後，可於系統中找到一個名稱為「Bauhaus」的新目錄。而在其中存放著多種外掛的功能及各類不同的驅動設備。

另一個目錄為「Default Config」，其中存放著一些 Mirage 相關的參數，如 Icon、Papers Config、ParticleLibs、Mixers Config 等等。

1.1.2 輸入設備

▲表 1.1.2-1 Mirage Nomad

Mirage 使用的輸入裝置以數位繪圖板最為合適。目前市面上則是以 WACOM 繪圖板為理想的選擇。然而另一款產品為 P-Active 推出的 XP-Pen。此兩款數位繪圖板亦都有直接在螢幕上繪圖的產品。而原廠更是推出專門針對 Mirage 量身訂做的 Mirage ＋ Tablet PC bundle 方案，此款名稱為「**Mirage Nomad**」。我們特地整理出下列圖表（表 1.1.2-1）提供讀者參考。而「**Mirage Nomad**」可以提供動畫創作者一個極為理想的行動工作平台，確實為媒體創作者實現 Animate Anywhere 的目標與理想。

雖然滑鼠為輸入的標準配備之一，但使用繪圖板的原因為，筆觸運用最能擬真及方便快速的操作方式等等因素。而我們也將會在後續的章節中作進一步詳細的介紹。

1.1.3 註解與快顯功能表

滑鼠右鍵對於 Mirage 而言，我們以『RMB』（Right Mouse Button）來表示。在按下滑鼠右鍵後，可依不同的功能及位置呼叫出各類快顯功能表（Pop-up）或是浮動式工具面板（Floating Tools Panel）。而註解在 Mirage 中則提供了非常詳細的訊息提示，我們只要將滑鼠移動至面板位置，則註解便會自動顯示。讓使用者能在最短的時間內了解其意義後再進行操作使用。

1.1.4 複合性按鍵功能

相同地，於 Mirage 中使用滑鼠左鍵我們則以『LMB』（Left Mouse Button）來表示。另外在 Mirage 中更可運用複合性按鍵來驅動及執行快捷功能。例如：當我們使用筆刷來進行繪圖時，若再加按「Shift ＋ Left click」等之複合性按鍵，則可以執行直線定位與角度定位的內隱函數功能，而這端看我們所運用的功能項目與滑鼠所選取的位置而定。

1.1.5 視窗縮放功能

Bauhaus 原廠在設計 Mirage 的面板結構時，皆以浮動式工具列為基準考量，也因此對於使用者介面則採用單一性整合畫面為軸心來進行設計，讓使用者盡可能處於同一畫面中來完成大部分的功能設定，朝向著操作單純化、介面整合化、技術專業化、創意無限化的目標邁進。讓每位影音媒體工作者（Media Designer）都能夠不受到軟體的限制，盡情地揮灑創意，專注於每份作品的完美與創新。

而在視窗縮放功能方面，Mirage 與其他標準 Windows 介面的軟體擁有相同的調校方式與功能，不論是 Min/Mix 或 Close 皆相同。然而原廠更是細心地考量到每個浮動視窗前後的 Display 順序。而我們以 Plugins 內的「時鐘小功能」浮動視窗為例子來進行練習與說明。圖 1.1.5-1 為開啟「時鐘小功能」浮動視窗後的畫面。

▲圖 1.1.5-1 時鐘功能

而圖 1.1.5-2 為「時鐘小功能」浮動視窗位於 Mirage 的最上層畫面，當我們按下右上角中間按鈕 Depth Button 順序按鈕（圖 1.1.5-3）後即可將「時鐘小功能」浮動視窗位置改至下一層如圖 1.1.5-4 所示。而圖 1.1.5-5、圖 1.1.5-6 則是以其他浮動視窗做為調整順序的目標，請讀者參考練習。

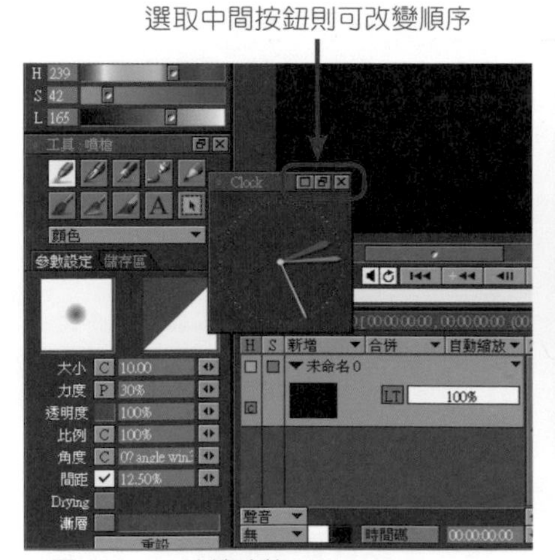

▲圖 1.1.5-2 時鐘功能

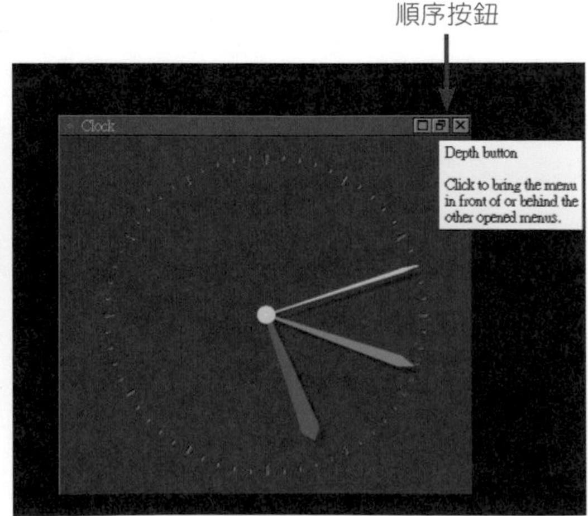

▲圖 1.1.5-3 時鐘 Depth Button

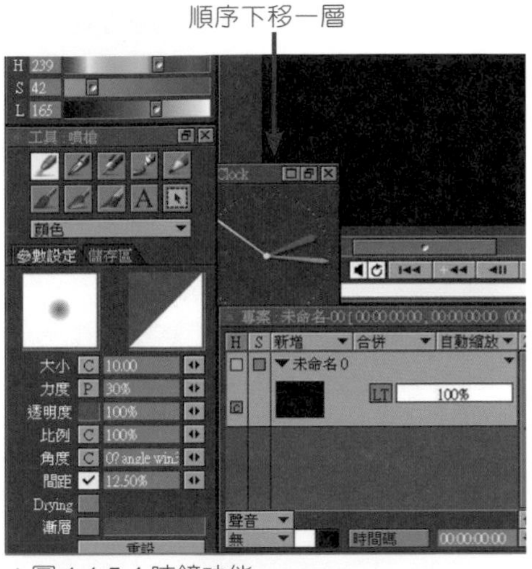

▲圖 1.1.5-4 時鐘功能

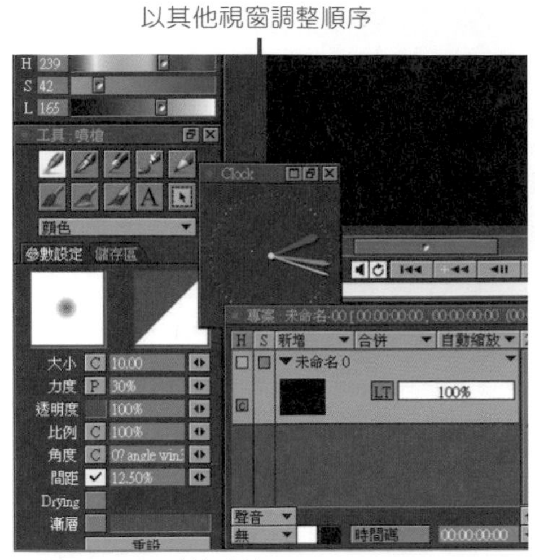

▲圖 1.1.5-5 時鐘功能

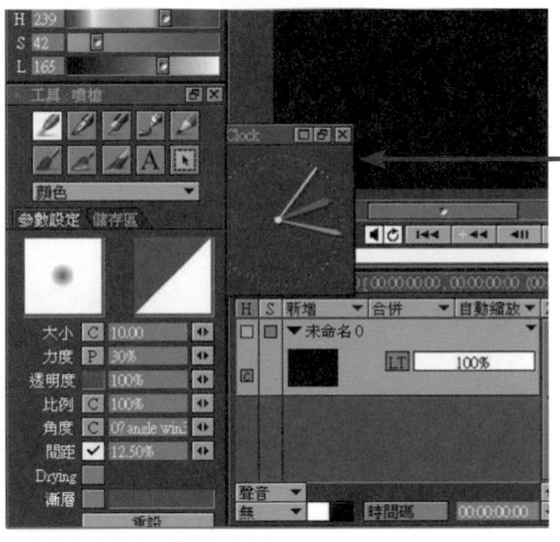

▲圖 1.1.5-6 時鐘功能

1.1.6 預覽進度表

當我們在 Mirage 上方工具列的 Proxy 位置中（圖 1.1.6-1）按下滑鼠右鍵後，則會立即開啟預覽類別選項的對話盒（圖 1.1.6-2）。

▲圖 1.1.6-1 Proxy 預覽設定

在預覽類別選項對話盒之中選擇「運算」項目（圖 1.1.6-2）。爾後當我們載入並開啟任何專案檔案時，我們將會先看到預覽百分比計數器（圖 1.1.6-3）啟動並進行預載動作。

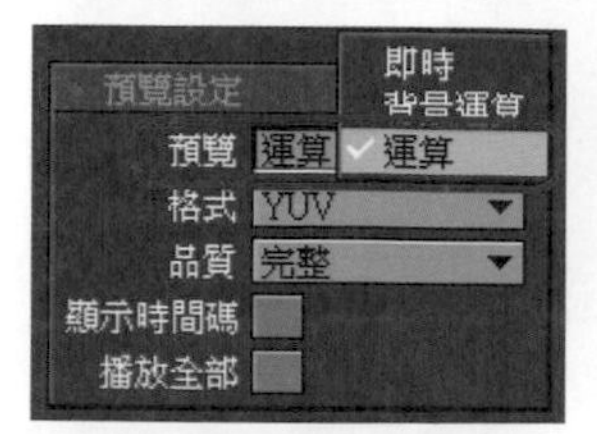

▲圖 1.1.6-2 預覽類別選項

▲圖 1.1.6-3 執行預覽百分比計數器

1.2 啟動 Mirage

當 Mirage 開啟之後，隨即會出現一個設定專案環境配置的對話盒視窗可供使用者定義「Project Configurations」（圖 1.2-1）。需要特別提出的是在環境設定項目中已有一組內定的（Default Configuration）設定值，在原廠的規劃中 Mirage 至少必須存留一組環境設定值，因此使用者可依自己的規劃進行新增或刪除其設定群組，所以當然也包含了此組原始 Default 設定的新增或刪除。而其功能目的為當使用者之環境有產生錯誤或需要快速回復、亦或者是有變更參數設定需要重新載入時，則可運用內定值或自定值讓系統恢復或更新到所需設定的環境。

▲圖 1.2-1 Project Configurations

當更改完成，按下確定鈕（圖 1.2-1），執行確認後即可開啟重新指定的環境做進一步的操作。而於此對話盒中包含著新增、複製以及刪除（圖 1.2-1）等環境配置設定的按鈕功能，可供使用者管理 Mirage 並進一步做使用者群組安排之功能。若新增加入了一個環境設定如圖 1.2-2，並且給予一個新名稱「NewOne」如圖 1.2-3 所示。

▲圖 1.2-2 新增環境設定

▲圖 1.2-3 輸入環境設定名稱

在下一次開啟 Mirage 的同時，我們即可選定針對不同的使用者環境（圖 1.2-4）加以進行分類與規劃。而我們可在檔案目錄（圖 1.2-5）中看到所新增加入的「NewOne」目錄，而其內定路徑為【C:\Documents and Settings………\Application Data\mirage\NewOne】。這些都是原廠為了使 Mirage 更為有彈性與專業之考量所設定的。而我們也將會在【第 4 章 - Mirage 配置設定】的章節中作進一步詳細的介紹。

▲圖 1.2-4 完成新增環境設定

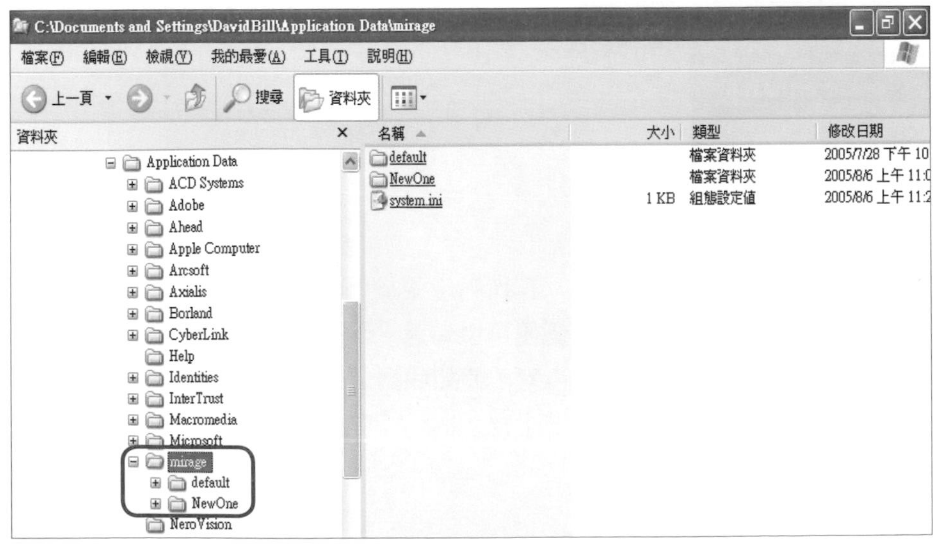

▲圖 1.2-5 完成新增環境設定

1.3 離開 Mirage

當我們要離開 Mirage 時有幾種方式可以使用。第一種當然是視窗環境右上角中經常使用的關閉鈕「 」。第二種方式可於下拉式功能選單中選取「檔案 / 離開」的項目（圖 1.3-1）退出軟體。第三種方式則可運用複合式按鍵，如「Alt ＋ F4」、「Shift ＋ Q」等快速鍵，來啟動離開選項對話盒（圖 1.3-2）以便結束軟體。

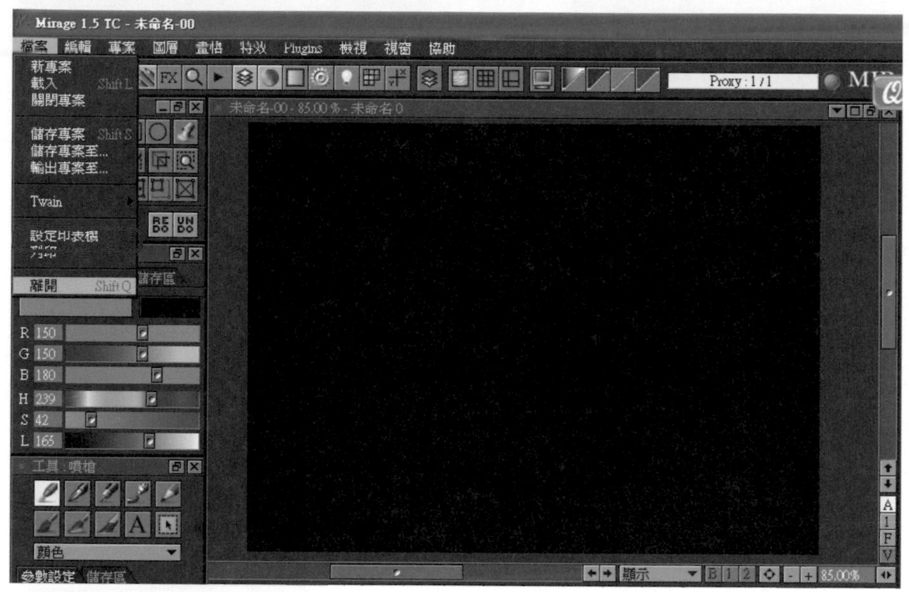

▲圖 1.3-2 離開選項

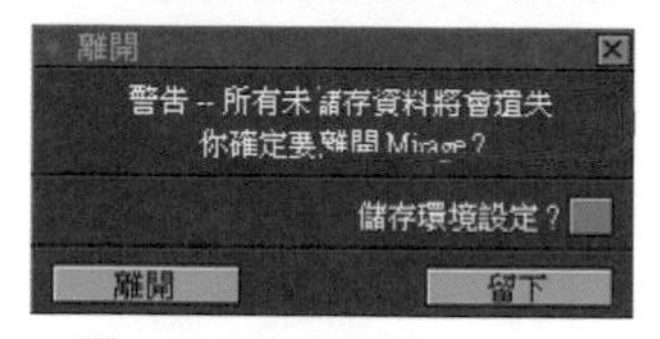

▲圖 1.3-1 退出軟體

在離開選項對話盒（圖 1.3-2）中，若我們想要於下一次重新啟動 Mirage 後還能保留前一次的環境狀態，此時我們便可以勾選「儲存環境設定」項目（圖 1.3-2），予以保留本次之完整參數值。再者，假如我們要取消此對話盒畫面，則可以按下「留下」鈕，或者是敲擊鍵盤左上角「Esc」鍵後，再次退回到 Mirage 的編輯環境繼續編輯使用。

Chapter

2 Mirage 簡介

學習重點

這一章我們要來談一個有趣的話題，那就是：「Mirage 是一套什麼樣的軟體？」。對於這個問題若要一言予以概之的確非常困難。主要的原因是 Bauhaus 對 Mirage 的定位非常豐富，不同的人使用於不同的領域可有極為不同的詮釋，確實是一套全方位的軟體。我們可以確定的是 Mirage 有著一個強大的全方位整合環境。你可以把它視為一個提供創作者揮灑創作的舞台，而你自己就是導演，一切創作的集合源。

你可以從 Mirage 中看到無紙化的動畫環境，也可以看到 CG 所運用的專業工作領域，更可以套用極為先進的分子特效系統，而此部分為 Mirage 相當精髓的重點之一，我們將會用專章來分類介紹。而運用或結合在平面影像方面也有相當專業的 2D 影像處理功能，甚至有動態自然彩繪擬真的圖學技術功能。讓工時縮短，效能提高，品質提昇等等極為優秀的表現。

2.1 Mirage －觀念導引

Mirage 在動靜態影像的運用上面我們可以用「數位膠捲」的觀念來進行了解。因為 Mirage 團隊在設計之初就沒有在軟體中放入「Camera」的觀念。那麼讀者一定會注意到在動靜態視訊檔案中，Mirage 要如何表現出 2D 與 3D 的遠近與深度變化呢？在此我們用電腦圖學中的觀念予以解釋。就是除了 X 軸與 Y 軸之外再加入一個與螢幕垂直的 Z 軸深度來表示所有象限。而「數位膠捲」我們則可以視為是連續性的幻燈片，在其中就含著 Z 軸深度的觀念與應用。

在此筆者舉出一個相當有趣的現象來說明電腦圖學在螢幕畫面上的應用：在長期使用 Windows 的介面環境中，讀者們是否有發現到一個奇特的現象，就是在螢幕上的 ICON（圖示）經由調整解析度的功能之後，會產生 ICON 改變大小的狀況。原本這並沒有任何不妥，但是讀者們是否觀察到，為何當解析度調高時 ICON 會變小，而解析度調低時 ICON 反而會變大的此種反比現象產生。

在 2 維的電腦螢幕上要如何呈現 3 維的立體世界，筆者用一個視覺距離的物理現象來說明這個問題（圖 2.1-1）。我們如果將人們的自然視角定為直線 120 度向前，如果今天我們所站的位置 A 點的正前方有一輛火車，而我們只能看見火車的局部車體。如今想要在視角不變的情況下一窺火車全貌，自然我們則需要由 A 點退至 B 點的位置即可。然而 A 點與 B 點之間的距離就是上述與螢幕垂直的 Z 軸深度。而這也解釋了 ICON 改變大小的原因，就是 A 點位置距離火車比較近而其解析度設定為（640×480）比較低，也正因為比較接近火車而顯得物體較大但只看見局部車體。而 B 點解析度若設定為（1024×768）比較高，則此時便因為較遠離火車，而物體變小但卻能看見火車全貌的主要原因了。

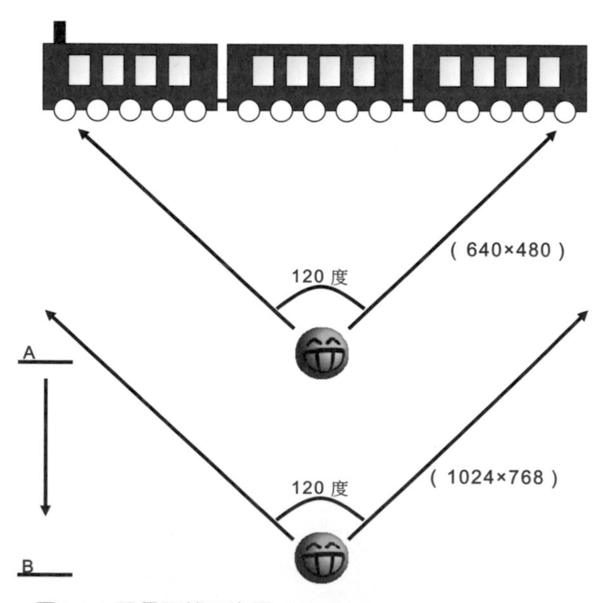

▲圖2.1-1 視覺距離示意圖

2.1.1 浮動式工具列與浮動式視窗

之前我們提到了浮動式的介面為 Mirage 的主要設計考量之一。那麼，什麼是「浮動式的介面」呢？其實讀者們可以將我們所使用的電腦螢幕視為是模擬真實桌面的虛擬環境。由於電腦螢幕只有一層，因此我們將視窗內的每個個體都視為一個「物件」，進而使其具有移動位置及調整上下順序等功能，而這就是浮動式的介面的應用。在此小節中我們就來談談浮動式面板的相關操作。

當針對視訊在做編修時，我們可依照不同的需求在面板上開啟相關的 Floating Tools（圖 2.1.1-1）。我們以下例說明。當在執行 Mirage 相關繪圖工具及彩繪模組功能時，可以直接點選所需要的項目後，再於工作視窗中以畫筆直接進行彩繪的動作。例如用油墨筆刷以自由手繪方式於「影像 / 繪圖專案」工作視窗中寫上 Mirage 文字（圖 2.1.1-2），則於畫面中即可即時預覽其結果是否正確。

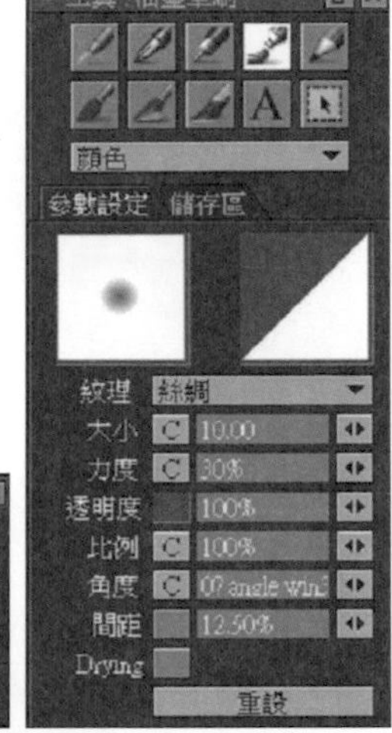

▲圖2.1.1-1 Floating Tools

▲圖2.1.1-2 FX Stack

因此在浮動式的介面中，我們可以很快速方便地執行諸如擷取、複製、貼上或刪除等等非常多且豐富的基本功能。

2.1.2 圖層混層

此小節我們來探討圖層混層的觀念。視訊圖層的管理可以達到快速簡便的視覺重疊顯像效果（圖 2.1.2-1）。

▲圖2.1.2-1 圖層混層

讀者們可記得在【2.1 －觀念導引】小節中我帶出了一個「數位膠捲」的觀念。在此我們再進一步來深入了解，圖層混層應用於「數位膠捲」的另一個重要思維，就是我們所定義的垂直螢幕方向為單一圖層的 Z 軸。然而我們更可以運用不同的圖層來形成影像前後景深的狀態改變，當然在 Z 軸方向也隱涵著面向螢幕或背向螢幕的距離觀念、圖層的先後順序，以及不同的 2 維空間圖層結合出了 3 維空間混層等等效果。而集合運用了這些不同空間的圖層之後，便形成了混層後的種種專業動靜態特效了（圖 2.1.2-2）。各位讀者可否體會其內含著視覺領域特效中強大的應用範圍。

雖然其觀念簡單明瞭，但就如同好萊塢影片中非常多極為精典的特效，也都必須仰賴此觀念才可以製作得出來。希望讀者們都能夠善用創造力，運用這些工具與觀念來創作出一流的頂尖作品。

▲圖2.1.2-2 混層特效

2.1.3 學習認知導引

了解完上述基礎的圖學觀念後，在此先恭喜讀者向前邁開了第一步。為何我會如此說呢？原因是因為讀者們並非都是美術學系或者是設計學系相關領域的科班學生。要大家都站在同一個起跑點來解釋一切，未免有些強人所難。筆者在學校面對同學們時習慣上都較喜歡引用實際生活上碰得到的經驗為例子。因為日常生活中所面對的點點滴滴事物並不會去分辨你是什麼科系的背景，不是嗎？

在此筆者也分享自己在面對不同領域時所應該具備的求知態度。那就是：當你面對一個自己較無法掌握的學理時，盡可能不要用高深的知識去看待它。而是用積極的常識去學習它！為何筆者話說如此呢？請教各位聰明的讀者們一個簡單的問題！通常停留在人們心中時間較長的是知識還是常識？而儲存於體內反應較自然的是技術還是經驗？

筆者主要是想鼓勵讀者們，有基礎固然重要，但是努力及興趣才是造就非凡作品的精髓。因為一切創作都源自於你的心中。

2.2 執行

以下我們以 Mirage 幾個經常使用的範圍先行熱身一下。

2.2.1 圖層面板

圖層面板的設計可以是單一專案或是多重專案結合體（圖 2.2.1-1）。我們可以用時間滑桿選取單一時點或是範圍區段，來進行編修素材的設計。

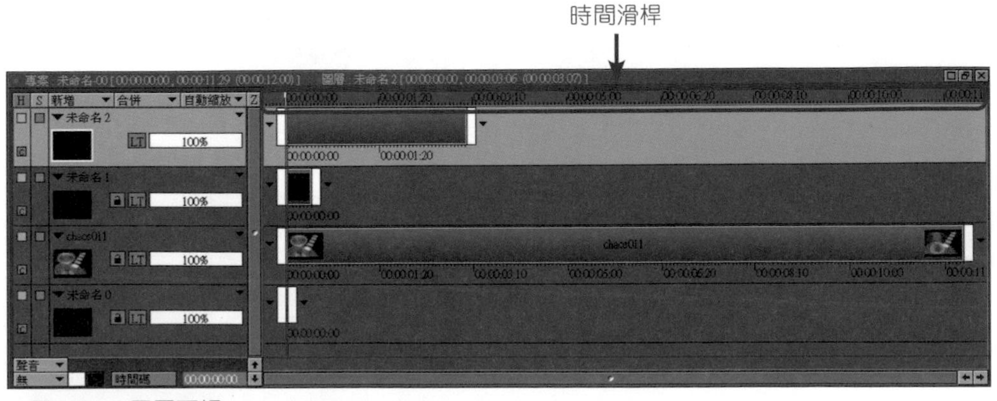

▲圖2.2.1-1 圖層面板

2.2.2 影像/繪圖專案工作視窗

當媒體素材匯入專案後，隨即可在專案視窗中呈現其結果。此工作視窗為主要創作區，也是讀者們的媒體數位暗房。你可以使用繪圖工具及彩繪模組剪輯創作你的精彩作品，再經由此專案視窗加以即時檢視結果是否合乎你的要求（圖2.2.2-1）。當你面對此專案視窗進行創作時，可在面板之中應用其所提供的多項功能按鈕。我們會在下一章節中進行探討與練習。

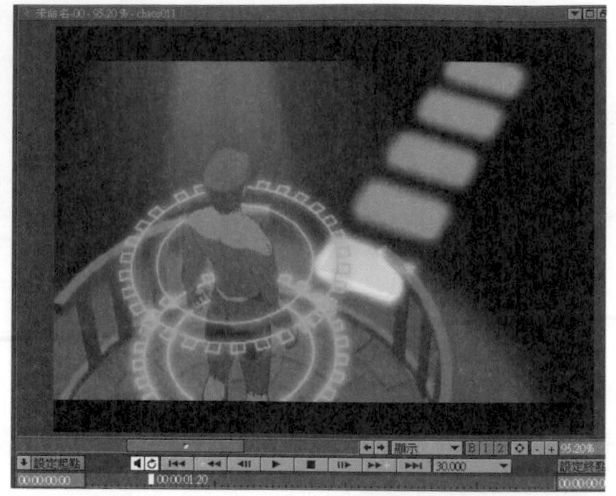

▲圖2.2.2-1 影像/繪圖專案工作視窗

2.2.3 繪圖工具面板

此面板內附多種專業用繪圖筆刷，更可以針對其參數做細部調整變更（圖 2.2.3-1）。使用者於此工具中，可快速簡便地依照自己所需搭配出想要使用的類型組合，提供了相當個人化的調變機制。

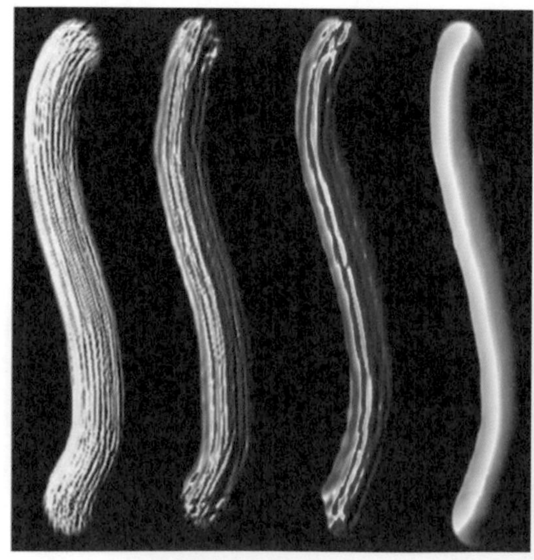

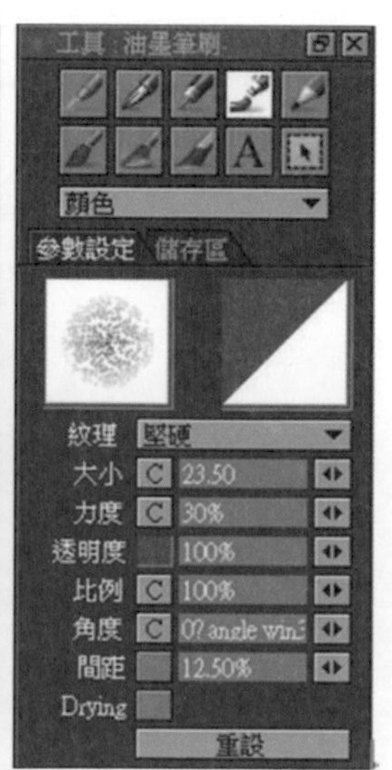

▲圖2.2.3-1 繪圖工具面板

2.2.4 自訂筆刷

在現今如此提倡個人色彩主義的驅使之下，Mirage 也在筆刷的環境中使用了相當開放的功能架構，讓使用者可以依照自己的需要，創造出獨一無二的筆刷類型。而在運用上不僅僅只是靜態方式，更可以用動態來呈現筆刷的獨特魅力（圖 2.2.4-1）。

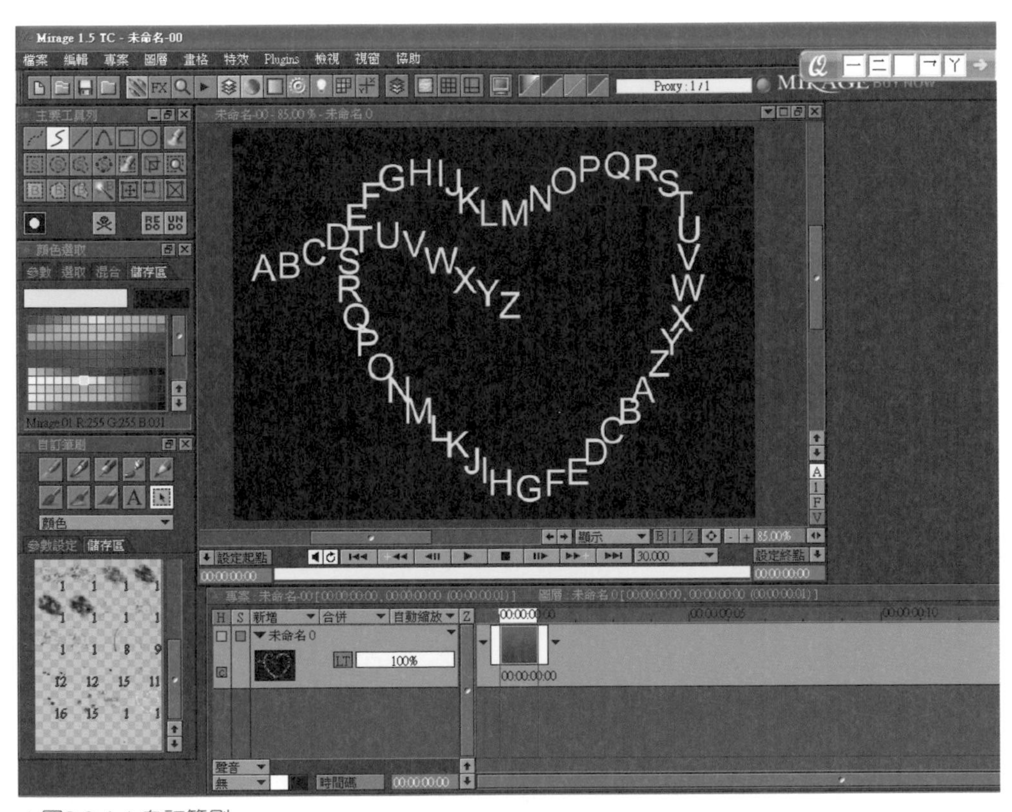

▲圖2.2.4-1 自訂筆刷

2.2.5 AB主次色盤

在 Mirage 之中筆者極為推崇及讚賞原廠 Bauhaus 對電腦繪圖領域中色彩選取方式所嘗試的改變與創新所做的努力。

自然地，使用者應用筆刷在面對選取色彩的同時，選取的便利性與快速性應成正比關係較為合適。Mirage 把選取器與顏色滴管二合為一，確實是一項極為明智的作法與創新（圖 2.2.5-1）。

AB主次色彩選取區

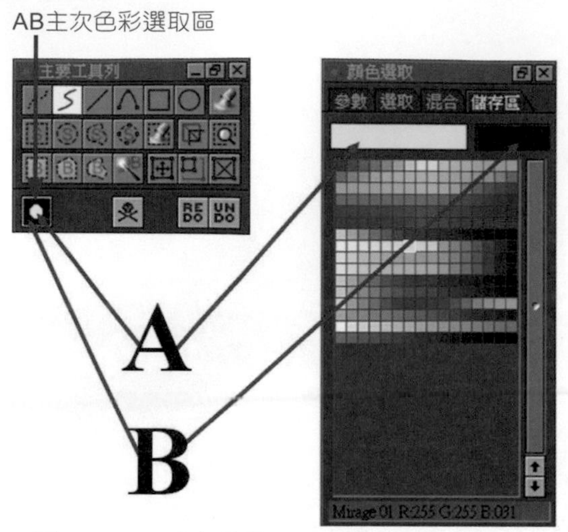

▲圖2.2.5-1 AB主次色盤

在 Mirage 的規劃中，主色彩「A-Color」定義為目前所使用的主顏色，也代表著筆刷工具目前選取的主要色。而「B-Color」則定義為快速備用色。當有需要在 AB 主次色彩中方便快速地相互交換運用時，我們可以使用鍵盤按鍵的「N」鍵，來進行主次色彩的切換功能。

而當我們要選取或改變色彩時，可先點選 AB 主次色彩選取區（圖 2.2.5-1），再到螢幕視窗中以滑鼠左鍵（LMB）選取你要的色彩進行編修。我們也會在後續的章節中作進一步詳細的介紹。

2.2.6 光桌功能

光桌的使用可以與專案工作視窗相互搭配。此光桌功能可允許使用者在接近傳統手繪的 2D 卡通動畫之前提下，以極快速及便利的方式進行比對繪圖（圖 2.2.6-1）。

光桌與之前所提到的特效堆疊，我們將安排在後續的章節中作進一步詳細的介紹。

▲圖2.2.6-1 光桌功能

Chapter

3 介面總覽

學習重點

本章節我們要介紹 Mirage 所用到的主要軟體介面，讓我們正式開啟 Mirage 精彩震憾的視覺媒體世界吧！

3.1 Mirage 使用者介面

我們就圖 3.1-1 針對各種下拉式工具面板、按鍵式工具面板以及各類參數面板等，來加以說明其功能及意義為何！

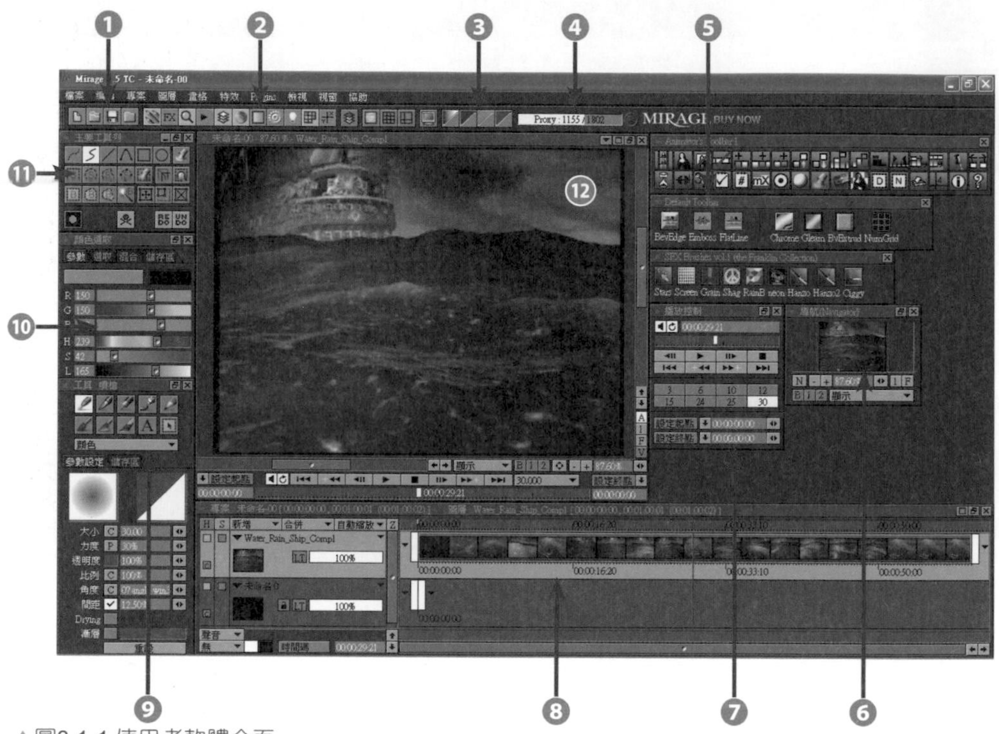

▲圖3.1-1 使用者軟體介面

❶ 一般工具列：

▲圖3.1-2 一般工具列

此工具列中包含了建立、載入、儲存與關閉目前專案的功能，為專案管理的標準介面。

❷ 視窗工具列：

▲圖3.1-3 視窗工具列

此工具列在 Mirage 中扮演著顯示視窗面板的開關管理機制，包含了如畫筆工具（快速鍵為「Shift ＋ A」）、特效堆疊工具、導覽工具、播放工具、圖層 / 時間軸工具（快速鍵為「0」）、調色盤工具，（快速鍵為「p」）、漸層工具、元素工具（快速鍵為「Shift ＋ R」）、光桌工具、自訂工具、座標工具（快速鍵為「Shift ＋｜」）等，在編修中是經常使用到的工具。

❸ 功能工具列：

▲圖3.1-4 功能工具列

此列中包含了模版遮罩工具、紙張底板工具、格線工具（快速鍵為「g」）、導引線工具、影片 / 繪圖專案工作視窗全螢幕切換開關（快速鍵為「v」）、RGB 色頻通道切換開關等。

實例練習 3.1-4_a

以下我們用模版遮罩工具來製作一個光影追蹤的特效，讀者們可實際練習測試。

1 首先，我們先開啟並設定好各項環境參數，然後按下確定按鈕。

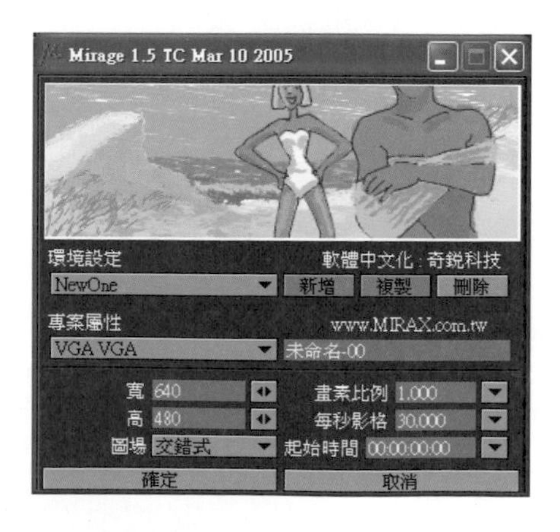

2 開啟 Mirage 畫面，並適當調整好使用者最適合的工作介面。

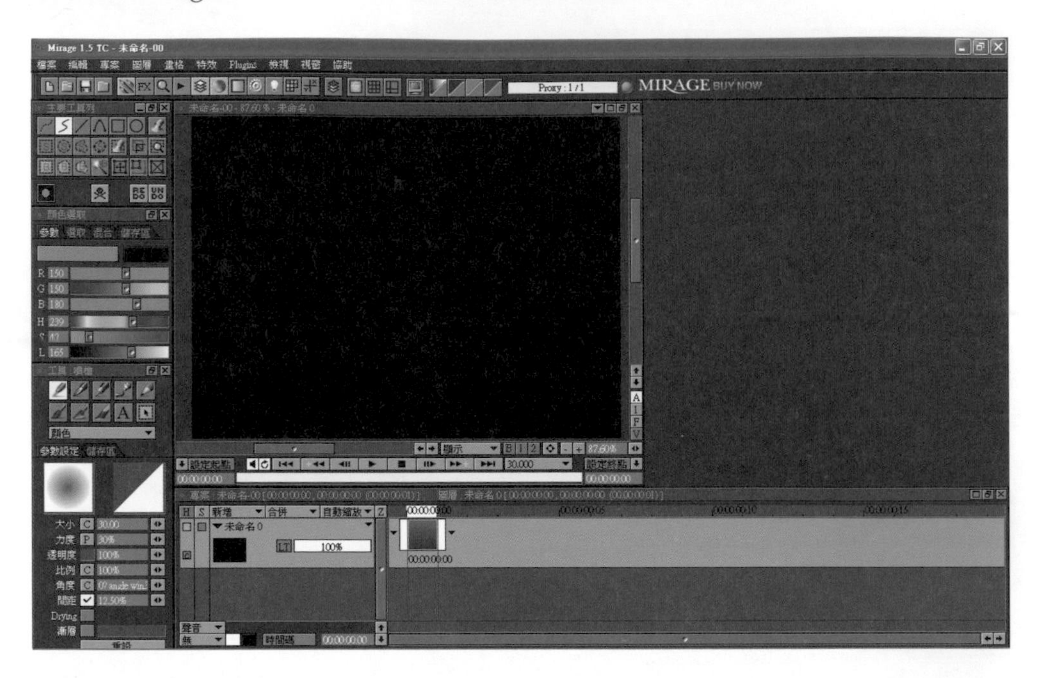

3 從「檔案 / 載入」中開啟一個視訊檔案。

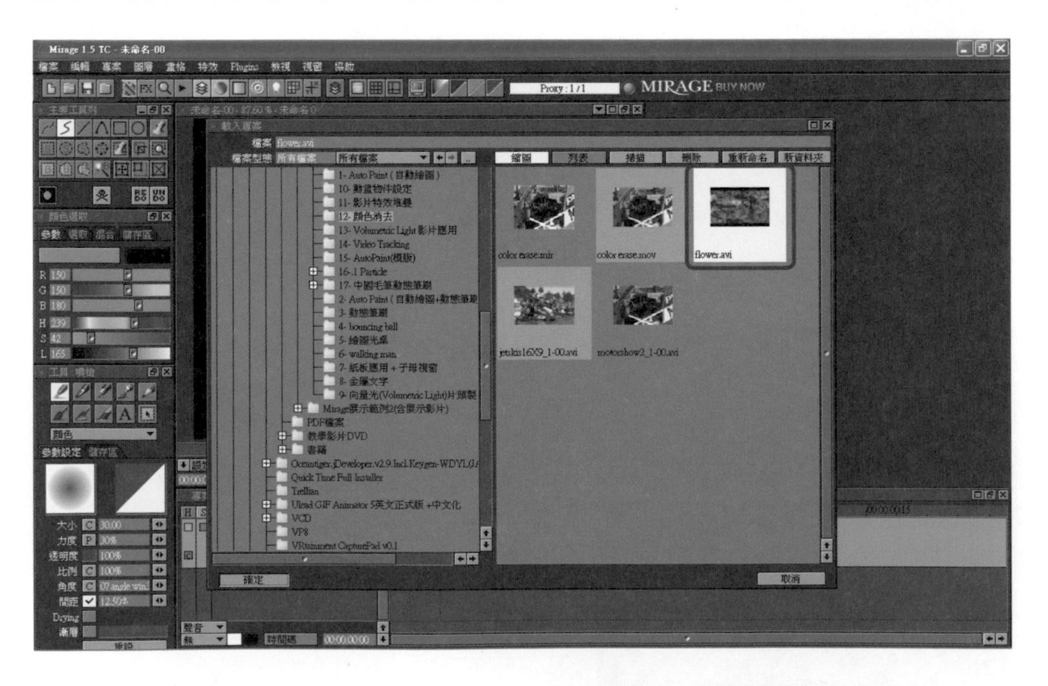

4 設定並調整視訊媒體素材載入影像的各類參數值。此處我們轉換影像至「NTSC/DV 4：3」的模式，其餘不改變任何參數，直接按下確定按鈕採用內定值即可。

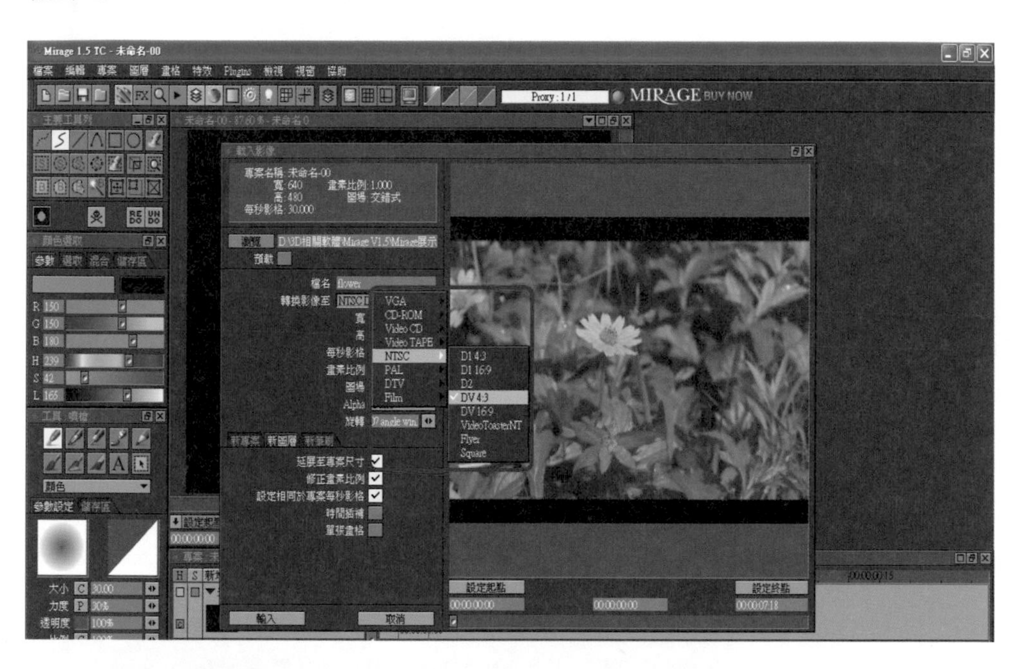

5 載入視訊媒體素材後之畫面。

6 我們於「圖層/時間軸」工具列中新增一列靜態圖層，做為往後特效之模版遮罩。

7 由於我們要使光線透過此模版遮罩後，再反映至視訊媒體素材層而呈現出影像光跡。因此需要把模版遮罩列向下移到視訊媒體素材層之下方才會產生此效果。

8 模版及素材兩圖層對調之後的畫面。

9（1）先將視訊媒體素材層隱藏起來。（2）選取油墨筆刷繪圖工具。（3）指定所需之顏色。（4）按下開啟模版遮罩工具，其目地為宣告此圖層產生模版遮罩功能。（5）於「影片 / 繪圖專案」工作視窗中寫出 Mirage 之字體。

10 將模版遮罩圖層之畫格調整與視訊媒體素材層相同長度。

11 再將視訊媒體素材層顯現出來。

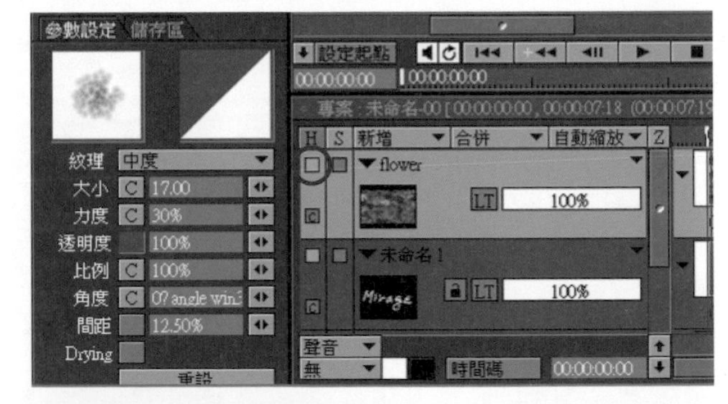

12 於「特效 / 演算 / 向量光（Volumetric Light）」功能中加入此特效。

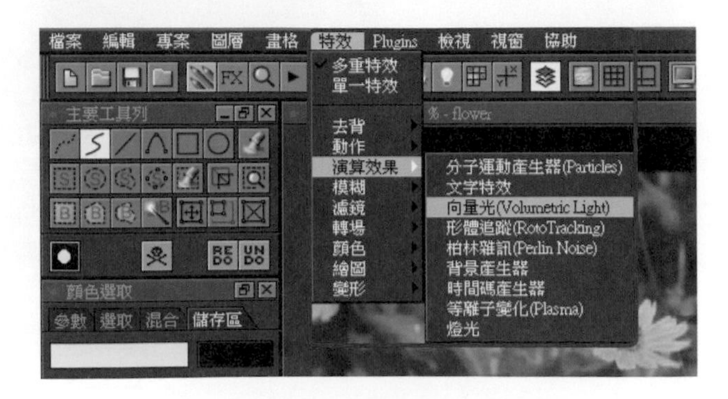

13 加入此特效後之畫面。

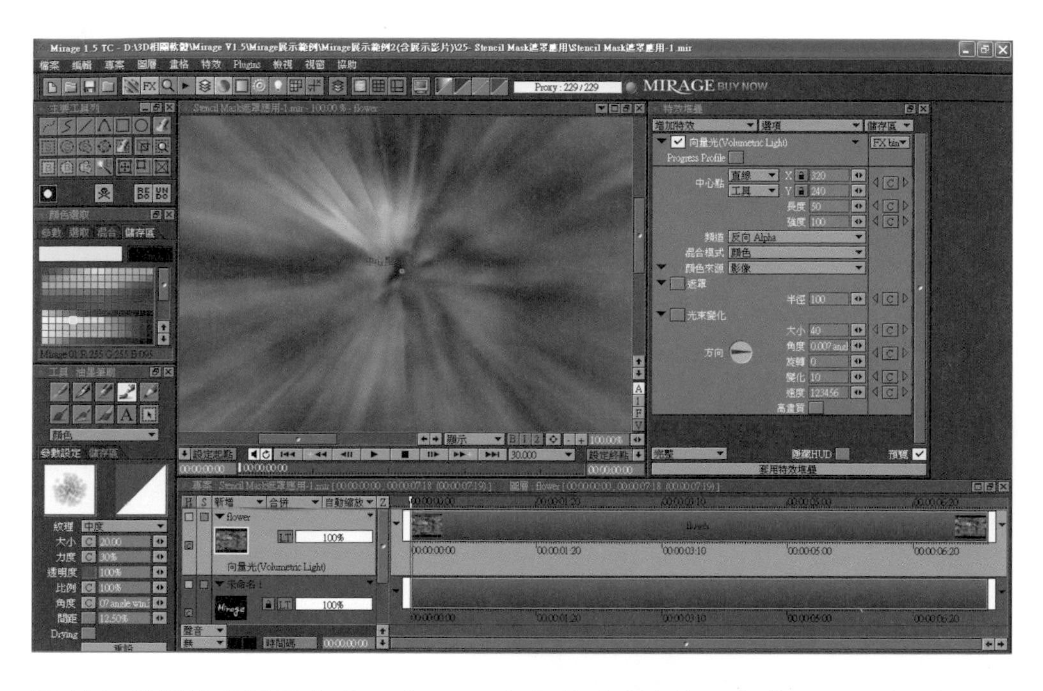

14 按下模版遮罩圖層中「S」(stencil)欄位的小方格,在「影片 / 繪圖專案」工作視窗中隨即將出現合成之特效。

15 修改特效堆疊內向量光之參數如下所示。

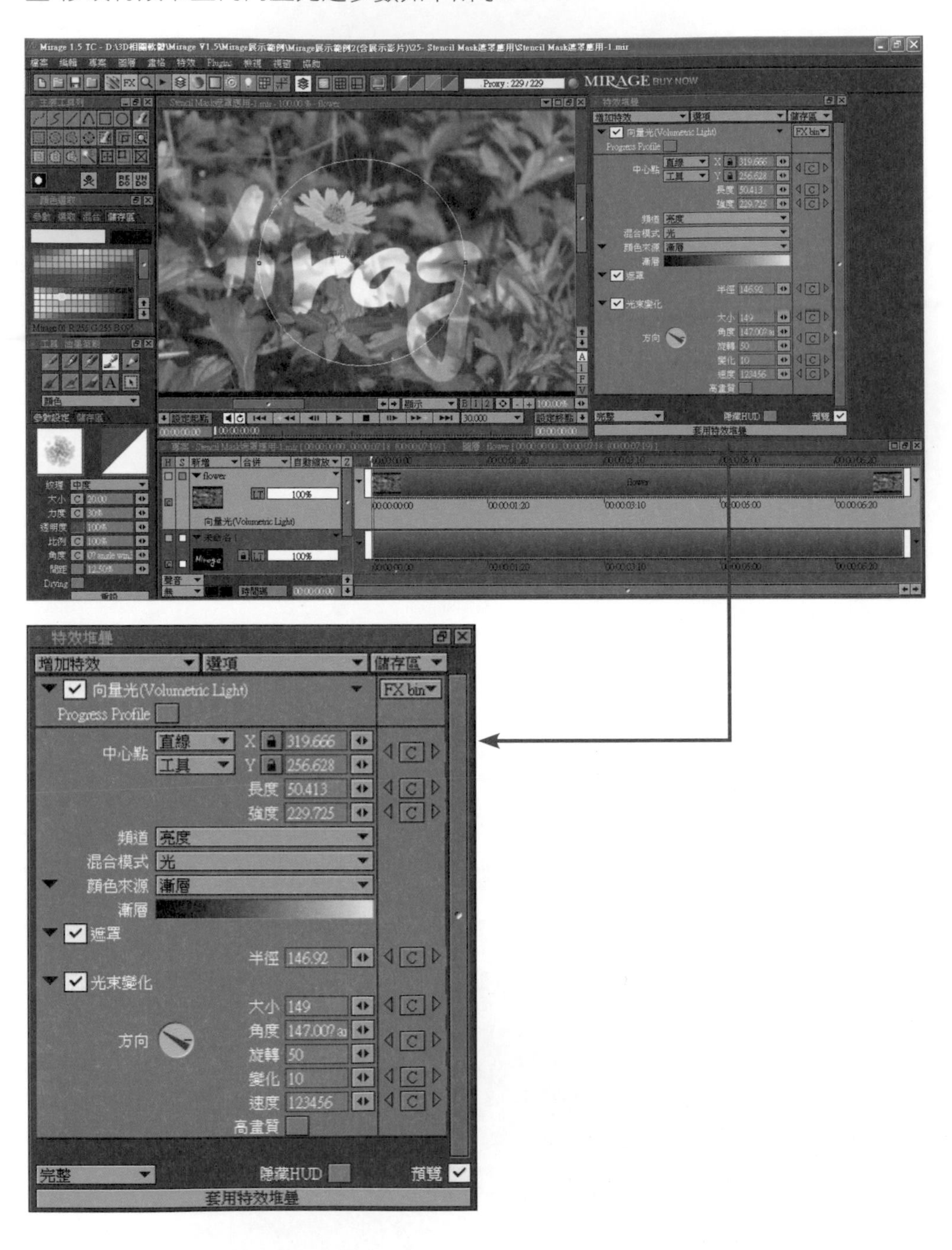

16 接下來我們繼續設定向量光移動之路徑起點。先將向量光之中心點移出「影片 / 繪圖專案」工作視窗外，然後於特效堆疊及「圖層 / 時間軸」工具列中更改座標、長度及強度等參數值，以設定第一點位置之 Keyframes。

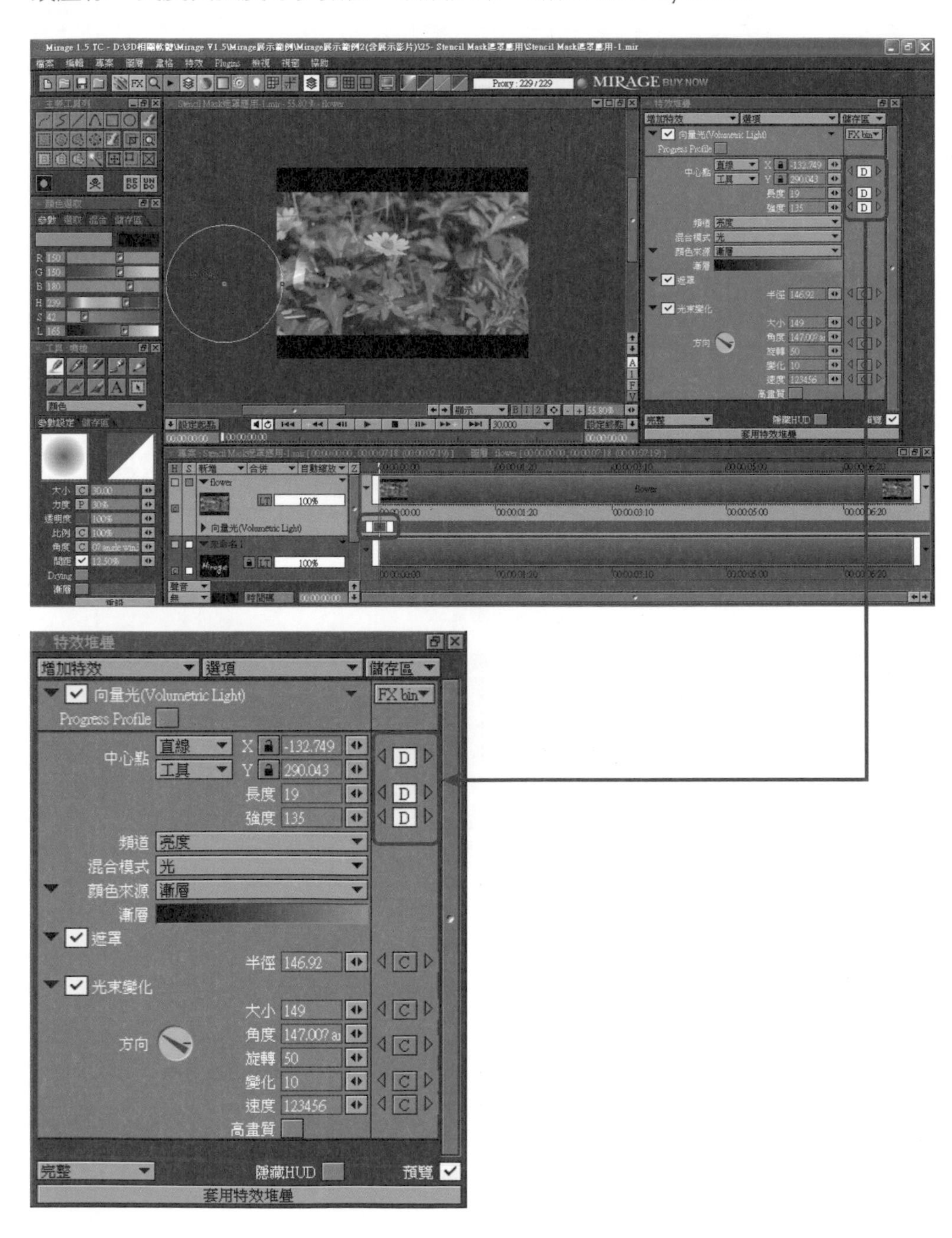

17 設定第二點位置之 Keyframes。

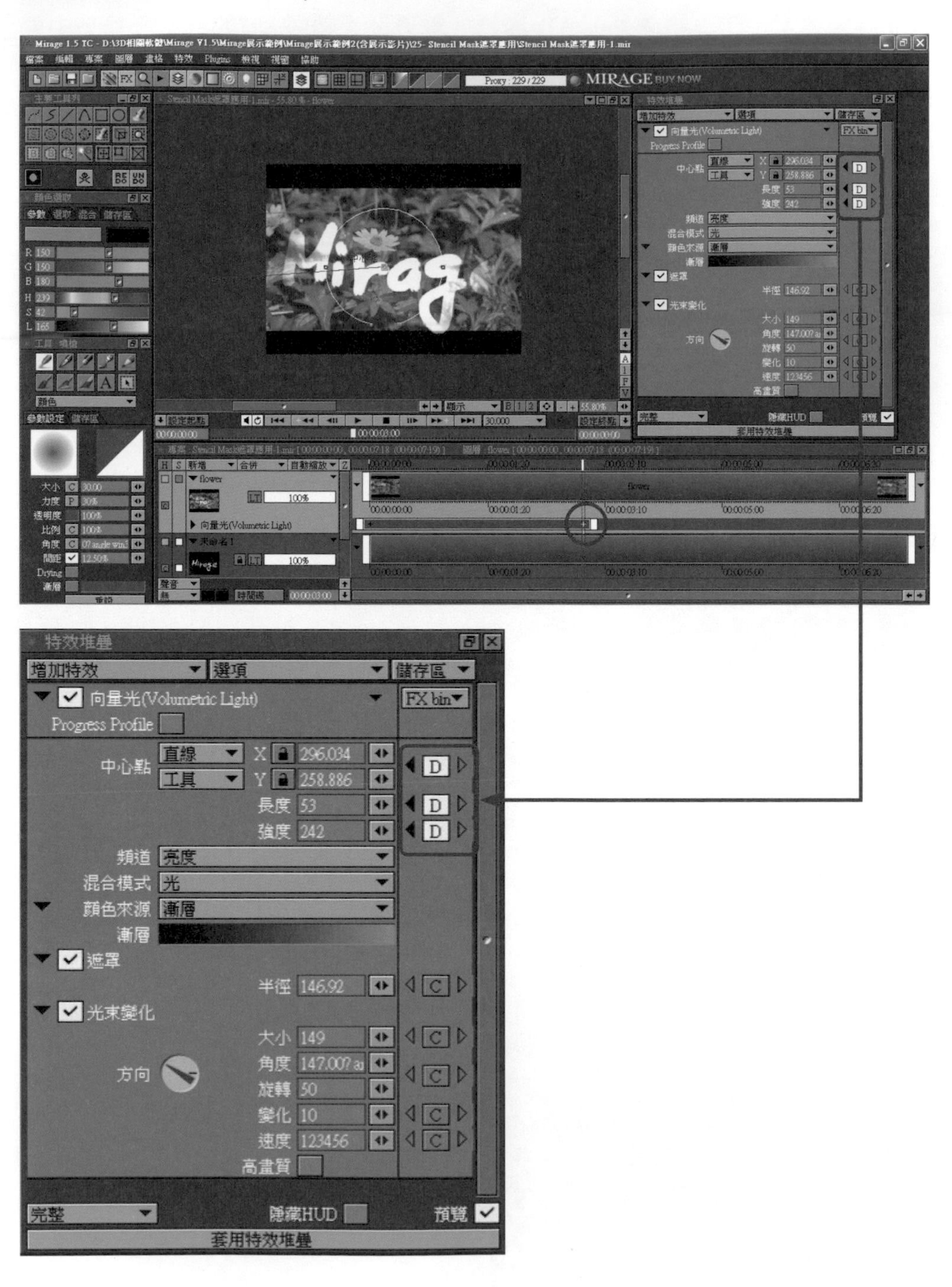

18 設定第三點位置之 Keyframes。

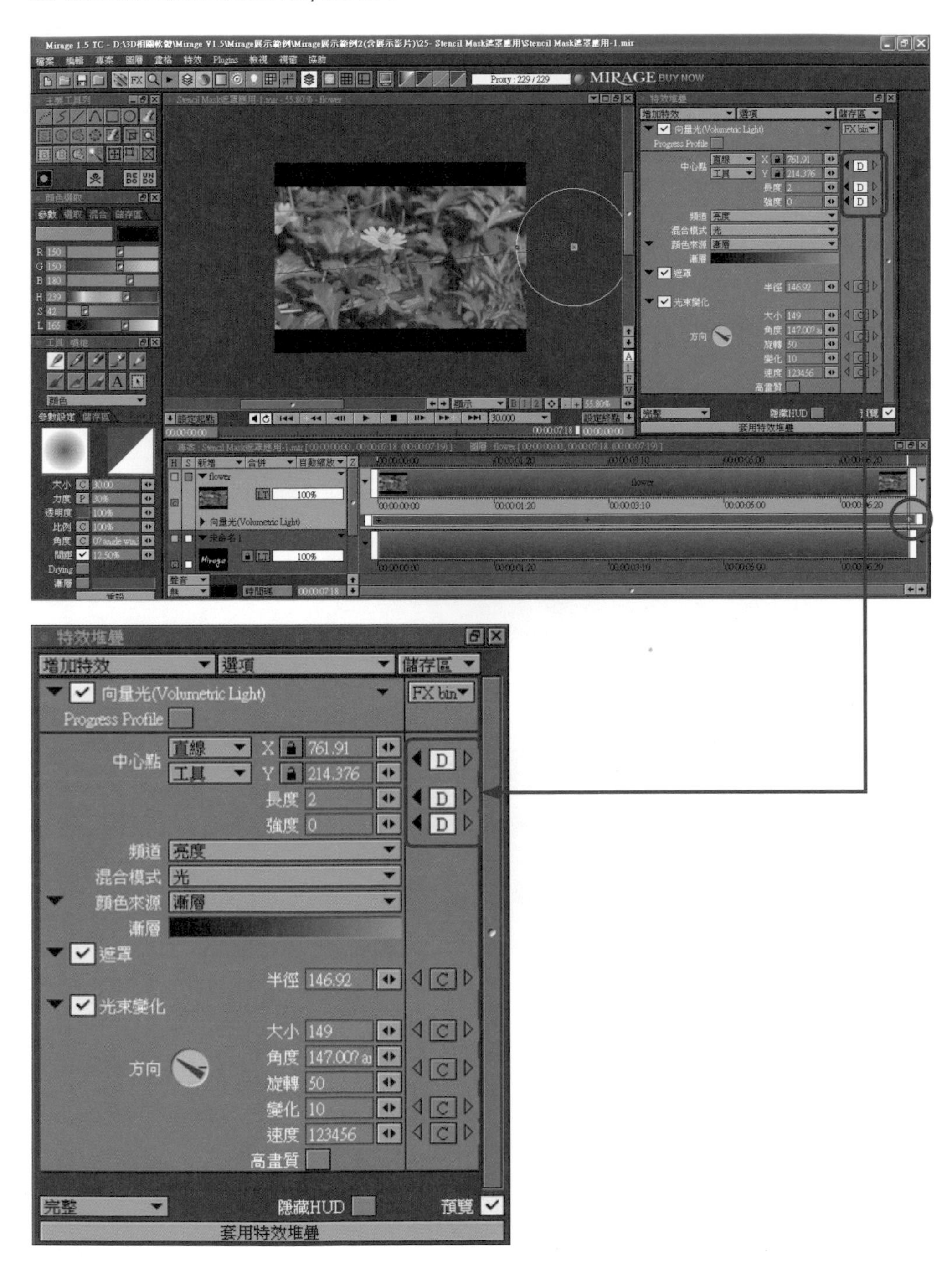

19 於視訊媒體素材層按下滑鼠右鍵（RMB）後，點選「全選」項目將所有影格選取。

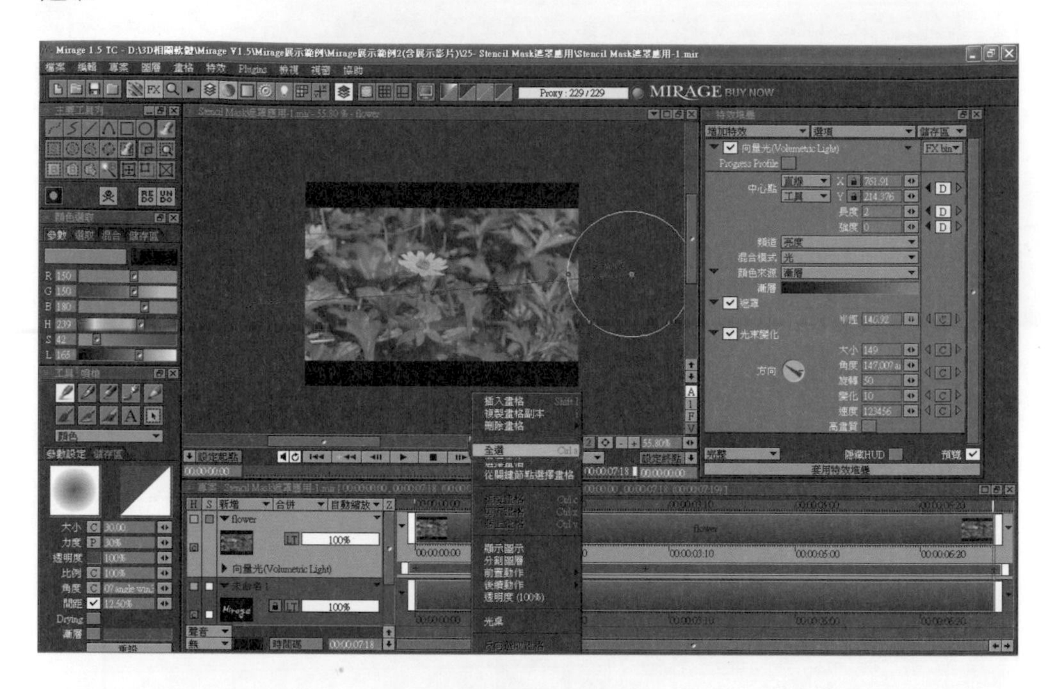

完成影格選取後之畫面。

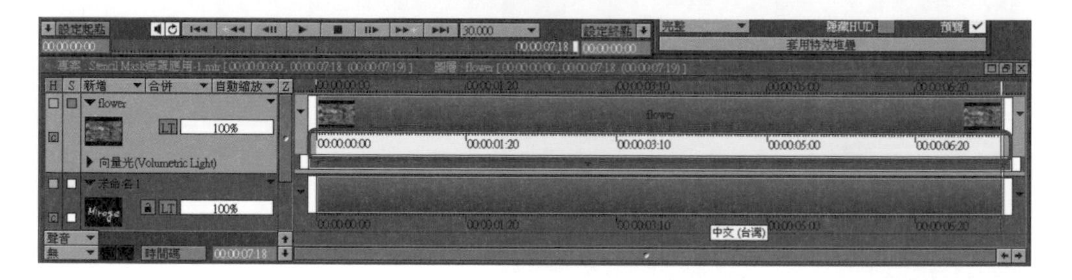

20 按下套用特效堆疊按鈕，開始進行特效合成。

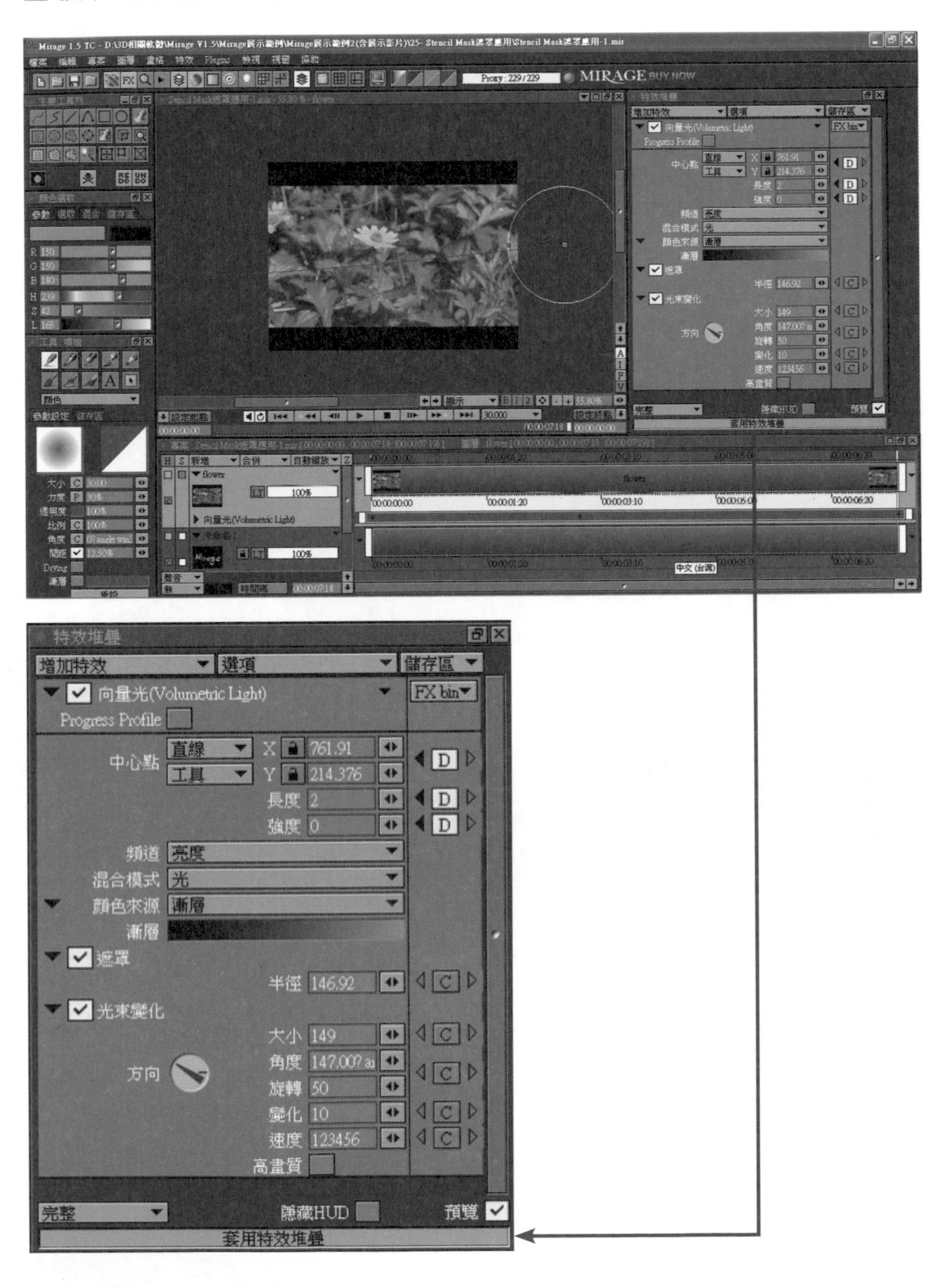

21 特效堆疊進行特效合成之過程畫面。

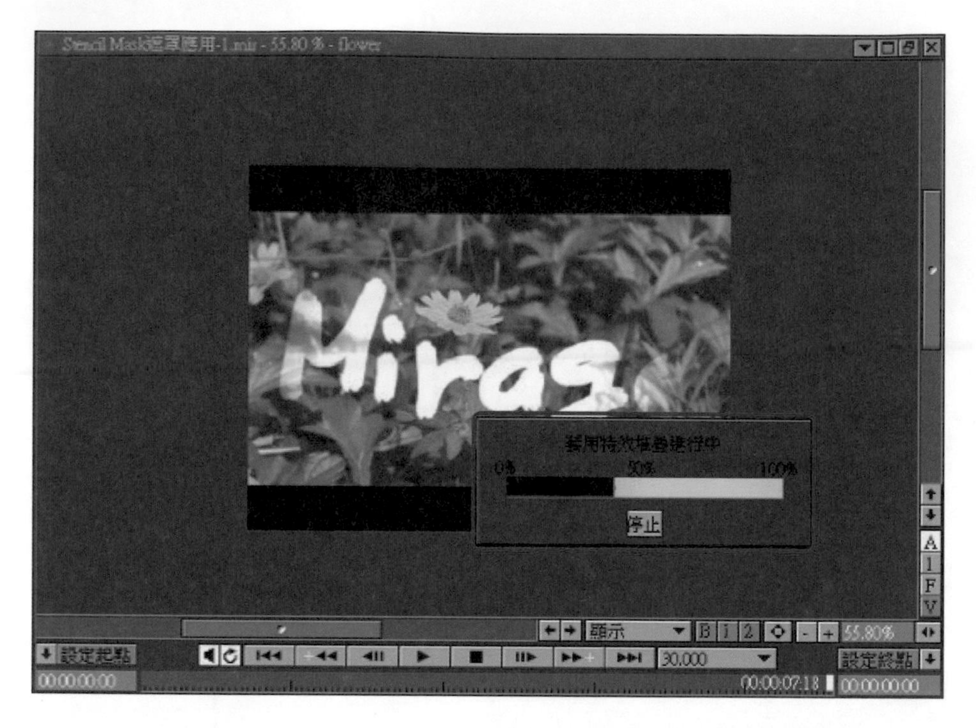

22 完成光影追蹤的特效練習。

❹ 預覽模式設定：

Proxy : 1155 / 1802

▲圖3.1-5 預覽模式

此功能可用滑鼠右鍵（RMB）呼叫出預覽設定面板（圖 3.1-6）。其設定之參數值可與電腦硬體相互搭配提昇效能。

在面板選項中包含了預覽、格式、品質等下拉選單，以及顯示時間碼、播放全部的勾選方塊等更細部之調整選項（圖 3.1-7）。

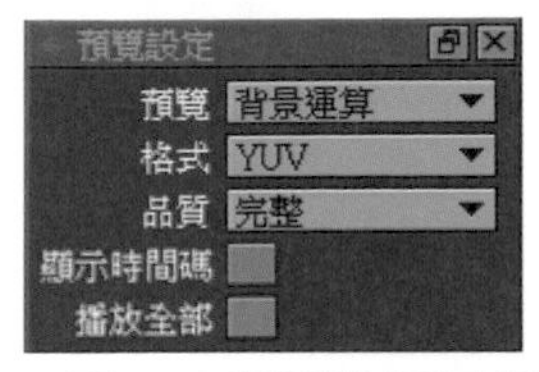

▲圖3.1-6 預覽模式設定面板

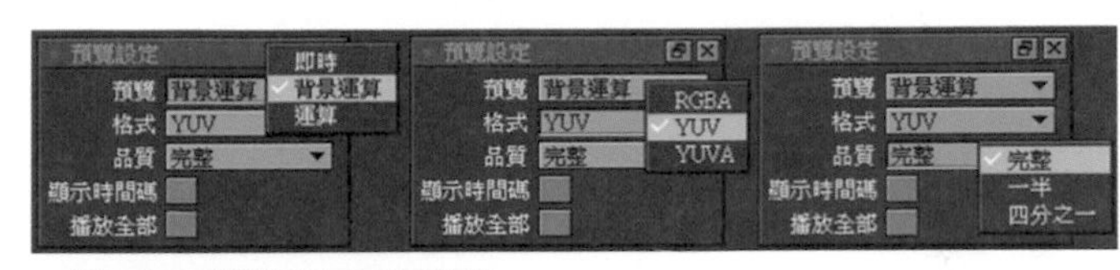

▲圖3.1-7 預覽設定面板選項

❺ 自訂工具列：

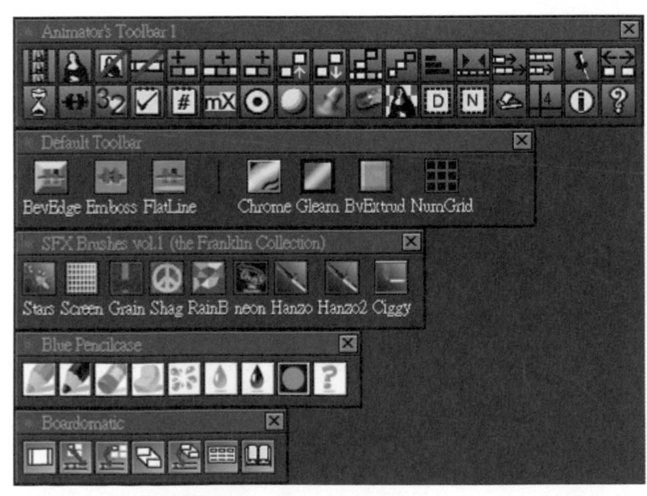

▲圖3.1-8 自訂工具列

此自訂工具列在 Mirage 之中扮演著與 Plugins 功能同等重要的外部連結能力。使用者可以視自己的需求及能力，而建立出符合自己的各種工具來提高效能。其路徑為「視窗 / 自訂工具列」。

❻ 導覽工具列：

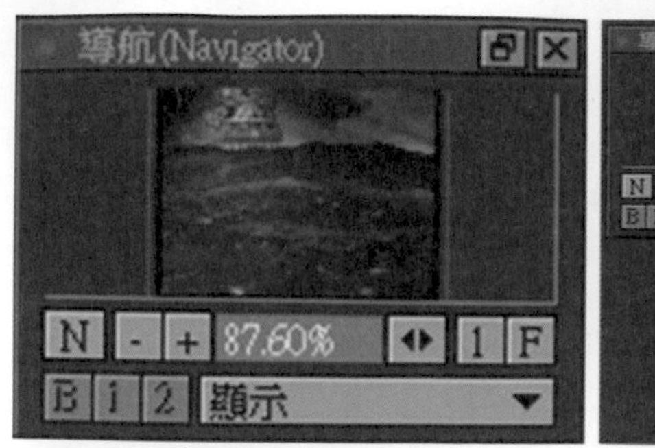

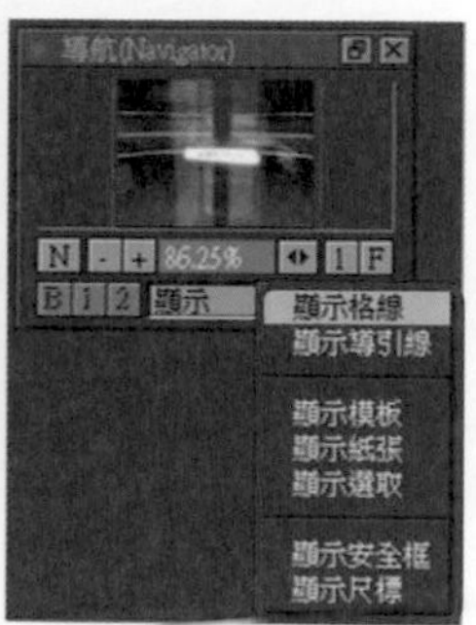

▲圖3.1-9 導覽工具列

導覽工具列是相當貼心的小工具。其路徑為「視窗 / 領航（Navigator）工具列」。在面板選項中包含了新增「影片 / 繪圖專案」工作視窗，其快速鍵為「M」、縮放專案工作視窗畫面，其快速鍵為「Shift ＋ ＜」及「Shift ＋ ＞」，其可調整之百分比範圍從 1% ~10000%、視窗滿版重置功能、自動螢幕格放功能、顯示各類下拉式核選功能選項等。

❼ 播放工具列：

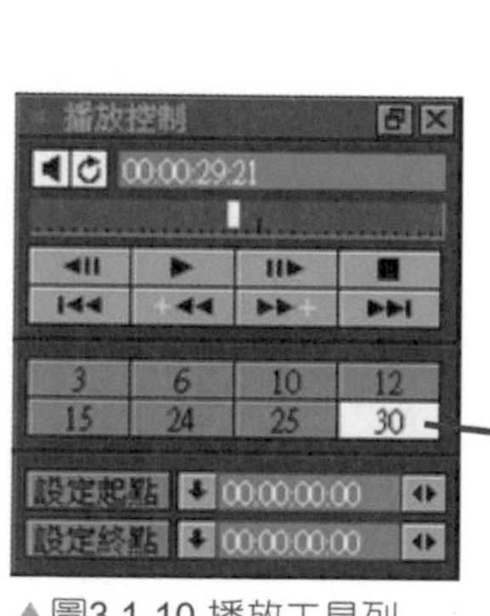

▲圖3.1-10 播放工具列

此功能可針對專案做播放控制，除了標準的播放功能之外，尚有靜音、重複播放、影格滑桿控制、影格顯示、播放速率調整、起迄點設定等媒體編輯功能。其路徑為「視窗 / 播放工具列」。

而特別需要提出的是「播放工具列」與「影片 / 繪圖專案工作視窗」存有相互影格關連之情形。當彼此修改變動時，都會對另一個工具產生作用，進而改變其播放速率設定值。

❽「圖層/時間軸」工具列：

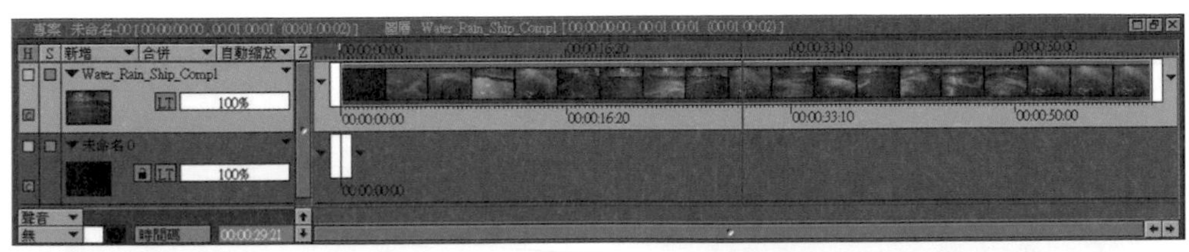

▲圖3.1-11「圖層/時間軸」工具列

「圖層 / 時間軸」工具列在 Mirage 中扮演著極為重要的匯整角色。要成為一個專業媒體數位導演的你，此部分是你絕對不可以忽略的工具。其路徑為「視窗 / 圖層工具列」，而其快速鍵為「0」。

然而讀者們必須有一個相當清楚的頭腦、清晰的思維、邏輯的判斷。因為在你的作品中會用到何種素材、出場的順序、伴隨著何種特效、何種轉場效果、搭配何種音效等等相當繁雜但專業的因素，再再都顯示出一個成功的作品都具備有一種特質，那就是－創意。而我們在 3.1 節【實例練習－ 3.1-4_a】中也運用了「圖層 / 時間軸」之功能製作了一個光影追蹤的特效。

❾ 畫筆工具列：

▲圖3.1-12 畫筆工具列

此工具的使用亦相當頻繁。Mirage 與所有可繪圖的軟體同樣擁有專業的筆刷工具。然而 Mirage 更包含著多種筆刷繪製特效的能力。而其完整的參數設定更是將擬真的自然彩繪能力完全搬移到動態繪圖的環境之中，而這是一般繪圖編輯的軟體所望塵莫及的強大功能。其路徑為「視窗 / 畫筆工具列」，而快速鍵則可使用複合按鍵「Shift ＋ A」。

為何筆者會如此推崇這項功能呢？其原因就是筆者非常鼓勵學生們可運用現代科技結合傳統美學，進而產生多變及豐富地現代數位藝術結晶。Mirage 便是朝此目標而誕生的一套精華軟體。因為紮根在傳統技術的藝術家必定更能昇華此一目標。筆者深信在未來，街頭上必定會有不少數位藝術家，在人潮擁擠的地方以現代科技結合傳統藝術美學創作一流的作品。我們將會在後續的章節中作進一步詳細的介紹。

⑩ 調色盤工具列：

▲圖3.1-13 調色盤工具列

Mirage 在調色盤工具，項目提供包含了四大類相當完整及方便的選色及混色等方式，分別為參數、選取、混合及儲存區等。我們在 2.2.5 節中亦曾提及。而其路徑為「視窗 / 調色盤工具列」，快速鍵則可使用複合按鍵「p」。我們將會在後續的章節中作進一步詳細的介紹。

⑪ 主要工具列：

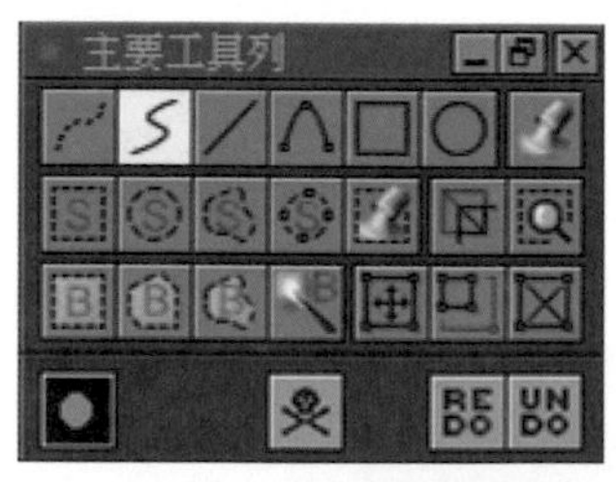

▲圖3.1-14 主要工具列

主要工具列於 Mirage 中，顧名思義是眾多不同屬性工具之集合源。而每個工具按鈕也都內含了另一組功能，這可以方便使用清楚了解同類型但不同屬性的工具仍有那些可運用的類別，以及可延伸之變化等。由於此工具列為一邏輯性之歸類設計，因此更能看出原廠的用心及專業。我們將會在後續的章節中作進一步詳細的介紹。

⑫ 影片/繪圖專案工作視窗：

▲圖3.1-15 影片/繪圖專案工作視窗

此專案工作視窗是讓使用者能以快速、方便、正確、編修、合成等等方式來加以運用檢視創意的一個重要窗口。在第 2 章 2.2.2 節中曾大略提到其觀念。我們將會在下節中作更詳細的介紹與練習。

3.2 探究影片 / 繪圖專案工作視窗

3.2.1 概述

「影片 / 繪圖專案」工作視窗是讀者最主要的編修檢視工作區域，以下我們就來探究其環境。

首先我們就先來了解專案工作視窗的三種背景模式以及其操作方式（圖 3.2.1-1）。而圖 3.2.1-2 為選擇背景模式的顏色彈跳視窗。

▲圖3.2.1-1 三種背景模式

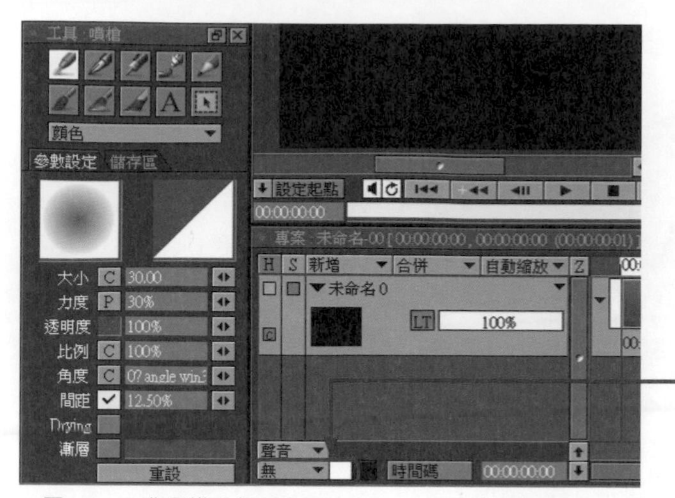

▲圖3.2.1-2 背景模式顏色彈跳視窗

當我們選取第一種「無」之顏色彈跳視窗後（圖 3.2.1-3），Mirage 會以黑色為預設顏色呈現於專案工作視窗中做為背景底色，此種方式可讓使用者以較單純及統一的底色檢視所設計繪製的結果。

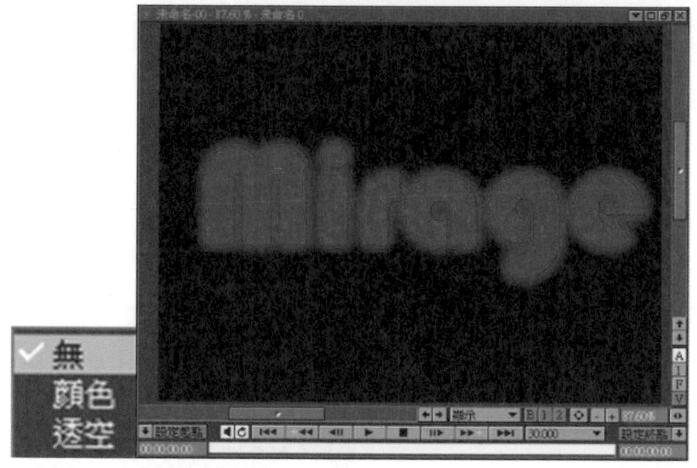

▲圖3.2.1-3 顏色彈跳視窗 - 無

而選取第二種「顏色」之顏色彈跳視窗後（圖 3.2.1-4），其背景底色可用前述之 AB 棋盤色塊選擇任何一種顏色取代 A 色塊。此種方式可讓使用者運用所需要的色彩做為動、靜態圖層的背景底色。

▲圖3.2.1-4 顏色彈跳視窗 - 顏色

原廠在設計 Mirage 時，已將所有的圖層都內含「Alpha」屬性，若選取第三種「透空」之顏色彈跳視窗後（圖 3.2.1-5），所呈現出的透空背景即可運用圖 3.2.1-2 所示之 AB 棋盤色塊做為背景底色，甚至可由使用者自訂棋盤色彩再應用於不同視訊素材做為合成特效之基礎。

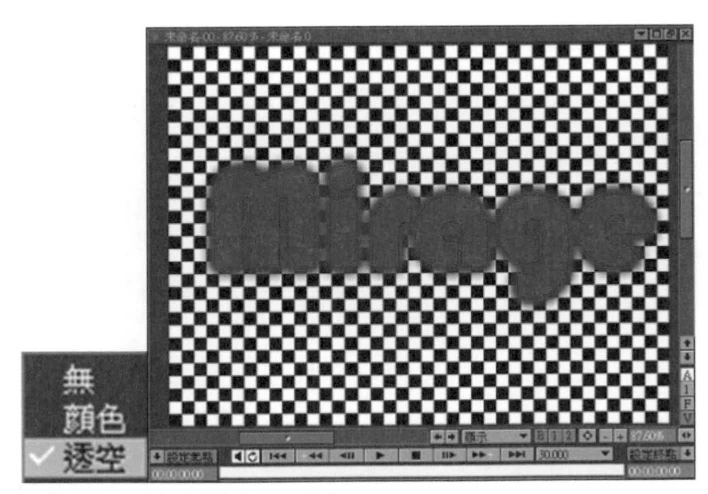

▲圖3.2.1-5 顏色彈跳視窗 - 透空

3.2.2 專案視窗管理與介面控制

「影片 / 繪圖專案」工作視窗內含相當完整豐富的操作功能，並且在 Mirage 中可同時開啟編輯多個專案。以下我們就來介紹其使用方法。

若於工具列中按下圖 3.2.1-6 所示之全畫面按鈕，或是選取「檢視 / 全畫面」（圖 3.2.1-7）的選項後，隨即會將專案工作視窗改以無功能邊框顯示（圖 3.2.1-8）。此功能方便使用者將專案工作視窗固定位置，而不以浮動式面板呈現，而其快速鍵可使用「V」。另外若使用複合按鍵「Shift ＋ V」，則將會針對專案工作視窗之視訊內容改以「顯示全螢幕」之方式呈現出來（圖 3.2.1-9）。

我們更可直接於專案工作視窗中以鍵盤「Alt ＋ LMB」按住不放的方式調整視訊素材的位置。若以鍵盤「Alt ＋ RMB」按住不放的方式則可縮放視訊素材的大小尺寸。另外，當我們選取「檢視 / 新視窗」亦或使用其快速鍵「M」，目地為新增視窗做為編輯參考檢視之用，方法相當簡便並且經常使用，請讀者多加參考練習。

▲圖3.2.1-6 全畫面按鈕

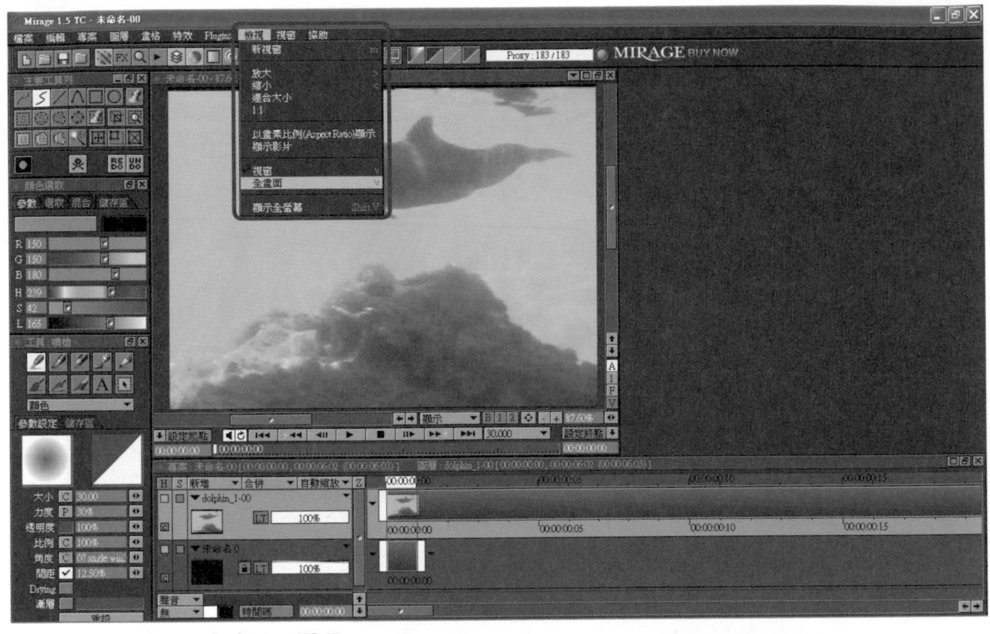

▲圖3.2.1-7「檢視/全畫面」選項

▲圖3.2.1-8 全畫面之畫面

▲圖3.2.1-9「顯示全螢幕」之畫面

3.2.3 專案視窗邊框按鈕介面控制

接下來我們來介紹「影片 / 繪圖專案工作視窗」面板各個邊框按鈕的功能。

▲圖3.2.1-10 專案視窗面板

❶ 視窗標準操作功能：

▲圖3.2.1-11 視窗標準操作功能按鈕

此功能選項包含了「顯示 / 隱藏邊框按鈕」、「最大化 / 最小化視窗」、「面板順序選項調整」以及「關閉專案視窗」等。

❷ 水平及垂直捲軸滑桿：

▲圖3.2.1-12 捲軸滑桿

此滑桿可快速地平移水平及垂直的視訊影像素材。

❸ 顯示選單設定：

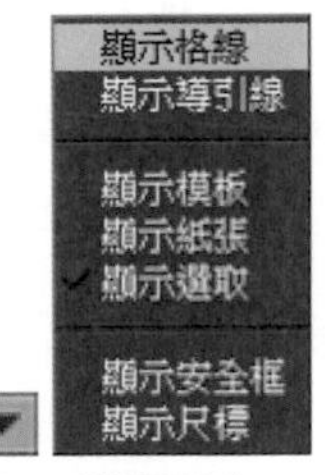

▲圖3.2.1-17 顯示選單設定

此選單可顯示各類工具，以協助及提供使用者操作 Mirage 時的便利性與正確性。此選單包含了格線、導引線、模板、紙張、選取、安全框以及尺標等等。

❹ 圖場播放模式：

▲圖3.2.1-18 圖場播放模式

此項功能則是針對影像視訊在播放方式中，細分為較高優先與較低優先之圖場交錯式播放模式。然而此功能必須為 Mirage 的「＊ .mir」檔案格式才可啟用此選項。

❺ 平移視訊影像：

▲圖3.2.1-19平移視訊影像

此功能可以滑鼠快速平移視訊影像的放置位置，當讀者們想要在編輯時修改素材中某個地方，則可搭配下一個「視訊影像縮放設定」(圖 3.2.1-20) 功能，進行放大及平移做詳細的編修動作。

❻ 視訊影像縮放設定：

▲圖3.2.1-20 視訊影像縮放設定

此功能則可針對視訊影像做 (1% ~10000%) 之縮放比例範圍的設定。可搭配上一個「平移視訊影像」(圖 3.2.1-19) 功能進行放大及平移做詳細的編修動作。

❼ 畫素比例開關：

▲圖3.2.1-13 畫素比例開關

此功能為針對電視畫素所提供的比例開關。若無選取時，則以 1：1 之方式指定其電視畫素；反之，當選取此功能時則以指定之畫素比例顯示。亦可由工具列中選取「檢視 / 以畫素比例（Aspect Ratio）顯示」啟動其功能。

❽ 全畫面展開（100%）：

▲圖3.2.1-14 全畫面展開（100 ）

此項目可快速地將畫面以百分之百的全畫面展開並檢視其所有內容。

❾ 符合視窗展開：

▲圖3.2.1-15 符合視窗展開

此項目可分為滑鼠左、右按鍵之功能。若以 LMB 選定時，則會以「領航（Navigator）工具列」為符合大小的視窗而予以展開。若以 RMB 選定時，則會以目前專案工作視窗面板內之視訊素材為基礎，將視窗調整成為符合視訊素材的大小。

❿ 視訊影像擷取開關：

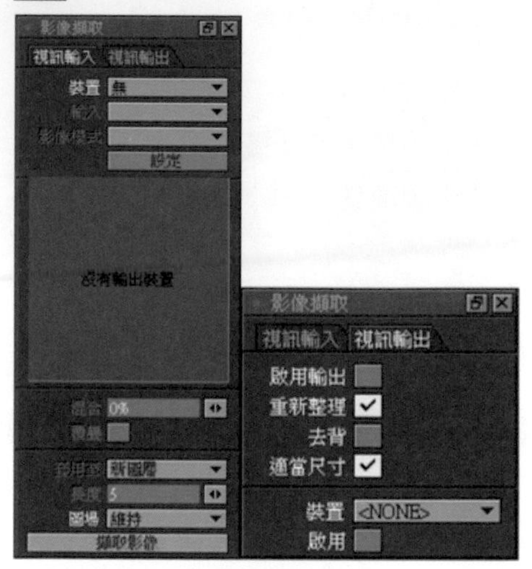

▲圖3.2.1-16 視訊影像擷取開關

當我們以 LMB 選按下此鈕則可啟用並連結到影像擷取之輸出 / 入設備上，如 WebCam 攝影機等。此項目有助於我們整合及應用到網際網路的視訊功能。

若以 RMB 選按下此鈕時則可進行設備選定與調整（圖 3.2.1-16），是個相當有用及貼心的功能。我們亦可由工具列中選取「視窗 / 影像擷取」來予以啟動。

⑪ 專案工作視窗面板控制：

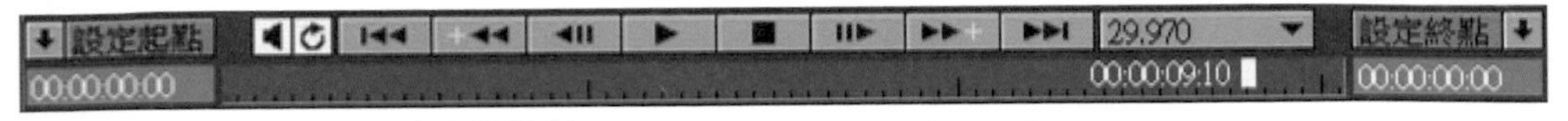

▲圖3.2.1-21專案工作視窗面板控制

最後此項目在標準的多媒體視訊編輯軟體中是相當重要但普遍的功能。因為其中包含了一組類似 Player 的播放按鍵。而 Mirage 更是整合了視訊素材起迄點定位設定、靜音控制、重複播放，以及時間軸定位點尺規標示等等媒體整合面板控制器，亦是個極為實用的功能。

3.3 Mirage 協助命令列選單

▲圖3.2.1-22 協助

Mirage 的協助命令列選單面板提供了針對提示訊息的顯示模式設定，以及相關資訊的介紹等項目。

3.3.1 操作協助

在操作協助選項中內含無、簡短以及完整三種提示訊息的選擇供使用者設定。我們以「主要工具列」中的任意手繪功能為例，如圖 3.2.1-24、圖 3.2.1-25、圖 3.2.1-26，提供讀者們參考。

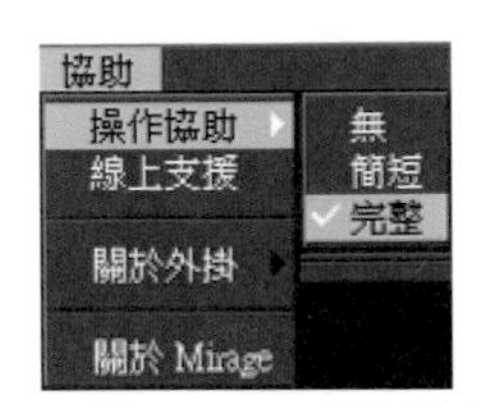

▲圖3.2.1-23 操作協助

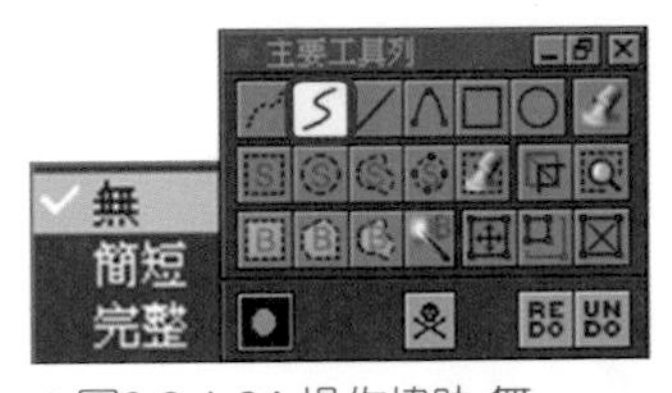

▲圖3.2.1-24 操作協助-無

▲圖3.2.1-25 操作協助-簡短

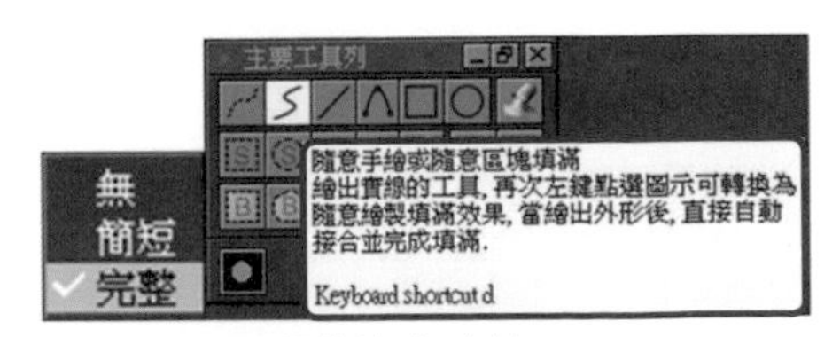

▲圖3.2.1-26 操作協助-完整

3.3.2 線上支援

Mirage 的線上支援直接連結到台灣總代理奇銳科技有限公司 -MIRAX 的中文網站，其網址為 http://www.mirax.com.tw/（圖 3.2.1-28）。台灣奇銳科技在網頁中有相當完整的介紹與說明，也有很多包含原廠及台灣精彩的實例。而討論區內更有來自四面八方的武林戰友及精英們熱列討論及提供秘笈。讀者們不妨多加運用以增進自己的戰鬥力吧！

▲圖3.2.1-27 線上支援

▲圖3.2.1-28 台灣總代理：奇銳網頁

3.3.3 關於外掛

▲圖3.2.1-29 關於外掛

此部分為 Mirage 提供讀者在外掛功能上的一些相關資訊。

3.3.4 關於Mirage

▲圖3.2.1-30 關於Mirage

在「操作協助」選項的最下方則是「關於 Mirage」的版本說明以及「台灣總代理：奇銳科技」之版權宣告等重要資訊。

Chapter

4 Mirage 配置設定

學習重點

本章我們用一個實例來引導各位讀者們了解 Mirage 在軟體使用上的配置設定。

4.1 環境喜好設定

Bauhaus 原廠在使用者環境介面投入了不少心血，我們從面板及個人化配置就可看出其努力的結果。

4.1.1 喜好設定面板

▲圖 4.1.1-1「喜好設定」面板

「喜好設定」面板是 Mirage 提供及允許使用者對它的內定設定值做變更的窗口。而其面板可由「編輯 / 喜好設定」的位置予以啟動並執行，其快速鍵為「Shift ＋ D」(圖 4.1.1-1)。開啟之後即可看到如圖 4.1.2-1 所示內含有四種標籤的設定面板。

4.1.2 一般標籤設定

於第一種標籤中內含有語系選項設定、鍵盤快速鍵定義、暫存區路徑指定、外掛路徑指定等細項設定（圖 4.1.2-1）。

而對於語系選項設定，則可直接按住下拉式按鈕選取使用者指定之語言（圖 4.1.2-2），再按下「確定」按鈕。隨即系統便會以該語言重新指定所有的面板。

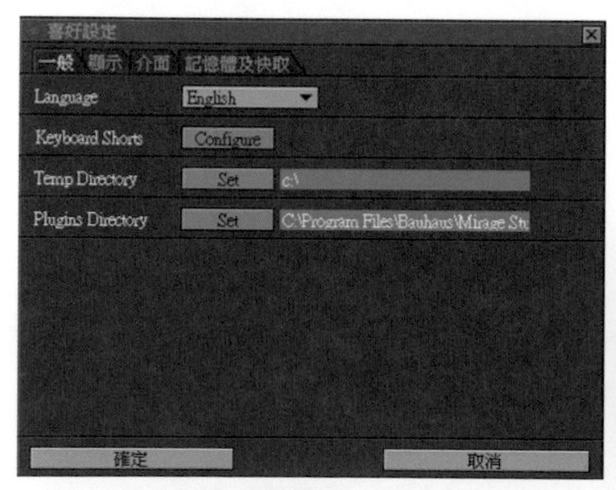

▲圖 4.1.2-1 一般標籤設定

▲圖 4.1.2-2 語系選項設定

假如按下鍵盤快速鍵按鈕（圖 4.1.2-3）之後。則便可以呼叫出鍵盤快速鍵設定視窗（圖 4.1.2-4）。

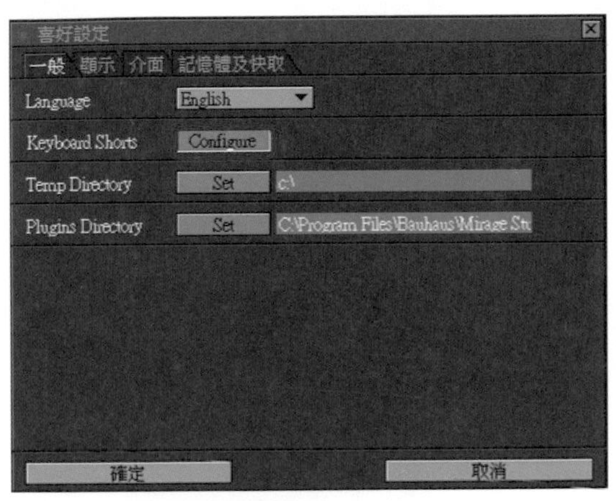

▲圖 4.1.2-3 選取鍵盤快速鍵下拉按鈕

再由「鍵盤快速鍵」面板按下「檔案 / 預設鍵盤快速鍵」(圖 4.1.2-4）所示，以便載入原廠內定之快速鍵列表（圖 4.1.2-5）。

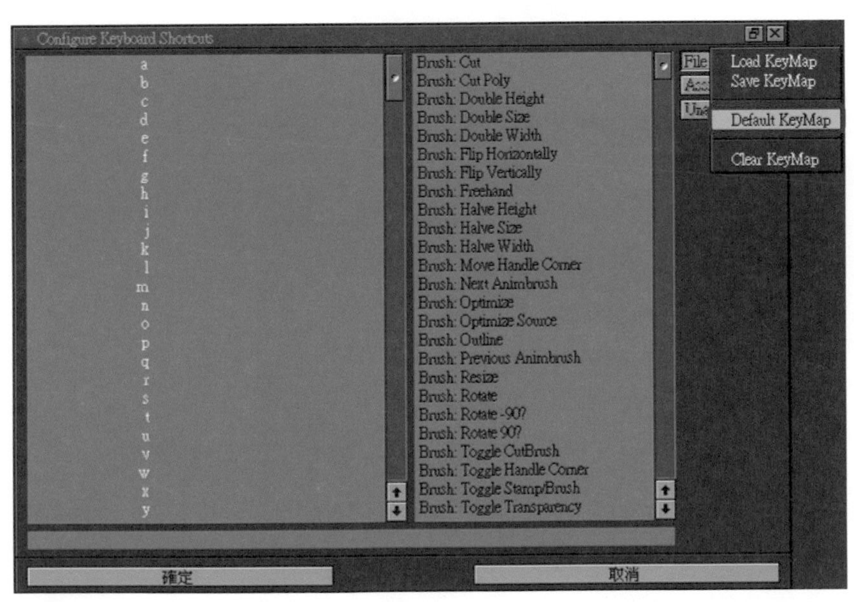

▲圖 4.1.2-4 鍵盤快速鍵設定

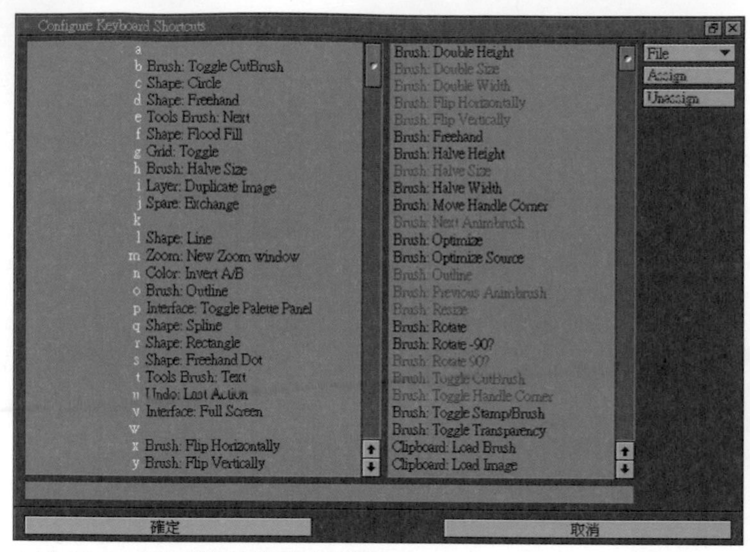

▲圖 4.1.2-5 載入鍵盤快速鍵內定畫面

接下來我們以下例來說明如何新增與編輯快速鍵功能（圖 4.1.2-6）。倘若我們想要在左邊「a」按鍵中指定開啟成右邊「Filter：其他 / 時鐘」的功能，則此時只需要如圖 4.1.2-6 將左、右兩邊選擇並對應好後，再按下「Assign」按鈕以便進行指定及「確認」功能（圖 4.1.2-7）。

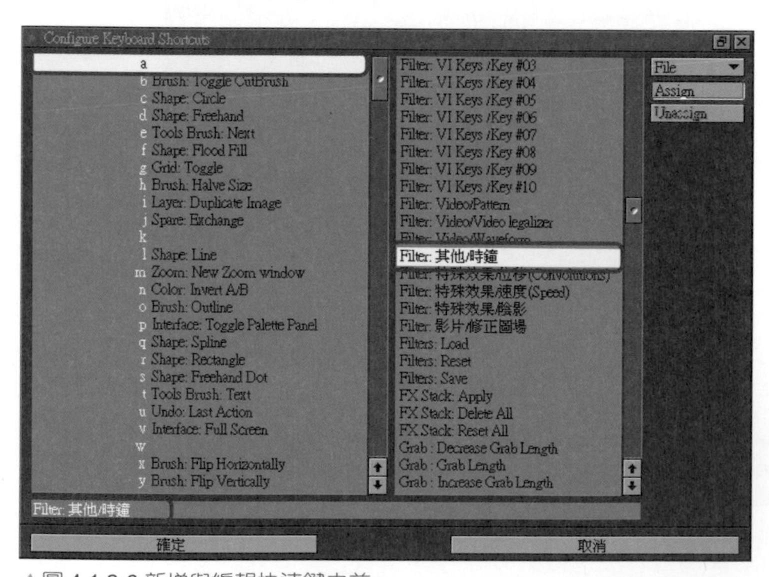

▲圖 4.1.2-6 新增與編輯快速鍵之前

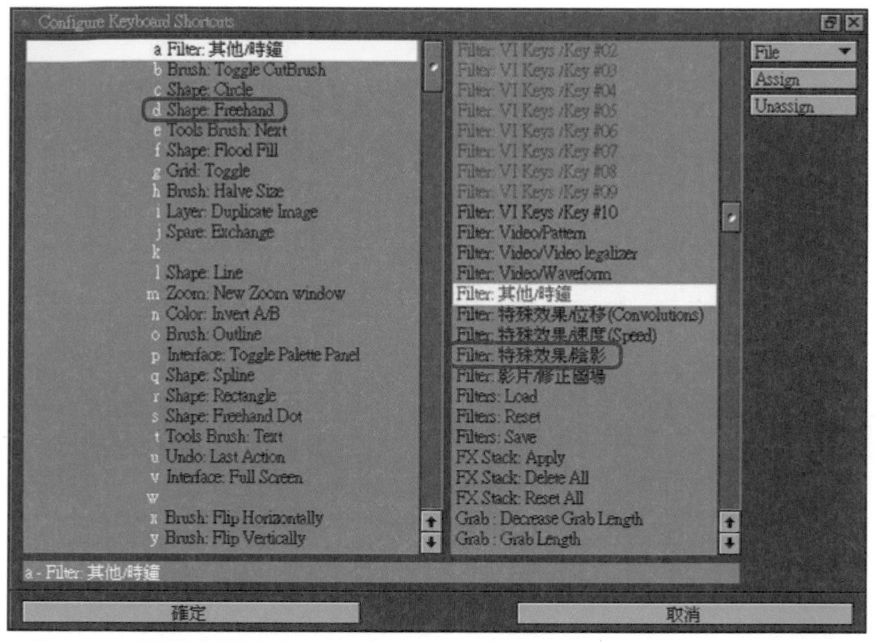

▲圖 4.1.2-7 新增與編輯快速鍵之後

圖 4.1.2-8 為執行快速鍵「a」之畫面。

▲圖 4.1.2-8 執行快速鍵「a」畫面

4.1.3 顯示標籤設定

第二種標籤為「顯示設定」之標籤，其中包含了四種細部設定。在「Brush display」選項中，若勾選「Hide Tools preview」後。則針對「自訂筆刷」的功能其滑鼠游標即不再顯示出參考圖樣。反之，則不論自訂之筆刷為動態或靜態，仍將會在滑鼠游標上顯示出來。

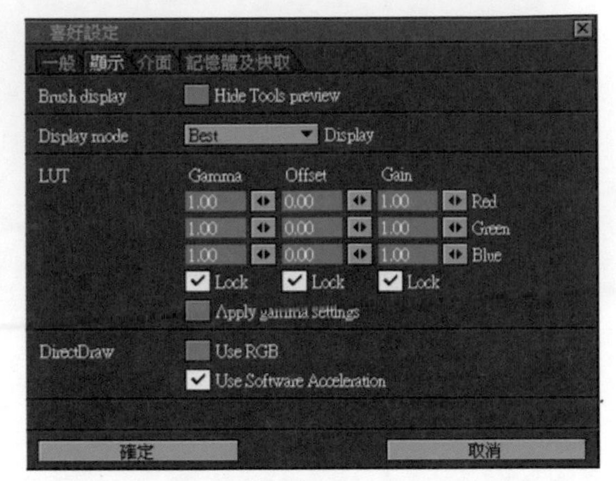

▲圖 4.1.3-1 顯示標籤設定

而於「Display mode」項目中則將直接關連到 Windows 系統在螢幕解析度 - 色彩品質設定上的定義。然而讀者們必須了解此一設定模式只針對 16bit（16 位元）之解析度才有效用（圖 4.1.3-2）。假如不是 16bit Displays，則 Mirage 會將此選項固定於「Best」模式之下（圖 4.1.3-3）。

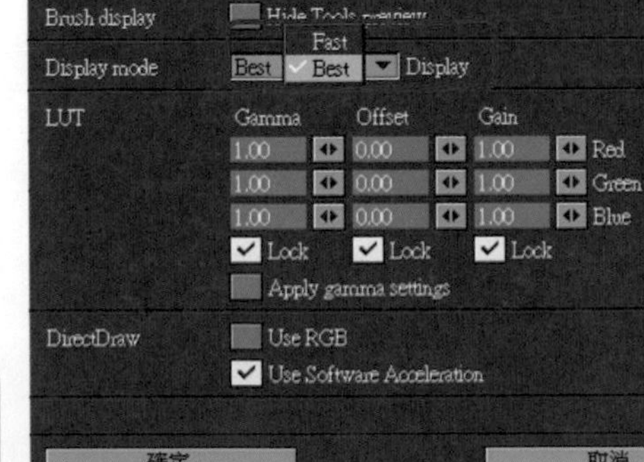

▲圖 4.1.3-2 螢幕解析度 - 色彩品質設定

▲圖 4.1.3-3 顯示模式設定

另 外， 在「LUT」(Look Up Table) 的色彩設定中(圖 4.1.3-4)，Mirage 使用 RGB 三原色以 3×3 陣列方式為欄列矩陣表格。針對「Gamma 參數」、「Offset 偏移量」以及「Gain 參數」，用數值設定的方式調整畫面之明亮度、色彩飽和度以及色調等等有關影像在「影片 / 繪圖專案工作視窗」方面的視覺呈現。

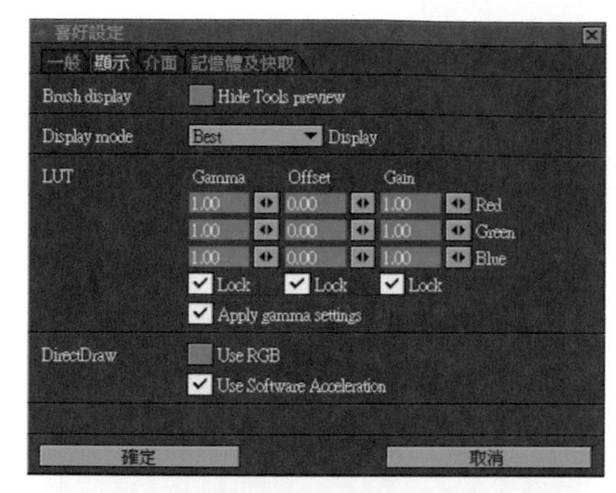

▲圖 4.1.3-4「LUT」 Look Up Table

若使用者勾選「Apply gamma settings」核選方塊(圖 4.1.3-4)，則將啟用「LUT」之所有設定。

最後 Mirage 也針對坊間一些顯示卡提供了較適合的選項(圖 4.1.3-5)。

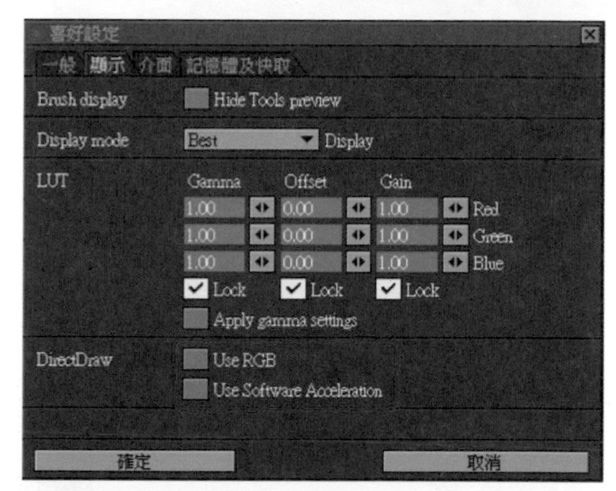

▲圖 4.1.3-5 Direct Draw 設定

勾選「Use RGB」選項以啟用 RGB 三原色之顯示卡功能(圖 4.1.3-6)。

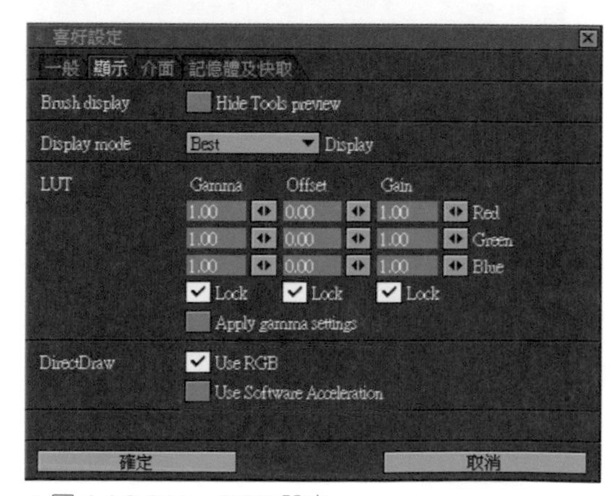

▲圖 4.1.3-6 Use RGB 設定

勾選「Use Software Acceleration」選項，啟用以純軟體加速之顯像功能（圖 4.1.3-7）。然此功能會由下一次重新啟動 Mirage 之後才會予以定義。

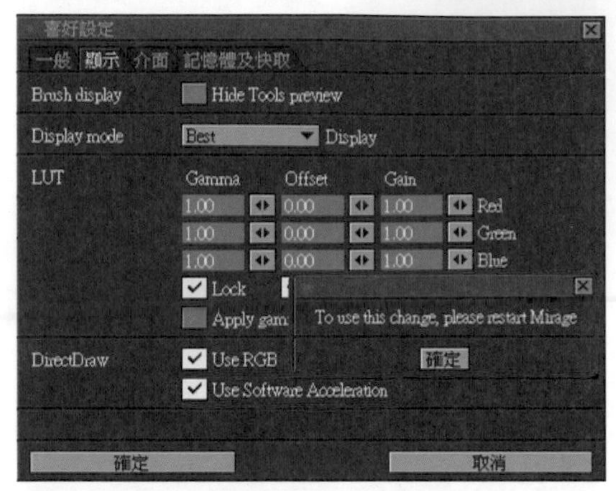

▲圖 4.1.3-7 Use Software Acceleration

4.1.4 介面標籤設定

第三種喜好設定為「介面設定」之標籤。多數使用者在操作電腦時並不很在意也不很清楚介面設計之優劣性、適應性及方便性與否，對使用者的潛在影響足以改變學習該軟體的能力，甚至對電腦產生莫大的排斥感等等嚴重的影響。

筆者就「介面色彩」做說明，相信讀者們馬上就能理解了。由於東方人與西方人的眼睛瞳孔顏色不同，所以在色彩頻率接受度（色頻）上也就不一樣。東方人瞳孔顏色為深色，所以如果顏色太過鮮艷亮麗就無法長時間目視，因為較容易使眼睛感到疲勞。相反的，西方人瞳孔顏色為較淡色，所以鮮艷亮麗的顏色對他們來說較可接受；如果顏色太深，相同的也較容易使眼睛感到疲勞。

所以筆者要提醒各位讀者們，在「介面設定」上一定要留意自己雙眼對色頻接受度的影響，不可等閒視之。畢竟在視覺的接受度上，雙眼深深的影響著人類大腦接受刺激的感官能力。

接下來就針對「介面設定」的標籤做說明。（圖 4.1.4-1）為原廠對 Mirage 所設計搭配之內定軟體介面配色。

▲圖 4.1.4-1 Mirage 內定之軟體配色

以下我們就來學習如何幫 Mirage 換上不同顏色的衣服，改變一下心情吧！

此標籤中含有六類不同項目的設定調整供使用者搭配運用。包含 GUI Color 使用者面板配色修改、滑鼠游標外型顯示、吸附式視窗及邊框、Mirage 檔案總管功能、專案視窗位置以及圖層圖示顯示等（圖 4.1.4-2）。

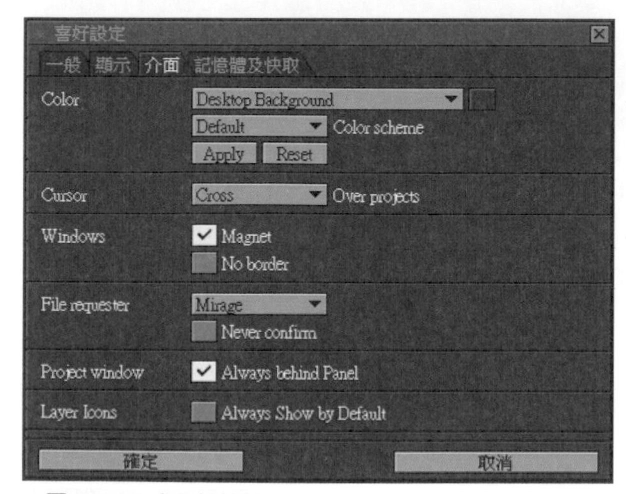

▲圖 4.1.4-2 介面標籤設定

我們可以由下拉式選單看到 Mirage 提供的面板配色項目（圖 4.1.4-3）。而位於選單右邊的小方塊為顏色滴管，其選色方式在「2.2.5 AB 主次色盤」一節曾經提過。我們也會在後續的章節中作進一步詳細的介紹。

（圖 4.1.4-4）為我們運用（圖 4.1.4-3）內之配色項目以顏色滴管修改後之範例，請讀者們依自己的喜好練習修改。

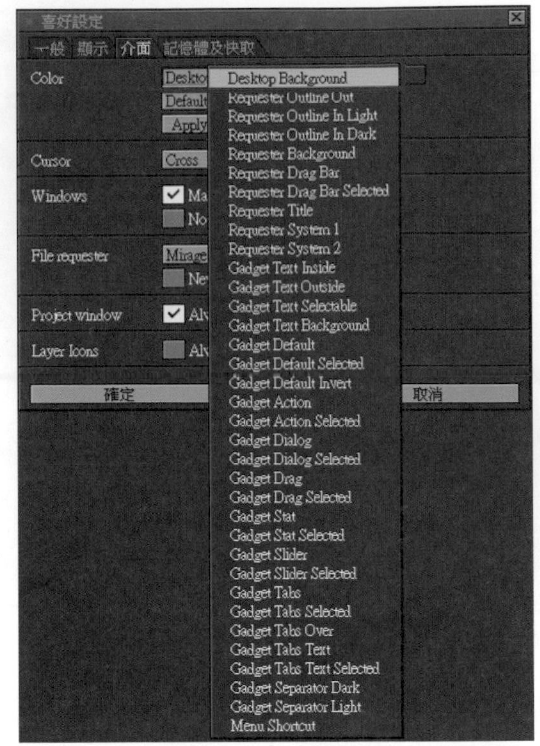

▲圖 4.1.4-3 GUI Color 面板配色修改

▲圖 4.1.4-4 GUI Color 面板修改範例

另外，讀者們也可以由 Mirage 事先設置的面板配色，直接選取另一個傳統式配色模式（圖 4.1.4-5）。而（圖 4.1.4-6）為完成之畫面。

喜好設定

一般 顯示 介面 記憶體及快取

Color	Desktop / Default / ✓ Classic / Color scheme / Apply / Reset
Cursor	Cross / Over projects
Windows	✓ Magnet / No border
File requester	Mirage / Never confirm
Project window	✓ Always behind Panel
Layer Icons	Always Show by Default

確定 取消

▲圖 4.1.4-5 預置面板配色

▲圖 4.1.4-6 Classic 傳統式配色模式

而（圖 4.1.4-7）代表了滑鼠四種游標外型顯示方式，包含了十字型、箭頭指標型、點狀型以及圓型等。

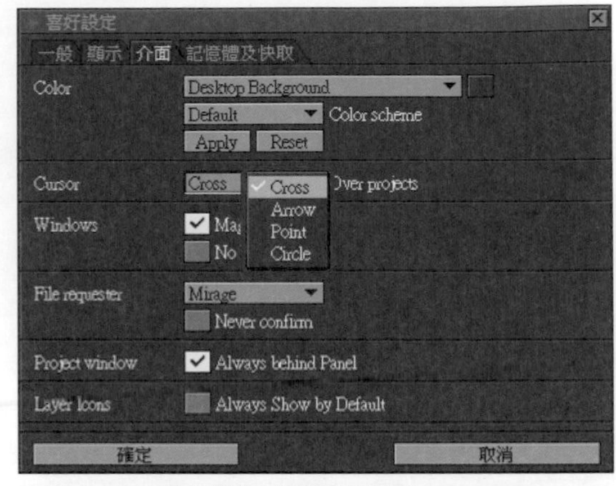

▲圖 4.1.4-7 滑鼠游標外型顯示模式

另外於（圖 4.1.4-8）代表了 Mirage 在吸附式視窗及邊框上的選項指定以及應用。當使用者勾選了「Magnet」的選項。爾後在軟體內的每個視窗即產生位移後自動吸附有如磁鐵的功用。這可讓使用者在視窗調整的位準上更加方便與精確。

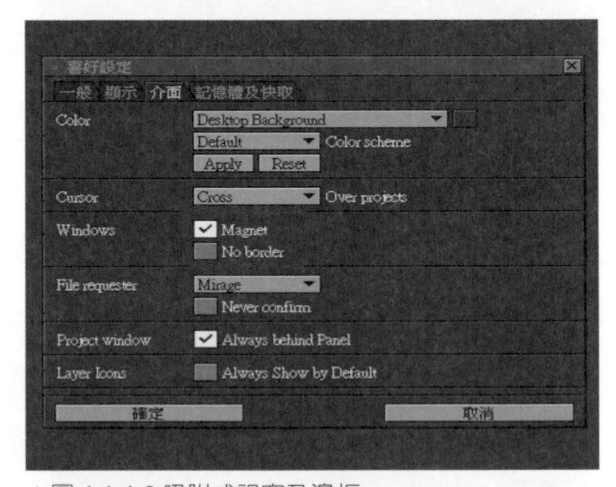

▲圖 4.1.4-8 吸附式視窗及邊框

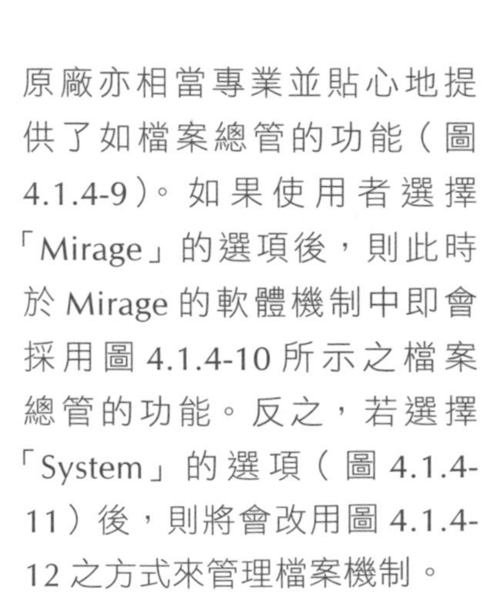

原廠亦相當專業並貼心地提供了如檔案總管的功能（圖 4.1.4-9）。如果使用者選擇「Mirage」的選項後，則此時於 Mirage 的軟體機制中即會採用圖 4.1.4-10 所示之檔案總管的功能。反之，若選擇「System」的選項（圖 4.1.4-11）後，則將會改用圖 4.1.4-12 之方式來管理檔案機制。

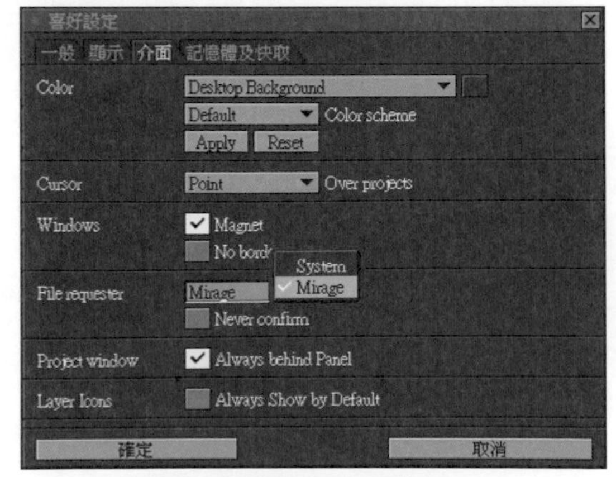

▲圖 4.1.4-9 選取檔案總管功能 -Mirage

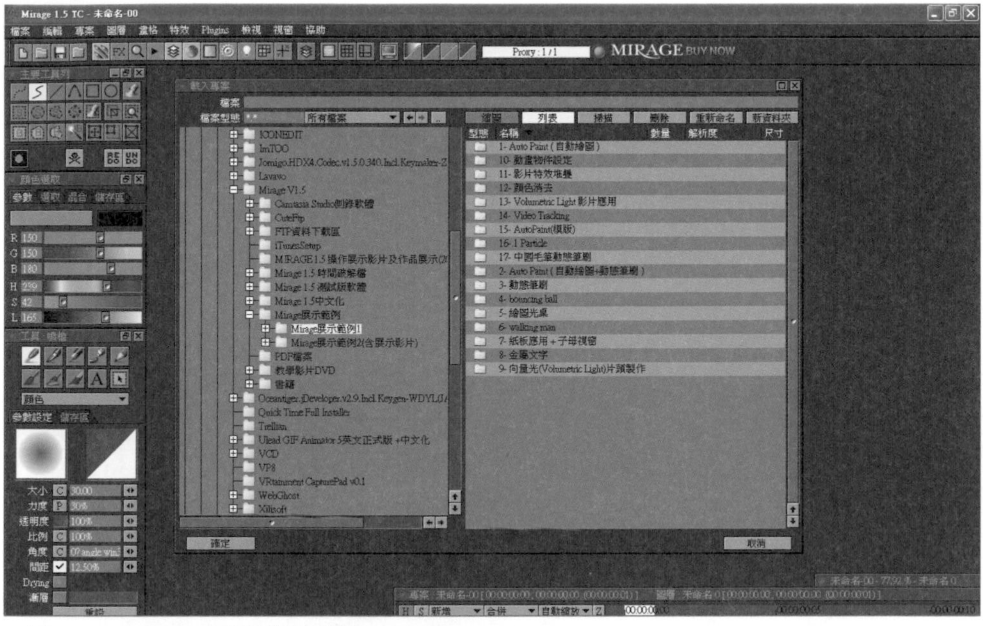

▲圖 4.1.4-10 Mirage- 檔案總管功能

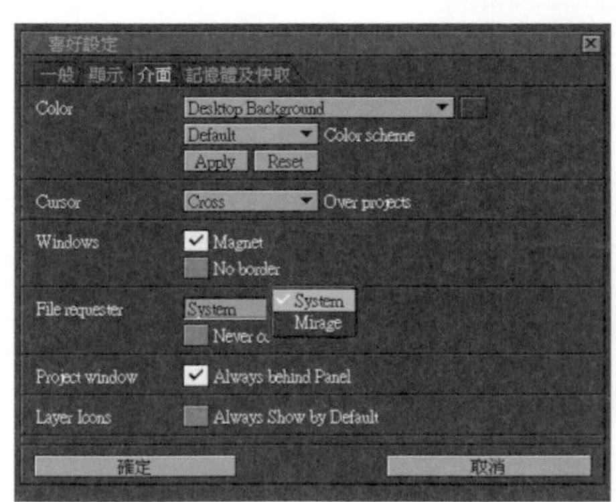

▲圖 4.1.4-11 選取檔案總管功能 -System

▲圖 4.1.4-12 System- 檔案總管功能

而最後的兩個核選項目為針對專案視窗位置的順序及圖層圖示顯示與否等功能。

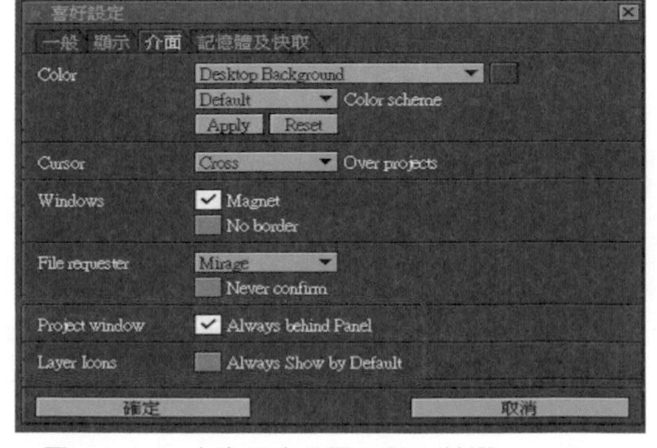

▲圖 4.1.4-13 專案視窗及圖示顯示核選

4.1.5 記憶體與快取標籤設定

於「喜好設定」的第四個標籤，為 Mirage 提供使用者在於軟體之中調整「記憶體（RAM）與快取記憶體（Cache Memory）」以期改變整體效能的相關選項。讀者們可視自己電腦的配備進行調整。

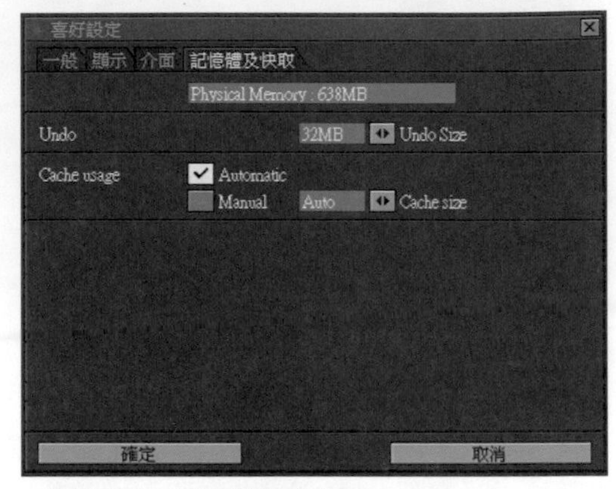

▲圖 4.1.5-1 記憶體效能設定

4.1.6 顯示選項設定

接下來我們要介紹 Mirage 在顯示選項上的相關設定。讀者可由「視窗 / 顯示設定」的下拉式選單位置（圖 4.1.6-1）啟用此一功能。而（圖 4.1.6-2）為啟用後之對話盒視窗。

▲圖 4.1.6-1 顯示選項設定

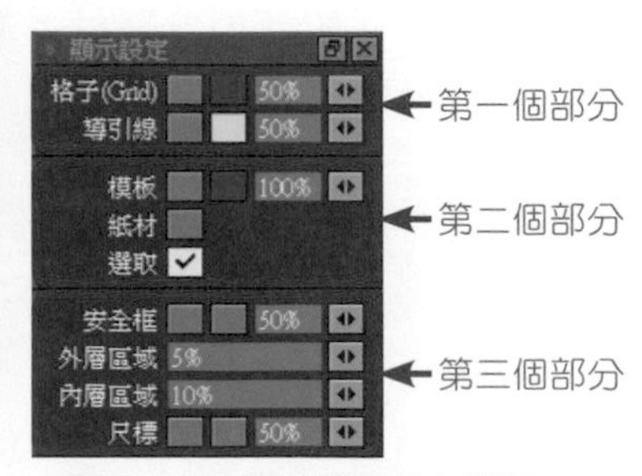

▲圖 4.1.6-2 顯示選項設定畫面

▲

我們就第一個部分「網格線（Grid）與導引線」先來進行了解。當使用者勾選此兩選項後，隨後於專案視窗即呈現出網格線（Grid）（圖 4.1.6-3）。使用者亦可從勾選方塊盒右邊的顏色滴管，更改其他自訂的網格線配色。然而顏色滴管右邊的參數值則可設定其顏色呈現的濃度值比率。其他部分的調整方式亦都相同。

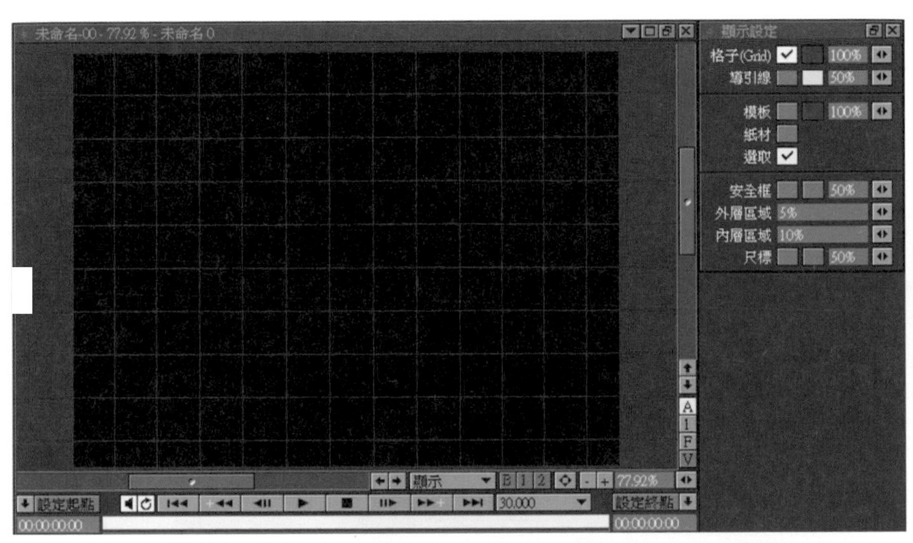

▲圖 4.1.6-3 網格線顯示設定

在導引線的顯示設定上則可搭配導引線設定功能，「視窗 / 導引線（guides）工具列」來共同指定進行。

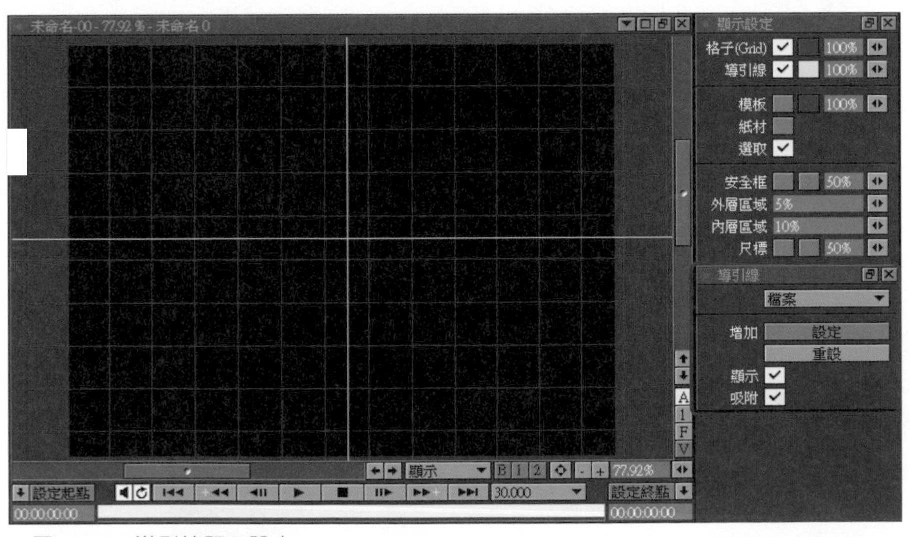

▲圖 4.1.6-4 導引線顯示設定

再來就第二個部分「模版、紙材及選取」(圖 4.1.6-2)進行設定了解。當讀者們在此模版項目中設定參數時,必須切記要開啟「模版遮罩工具」才可正確操作,而其他設定皆與「第一個部分」介紹相同。我們也曾在第 3 章【實例練習－ 3.1-4_a】中製作一個光影追蹤的模版特效,讀者們可加以參考。筆者就不再重複說明了。

▲圖 4.1.6-5 模板顯示設定

相同地,於「紙材顯示設定」中也必須開啟「紙張底板工具」並且按下 RMB,選取紙張底板樣式後即可顯示紙材。

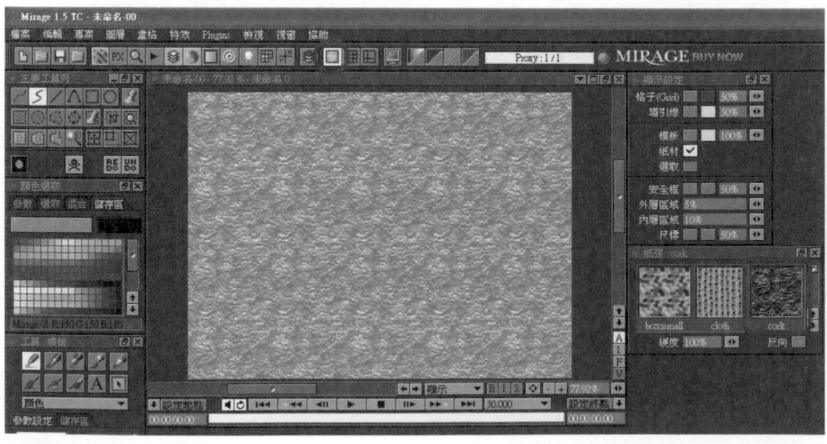

▲圖 4.1.6-6 紙材顯示設定

最後在「選取顯示設定」的選項中，其主要意義為是否在專案視窗中顯示出選取框線。當然也必須搭配開啟「模版遮罩工具」才行。

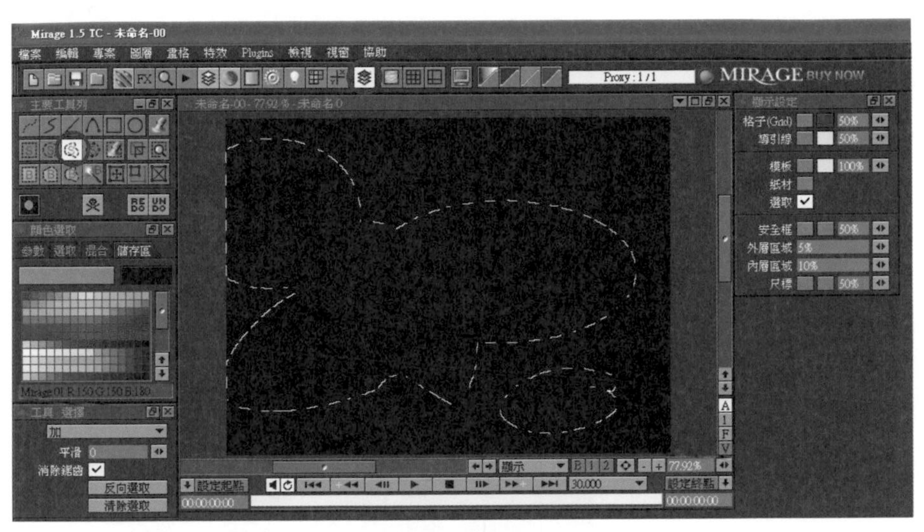

▲圖 4.1.6-7 選取顯示設定

而最後的第三個部分「安全框、內 / 外層區域以及尺標」（圖 4.1.6-2）等，其主要意義為當使用者在創作其作品時，往往容易忽略將來針對輸出時所應該注意及保留的安全空間及位準等問題，而導致作品完成輸出後，在其他視訊設備卻無法完整呈現而必須回到原軟體重新再輸出的情形。當然筆者也曾經看過有些較無經驗的生手並沒有保留原檔案的習慣（只要是老手都知道這是所有設計者的致命傷），雖然這只是一個小功能而已，但千萬不容小覷才是！

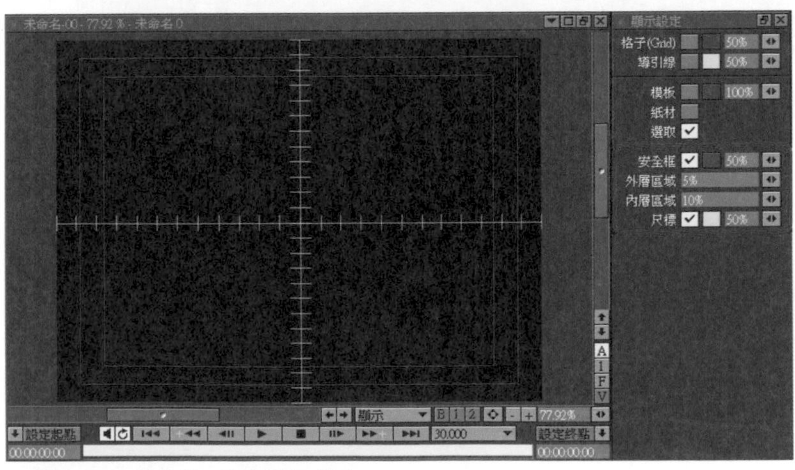

▲圖 4.1.6-8 安全框、尺標顯示設定

4.1.7 網格線設定

網格線的設定在 Mirage 中是非常容易及快速的。讀者可由「視窗 / 格線（Grid）工具列」的下拉式選單位置（圖 4.1.7-1）啟用此一功能，其鍵盤快速鍵為「Shift ＋ G」。當然，使用者更可以搭配第一個部分的「網格線（Grid）與導引線」（圖 4.1.6-2）進行協同設定（圖 4.1.7-2）。

▲圖 4.1.7-1 格線工具下垃選項設定

此項功能有助於使用者們以自訂方式調整網格線之尺寸及相關位置定位，是極為通用的標準工具。

▲圖 4.1.7-2 格線工具選項設定

4.1.8 導引線設定

而在導引線的設定上讀者可由「視窗/導引線(guides)工具列」的下拉式選單位置(圖 4.1.8-1)啟用此項功能。同樣使用者亦可以搭配第一個部分的「網格線(Grid)與導引線」(圖 4.1.6-2)進行協同設定(圖 4.1.8-2)。

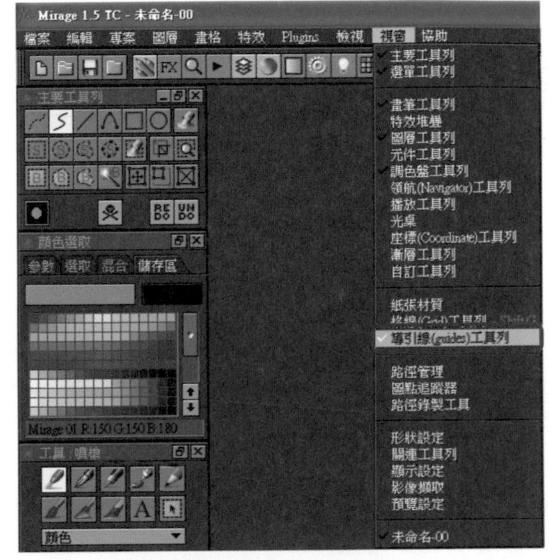

▲圖 4.1.8-1 導引線工具下拉選項設定

此項導引線功能有助於讀者們於專案視窗內，以定位方式調整自己所需作業時，在繪製過程中給予正確的定點定位，也是相當方便的標準工具之一。

▲圖 4.1.8-2 導引線工具選項設定

4.2 專案屬性編修與設定功能面板

本節筆者要來談談當我們載入視訊素材時，所需注意及了解的一個重要的功能面板－「載入影像」編修視窗。讀者可由「檔案 / 載入」的下拉式選單位置（圖 4.1.7-1）啟用此項功能，其鍵盤快速鍵為「Shift ＋ L」。

▲圖 4.2-1 載入工具下垃選項設定

此專案屬性編修功能面板包含了一些相當重要的專案素材資訊，以提供使用者在載入此檔案前先行了解與指定。而以下我們就以圖 4.2-2 來進行了解。

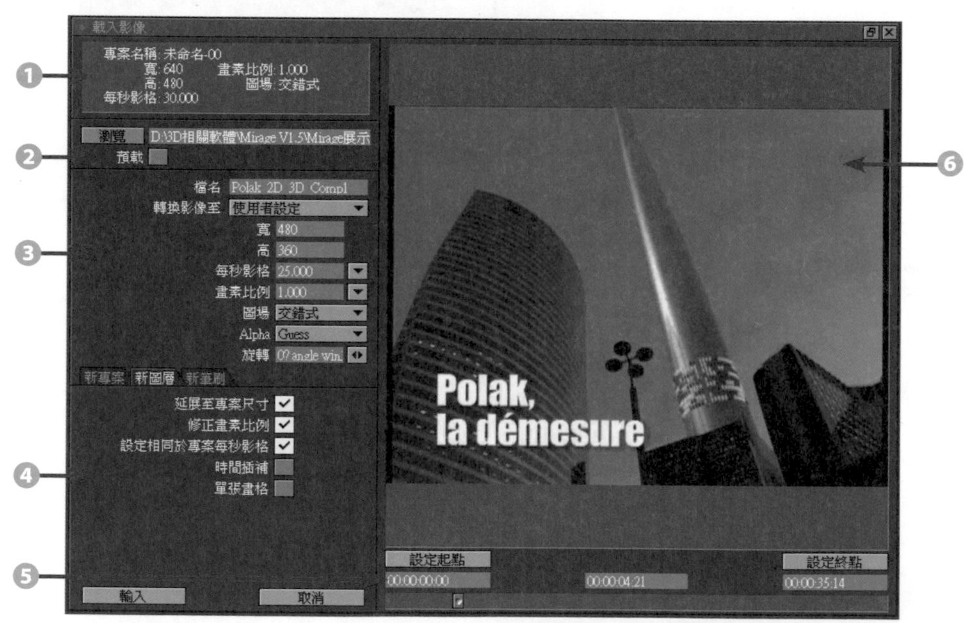

▲圖 4.2-2 專案屬性編修功能面板

第一個項目為 Mirage 標示目前專案中所呈現的參考屬性（圖 4.2-3）。

第二個項目是專案載入之路徑選項，以及「序列圖檔」預載選項（圖 4.2-3）。其用意是當此預載項目被核選後，其專案將一併被載入記憶體中等待使用者下一次欲再次載入專案時，可快速地由記憶體內直接開啟，否則仍將由硬碟再次載入。

▲圖 4.2-3「序列圖檔」預載選項

第三個項目則包含了檔案名稱、影像轉換功能、長寬高指定、視頻之每秒影格選擇、圖場顯示設定、Alpha 選項設定及畫面角度旋轉等參數選擇（圖 4.2-2）。

第四個項目為 Mirage 提供素材載入後的三種應用類型，此三種標籤分別為「新專案、新圖層以及新筆刷」。然而當使用者切換至此三類標籤其中之一並完成設定後，再按下「輸入」鈕，則 Mirage 將會視使用者所選擇的應用類型套用至軟體中，並以該對應的功能屬性予以啟用。請讀者們一定要留意其中的相異之處（圖 4.2-4、圖 4.2-5、圖 4.2-6）。

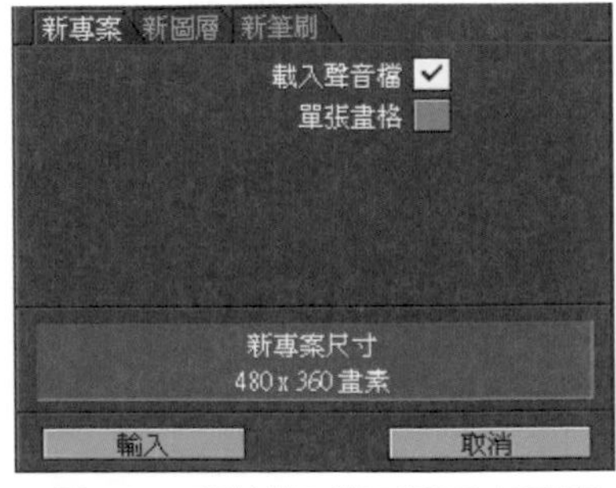

▲圖 4.2-4 素材載入類型選項 新專案

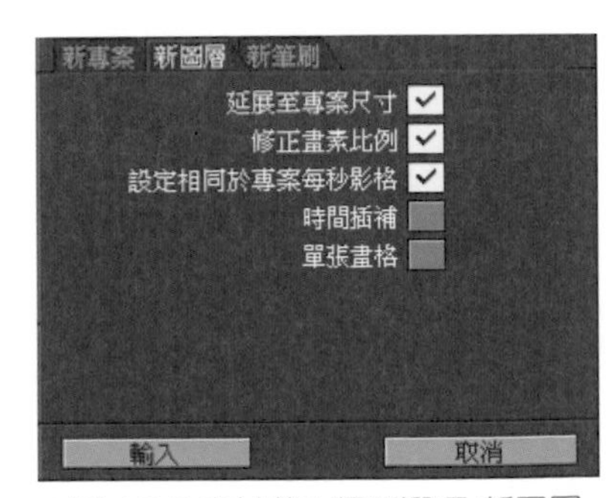

▲圖 4.2-5 素材載入類型選項 新圖層

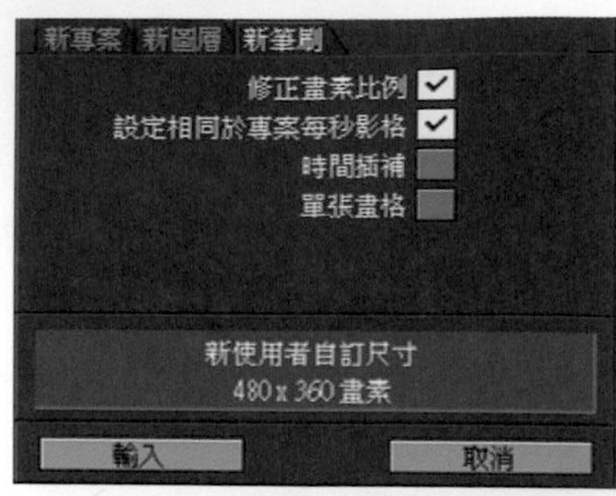

▲圖 4.2-6 素材載入類型選項 新筆刷

第五個項目則可於載入專案素材之前，先行設定欲載入的起迄點（Time Code Point）標註（圖 4.2-2）。如此便可有效控管並事先檢視載入的視訊媒體素材長度與檔案容量大小等等前置問題。

而最後第六個項目，則與專案視窗有著相同的檢視能力但無編修功能的預覽視窗（圖 4.2-2）。而其功能當然只是提供使用者檢視與搭配設定起迄點（Time Code Point）標註為主要之目的。

Chapter

檔案與專案管理之實例應用

學習重點

本章將運用實例操作來介紹有關檔案與專案在 Mirage 之中所應該注意及了解的相關觀念與操作技巧。請讀者們參考並實際練習操作。

5.1 Mirage 專案

我們要運用 Mirage 來設計一個在影片中呈現文字自動繪圖，同時伴隨有光源投射特效的實例。

5.2 建立新專案

實例練習 5.2_a

1 啟動 Mirage 之後可依使用者的需求自行改變其內定值設定。

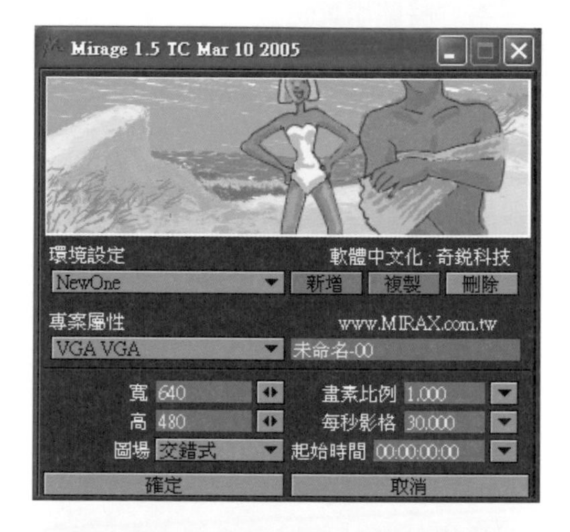

2 將「專案屬性」調整為「NTSC/DV 4：3」的視訊規格後，再按下「確定」鈕進行確認。而在 Mirage 中，影像大小是可以隨意設定並沒有限制的。而在「專案屬性」之中包含了有 NTSC D1/D2/DV、PAL、HDTV 以及 Film 等等相當多格式的選擇項目。從 VGA 到 4K Film 電影工業規格皆有。可以說是非常優秀、專業且完整的視訊整合環境。

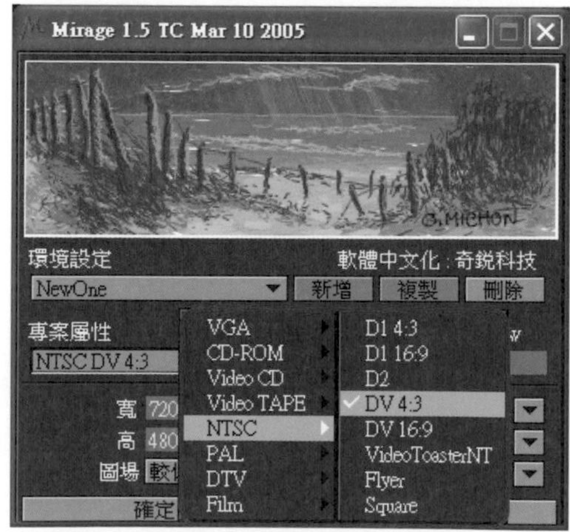

3 此處有個不起眼的細微之處要向讀者們介紹其中之差異觀念。就是在「起始時間」右方之下拉式選項中有兩種不同的選擇，就是「影格與時間碼」兩種。

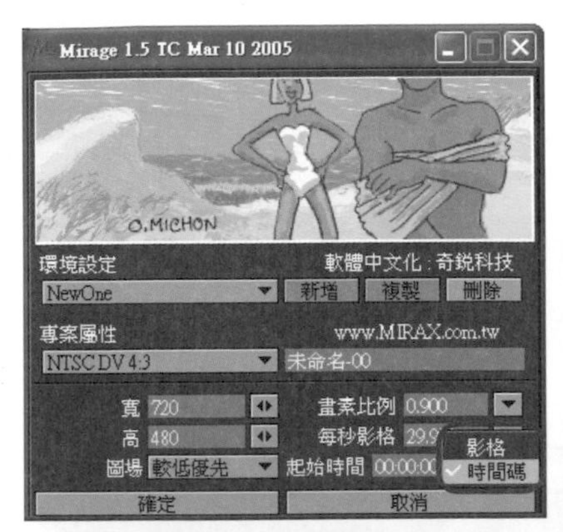

為何筆者會特別提出這個觀念呢？其原因在於「影格與時間碼」在視訊多媒體領域中，經常有人無法正確地掌握其中的差異，而在創作中面臨到後製整合時相容性的問題，而造成極大的困擾。

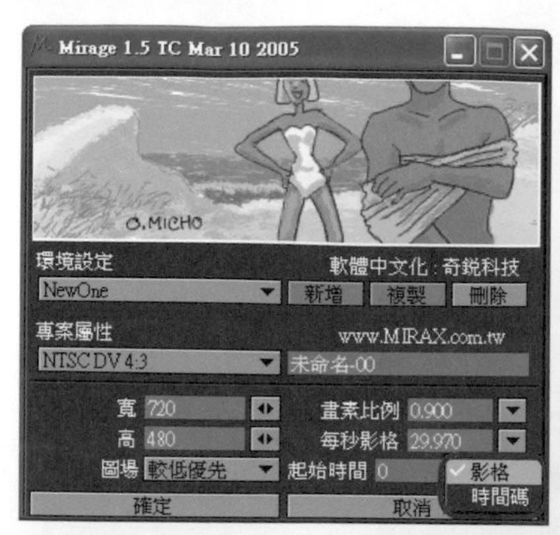

其實，若要詳細分類的話，在視訊多媒體領域中可分有兩種不同類型的數位影音視訊與媒體藝術創作者。其一是從事 2D 影音編輯製作的創作者，另一種則是從事 2D、3D 影像動畫製作的創作者。從此處我們可以了解到這兩類型的創作者在運用技術層面的觀念上有些許的差異性存在。

如果是以動畫為基礎的創作者，比較常運用「影格」觀念來創作其作品；而以影音編輯製作為基礎的創作者，則較常運用「時間碼」的觀念來創作作品。到底為何會產生此種分別呢？其實在學理基礎上並無此項分別，因為影格與時間碼本來就以對應方式出現在視訊領域中的軟硬體設備上。只是軟體廠商在設計軟體時因為有上述的分類（雖不是所有軟體設計廠商皆如此），因而導致使用者產生混淆。如果讀者們細心觀察這些坊間較有知名度的軟體就可發現其差異處了。

然而 Mirage 卻極為專業且細心的為此些微的差異設計了如此的功能選項，以滿足所有的使用者需求。而甚至此功能也與「播放工具▶」項目相互連結彼此呼應，其用心確實難得。

4 由「檔案 / 新專案」下拉式功能或直接選取開新專案之圖示「🗋」開啟，設定對話盒以建立一個新的專案。

5 此設定對話盒仍然可以再次進行「專案屬性」之設定變更。包含此專案的名稱、寬高大小（解析度）、畫素比例參數值（此處會自動與視訊規格相對應）、每秒畫格之參數值及圖場顯像設定等。

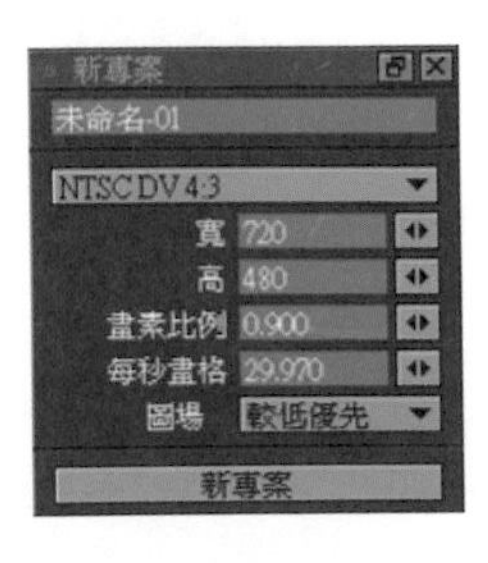

6 在 Mirage 之中提供了各類筆刷以及繪圖工具供使用者發揮創意。若是搭配之前介紹的數位繪圖板，則更可以作各種風格的繪圖。而在此步驟中，首先進行筆刷及顏色之篩選，選定好要使用的筆刷工具及顏色。

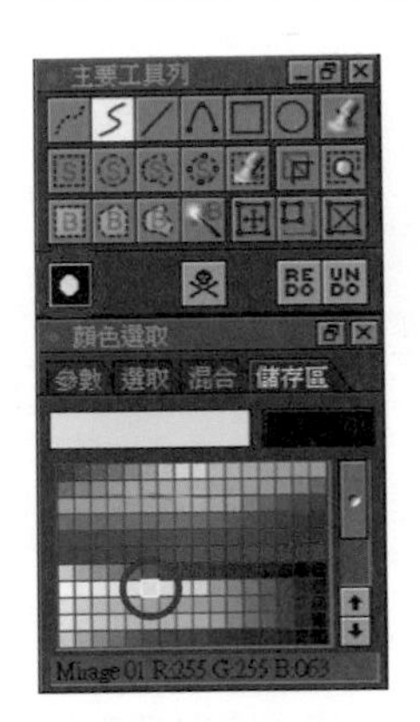

7 接著，我們選擇文字筆刷工具，在文字輸入區塊內鍵入「數位魔幻」文字。此時，在筆刷上便顯現出我們鍵入的文字。而於參數設定對話盒中選擇適當的字型，調整文字的大小以及各類屬性。

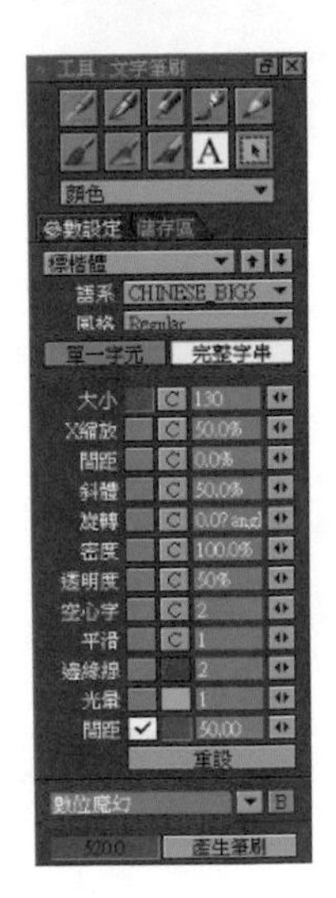

文字筆刷可分為二種模式形態，「單一字元」與「完整字串」。讀者可顧名思義，「單一字元」就是在繪製過程中每一次的筆觸只繪出一個字元，而「完整字串」則是將所有文字在一次的繪製筆觸中同時出現。

當選定好字型及完成相關參數設定後，我們就可將文字繪印至畫格中當作模版來使用了。

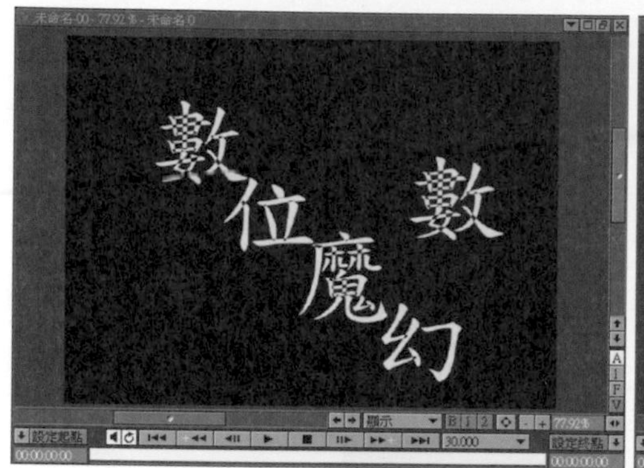

8 由於這個圖層是要以特效模版做為應用基礎，因此我們將其透明度調低到 50％，讓我們看得出與後續在書寫文字特效的區隔，並且點選圖層中「S」（stencil）欄位的方格，並將圖片的「後續動作」設定為「持續」出現。

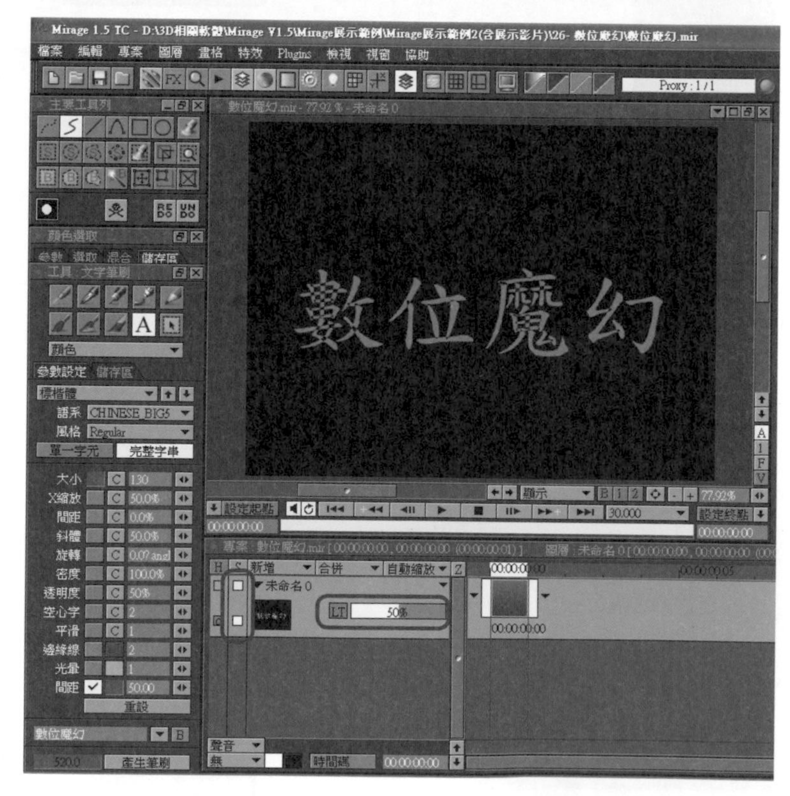

9 接著我們新增一個動態圖層，並將圖層依使用者展開至所需之長度。

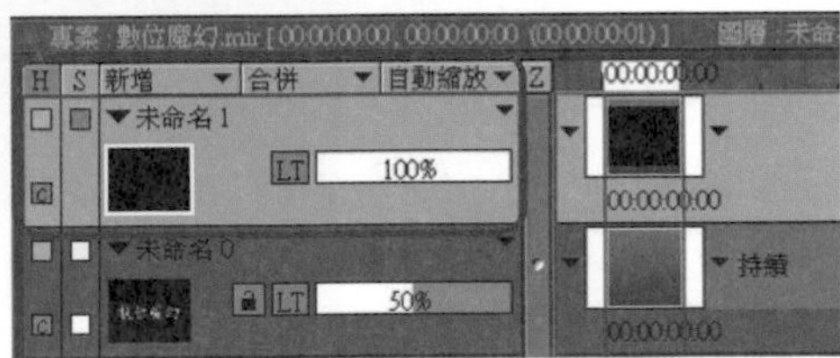

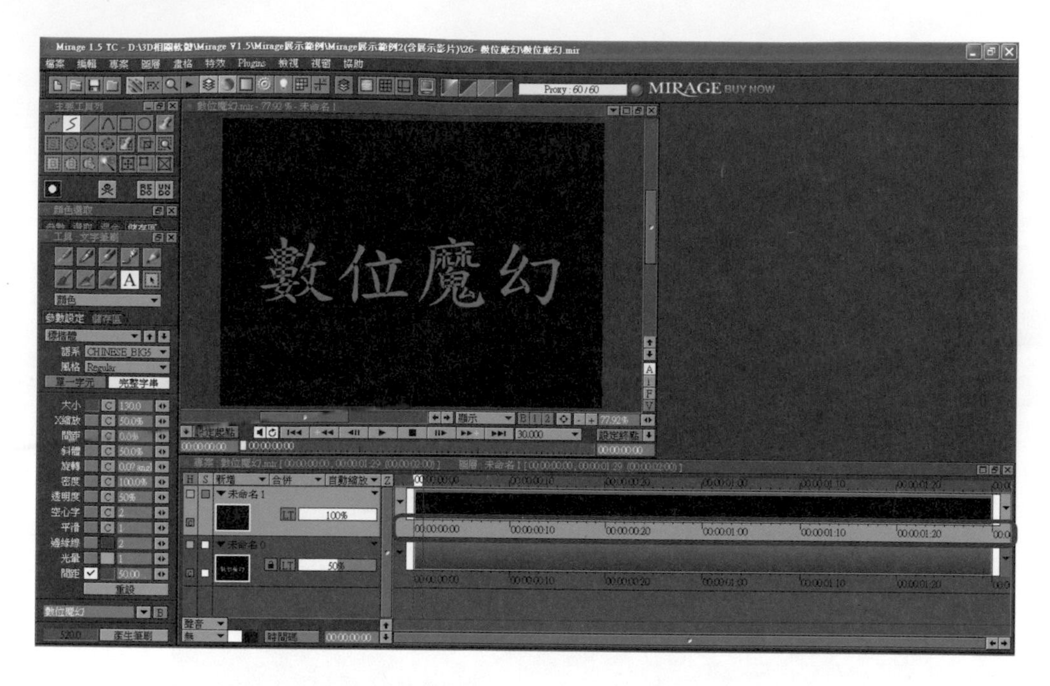

10 選取「特效 / 繪圖 / 自動繪圖」下拉式功能，以執行載入特效。

或是直接選取特效堆疊之圖示「FX」，開啟特效堆疊視窗設定對話盒，以套用一個自動繪圖的特效。

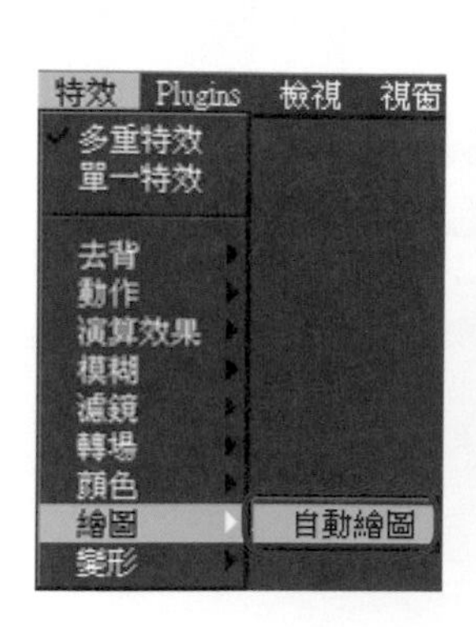

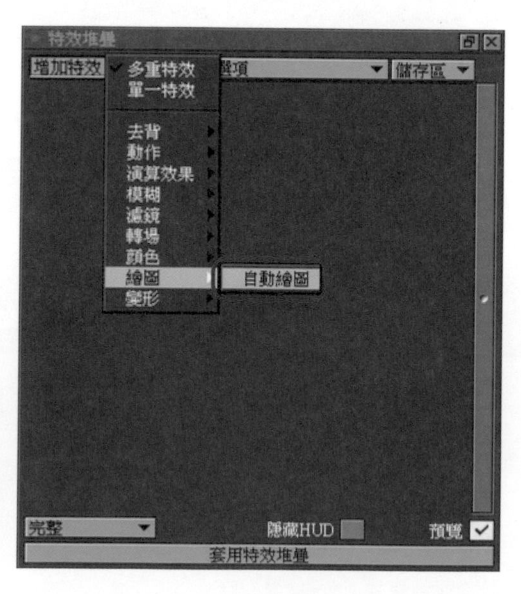

11 緊接著，我們於「主要工具列」中調整 A Color 為「紅色」。筆刷工具改選為「鋼筆」筆刷，並依使用者之需求改變「參數設定」內之相關數值。並調整「專案視窗」中的文字大小，以方便我們錄製書寫。

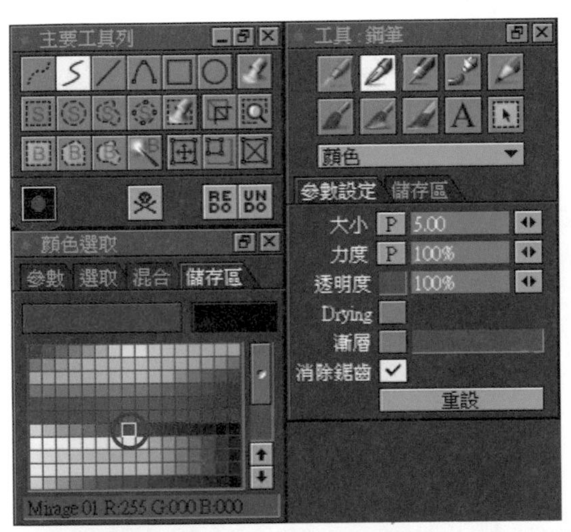

12 繼續在自動繪圖特效堆疊中，直接按下「錄製繪圖」按鈕，隨即開始進行錄製繪圖的動作。而此項作業筆者極力建議使用者盡量使用手寫繪圖的設備進行繪圖。因為若使用其他輸入設備要達到使用者「筆隨意行」的境界，似乎有些困難。

沿著模版圖層的筆順開始一筆一劃於專案視窗中書寫文字，繪製完成後再按下「停止錄製」之按鈕即可。

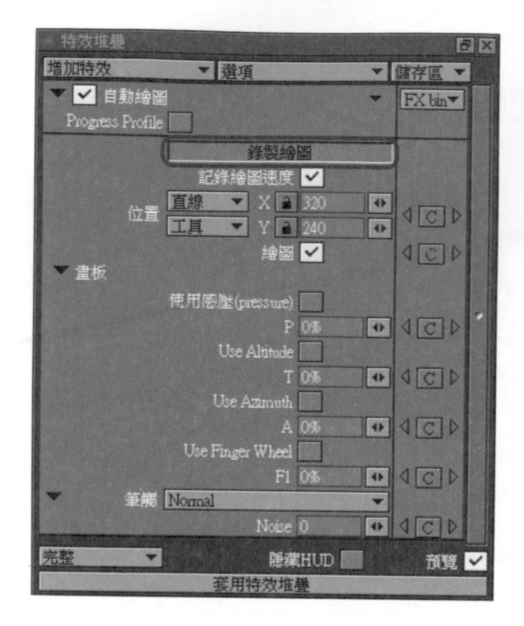

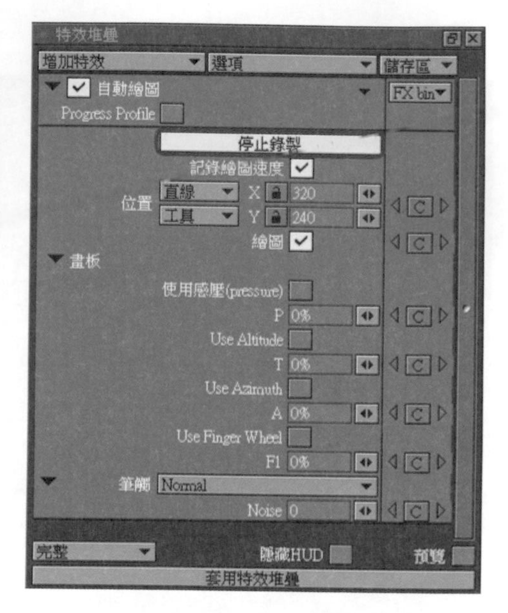

13 完成後勾選預覽選項，即可清楚看到其路徑已隨著我們剛才書寫的筆劃順序記錄下來了。此時，我們可以透過拖曳的方式，將圖層下方之特效軌作等比的縮短或延展，以符合動作所需的時間及長度。

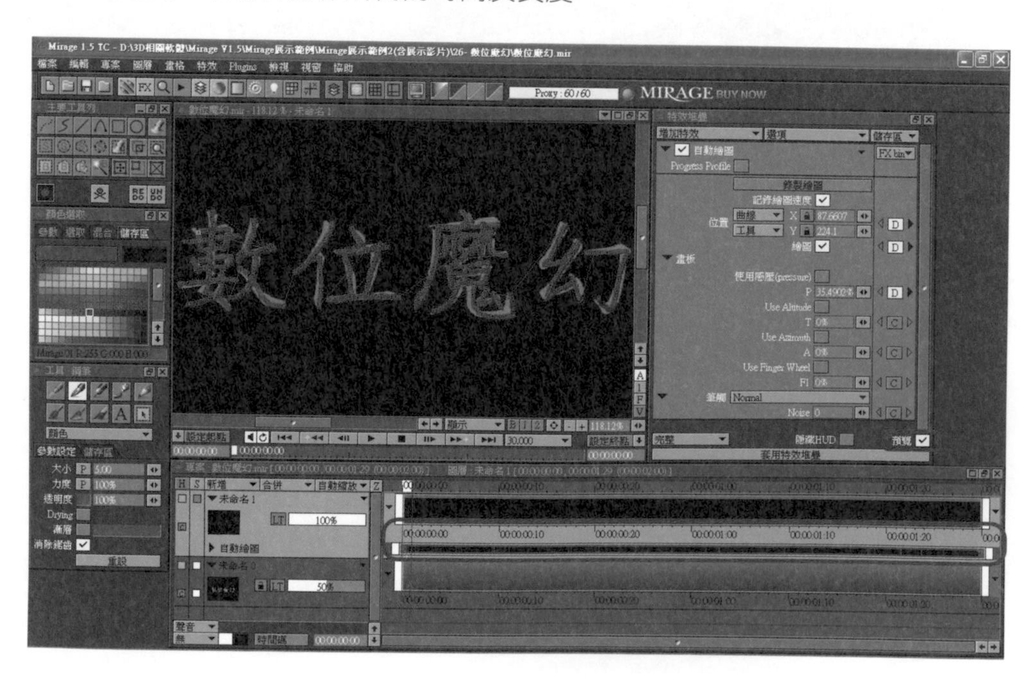

14 然而如果有繪出字型範圍以外之圖點產生，則可以將圖點圈選起來之後，再以鍵盤之「Del」按鍵將多餘之圖點清除。

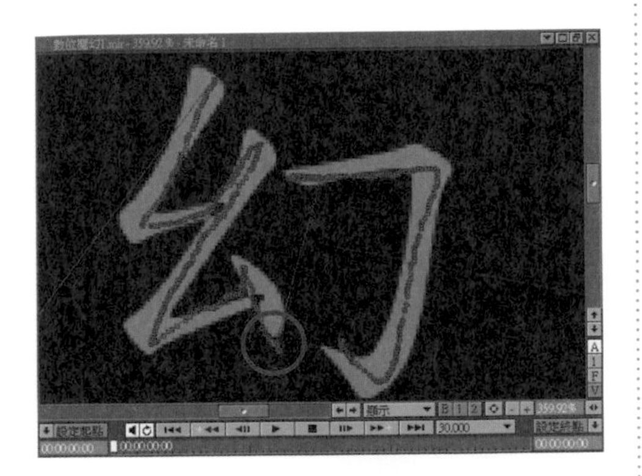

以滑鼠 LMB 圈選多餘之圖點。

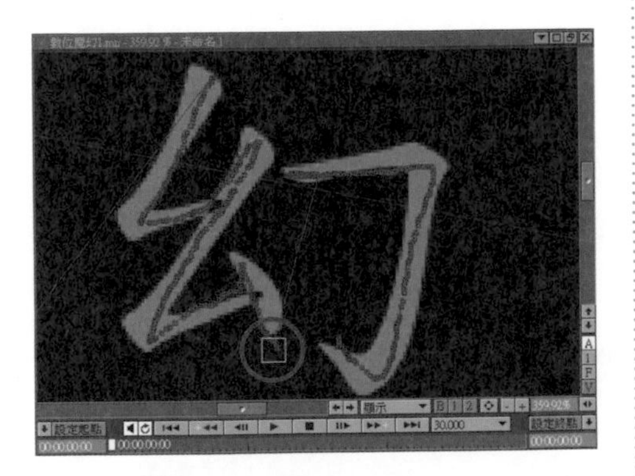

完成圈選多餘圖點。

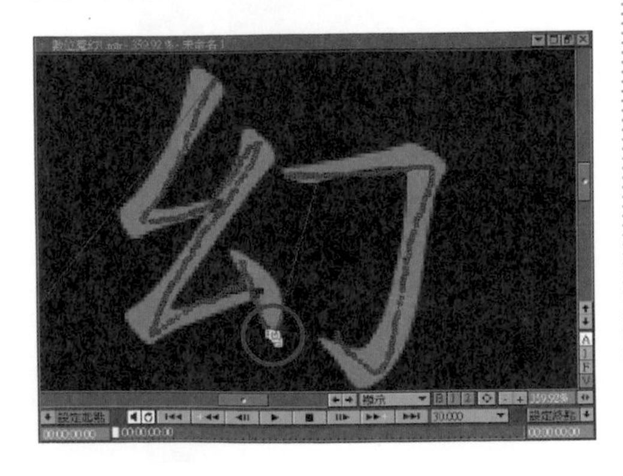

以鍵盤之「Del」按鍵將多餘之圖點清除。

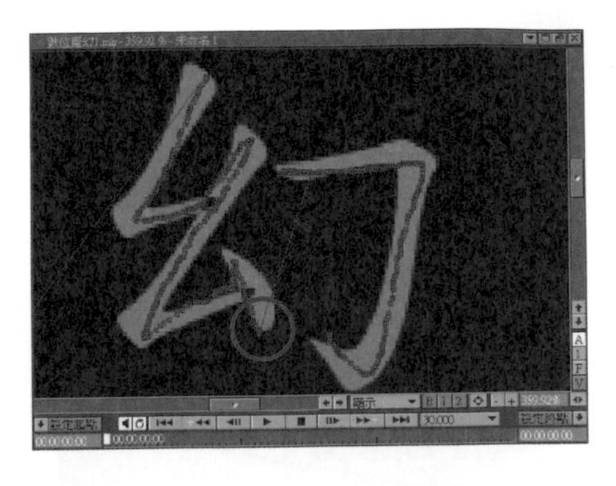

15 我們可利用「工具/加到儲存區」，將之前所書寫記錄的筆劃順序予以儲存起來，並可提供往後其他的特效做為路徑之參考與應用。

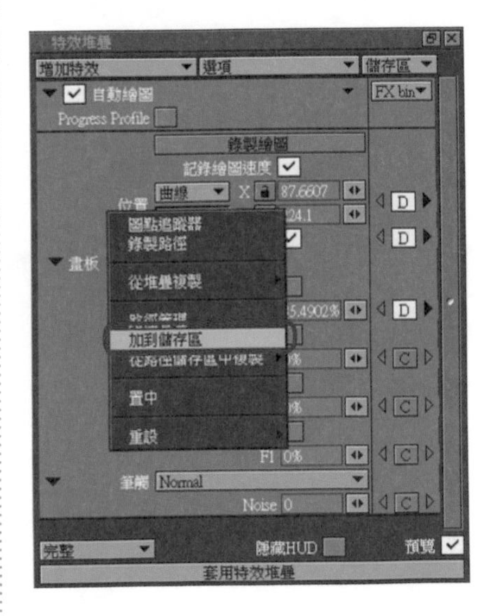

接著鍵入路徑名稱為「數位魔幻」之後再按下「確定」鈕。

我們可由工具按鈕選取「從路徑儲存區中複製」的項目中看到新增加入的「數位魔幻」路徑已經產生。往後我們就可以隨時任意搭配特效做為基本的路徑來使用。

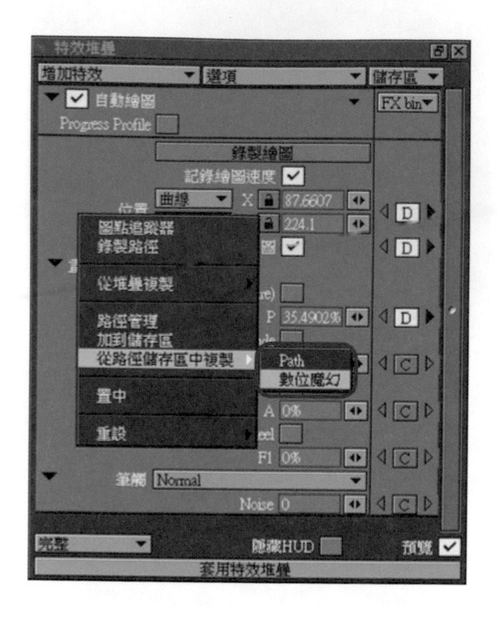

16 除了上述方法外，我們亦可由特效堆疊之「儲存區 / 增加」或「FX bin/ 增加」，將此書寫的筆劃順序增加到「儲存區」或「FX bin」內，以提供往後其他特效之運用。

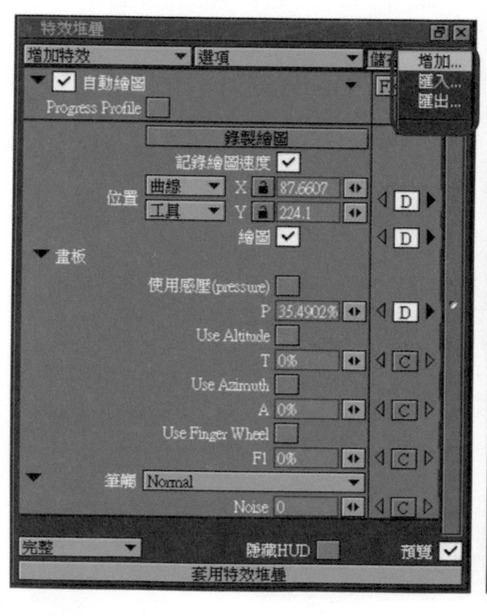

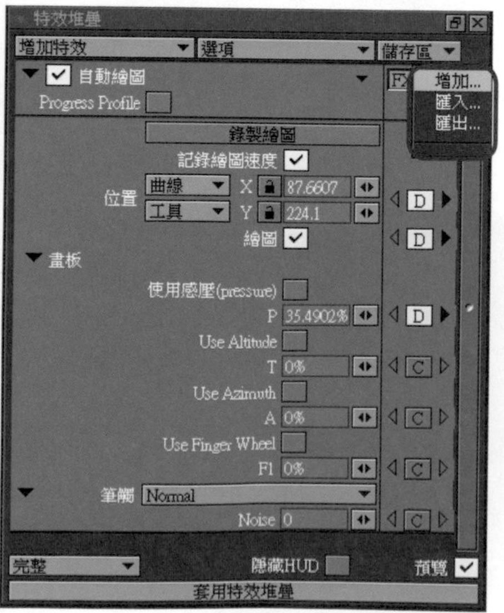

接著鍵入儲存區名稱為「數位魔幻」後，再按下「確定」鈕。

我們可藉由「FX bin」工具按鈕的項目內看到新產生的「數位魔幻」名稱，自然也就可以隨時指定此儲存區名稱來加以使用。

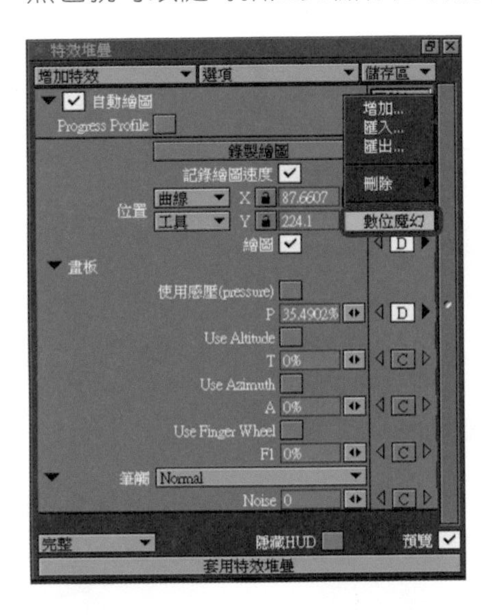

17 另外，我們也可以經由特效堆疊之「FX bin/ 匯出」，將此書寫的筆劃順序匯出成「*.bin」之檔案格式，以提供其他檔案機動性之應用。

於檔案名稱中鍵入「數位魔幻 .bin」再選擇欲存檔之路徑後，按下「確定」鈕即完成匯出「FX bin」之動作。

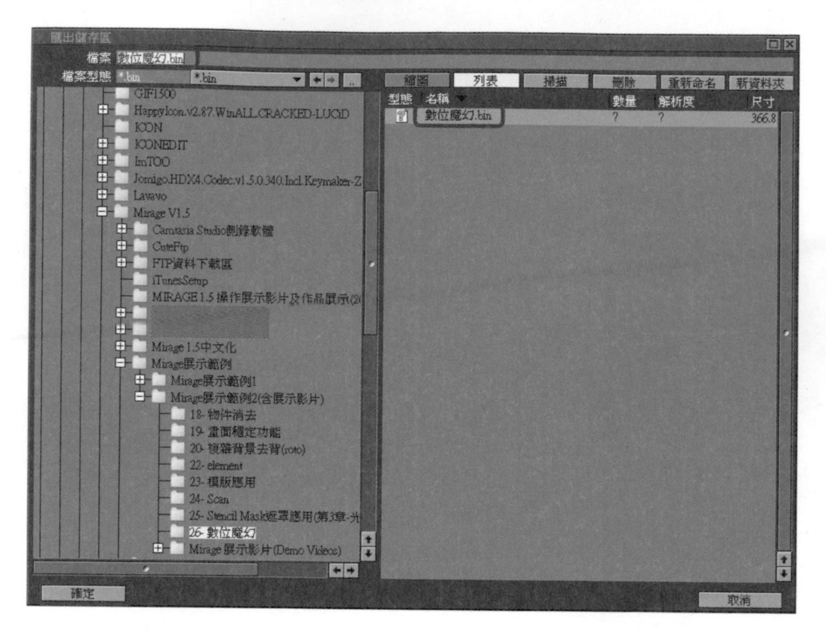

18 當設定完成後。切記，必須先關閉原來的模版功能，並將原來畫面上的繪圖運用「主要工具列」之「清除鈕 」，或使用鍵盤複合按鍵「Shift + K」予以清除，回復一個乾淨的動態圖層。

19 再次開啟模版功能，並將所需之畫格以滑鼠之 RMB 選取起來。於特效堆疊之中按下「套用特效堆疊」鈕予以套用此特效。此時，我們便已完成了一個文字書寫般的繪圖效果。

執行「套用特效堆疊」於所選之影格中。

套用並紀錄完成。

20 我們繼續延續此專案練習，再為它加上一個分子運動效果（Particle），讓整個畫面的呈現更加豐富。因此接著重新啟動「特效堆疊／演算效果／分子運動產生器（Particles）」來啟動設定項目。

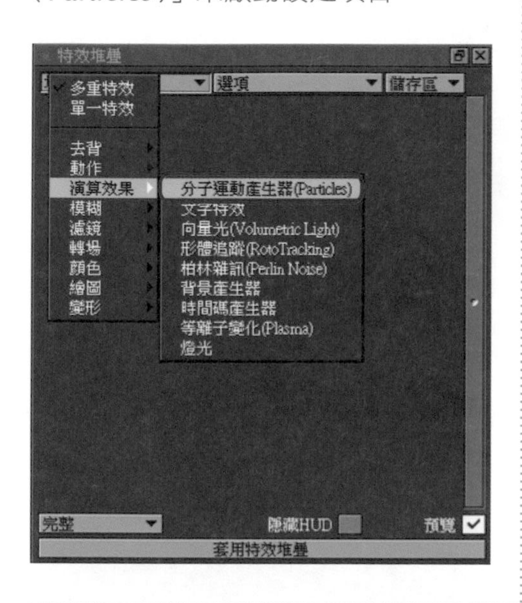

21 由「FX bin」下拉式選單中，以「瀏覽」之功能先行檢視分子運動的效果。

當使用者選定好所想要使用的效果類型之後，可直接將此分子效果的參數以「Copy to FX」按鈕複製到特效堆疊區內。此時在堆疊區中便引入了此分子效果的所有參數值設定了。

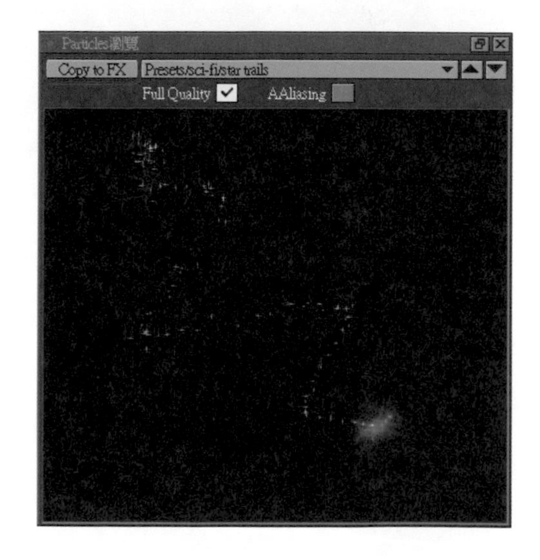

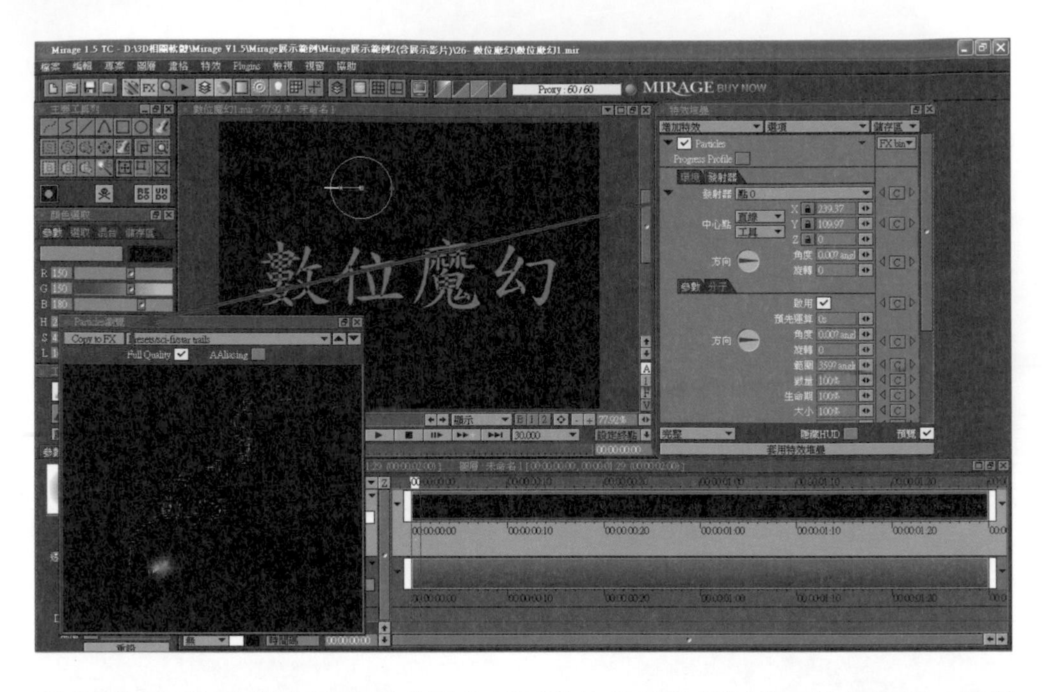

22 使用者可以依照自己的需求對分子運動的參數進行調整。諸如環境、發射器、參數、分子生命期及大小等等相當豐富且完整之設定，以符合整體設計及創意。

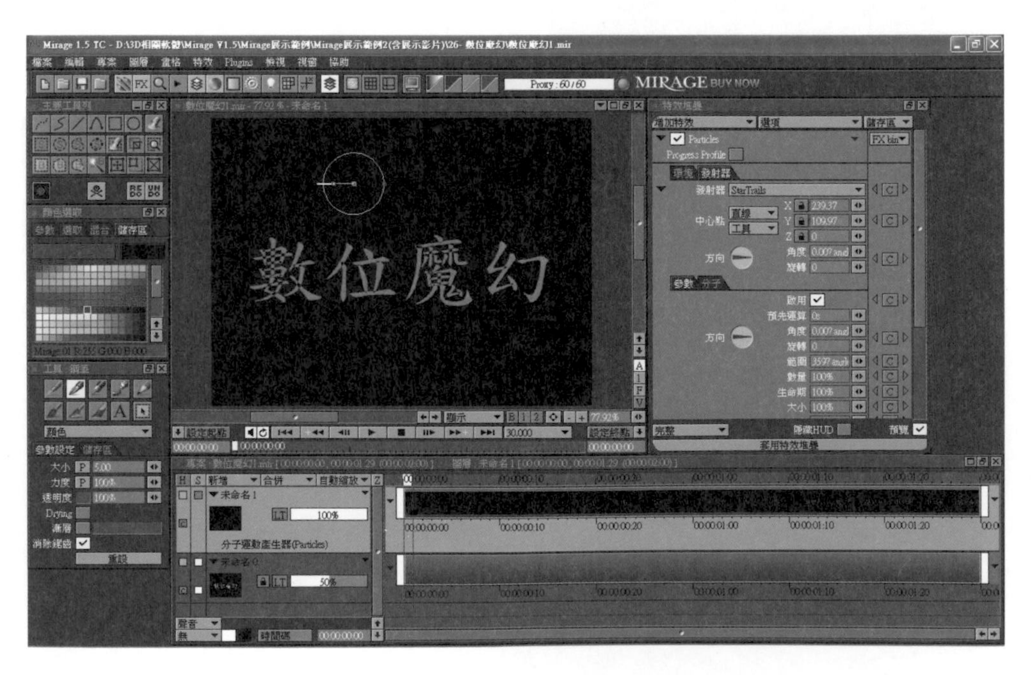

而至於應用整合方面我們可藉由工具按鈕選取「從路徑儲存區中複製 / 數位魔幻」，或是選取從「儲存區 / 數位魔幻」按下「套用特效堆疊」鈕，來將此分子效果與數位魔幻的路徑結合套用在一起。因此，分子便會沿著我們所安排設定的路線前進了。

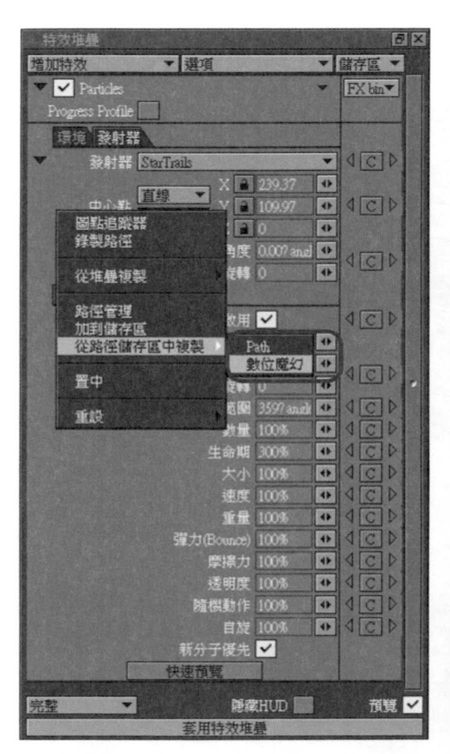

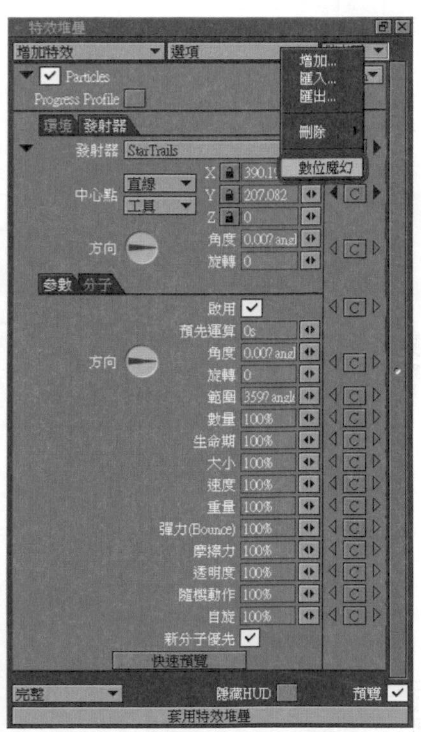

23 然而，在按下「套用特效堆疊」鈕之前，必須注意先將原本之文字模版予以關閉起來並將圖層全部選取。因為當模版啟用時相對的也啟用遮罩（Mask）功能，而其所有特效功能將被限制在模版遮罩之範圍內，以致於無法得到應有的效果。雖然只是一個小功能，但請讀者們務必再次確認其核選之狀態。

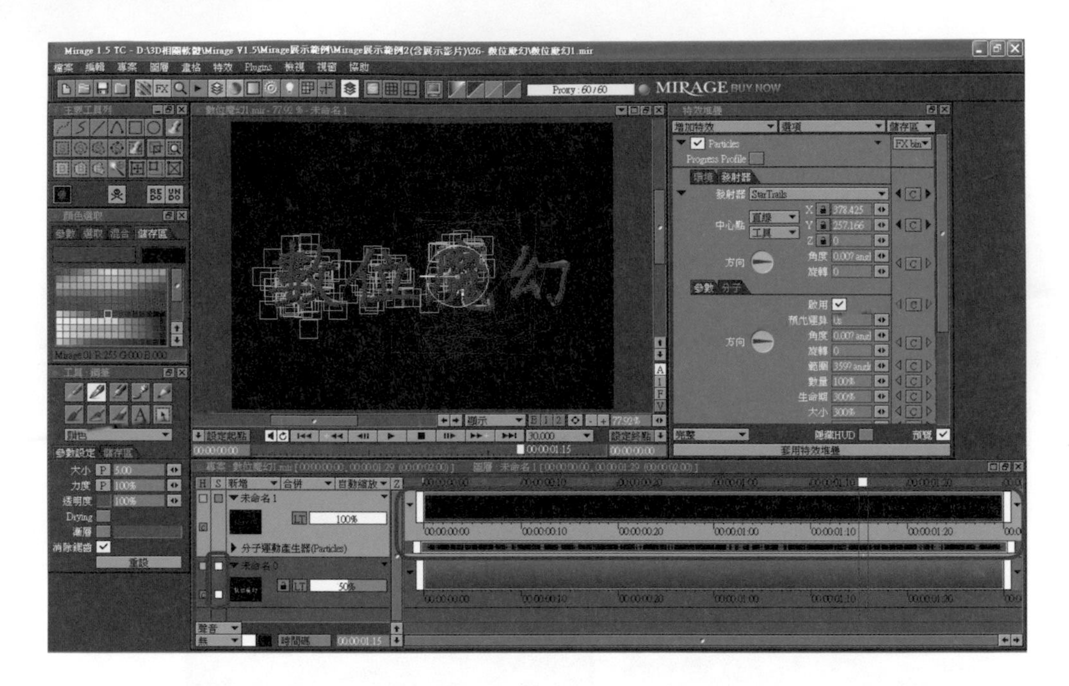

24 當取消關閉模版功能之後，我們隨即可以按下「套用特效堆疊」鈕以開始套用特效於圖層上。

執行「套用特效堆疊」於所選之影格中。

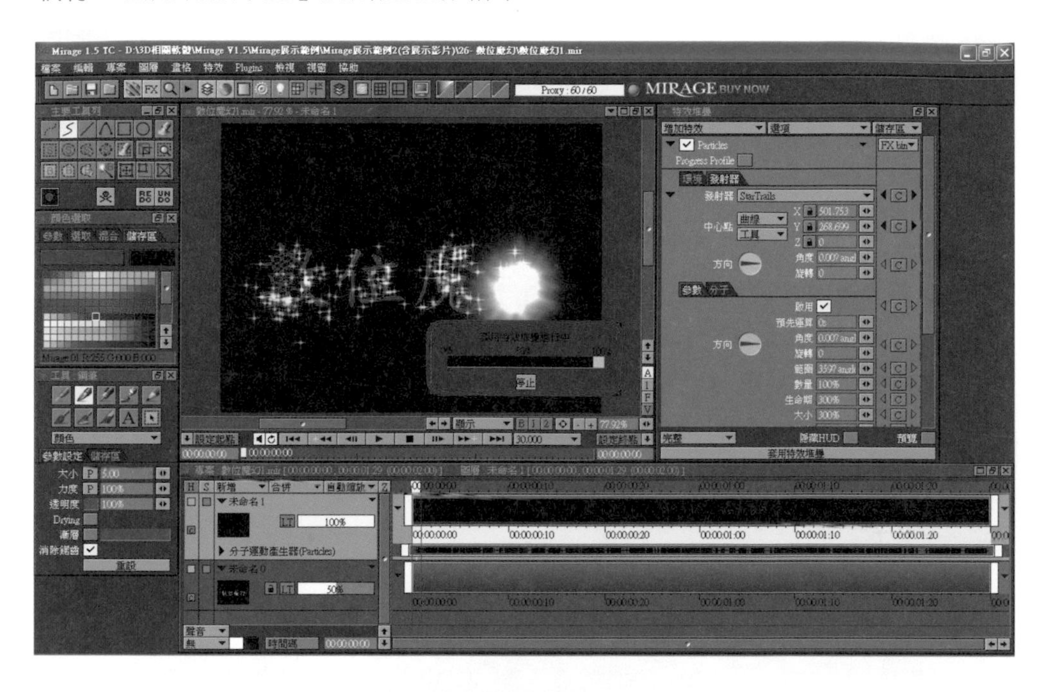

25 等待完成「套用特效堆疊」功能之後，我們可按下播放鍵，檢視其完整之特效動作是否正確無誤。

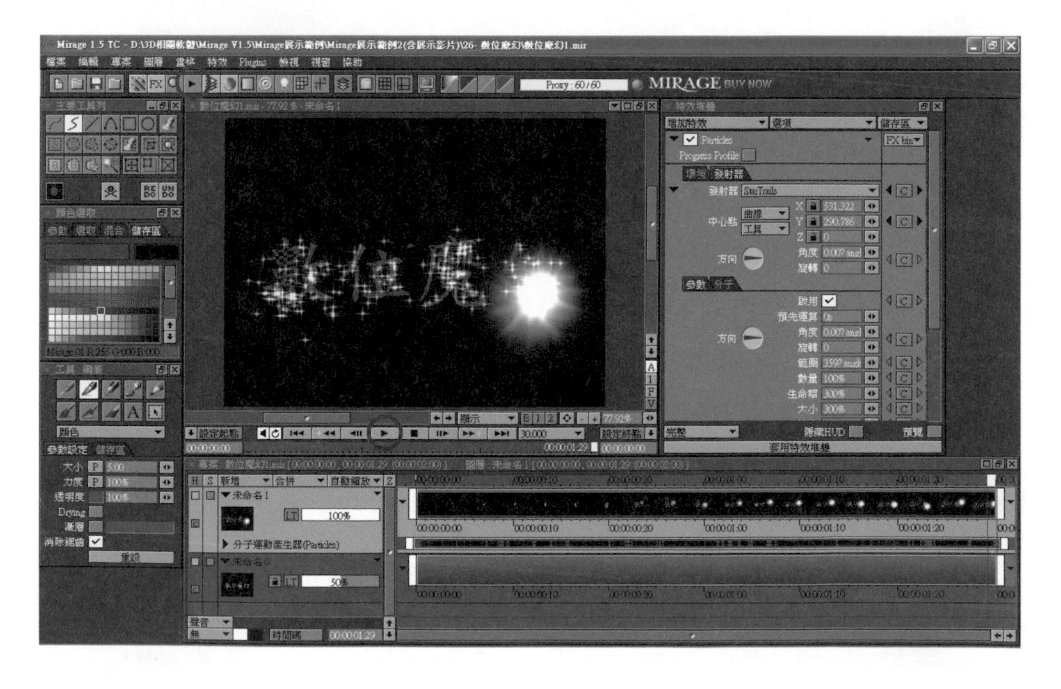

26 接著我們將再加入「特效 / 演算 / 向量光（Volumetric Light）」功能中到此專案中。由於我們曾在第 3 章【實例練習 – 3.1-4_a】中有介紹過向量光（Volumetric Light）之設定方式。因此讀者們也可以參考【實例練習】之步驟 12 到步驟 22 之設定過程。

首先我們藉由文字模版圖層，以滑鼠 RMB 選取「複製圖層副本」功能，再加入一個新圖層來當成製作向量光特效之平台。

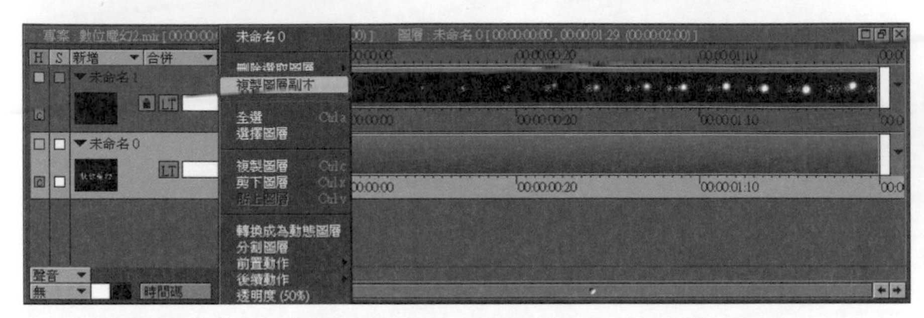

新增加之圖層。

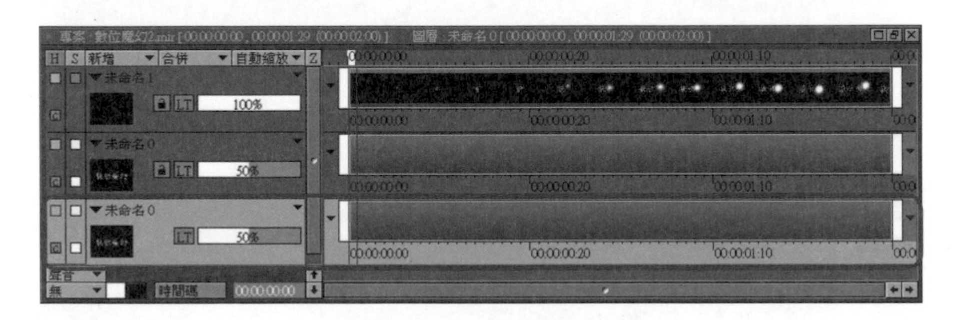

27 由於我們的文字模版與特效模版的字型顏色不同。所以我們必須改變此新圖層字型的顏色，將新圖層先行縮短畫格到最小範圍後，再以 LMB 拖曳到右邊最後之畫格位置，其目地為使特效出現時間不同步。並調整模版顯示設定。再將其他圖層隱藏起來只保留新的圖層，並將其圖層透明度調整為 100%。

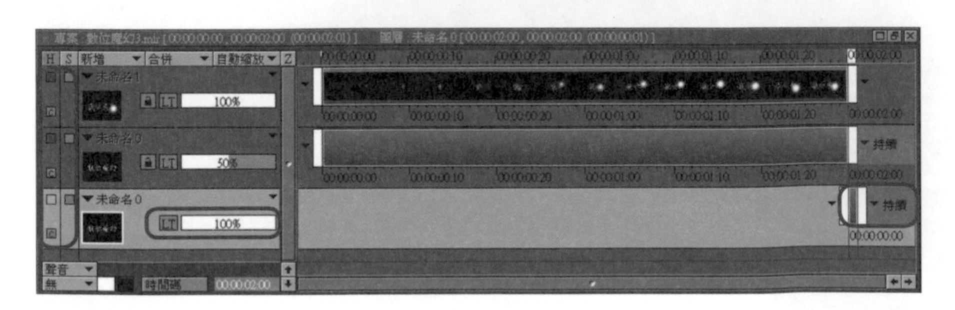

繼續選取需要的顏色、筆刷類型、啟用遮罩模版功能並直接於專案視窗中修改其顏色。

28 將新圖層之畫格使用 LMB 予以拖曳延長至所需長度後，再於此新圖層上以 RMB 選擇「轉換成為動態圖層」。

完成變更新圖層之顏色及動態圖層動作。

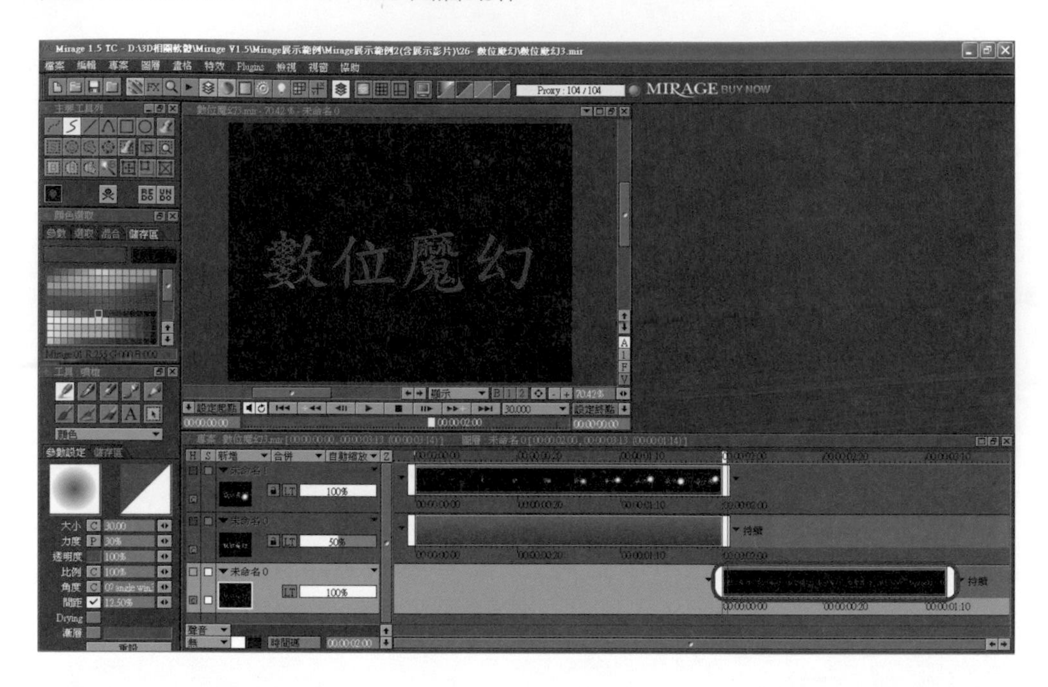

29 執行「特效 / 演算效果 / 向量光（Volumetric Light）」特效並關閉遮罩模版功能。

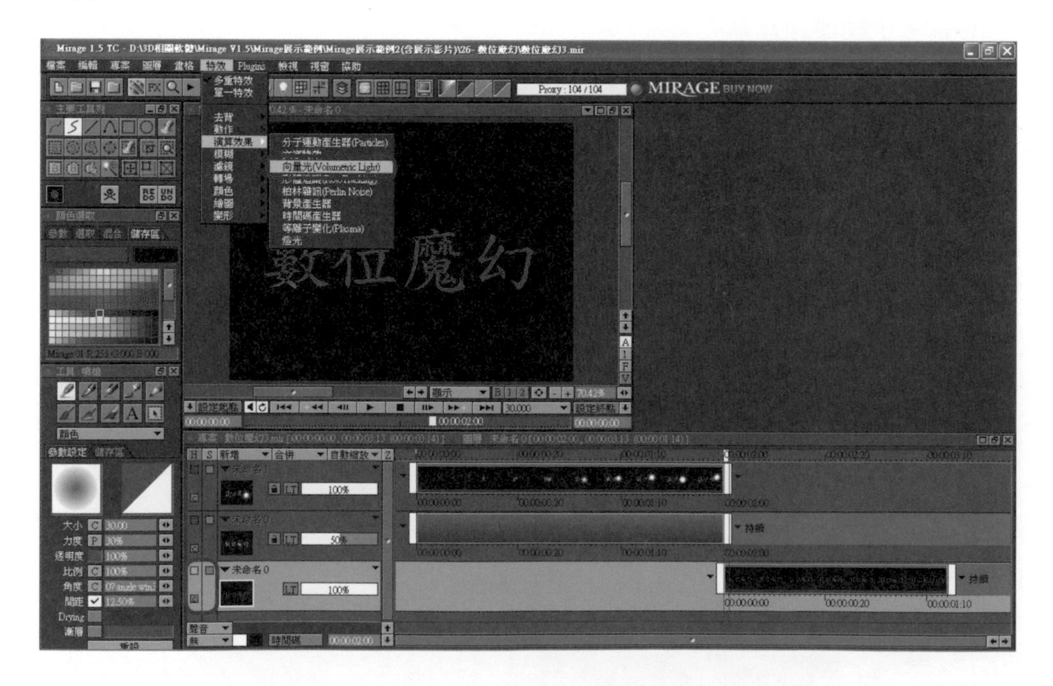

隨即產生向量光特效於專案視窗中。

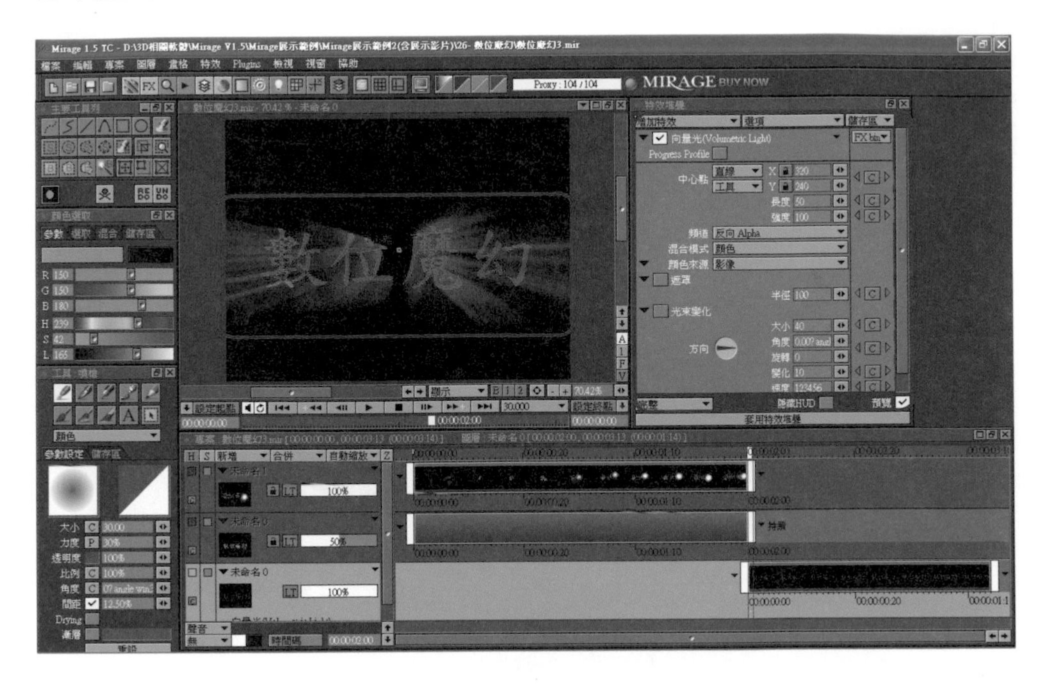

30 將「特效堆疊」中之「混合模式」改為「光」型式。

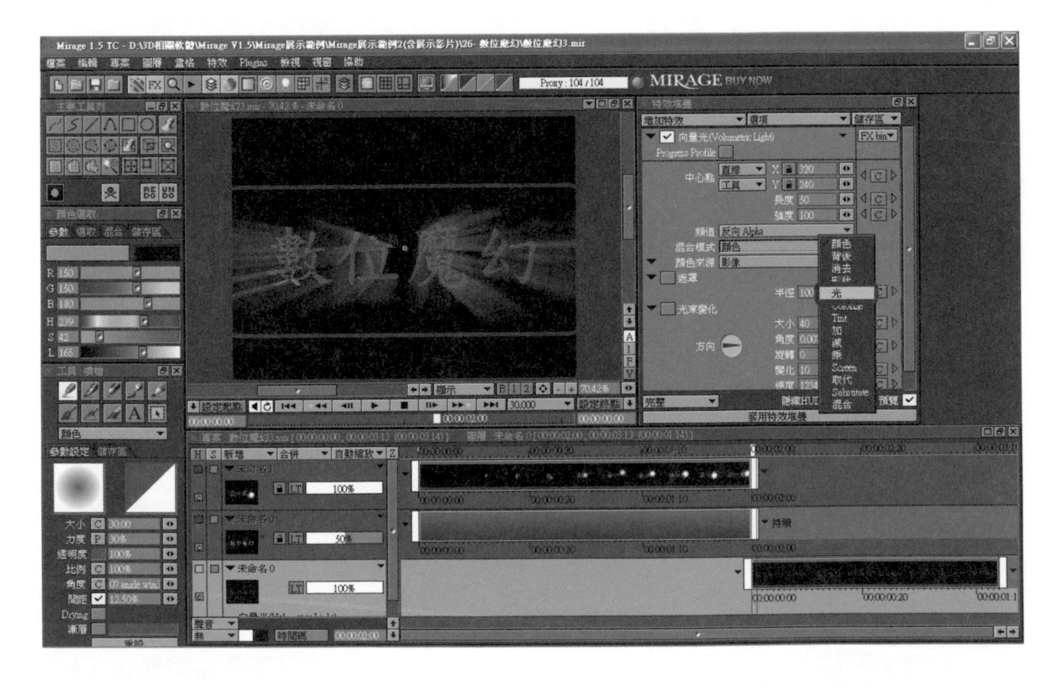

可以看到改變了向量光（Volumetric Light）的投射顏色。

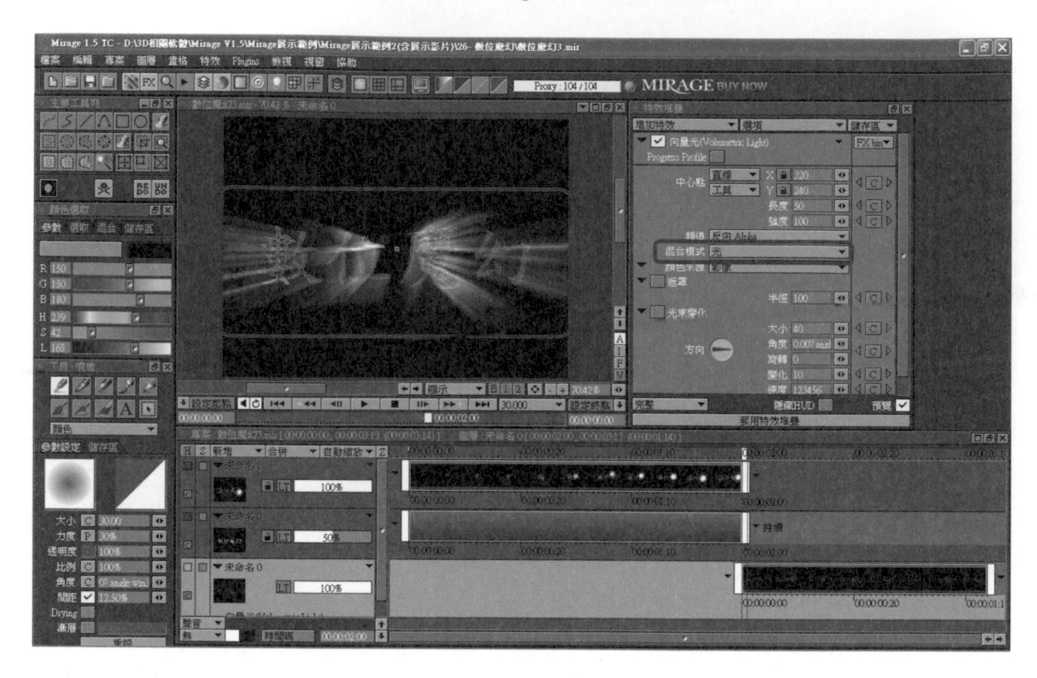

31 接下來之設定則與第 3 章【實例練習－3.1-4_a】中介紹過的向量光（Volumetric Light）設定方式相同，請讀者們參考其中步驟 12 到步驟 22 之設定過程，並改變其中之參數設定值與第一點定位點。

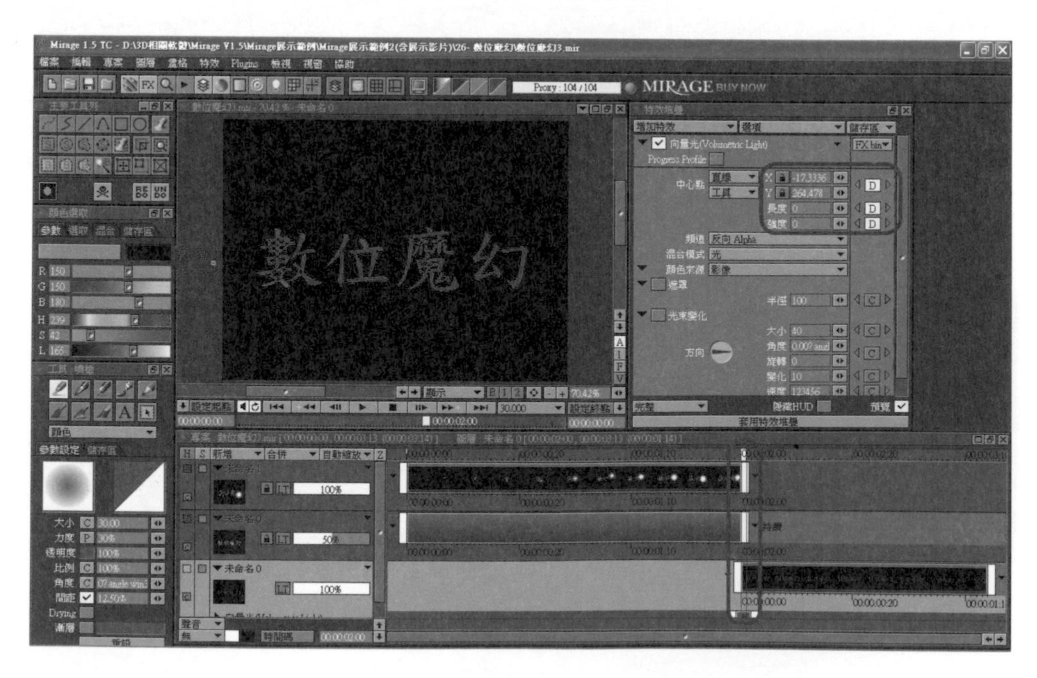

設定參數設定值與第二點定位點。

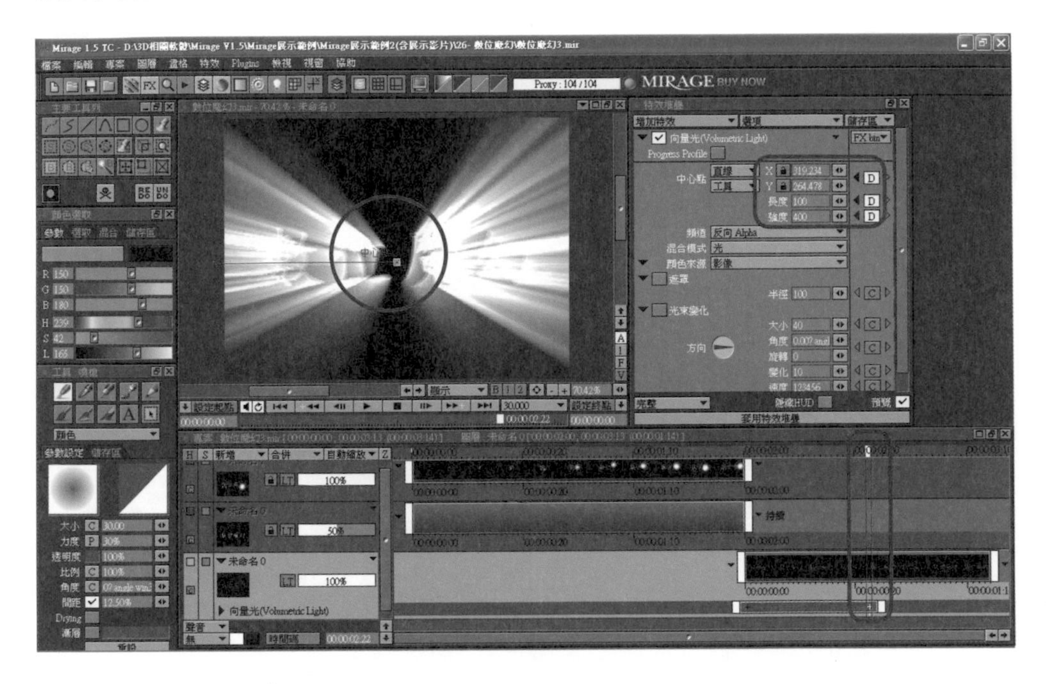

設定參數設定值與第三點定位點。

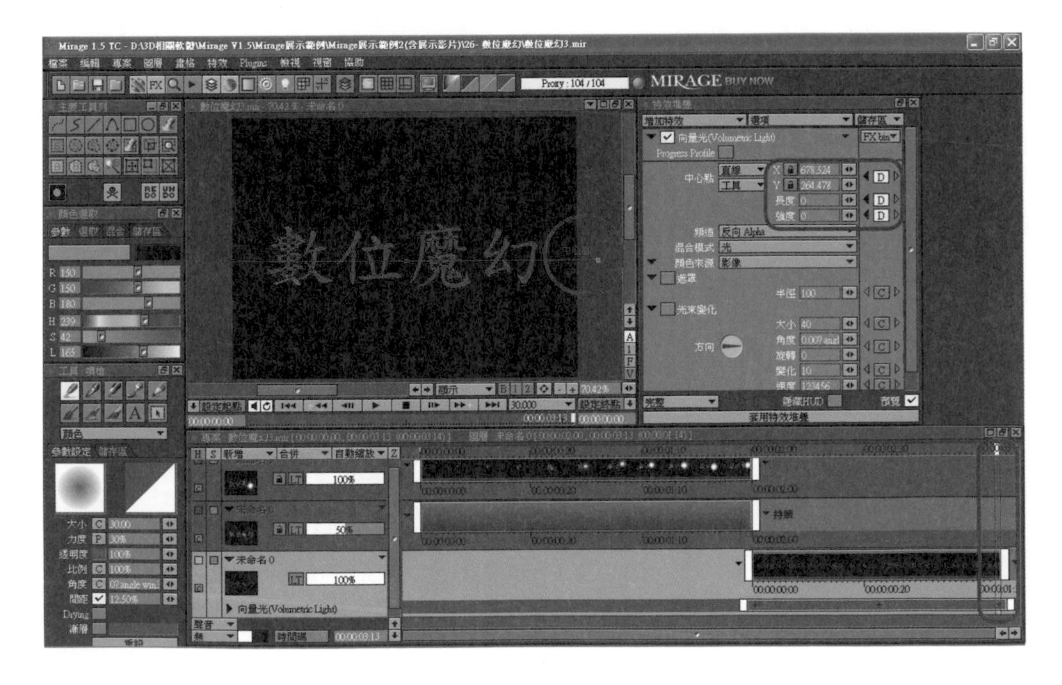

32 以滑鼠 RMB 選取所有畫格，並按下「套用特效堆疊」鈕執行影格套用。

完成套用特效堆疊至影格之動作。

33 恢復其他圖層顯示後便完成此特效。

34 接著，筆者還不想要如此就結束這個專案。也許讀者們會覺得 Mirage 能做到這些特效就已經非常專業及豐富了。其實這只是 Mirage 強大功能之冰山之一角而已。讓我們再為此專案加上一個相當精彩的「閃電雷擊」的特效吧！

在步驟 27 時，筆者介紹了變更文字模版字型顏色之方法。我們再提供使用者參考另一種變更文字模版字型顏色之方法來製作此一特效。

首先如同步驟 26，藉由文字模版圖層以滑鼠 RMB 執行「複製選取圖層副本」功能，加入一個新圖層來製作新特效。

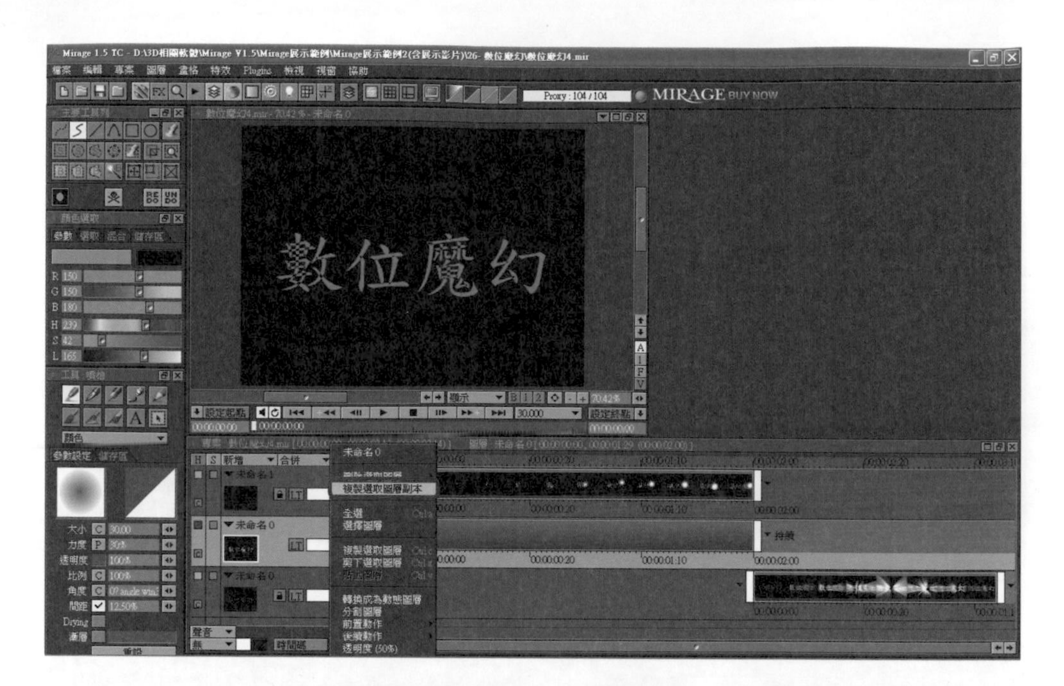

繼續使用與步驟 27 相同之方法，選取需要的顏色、筆刷類型、啟用遮罩模版功能，並直接於專案視窗中修改其顏色，並將其圖層透明度調整為 100%。

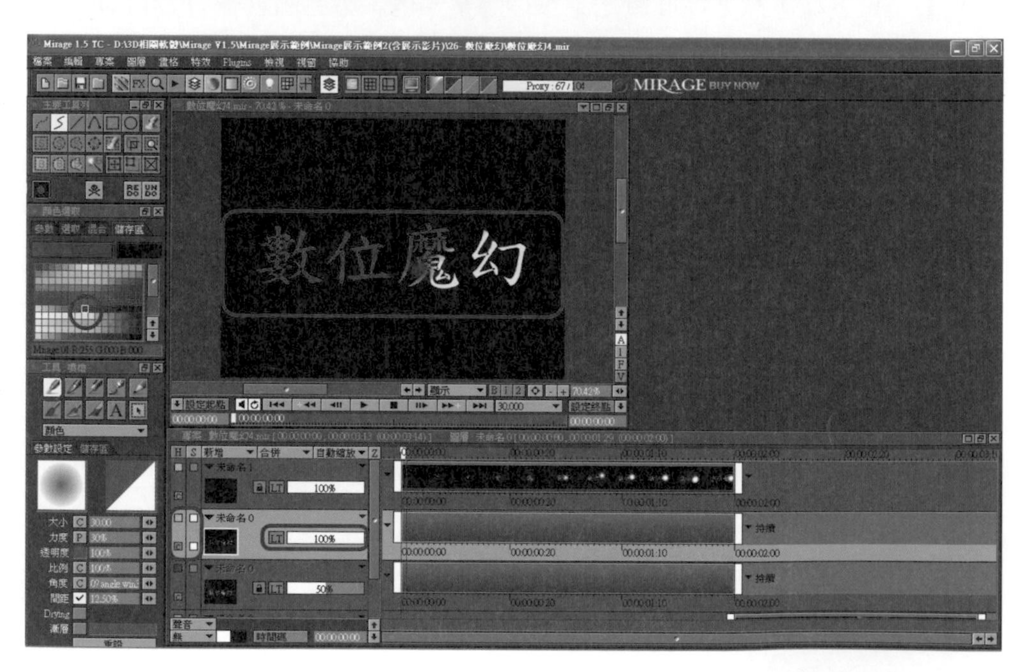

而此處與步驟 28 不同的是，我們並不改變特效之位置，而是直接以滑鼠 RMB 來執行「轉換成為動態圖層」之功能。

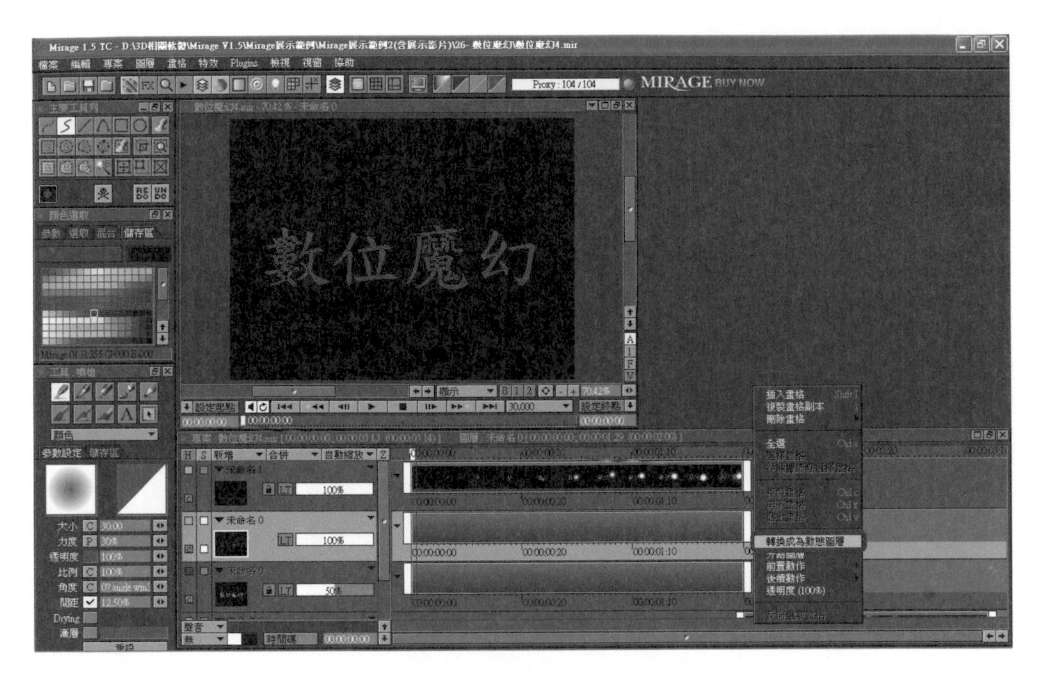

此便完成另一種變更文字模版字型顏色，以及轉換成為「動態圖層」之方法。

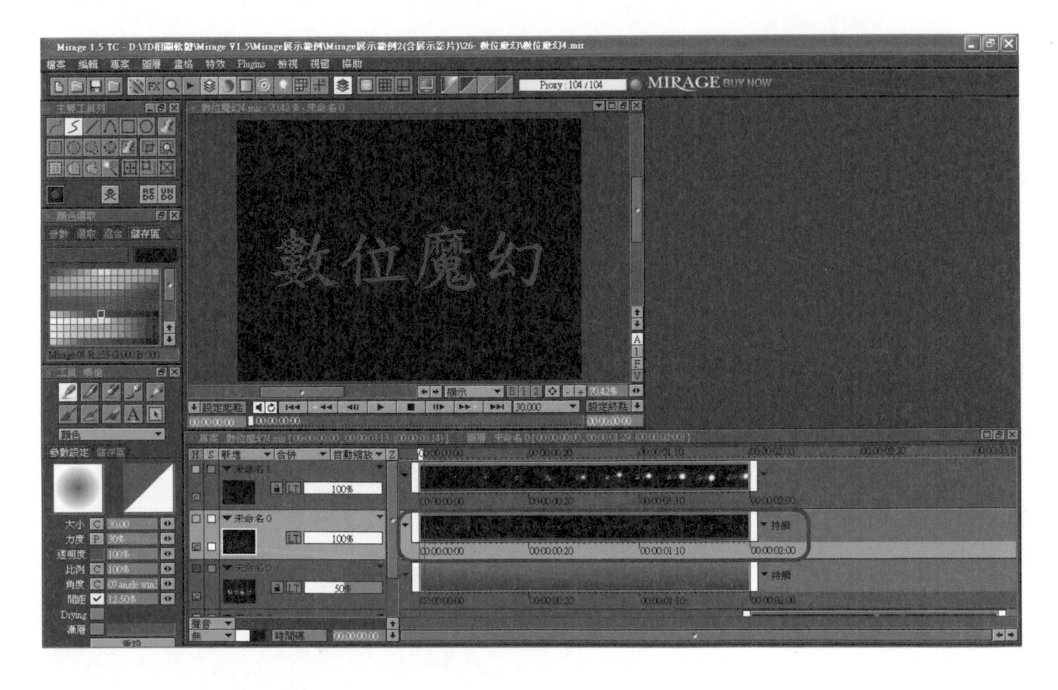

35 選取特效堆疊之圖示「FX」以開啟特效堆疊視窗設定對話盒，並由「儲存區」中載入先前增加的「數位魔幻」路徑。

36 加入後再由「工具 / 從路徑儲存區中複製」指定「數位魔幻」之路徑，並以 RMB 全選新的圖層。

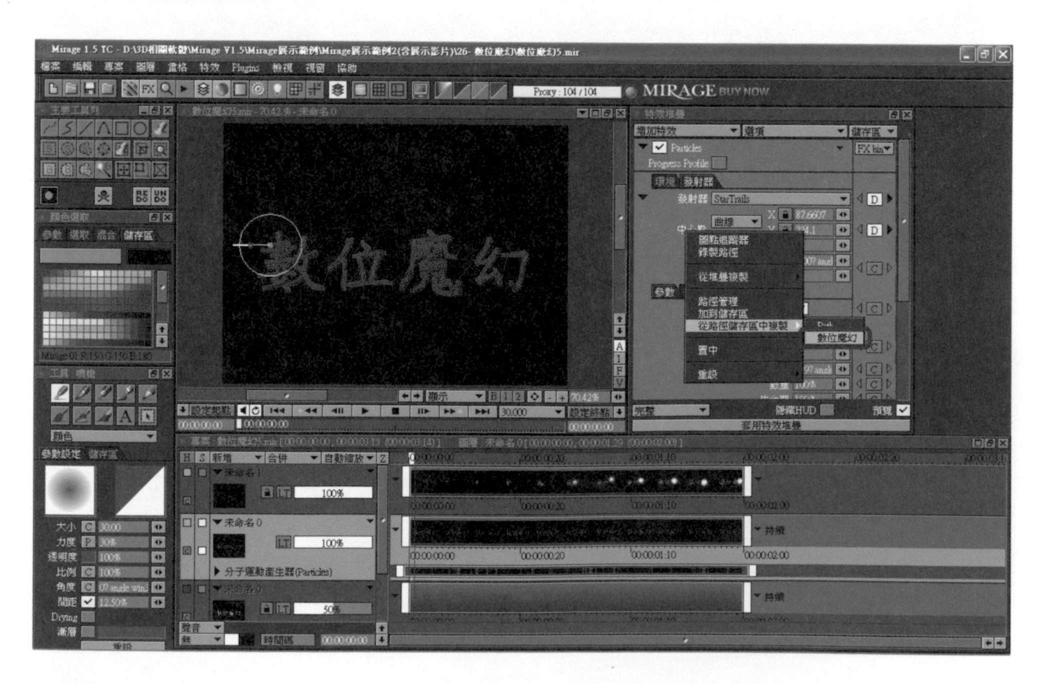

以 RMB 全選新的圖層。

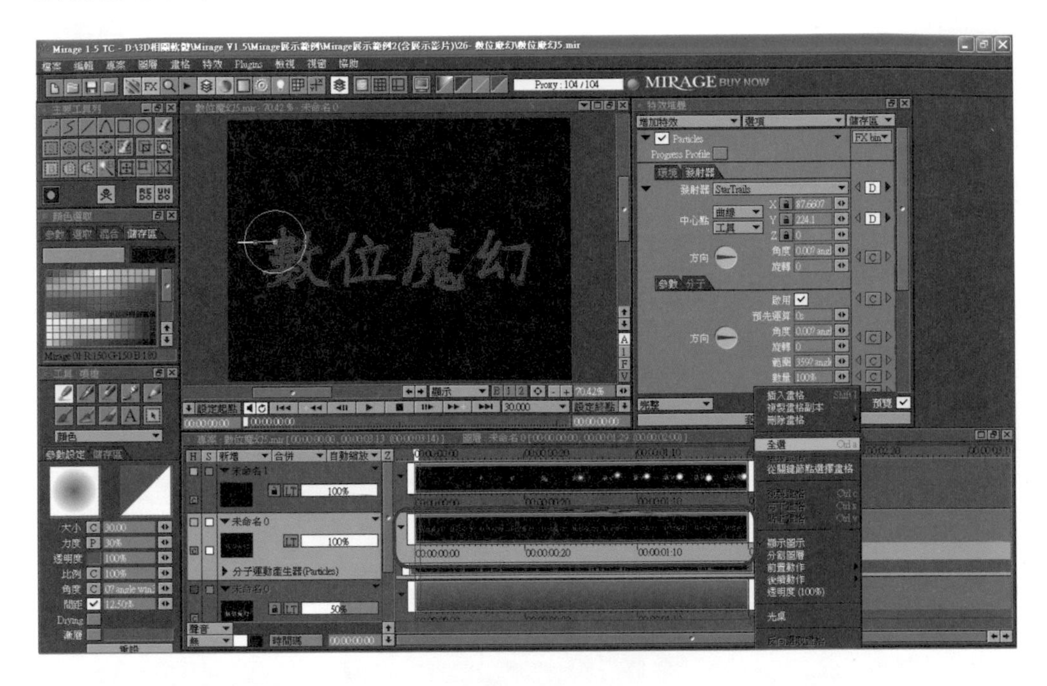

完成全選新的圖層。

37 關閉新圖層的遮罩模版功能，並選擇指定閃電雷擊特效的顏色。於圖示工具列中選取「元素工具」後，在「Element」對話盒之「All」標籤中指定「zap」閃電雷擊特效元素，並以所需設定之條件依提示步驟逐一地完成。

接著再關閉新圖層的遮罩模版、選擇顏色並指定「zap」閃電雷擊特效元素。

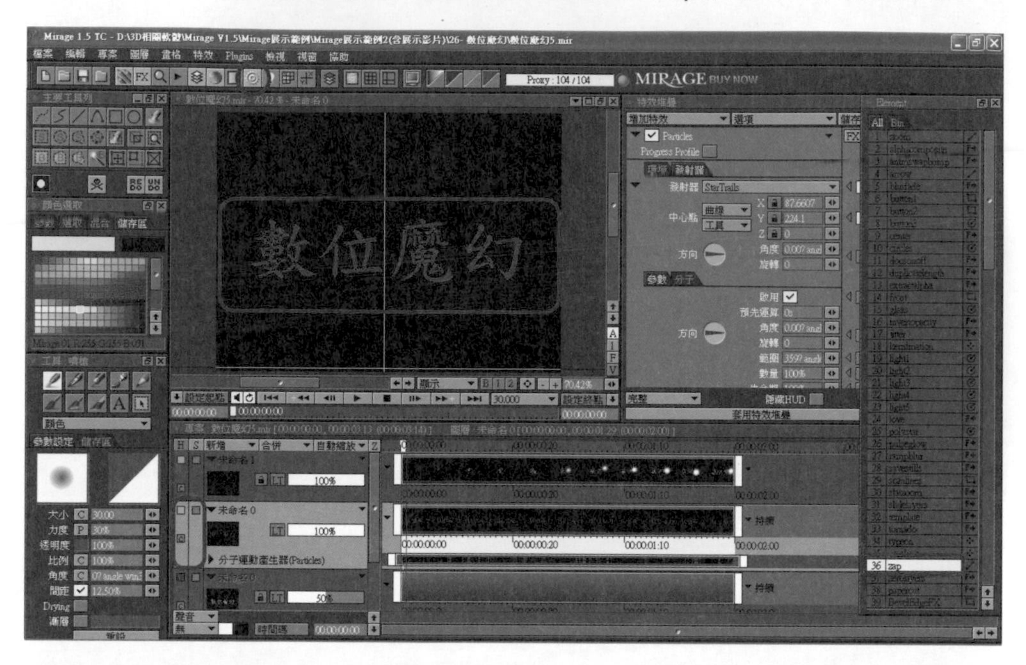

依提示步驟逐一地完成。

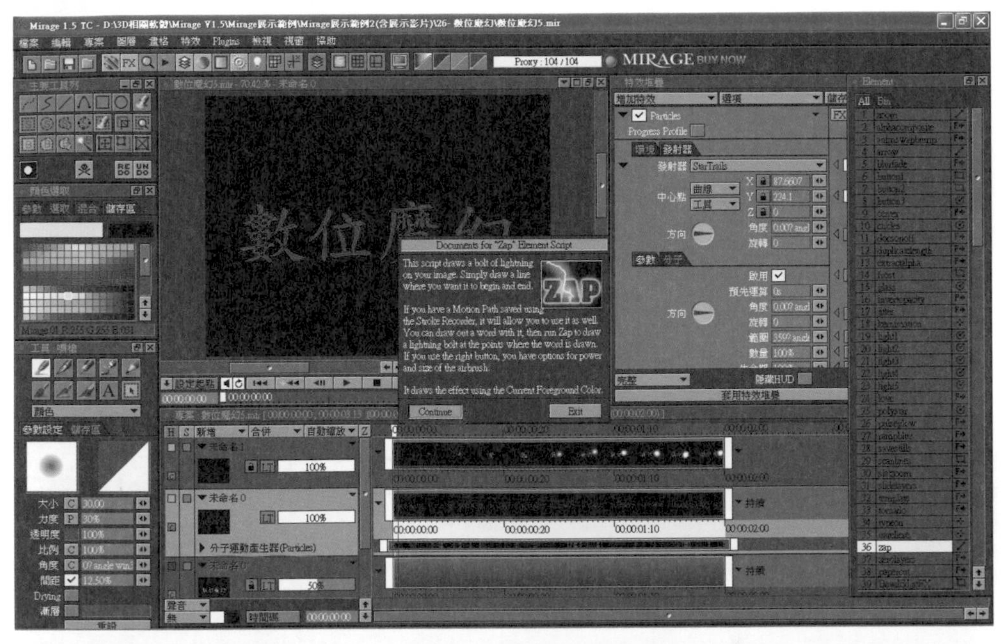

MIRAGE BUY NOW
數位魔幻
Ready To Process 60 Frames?
Go Ahead
Abort

MIRAGE BUY NOW
數位魔幻
Script Took 0 Hours 0 Minutes & 13 Seconds To Complete!
確定

38 針對「閃電雷擊特效」圖層，使用滑鼠 RMB 來將「後續動作」改變為「無」之狀態。

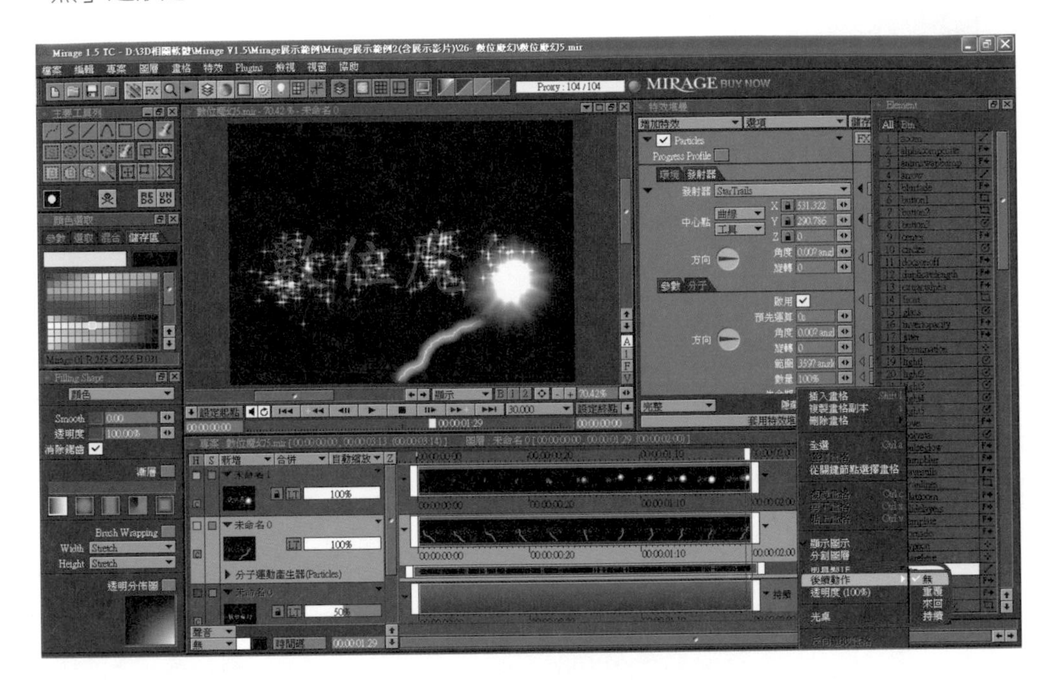

完成閃電雷擊特效。

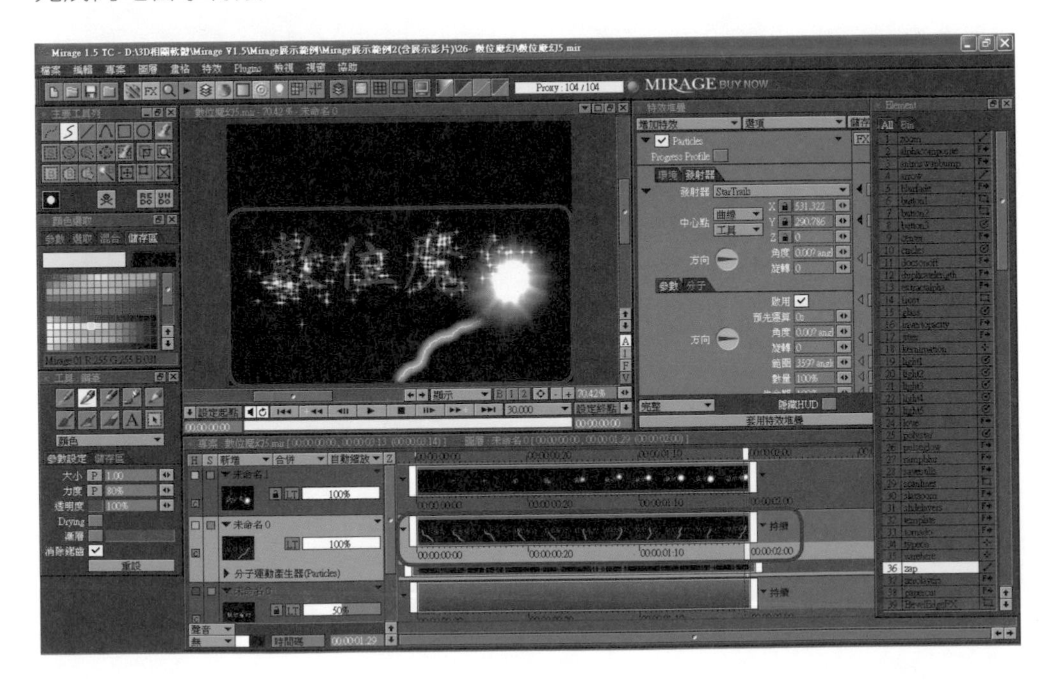

5.3 檔案管理

以下的步驟我們將一併來介紹 Mirage 於檔案中有關管理之觀念，並且為此專案加入動態視訊之影片背景做為本章之結尾。

由於我們之前曾經提過 Mirage 的所有圖層都帶有 Alpha 分佈值設定，也因此當背景圖層加入後，則不需要再作其他透空的設定便可直接進行合成。在此我們將加入一個循環動畫效果，將動態視訊影片直接展開至相同的長度，並且設定為「循環播放」。

1 由圖層選擇「新增 / 匯入影像」功能，隨即將開啟「載入影像」之對話盒視窗。

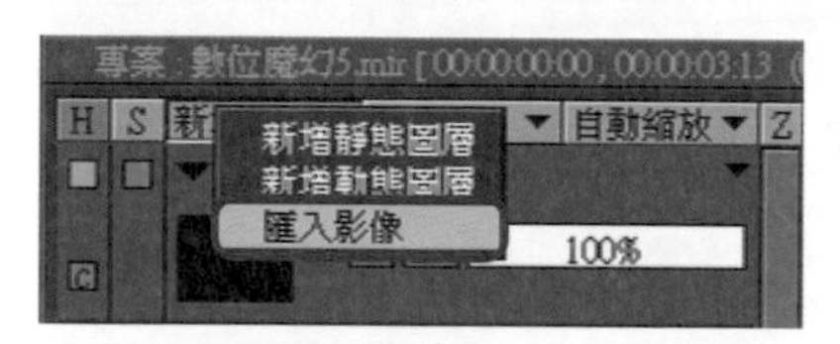

使用者可將此對話盒視窗視為 Windows 檔案總管功能。如同我們於第 4 章「介面標籤設定」一節曾經提過 Mirage 檔案總管功能之設定，對話盒之規劃也分為兩大部分。一則為左半邊「路徑檢視」，另一則為右半邊「檔案檢視」。

使用者於右半邊「檔案檢視」部分，可以按下「列表」鈕後以清單方式來檢視並載入檔案。

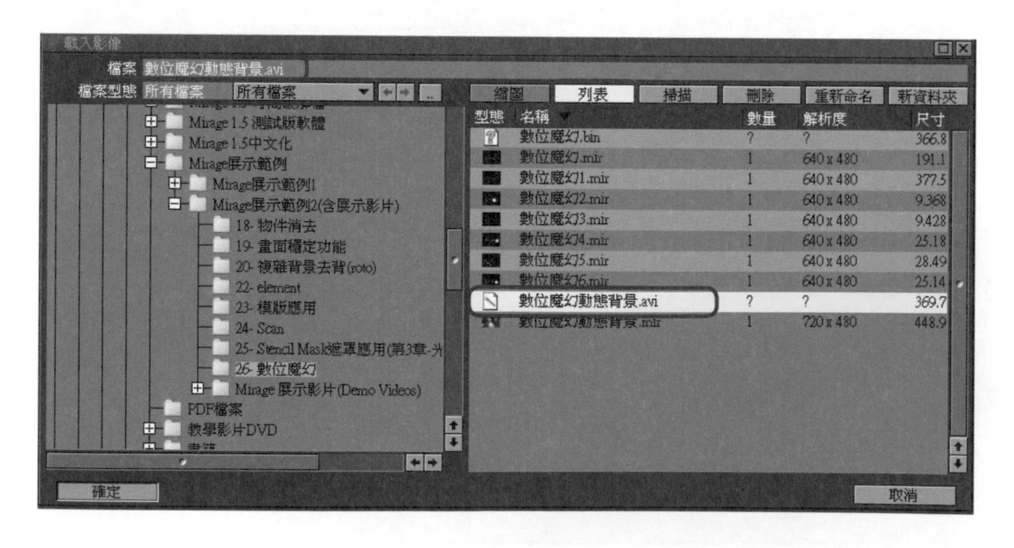

另外亦可按下「縮圖」鈕後再執行「掃描」檔案，使其產生縮圖預覽來檢視並載入檔案。

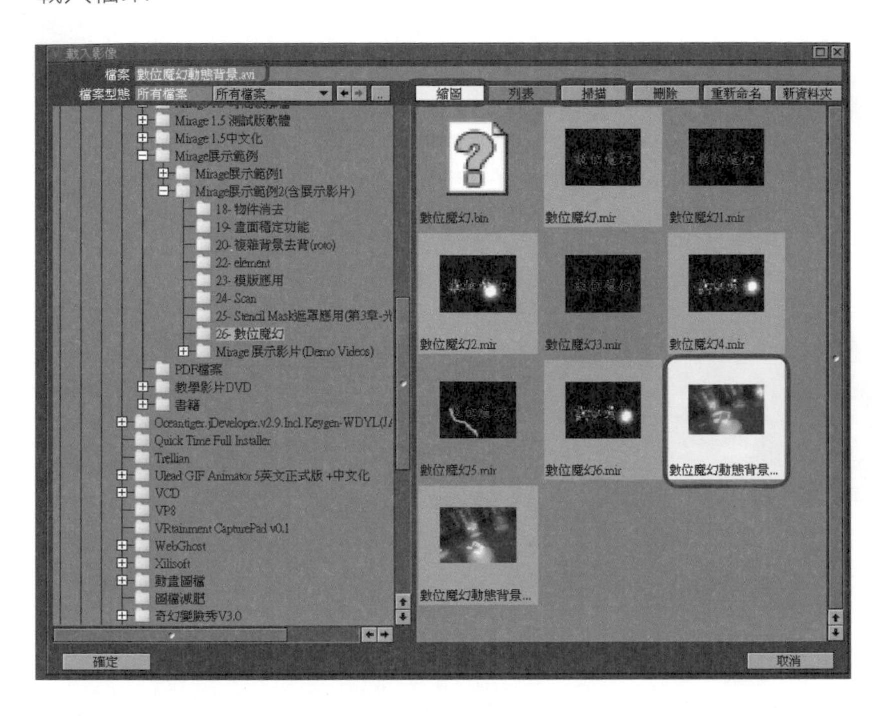

2 隨即則會開啟「載入影像」之對話盒視窗，可按下「輸入」鈕以載入影像。

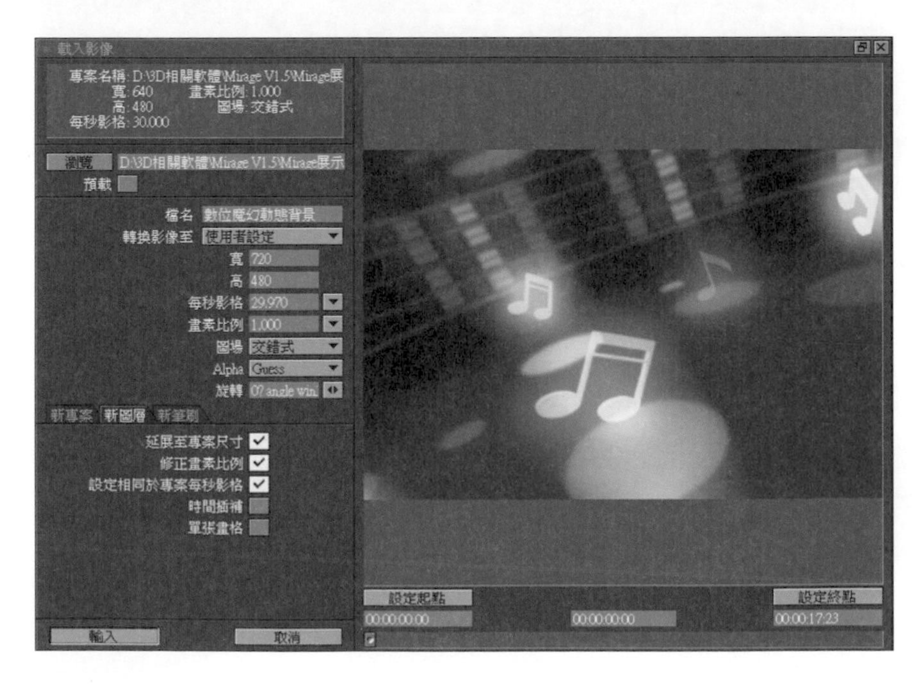

3 載入影像之後，再將此新圖層移至最下層以作為動態背景。

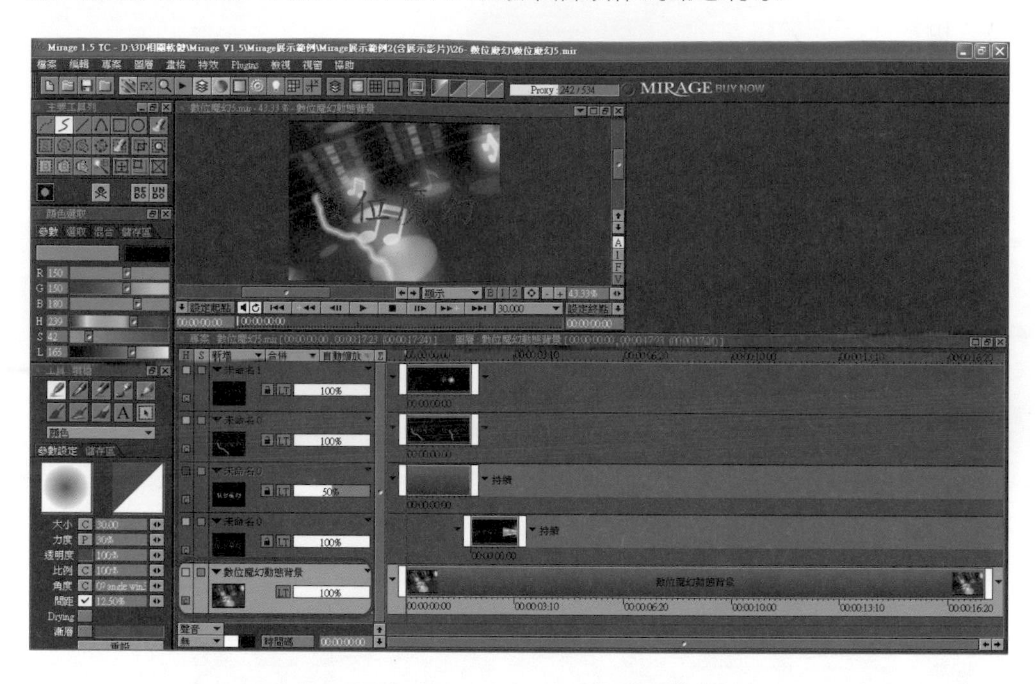

4 將新圖層的影格以滑鼠 LMB 拖曳縮小至符合之長度。

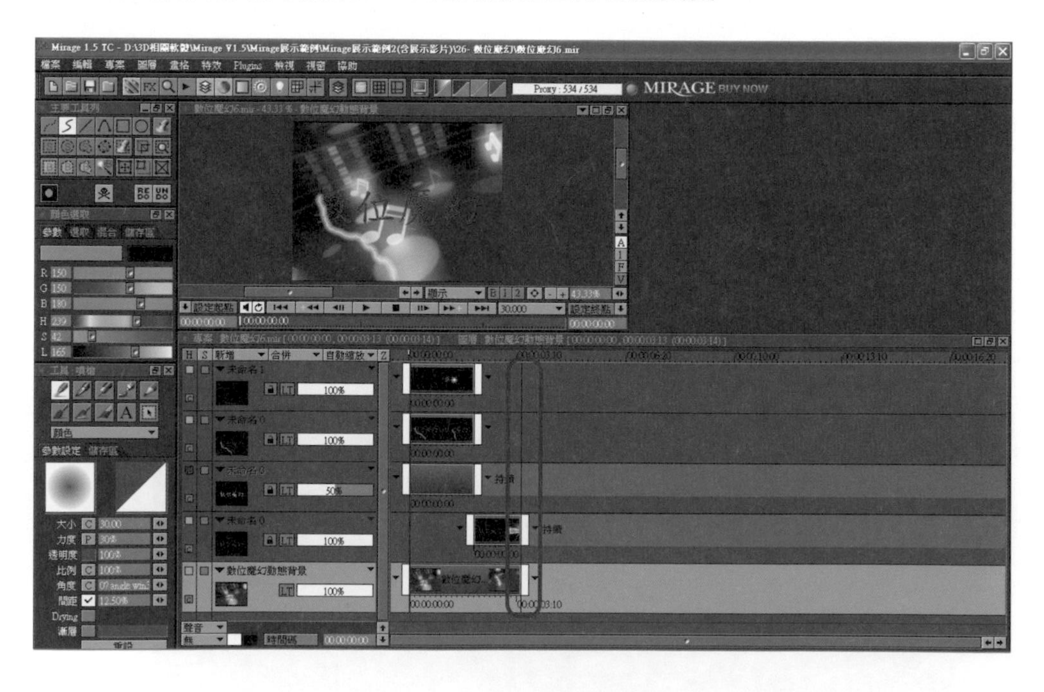

於出現的「縮短圖層長度」對話盒中按下「套用」鈕，執行縮短圖層長度功能。

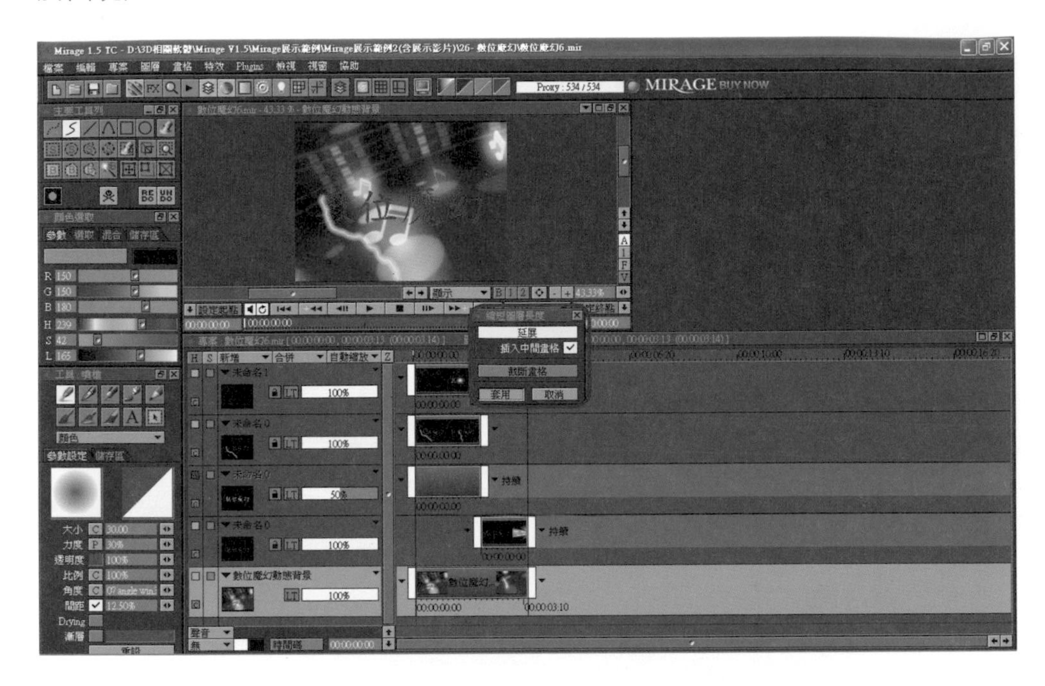

開始執行「縮短圖層長度」功能。

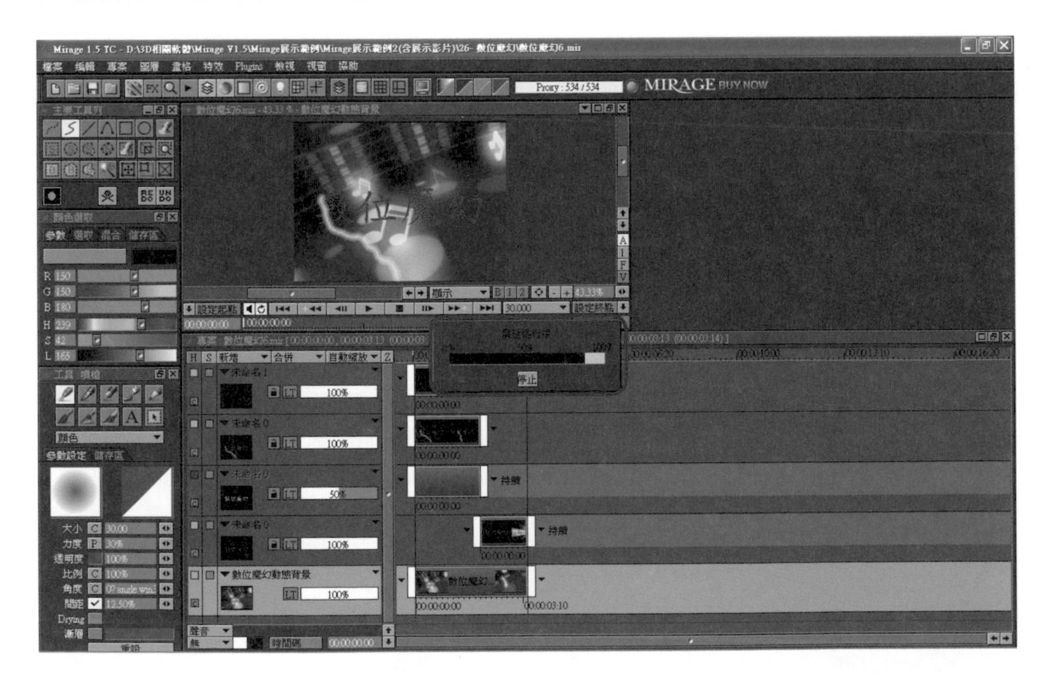

完成「縮短圖層長度」功能。

按下「自動縮放」鈕後選取「符合專案長度」項目，將所有圖層縮放到適當之範圍。

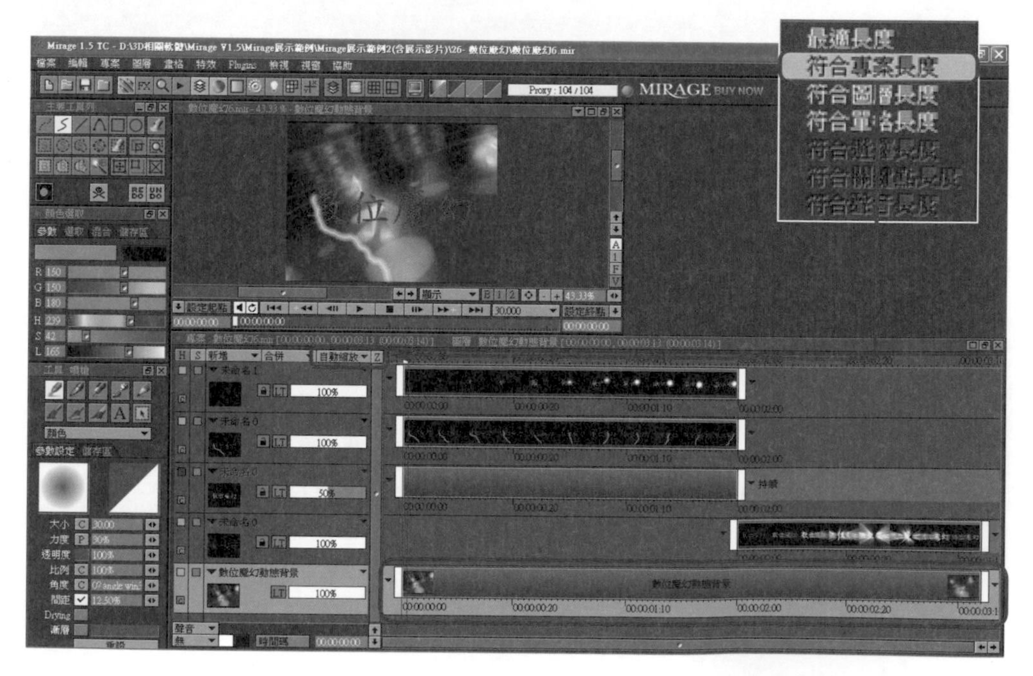

5 最後選取圖層之「合併 / 合併全部」項目，執行所有圖層之整合。

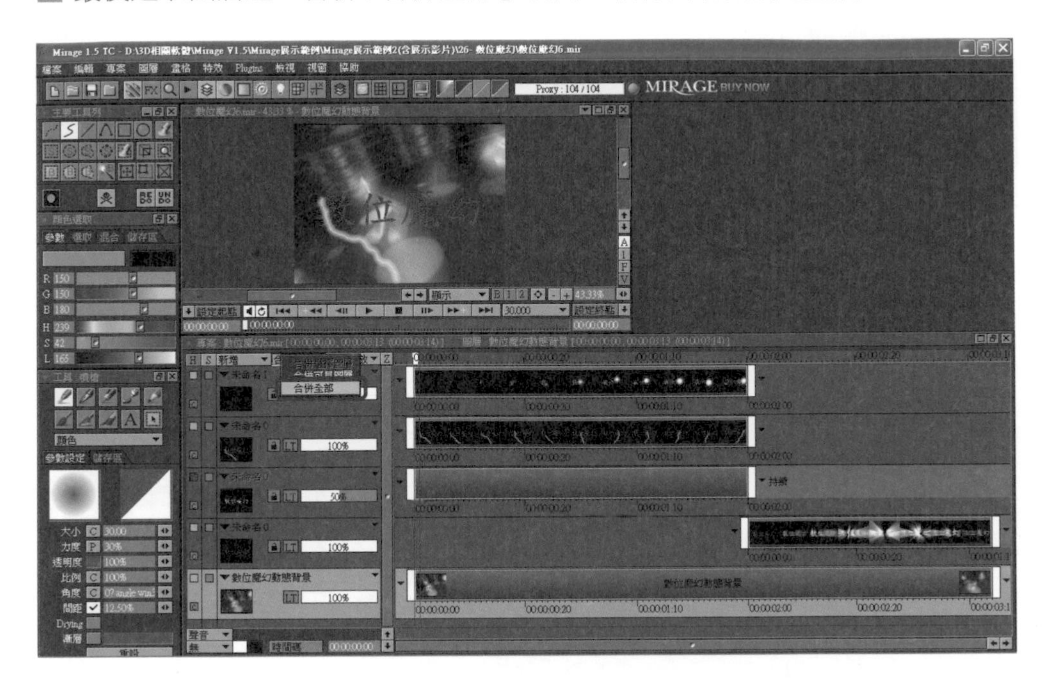

合併圖層進行中。

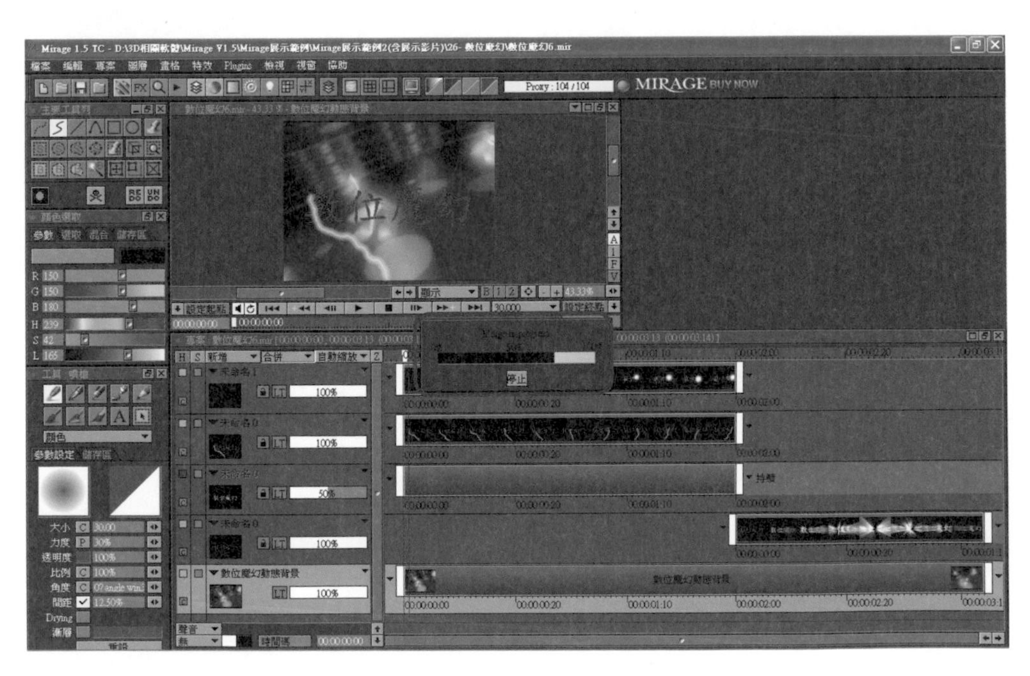

最後完成圖層合併之動作，並結束此專案所有的設定。

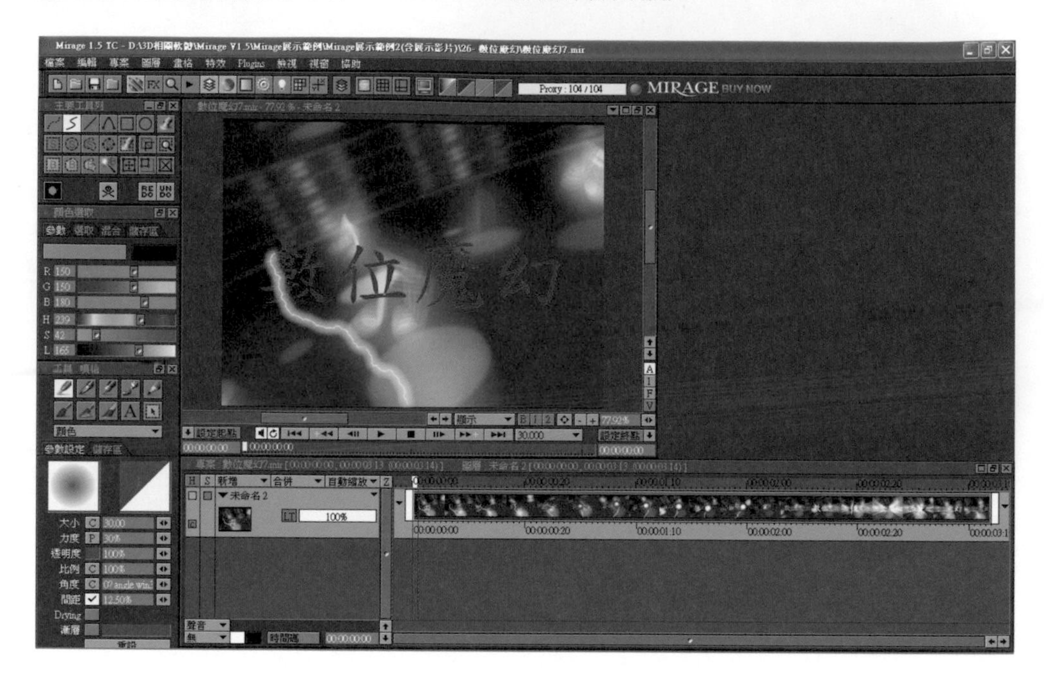

Chapter

6 彩繪

學習重點

上一章我們用了一個完整的實例來引導讀者們了解在 Mirage 之中，如何以一連串的設計觀念與技術應用來完成一項作品。而在本章中筆者將談談彩繪與構圖的相關觀念。此部分將有助於讀者們以最短時間對於 Mirage 在彩繪與構圖的基礎上做最有效的掌握。

6.1 筆刷工具面板

談到了筆刷工具，筆者必須再次強調與推崇原廠 Bauhaus 針對 Mirage 在此方面所投入的努力以及用心。若讀者們曾經使用過以「自然彩繪」為主要功能的平面影像編輯與繪圖軟體，那麼，當讀者們接觸到 Mirage 之後，必定會被它的筆刷工具所深深地吸引。因為 Mirage 將彩繪（PAINT）以及動畫（ANIMATE）整合在同一個軟體環境介面，自然地形成了彈性極大、功能極強的「動態自然彩繪」特性。其能力絕對是凌駕於單純只針對彩繪（PAINT）或者是動畫（ANIMATE）所設計的軟體。

使用者可由「畫筆」工具圖示列，其快速鍵為「Shift ＋ A」（圖 6.1-1），或是由下拉式「視窗」功能表（圖 6.1-2）中來執行「筆刷工具面板」。

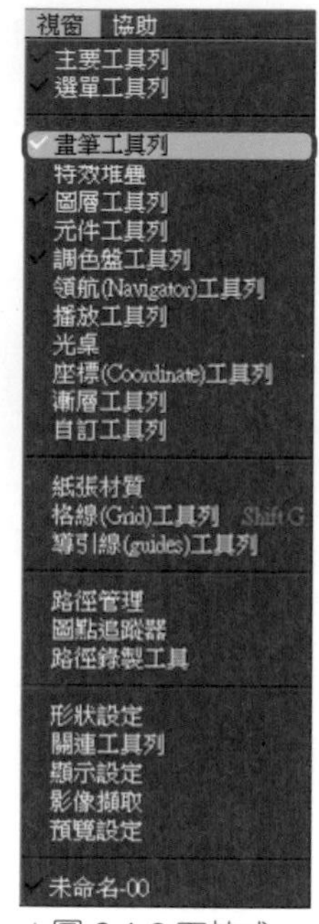

▲圖 6.1-2 下拉式「視窗」功能表

▲圖 6.1-1「特效堆疊」工具圖示列

6.1.1 筆刷選取盤

位於「筆刷工具面板」最上方的工具面板為「筆刷選取盤」，其中提供了十種類型的筆刷工具供使用者選取。

▲圖 6.1.1-1 筆刷選取盤

以下我們就列舉各式不同的筆刷工具與繪出之圖形，將其特性整理如下，讀者們可參考並實際操作練習。

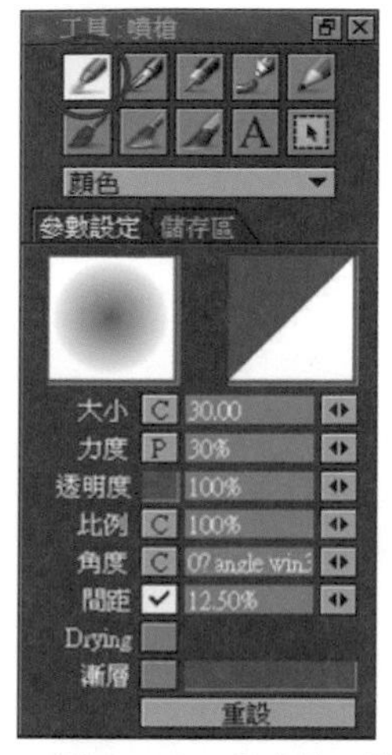

▲圖 6.1.1-2「噴槍」畫筆工具

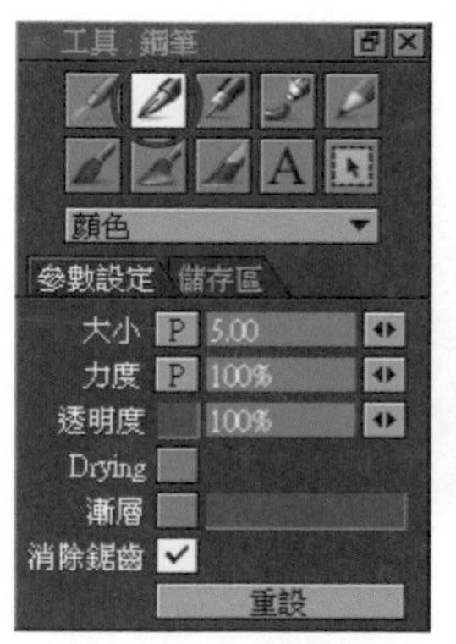

▲圖 6.1.1-3「鋼筆」畫筆工具

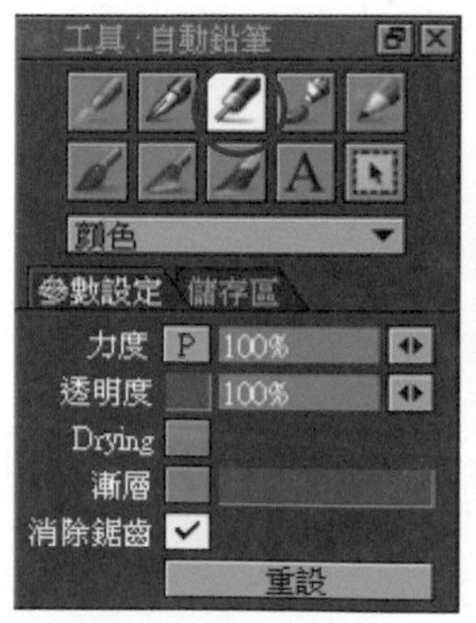

▲圖 6.1.1-4「自動鉛筆」畫筆工具

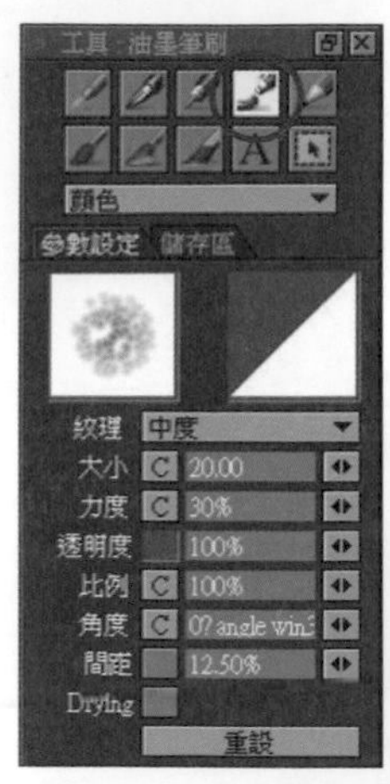

▲圖 6.1.1-5 「油漆筆刷」畫筆工具

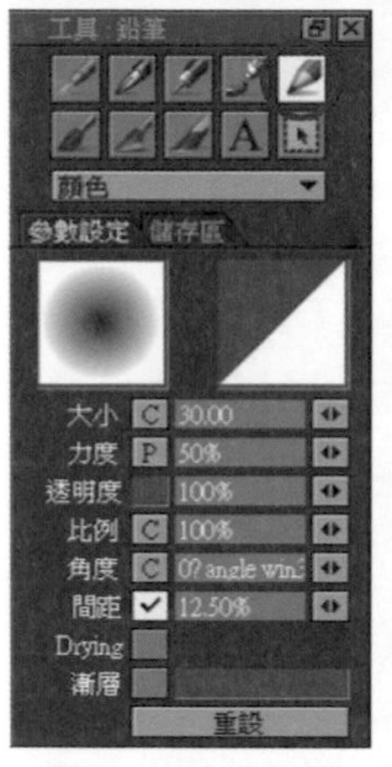

▲圖 6.1.1-6 「鉛筆」畫筆工具

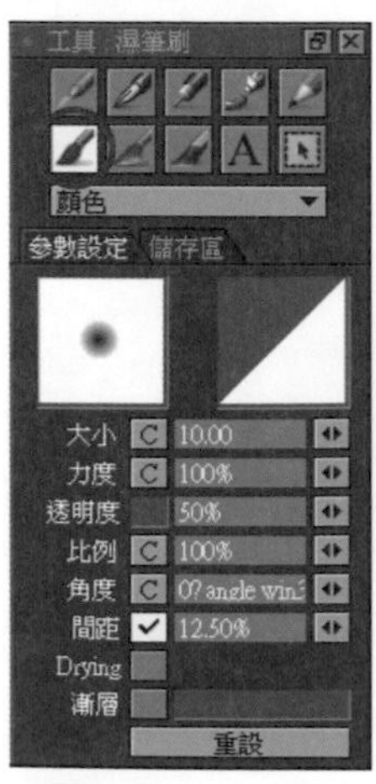

▲圖 6.1.1-7 「濕筆刷」畫筆工具

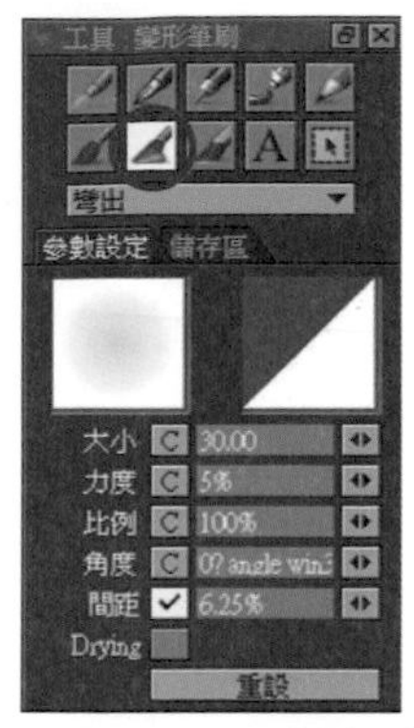
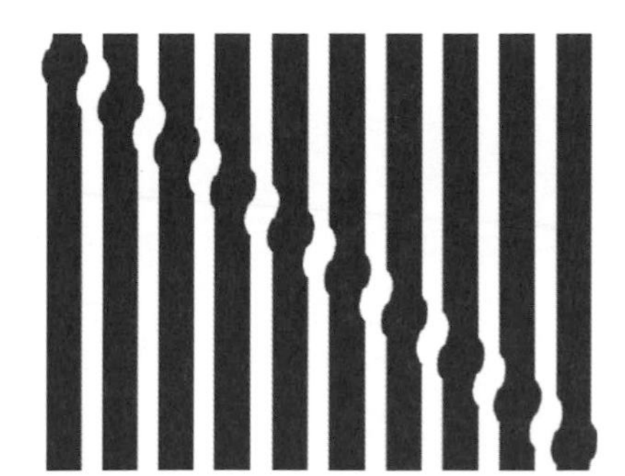

▲圖 6.1.1-8 「變形筆刷」畫筆工具

於「特殊筆刷」畫筆工具之中還附有三種筆刷，包含塗抹（Smear）、混合（Shift）及混雜（Mixer）等類型。

▲圖 6.1.1-9 「特殊筆刷」畫筆工具-塗抹

▲圖 6.1.1-10 「特殊筆刷」畫筆工具-混合

混雜（Mixer）與混合（Shift）相當類似，然而其差別在於混合（Mixer）畫筆模式之中會混雜著A Color的顏色。

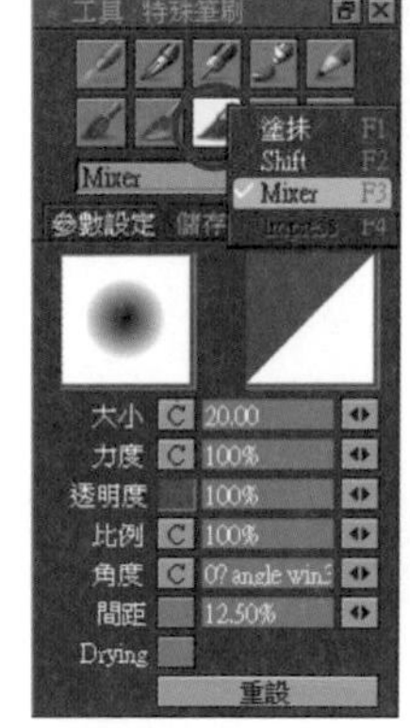

▲圖 6.1.1-11 「特殊筆刷」畫筆工具-混雜

「文字筆刷」畫筆工具可分為「單一字元」及「完整字串」兩種不同的繪製方式，使用者可於此設定對話盒中進行各種相關參數之調整。

「自訂筆刷」畫筆工具是筆者非常推崇的一項功能，使用者可運用此功能創造出相當獨特的筆刷工具。而這項能力也更能充份的表現出個人化的無限創意，展現出每位藝術家心中各種天馬行空的景像，將之訴諸於形與意的境界。

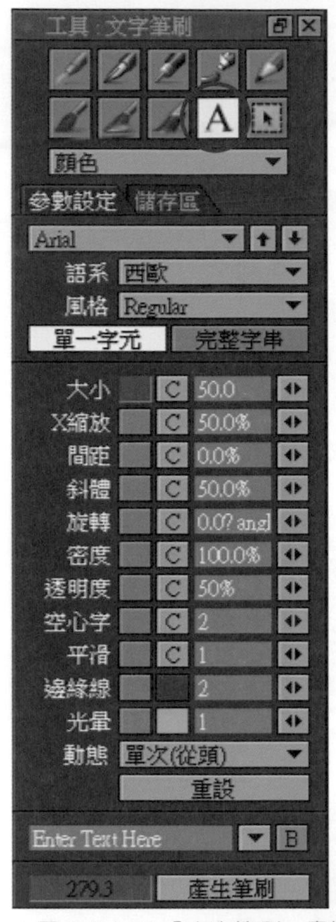

▲圖 6.1.1-12 「文字筆刷」畫筆工具

▲圖 6.1.1-13 「自訂筆刷」畫筆工具

6.1.2 自訂筆刷工具

自訂筆刷工具在 Mirage 之中象徵著使用者可以發揮創意及巧思的工具。而在此工具中還細分有兩個標籤（分別為「參數設定」標籤與「儲存區」標籤）可供使用者做更詳細的參數修改及筆刷製定（圖 6.1.2-2）。

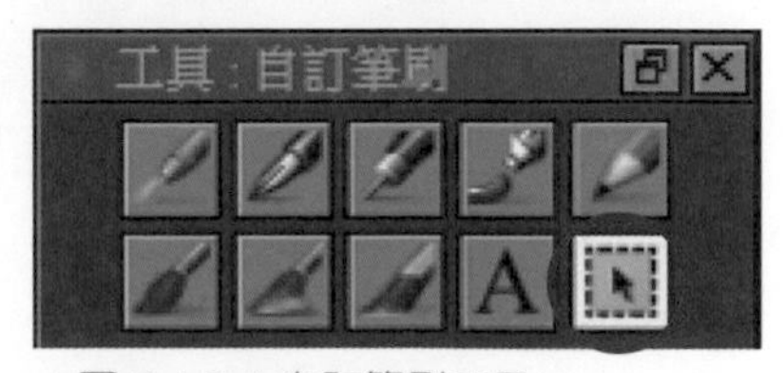

▲圖 6.1.2-1 自訂筆刷工具

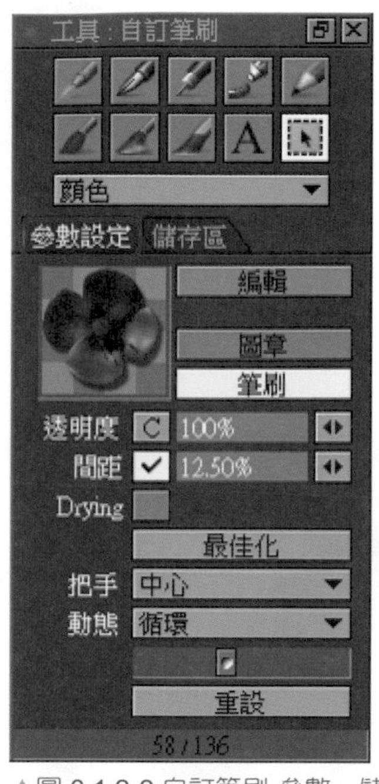

▲圖 6.1.2-2 自訂筆刷-參數、儲存區

於「參數設定」標籤之中，我們可以藉由編輯鈕、圖章鈕及筆刷鈕三種不同的方式來運用或繪製出使用者自訂之筆刷型式。

圖 6.1.2-3 即為選用「筆刷鈕」後再於「儲存區」之標籤（圖 6.1.2-2）內，選取一個自訂的筆刷型式繪製於專案視窗中。當然，使用者可再由「參數設定」對話盒下將參數依照需求做出適當的調整（圖 6.1.2-3）。

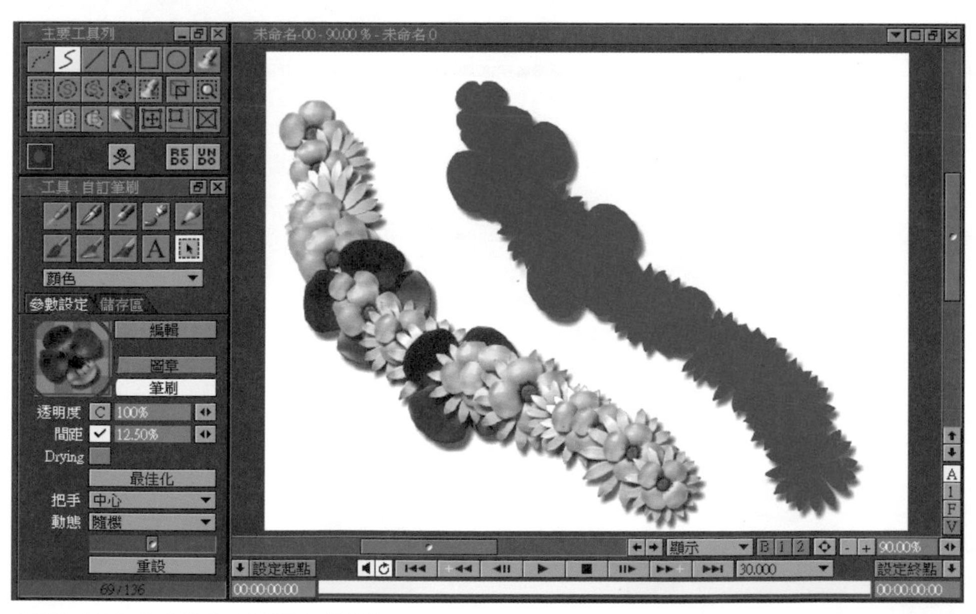

▲圖6.1.2-3 「參數設定標籤」-筆刷鈕

另外，（圖 6.1.2-4）即為選用「圖章鈕」後再於「儲存區」之標籤（圖 6.1.2-2）內選取同圖 6.1.2-2 的筆刷型式繪製於專案視窗中。此處需要特別提出的是圖章的顏色將會是以 A Color 為基底選取色。當然，使用者仍可再於「參數設定」對話盒內將參數依照需求做出適當的調整（圖 6.1.2-4）。

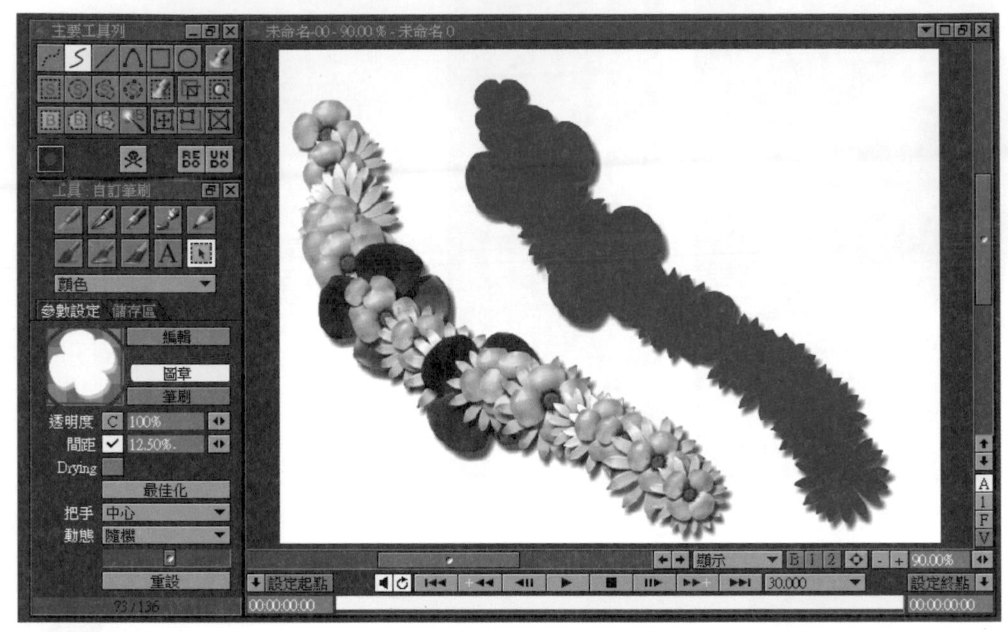

▲圖 6.1.2-4 「參數設定標籤」-圖章鈕

圖 6.1.2-5 即是應用上述兩種方法所建立的使用者自訂筆刷樣式。

▲圖 6.1.2-5 自訂筆刷繪製

當使用者按下「編輯鈕」之後，隨即會出現「編輯筆刷」的對話盒視窗，以提供各類參數值之調整（圖 6.1.2-6）。

▲圖 6.1.2-6 「參數設定標籤」-編輯鈕

編輯鈕選擇盤中包含了 12 種主要的編輯功能（圖 6.1.2-7）。依序可分為倍數放大 / 縮小（快速鍵為「Shift+H/H」）、倍數寬放大 / 縮小（快速鍵為「Shift+X」）、倍數高放大 / 縮小、順 / 逆時鐘 90 度旋轉（快速鍵為「Shift+Z」）、寬 / 高鏡射（快速鍵為「X/Y」）、筆刷最佳化（移除多餘邊緣空間，此功能可減少記憶體損耗並提高電腦之效能）、筆刷背景 B Color 透明度開關（此功能會以 B Color 為筆刷之背景色，去除 A Color 之顏色）。

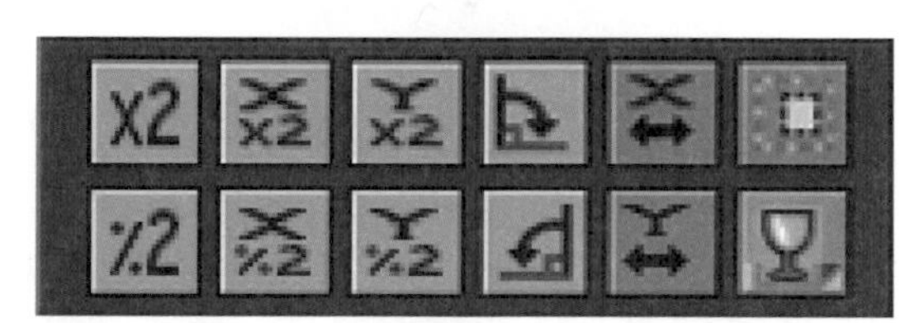

▲圖 6.1.2-7 編輯鈕選擇盤

當使用者選取筆刷背景透明度按鈕後，可再細部調整相關透明分佈圖之設定，而此部分將於下一節再詳細說明（圖 6.1.2-8）。

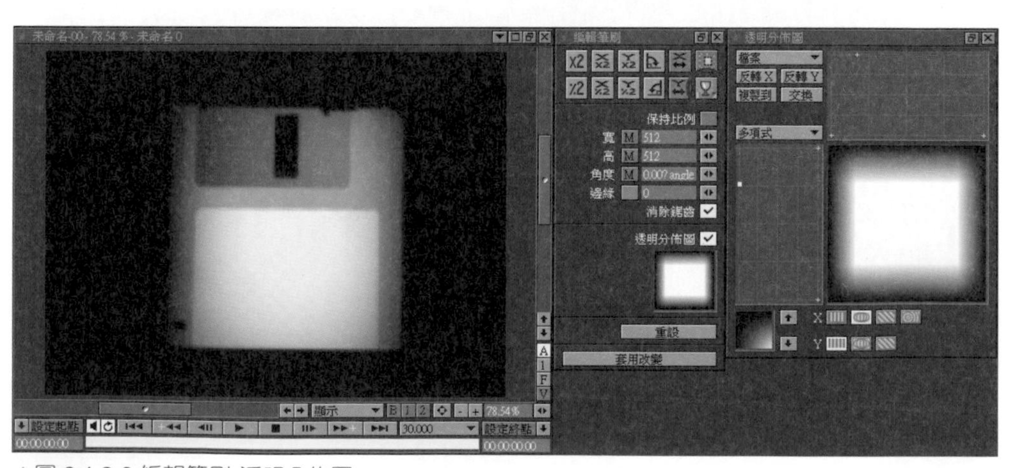

▲圖 6.1.2-8 編輯筆刷-透明分佈圖

6.2 繪圖工具：通用參數設定

本節繼續介紹繪圖工具面板中的通用參數設定與調整。

「筆刷塑形」繪圖工具可以說是 Mirage 經常使用，以及可塑性極高的一項創意功能（圖 6.2-1）。藉由此設定將大幅地提高筆刷運用的彈性，並於對話盒中相互搭配調整其中之參數值，得以充份表現出無限的創意與構思。

「剖面」編輯是 Mirage 基於不同筆刷，以 X、Y 兩軸向做為塑形調整基礎所設計的功能。使用者更可以將這些客製化的剖面曲線進行儲存或載入，以便將來之應用。

筆者以噴槍筆刷搭配正向剖面編輯的功能，於專案視窗中描繪出其外形（圖 6.2-2）。

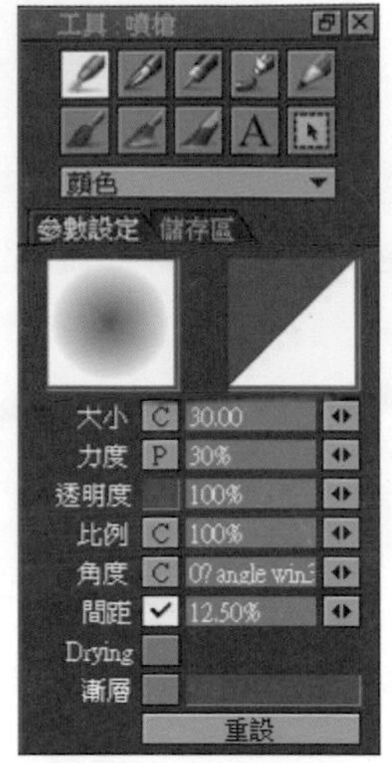

▲圖 6.2-1 繪圖工具：通用參數設定

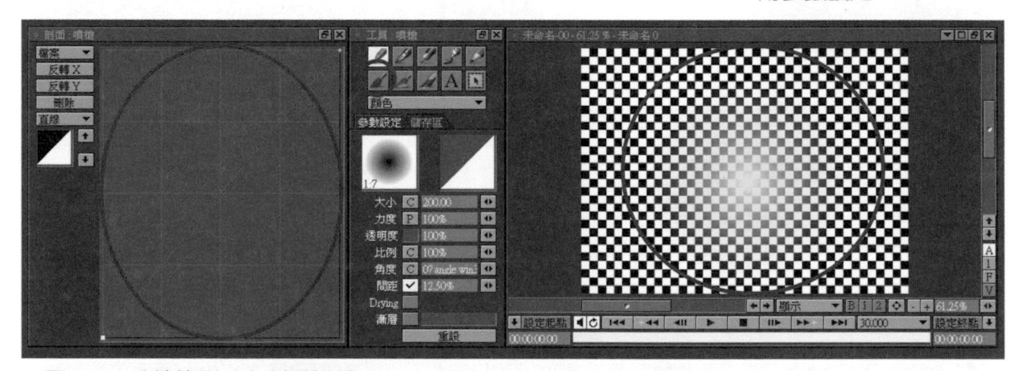

▲圖 6.2-2 噴槍筆刷正向剖面編輯

以噴槍筆刷搭配反向剖面編輯的功能，於專案視窗中描繪出其外形（圖 6.2-3）。

▲圖 6.2-3 噴槍筆刷反向剖面編輯

讀者們可繼續在「剖面」編輯對話盒中增加曲線節點，藉以改變筆刷之正向剖面描繪外形（圖 6.2-4）。

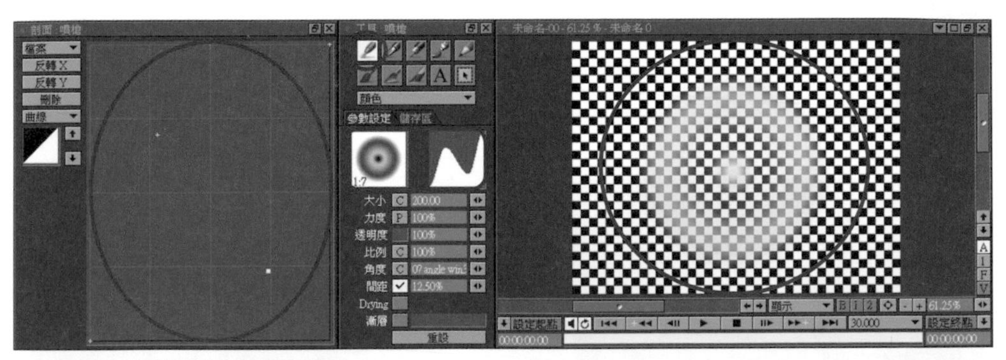

▲圖 6.2-4 改變筆刷正向剖面外形

圖 6.2-5 則是以增加曲線節點、改變噴槍筆刷，並搭配反向剖面編輯於專案視窗中描繪出其外形。

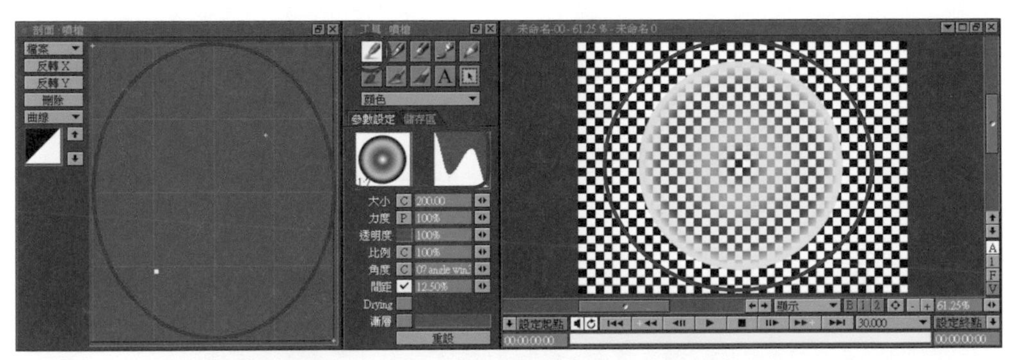

▲圖 6.2-5 改變筆刷反向剖面外形

Mirage 的繪圖工具中還有另一種可供使用者調整筆刷外形的方式，就是「透明分佈圖」。除了第一個單 / 虛點作畫按鈕「」以外，其餘的六個按鈕（圖 6.2-6）皆可於圖示上雙按 RMB 改變其繪圖方式（圖 6.2-7），之後再呼叫出「透明分佈圖」的功能（圖 6.2-8）。

▲圖 6.2-6 繪圖工具按鈕-前

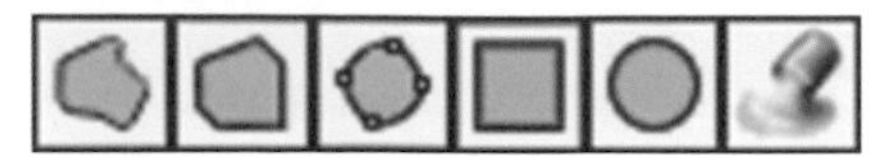

▲圖 6.2-7 繪圖工具按鈕-後

▲圖 6.2-8 「透明分佈圖」

當使用者點選了「透明分佈圖」後，隨即則將啟動調整對話盒（圖 6.2-9）以供設定之用。

曲線類型選擇鈕（圖 6.2-10）中還提供了三種類型樣板，其中包含了直線、曲線及多項式等。

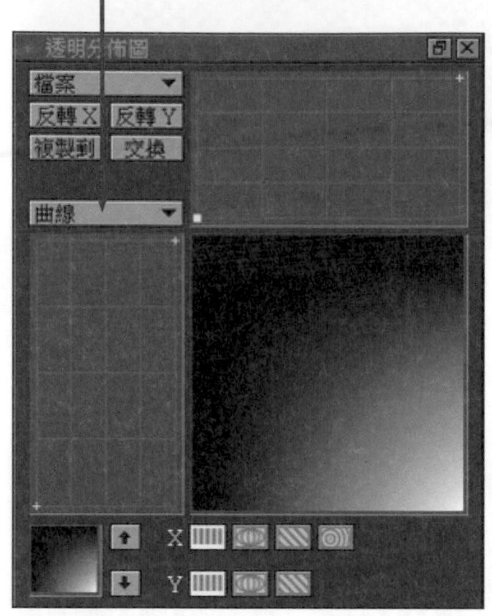

▲圖 6.2-9「透明分佈圖」對話盒

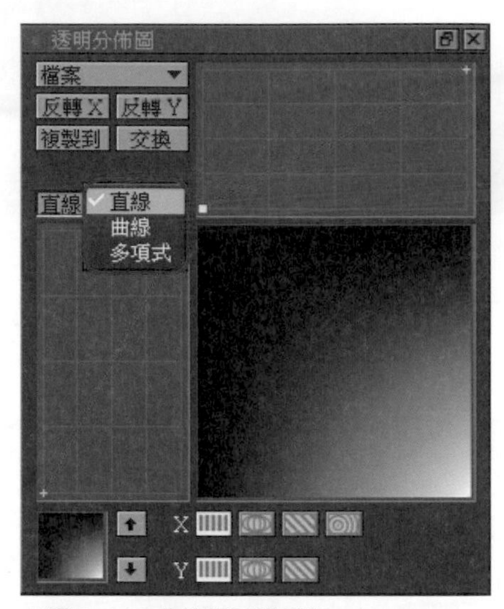

▲圖 6.2-10 曲線類型選擇鈕

圖 6.2-11 為選擇「直線」曲線類型選擇按鈕所繪製的筆刷外形。

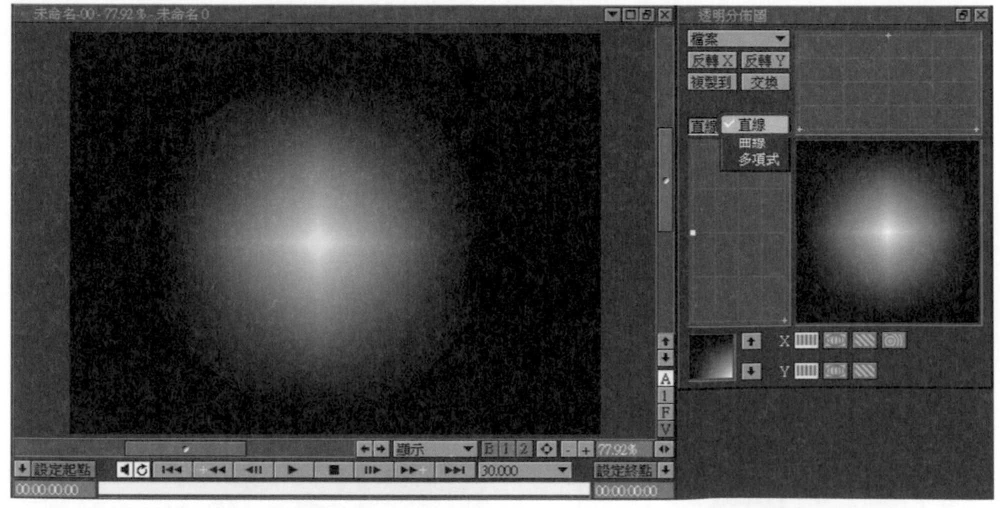

▲圖 6.2-11 曲線類型選擇鈕-直線

圖 6.2-12 為選擇「曲線」曲線類型選擇按鈕所繪製的筆刷外形。

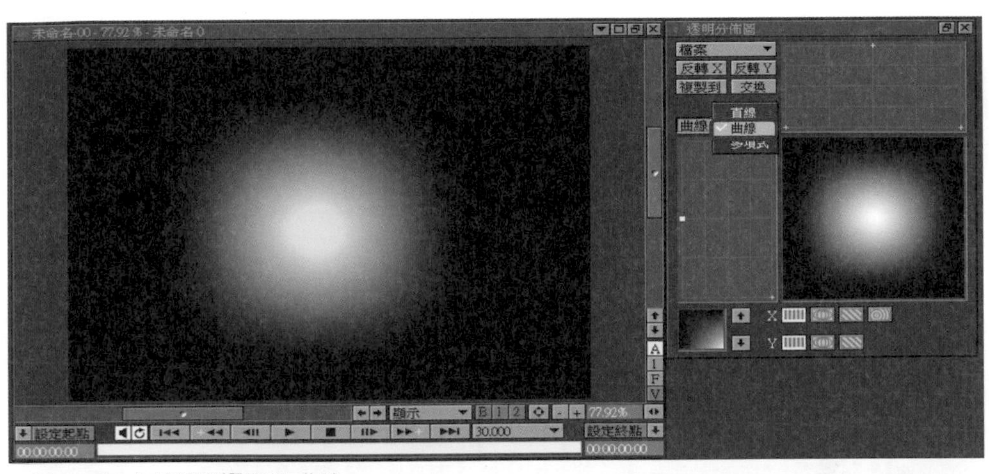

▲圖 6.2-12 曲線類型選擇鈕-曲線

圖 6.2-13 為選擇「多項式」曲線類型選擇按鈕所繪製的筆刷外形。

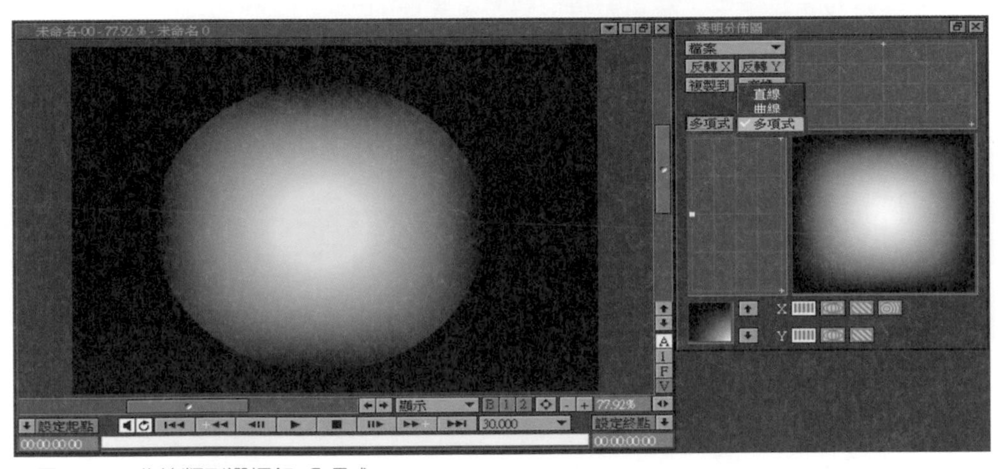

▲圖 6.2-13 曲線類型選擇鈕-多項式

使用者於參數設定標籤中，可將方向的比例調整至需要的大小（圖 6.2-14）。

▲圖 6.2-14 參數設定-方向比例

另外於參數設定標籤中，亦可將角度調整至需要的大小（圖 6.2-15）。

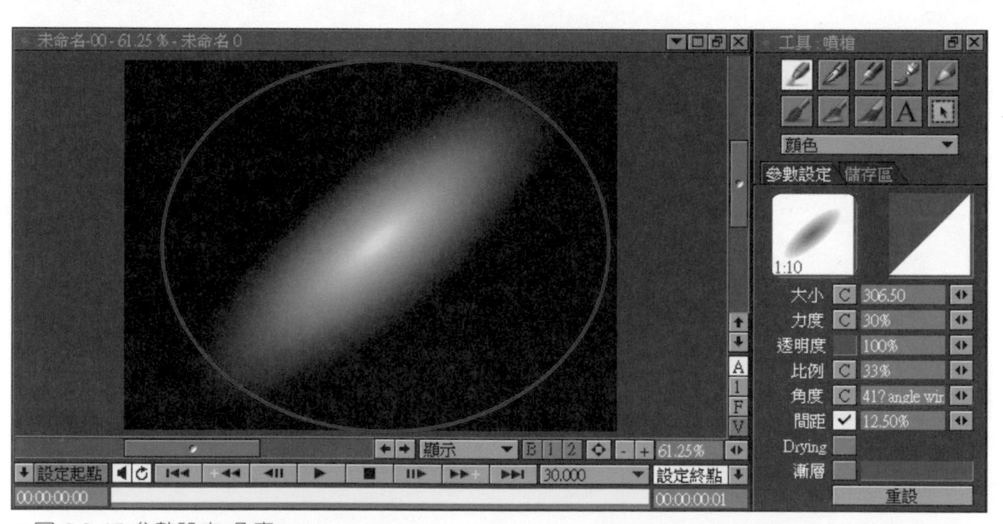

▲圖 6.2-15 參數設定-角度

此外還可以從參數設定標籤下方的核選項目中，勾選啟動「Drying」之繪筆顏料乾燥功能（圖 6.2-16）。當勾選為「On」後，即表示所繪製的顏料因為已經風乾而無法融合在一起，因此產生了筆劃繪製的前後順序差異。

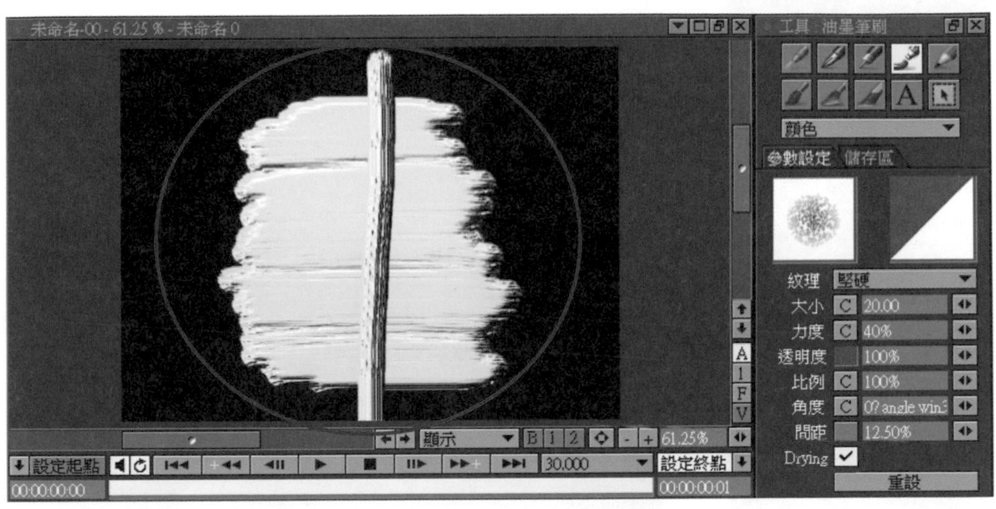

▲圖 6.2-16 參數設定-Drying On

而如果不將「Drying」勾選起來則代表此功能為「Off」（圖 6.2-17）。即表示所繪製的顏料將會融合在一起並無筆劃繪製的前後順序差異。

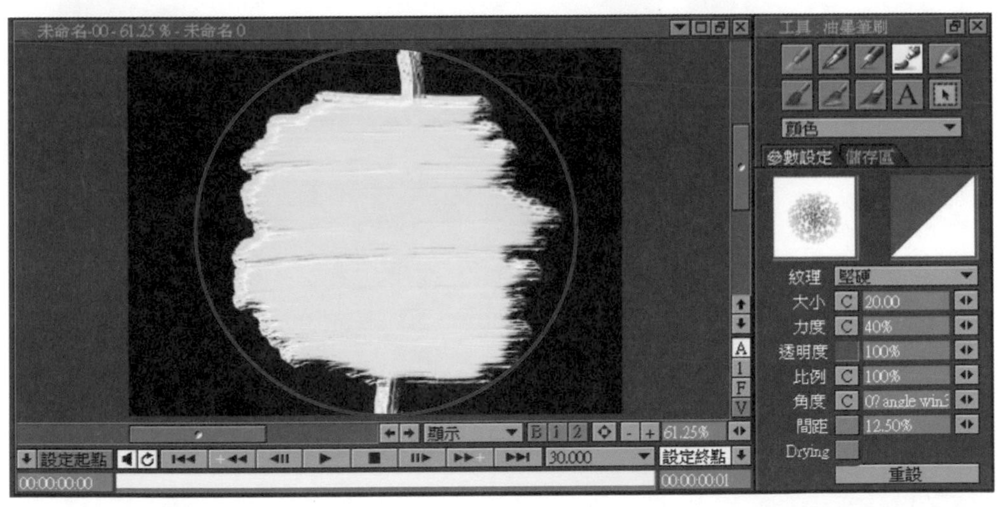

▲圖 6.2-17 參數設定-Drying Off

6.2.1 繪圖模式

在筆刷繪圖模式工具對話盒的下拉式選項中，提供了相當豐富的繪圖模式可供使用者運用。以下我們就列舉出其應用實例供讀者們參考。

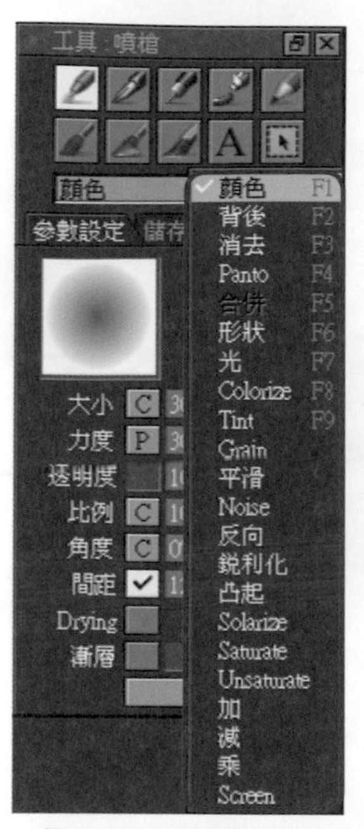

▲圖 6.2.1-1 繪圖模式

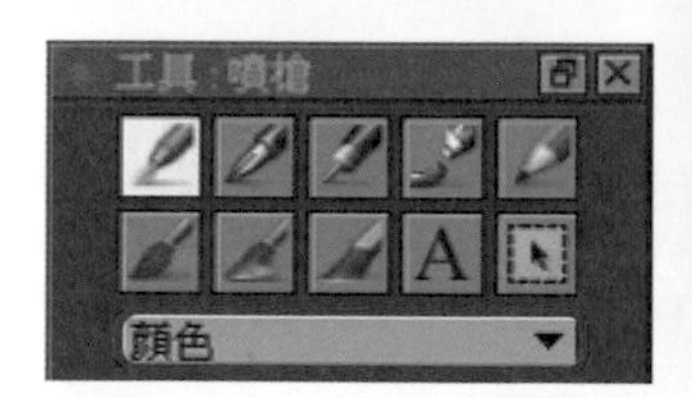

▲圖 6.2.1-2 繪圖模式-顏色

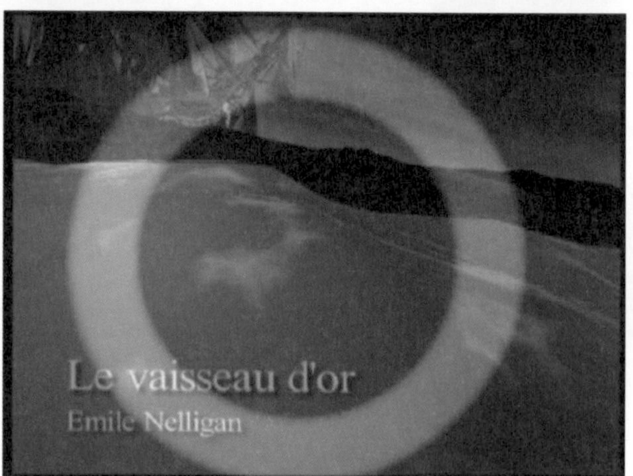

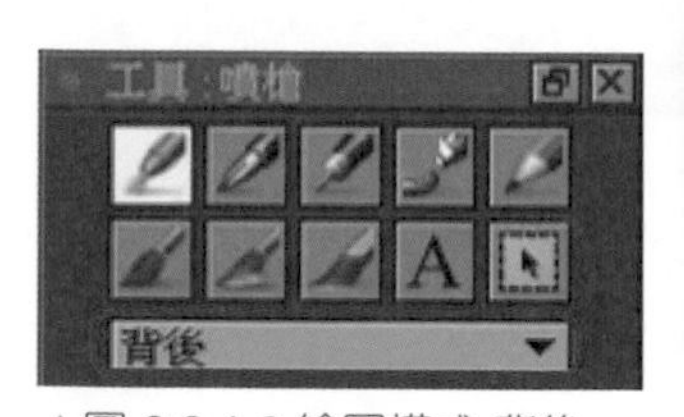

▲圖 6.2.1-3 繪圖模式-背後

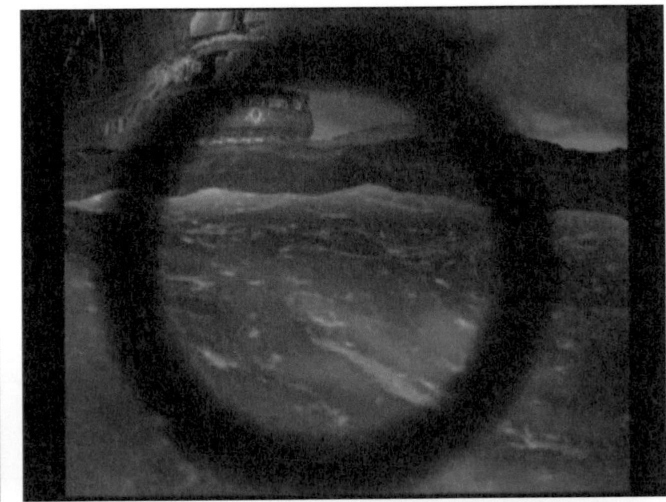

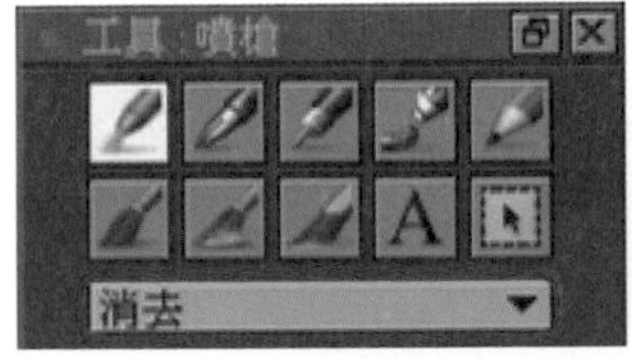

▲圖 6.2.1-4 繪圖模式-消去

Pantograph（縮圖器）功能筆者必須特別提出並說明其應用的方法及觀念。

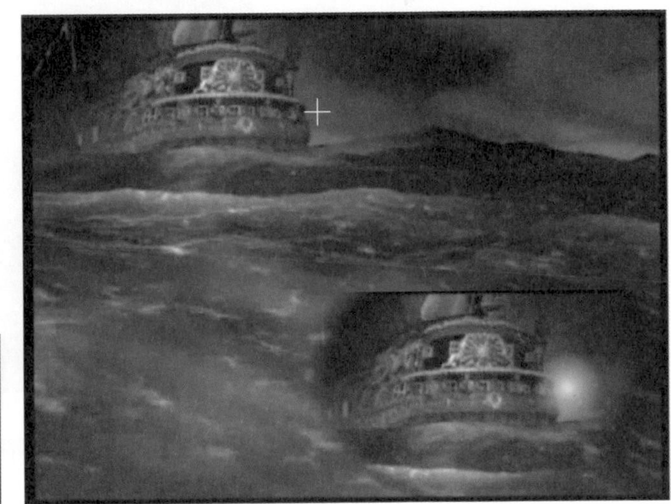

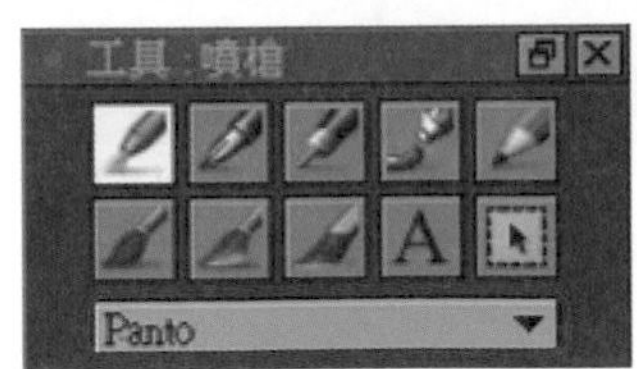

▲圖 6.2.1-5 繪圖模式- Pantograph（縮圖器）

在 2D 影像彩繪處理的技巧應用上，經常結合所謂的 Clone（仿製）功能，而 Pantograph（縮圖器）就是類似應用了此種方式。其目的有很多，而其中包含了一種準位描圖法的觀念。此方法能快速、方便及準確地將目地影像做二次投影，並完整呈現於使用者所定義的位置上。

而在 Mirage 的使用方法，是由下拉式功能表「視窗 / 形狀設定」的位置上點選後，隨即會出現「形狀設定」之對話盒方塊，供使用者調整並指定其參數值（圖 6.2.1-6）。

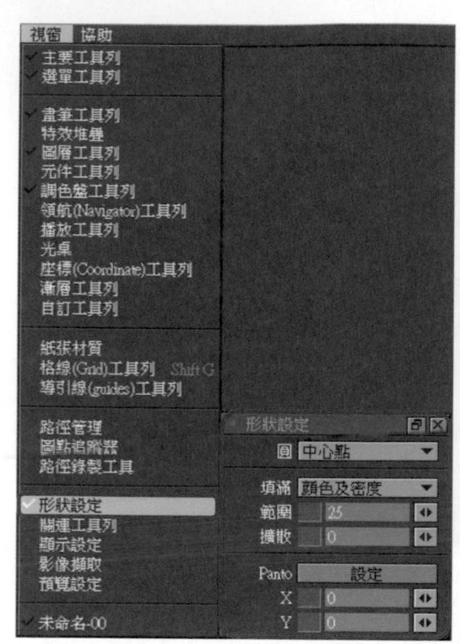

▲圖 6.2.1-6

另外，在「形狀設定」之對話盒方塊中更可以選擇「圓」(圖 6.2.1-7）及「填滿」(圖 6.2.1-8）的設定選項以變更調整。

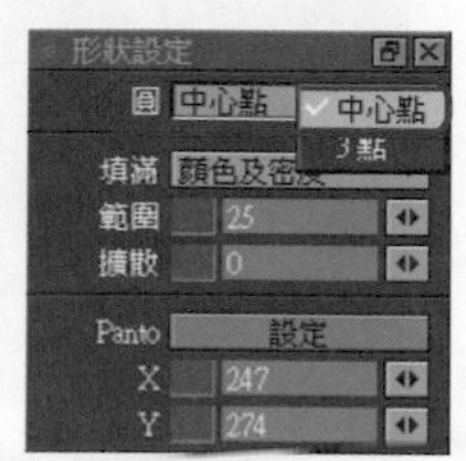

▲圖 6.2.1-7 形狀設定-圓

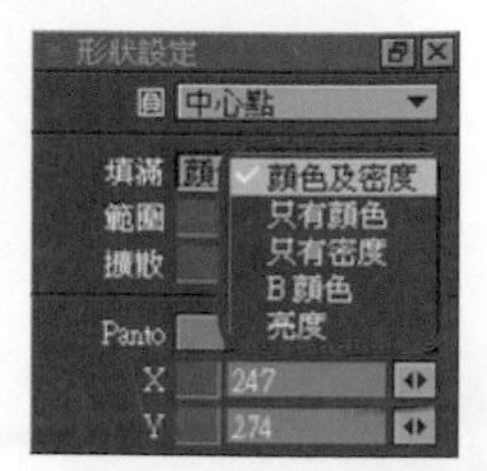

▲圖 6.2.1-8 形狀設定-填滿

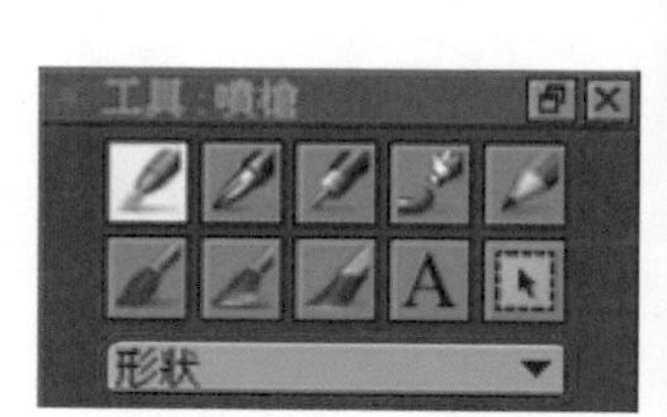

▲圖 6.2.1-9 繪圖模式-形狀

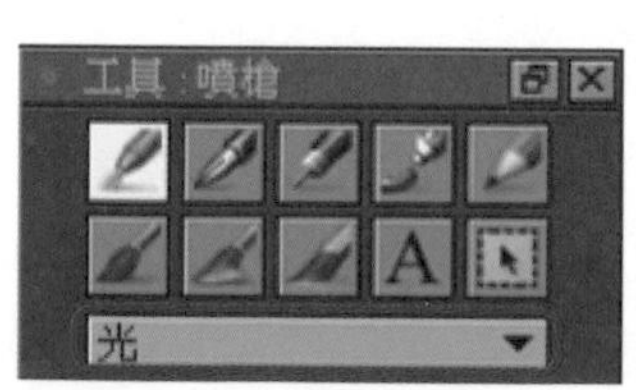

▲圖 6.2.1-10 繪圖模式-光

▲圖 6.2.1-11 繪圖模式-Colorize（A Color上色）

▲圖 6.2.1-12 繪圖模式-Tint（A Color染色）

▲圖 6.2.1-13 繪圖模式-Grain（結晶顆粒）

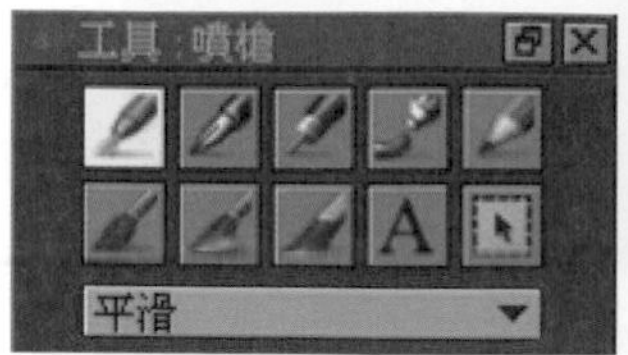

▲圖 6.2.1-14 繪圖模式-平滑

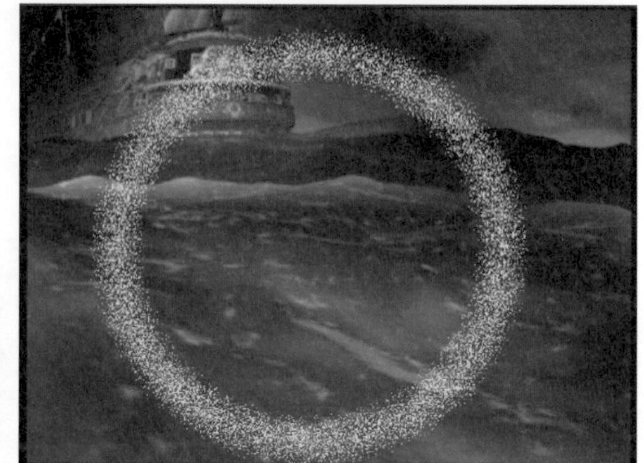

▲圖 6.2.1-15 繪圖模式-Noise（雜訊）

▲圖 6.2.1-16 繪圖模式-反向

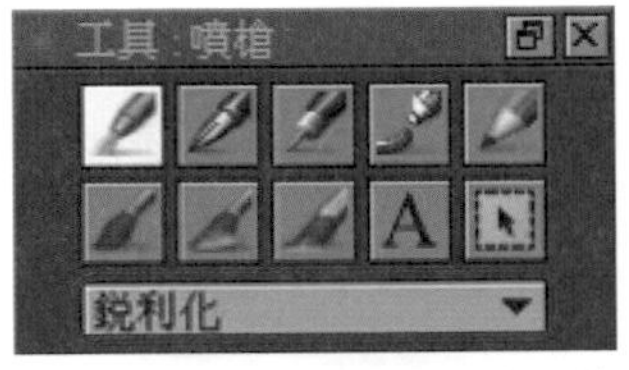

▲圖 6.2.1-17 繪圖模式-銳利化

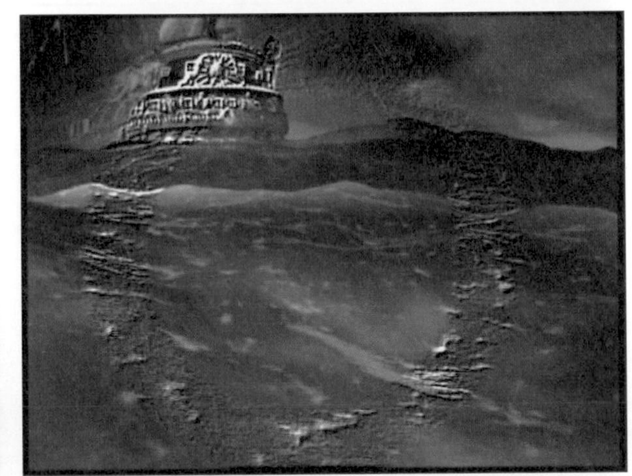

工具：噴槍
A
凸起

▲圖 6.2.1-18 繪圖模式-凸起（浮雕）

工具：噴槍
A
Solarize

▲圖 6.2.1-19 繪圖模式-Solarize（曝光度）

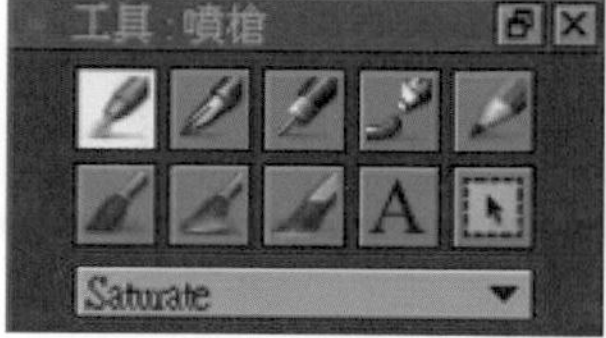

▲圖 6.2.1-20 繪圖模式-Saturate（彩度）

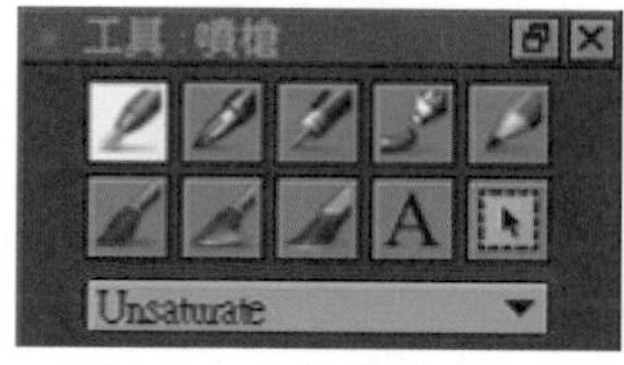

▲圖 6.2.1-21 繪圖模式-Unsaturate（褪色）

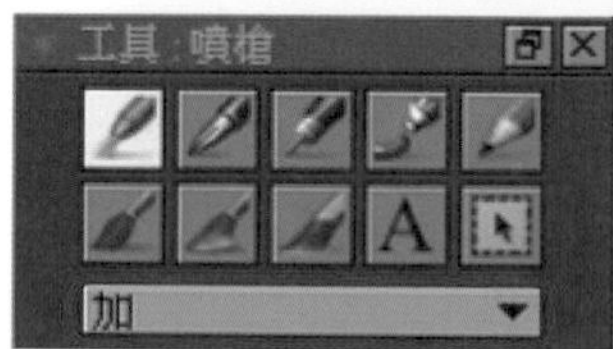

▲圖 6.2.1-22 繪圖模式-加

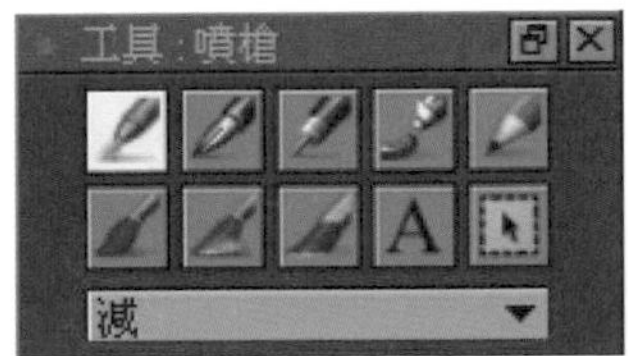

▲圖 6.2.1-23 繪圖模式-減

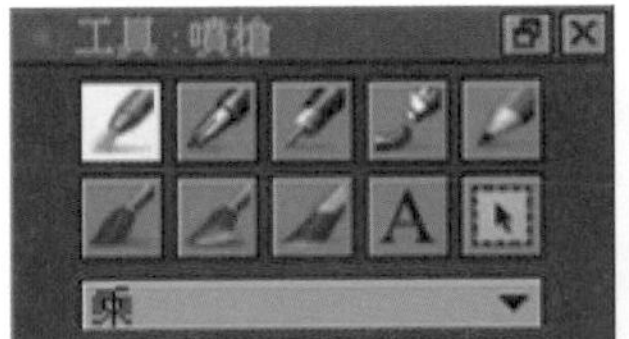

▲圖 6.2.1-24 繪圖模式-乘

▲圖 6.2.1-25繪圖模式-Screen（螢幕複疊）

6.3 清除功能

於「編輯/清除」(圖 6.3-1)下拉式功能表內執行此功能，則可將專案視窗中之影像予以全部清除，其快速鍵為「Shift ＋ K」。

▲圖 6.3-1 清除功能

6.4 筆刷儲存區

使用者可將自訂之新筆刷儲存於筆刷儲存區(Bin)(圖 6.4-1)中，以供往後可隨時提取應用。

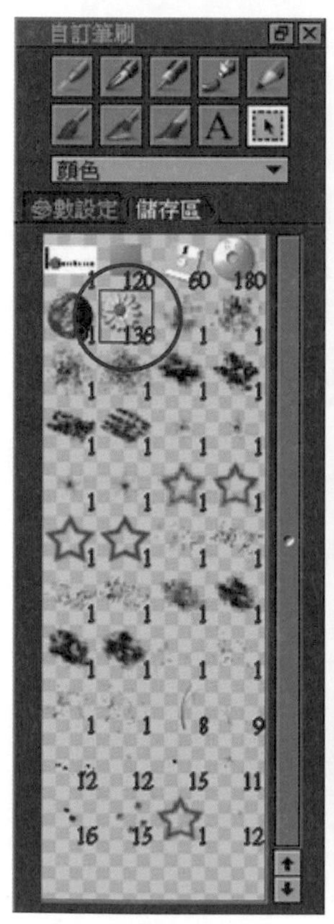

▲圖 6.4-1 筆刷儲存區

而此儲存區更是筆刷客製化的集中區，使用者可於儲存區中執行 RMB，並選擇「載入筆刷」項目以便進行檔案之選擇（圖 6.4-2）。

由 Mirage 所提供的檔案總管功能中選擇一個「*.dip」的筆刷檔案（圖 6.4-3）後，隨即將出現載入影像之對話盒（圖 6.4-4）以提供使用者設定變更其參數值。

▲圖 6.4-2 筆刷儲存區-載入筆刷

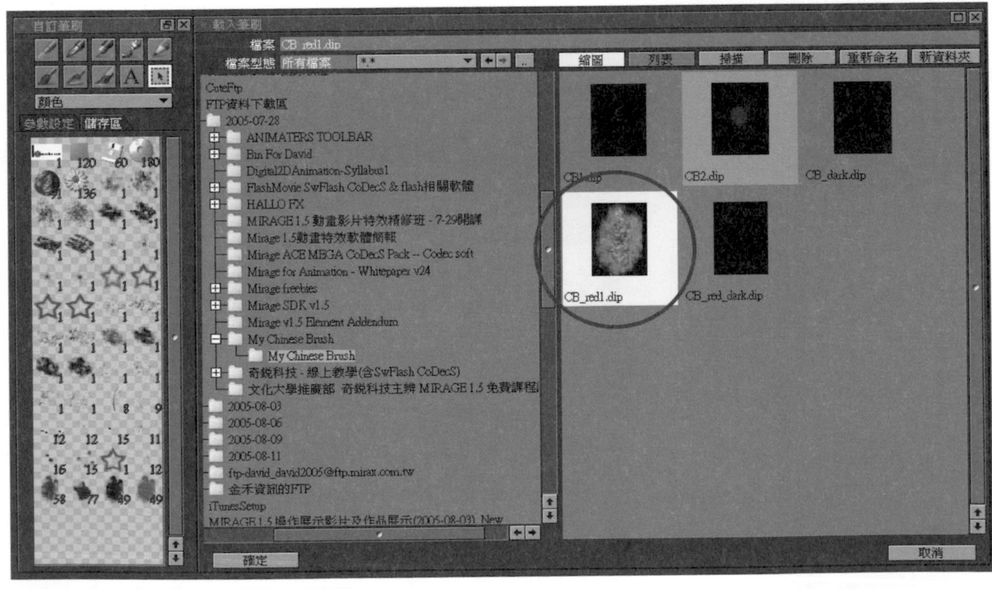

▲圖 6.4-3 載入筆刷-選擇筆刷檔案

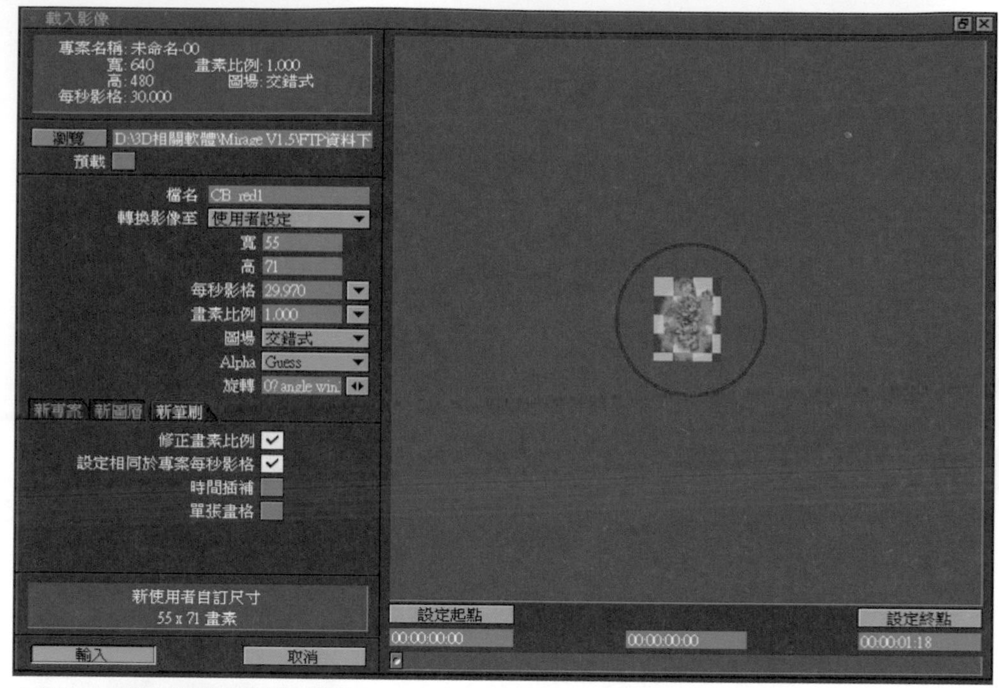

▲圖 6.4-4 載入筆刷-調整筆刷參數

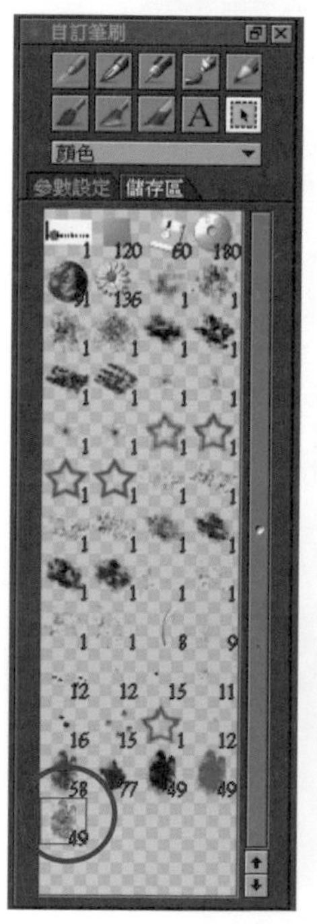

圖 6.4-5 載入筆刷 - 完成筆刷載入

按下「輸入」按鈕（圖 6.4-4）後即完成了載入新筆刷的設定動作（圖 6.4-5）。

最後就可運用各式各樣的筆刷來完成一幅作品了（圖 6.4-6）。

▲圖 6.4-6 載入筆刷-載入筆刷應用

Chapter

7 構圖

學習重點

本章筆者將以構圖並搭配工具面板做為介紹重點，讓使用者了解如何於 Mirage 之中運用工具來完成構圖設計。

7.1 主要工具面板

在 Mirage 的主要工具面板之中可區分為三大類型（圖 7.1-1）。分別為構圖筆觸與填形工具、選取工具、縮放工具、位移工具及筆刷截取工具等等，在某些工具按鈕中也隱含著同屬性但不同使用方式的工具類別，我們將於以下的章節來做介紹。

平移工具可將專案視窗內之影像做位移調整（圖 7.1-2）。

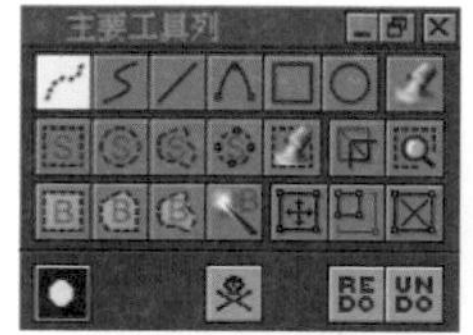

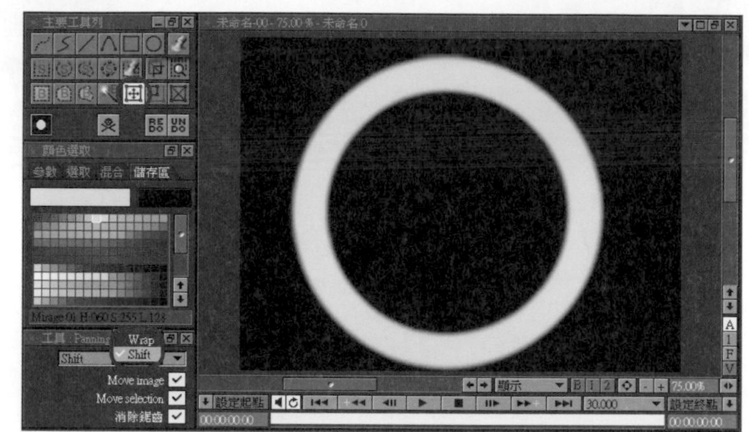

▲圖 7.1-1 主要工具面板　▲圖 7.1-2「Shift」平移工具

此選項與平移工具類似，其差異在於 Wrap 會將影像做重覆平貼的動作（圖 7.1-3）。

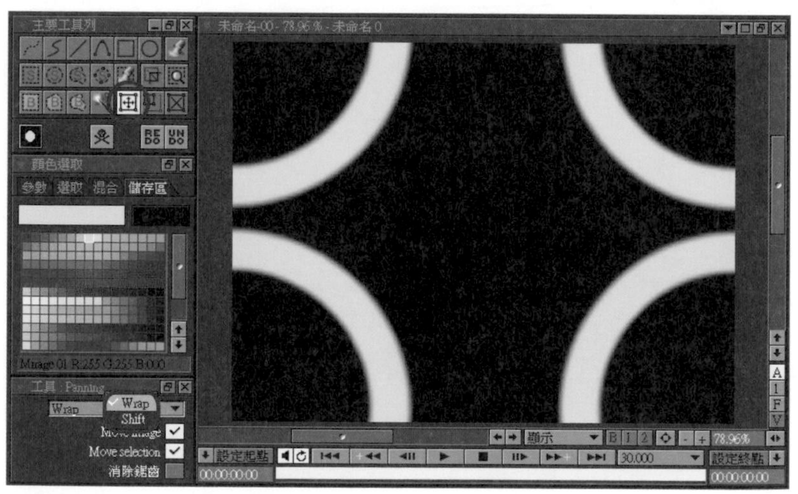

▲圖 7.1-3「Wrap」平貼包覆工具

此工具是針對「Once」單一影像做處理，使用者可用 RMB 來縮放其影像大小，確定之後再以「Apply」套用此設定（圖 7.1-4）。

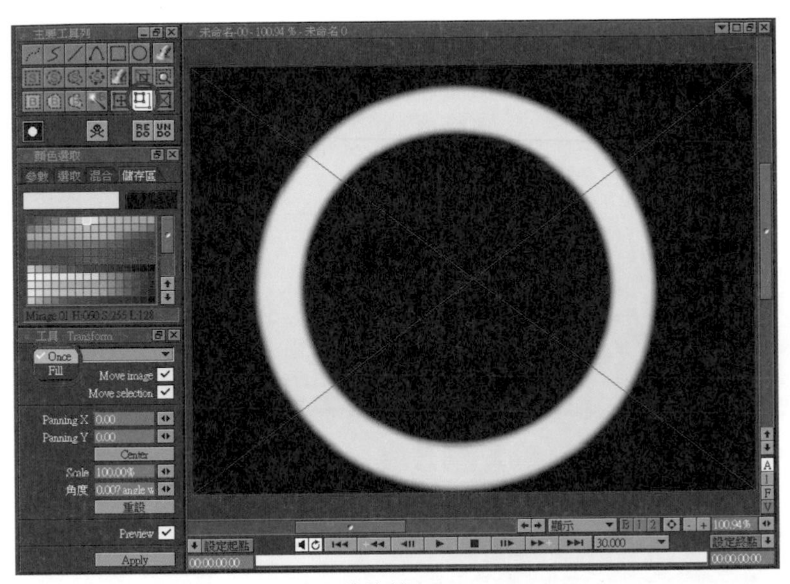

▲圖 7.1-4 Once 單一縮放工具 - 縮放前

當使用者以 RMB 拖曳專案視窗內之影像時，其紅色的縮放工具框將產生全影像之縮放效果，確定之後再以「Apply」套用此設定即可完成（圖 7.1-5）。

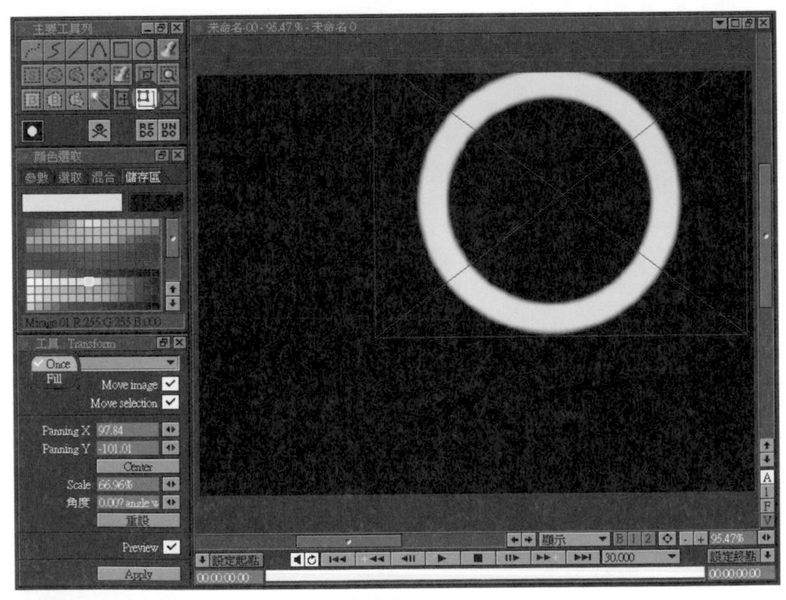

▲圖 7.1-5 Once 單一縮放工具 - 縮放後

而當使用者改以「Fill 填滿縮放工具」時，使用方法仍然是以 RMB 拖曳專案視窗內之影像，而其紅色的縮放工具框將產生全影像之縮放效果（圖 7.1-6）。但此時的影像將會以類似磁磚重覆方式平貼於整個專案視窗，使用者之後只要再以「Apply」按鈕套用此設定，即可完成填滿縮放工具的設定了。

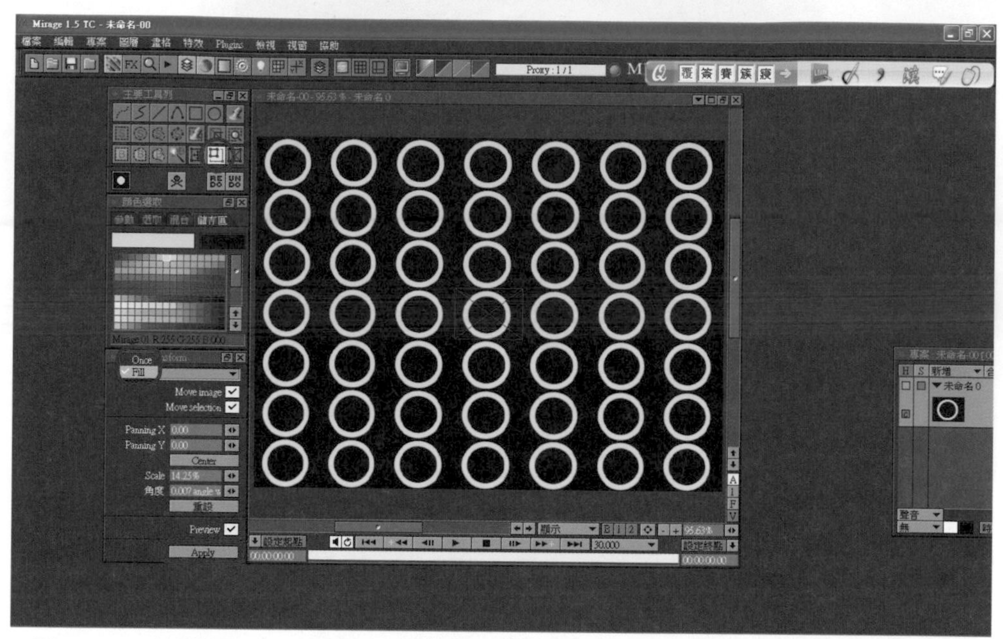

▲圖 7.1-6 Fill 填滿縮放工具

最後一個工具為四點定位點縮放工具，此功能仍然與上兩種工具類似（圖 7.1-7）。但其特別之處在於，使用者除了可以縮放專案視窗內之影像之外，更可以針對影像的四個角邊做出類似 3D 立體位移的效果（圖 7.1-8）。

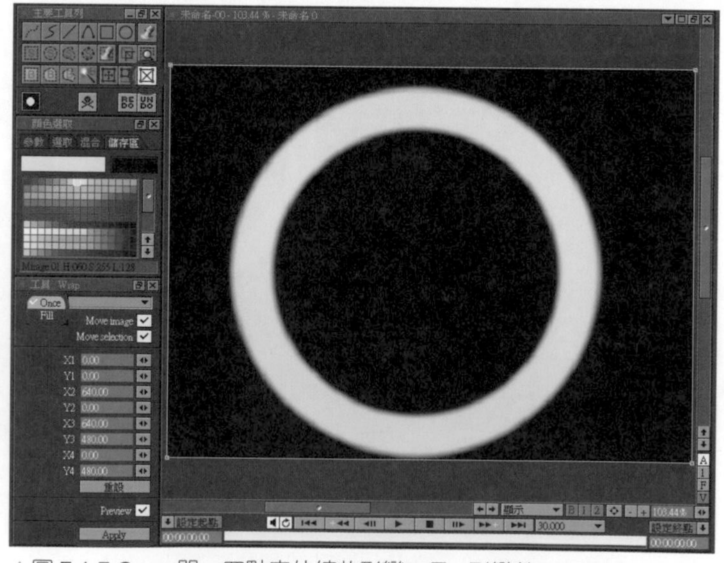

▲圖 7.1-7 Once 單一四點定位縮放形變工具 - 形變前

當變更完成之後，只要再以「Apply」按鈕套用此設定，即可完成四點定位縮放形變的設定了（圖 7.1-8）。

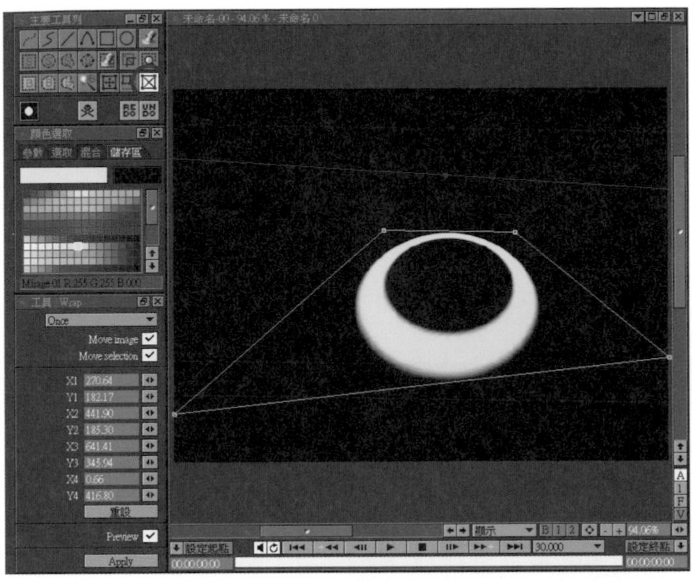

▲圖 7.1-8 Once 單一四點定位縮放形變工具 - 形變後

而當使用者另外改用「Fill 填滿四點定位縮放形變工具」時，可將此效果以類似地平面構圖的磁磚重覆平貼方法於整個專案視窗中，表現出寬廣的景深場景（圖 7.1-9）。相同地，當變更完成之後，只要再以「Apply」按鈕套用即可完成設定了。

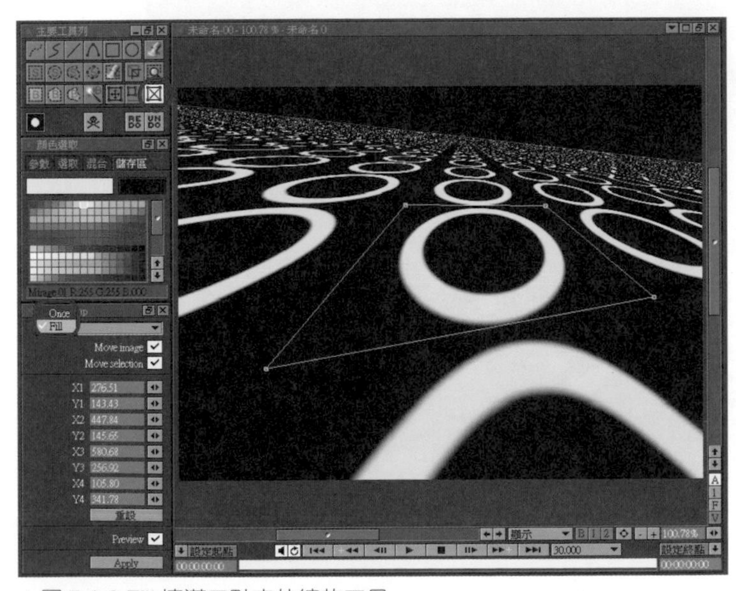

▲圖 7.1-9 Fill 填滿四點定位縮放工具

最後一提的是，若使用者於主要工具列的按鈕上執行 RMB 後，則會啟動「形狀設定」對話盒功能供使用者調整（圖 7.1-10）。這也是主要工具列中提供的另一層設定。

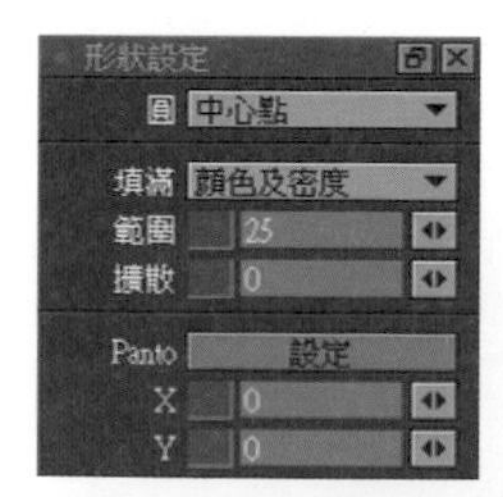

▲圖 7.1-10 形狀設定對話盒

7.2 筆觸與填形模式

此節筆者將列出七種同屬性不同筆觸用法的繪圖填形模式，其中內含著按鈕切換功能。目地可將屬性相同的繪圖填形筆觸歸類在一起，並且也可精簡使用者環境操作介面版面的應用。

圖 7.2-1 為「虛線 / 單點徒手畫」之繪製方式，其快速鍵為「s」。而其差異只在於繪筆筆觸拖曳時其繪點是否連續性出現。

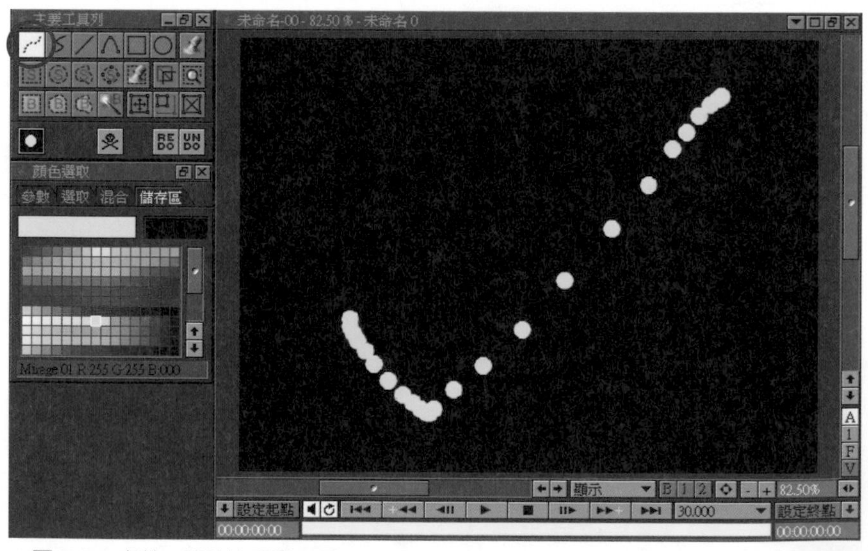

▲圖 7.2-1 虛線 / 單點徒手畫工具

任意徒手繪製（圖 7.2-2）及區塊填滿（圖 7.2-3）之繪製方式，快速鍵為「d」。

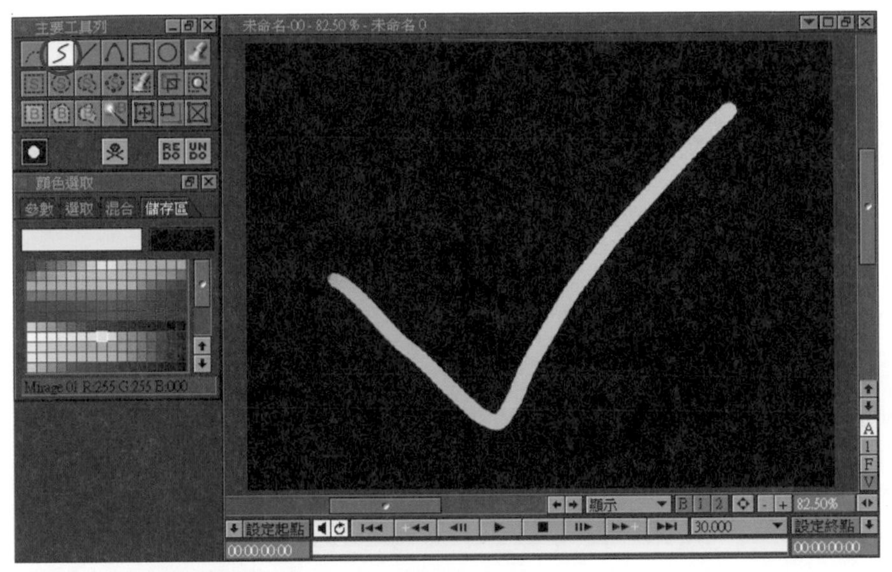

▲圖 7.2-2 任意徒手繪製工具

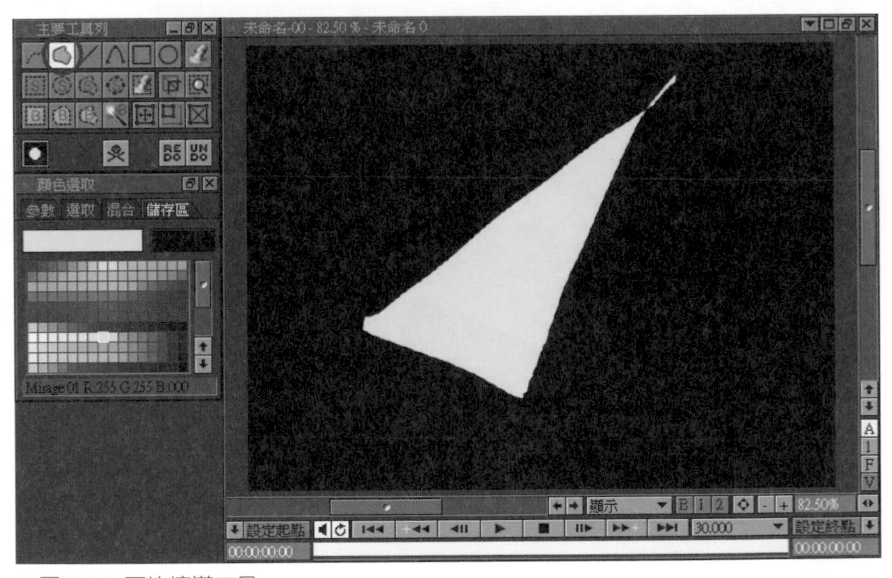

▲圖 7.2-3 區塊填滿工具

直線工具（圖 7.2-4）及多邊形填滿工具（圖 7.2-5）之繪製方式，快速鍵為「L」。

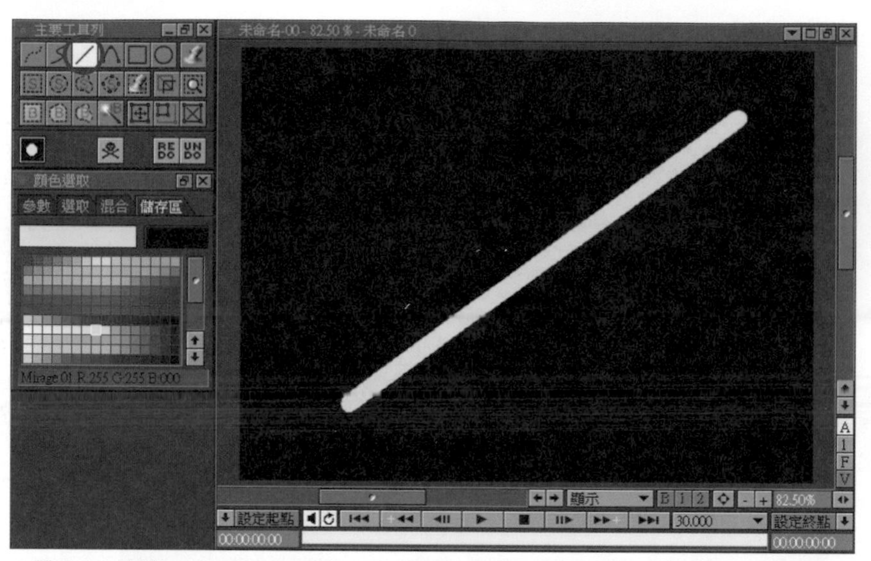

▲圖 7.2-4 直線工具

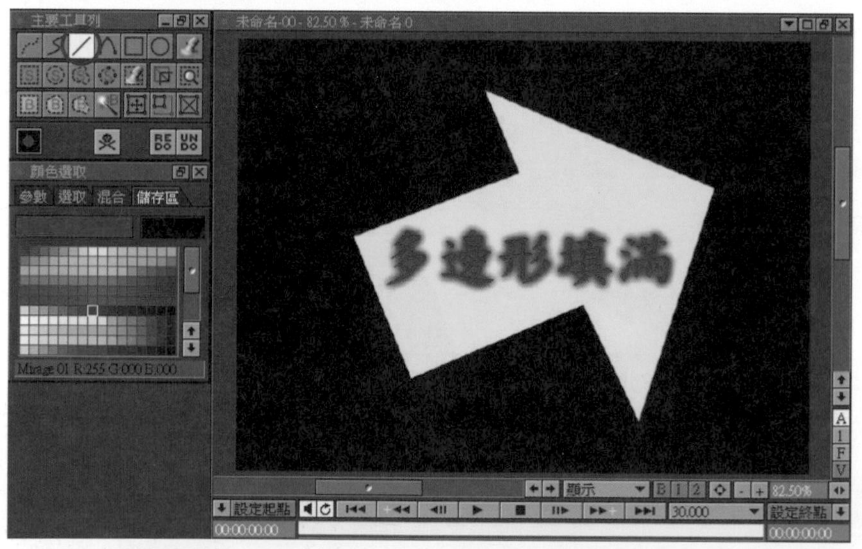

▲圖 7.2-5 多邊形填滿工具

雲形曲線工具（圖 7.2-6）及雲形曲線 RMB 修點（圖 7.2-7）功能選項設定，快速鍵為「Q」。

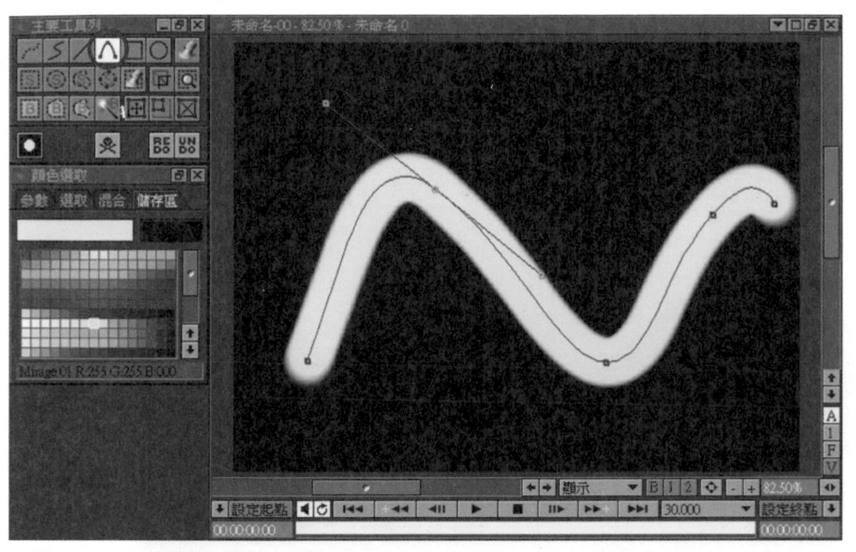

▲圖 7.2-6 雲形曲線工具

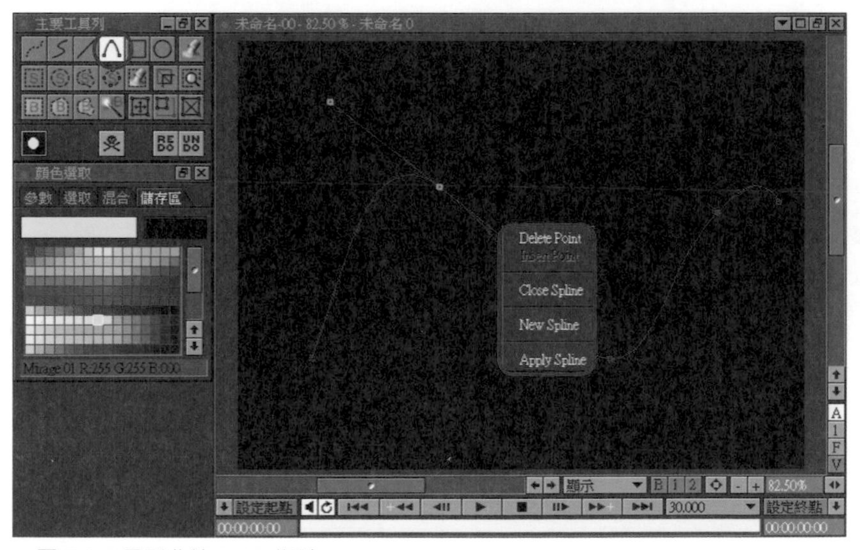

▲圖 7.2-7 雲形曲線 RMB 修點

雲形曲線填滿工具（圖 7.2-8）及雲形填滿曲線 RMB 修點（圖 7.2-9）功能選項設定。

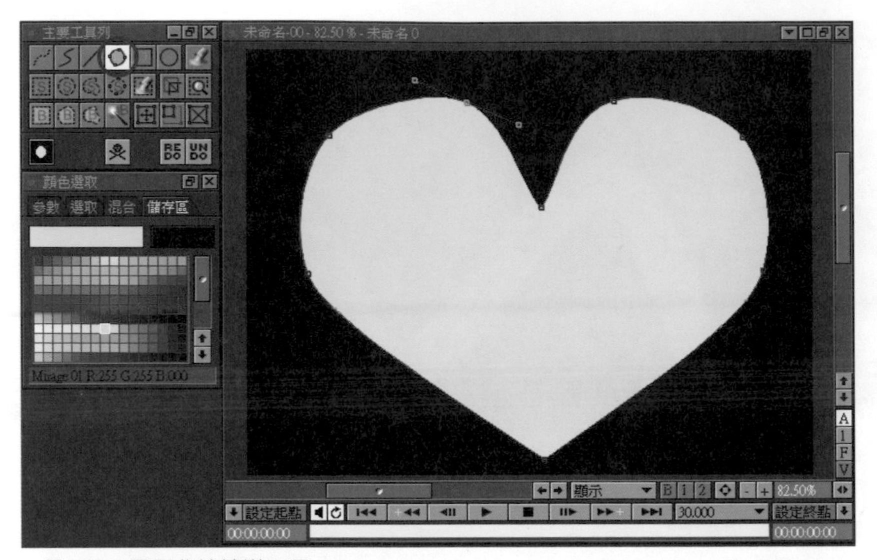

▲圖 7.2-8 雲形曲線填滿工具

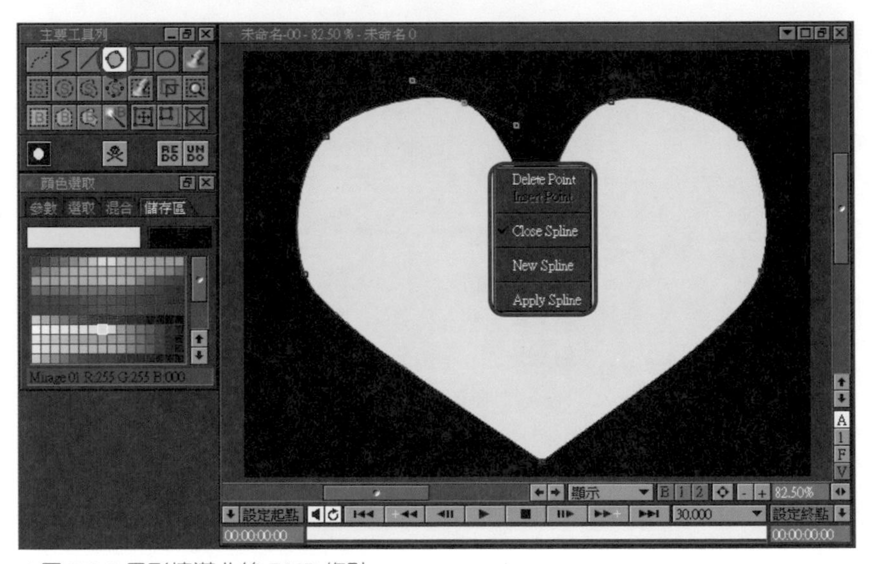

▲圖 7.2-9 雲形填滿曲線 RMB 修點

矩形工具（圖 7.2-10）及矩形填滿工具（圖 7.2-11）之繪製方式，快速鍵為「R」。

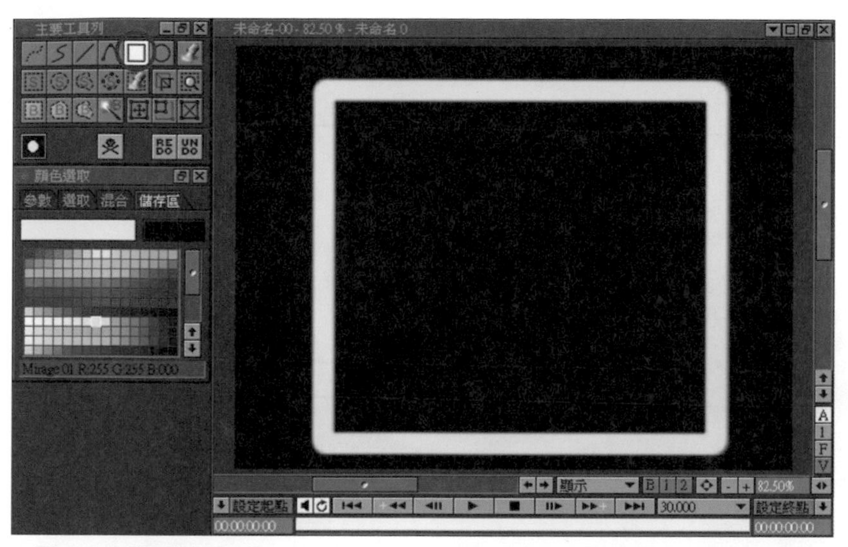

▲圖 7.2-10 矩形工具

▲圖 7.2-11 矩形填滿工具

橢圓工具（圖 7.2-12）及橢圓填滿工具（圖 7.2-13）之繪製方式，快速鍵為「C」。

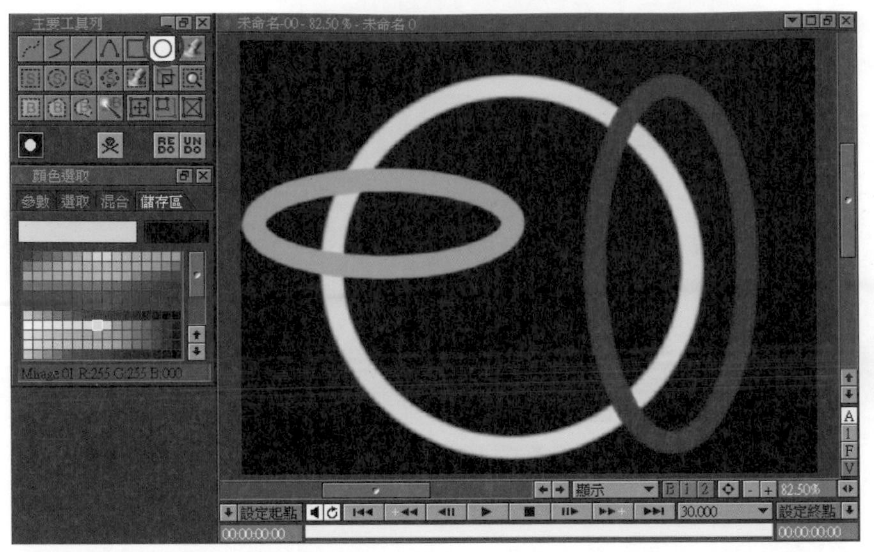

▲圖 7.2-12 橢圓工具

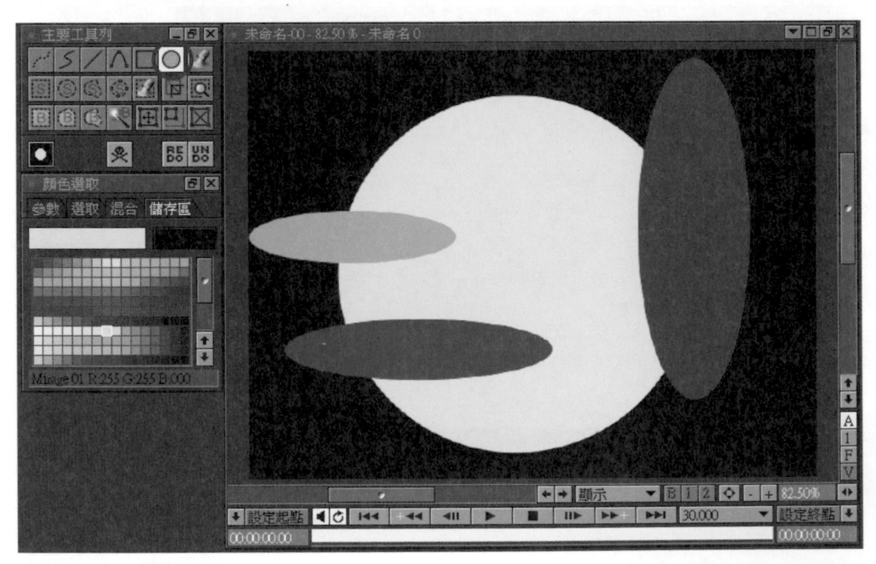

▲圖 7.2-13 橢圓填滿工具

背景填滿工具 - 前（圖 7.2-14）及背景填滿工具 - 後（圖 7.2-15）之繪製方式，快速鍵為「F」。

▲圖 7.2-14 背景填滿工具 - 前

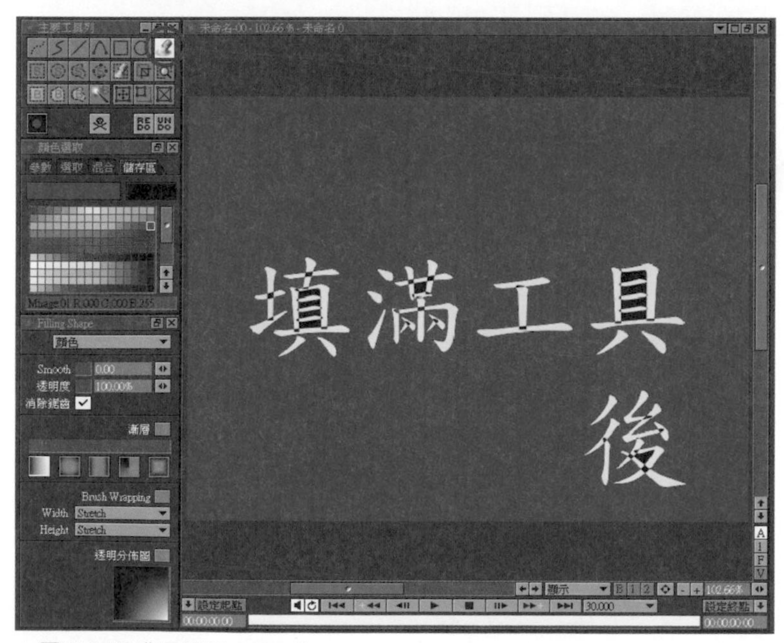

▲圖 7.2-15 背景填滿工具 - 後

另外，在背景填滿工具之設定中，我們還可以使用「漸層」方式來將背景填滿。

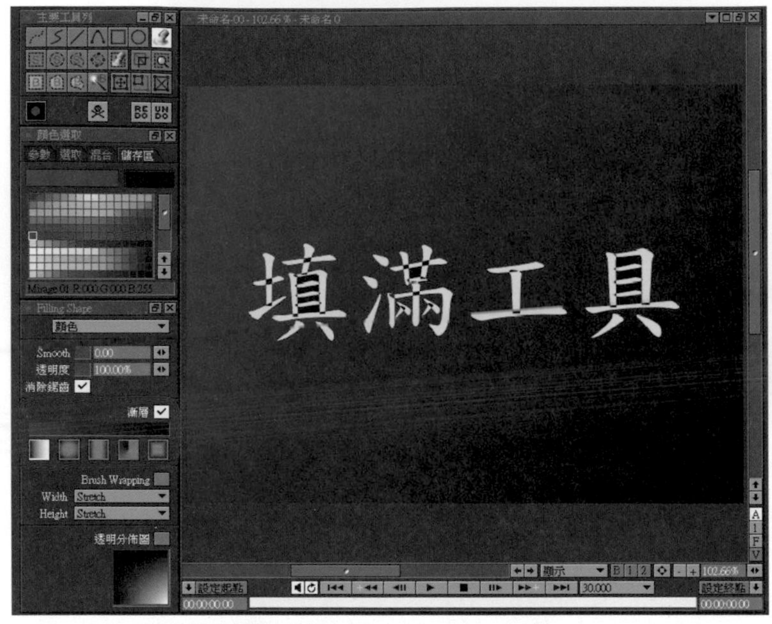

▲圖 7.2-16 背景填滿工具 - 漸層

7.3 填滿工具參數選項

於填色工具之中，使用者可於漸層設定選項內調整各類型的參數值(圖 7.3-2)。

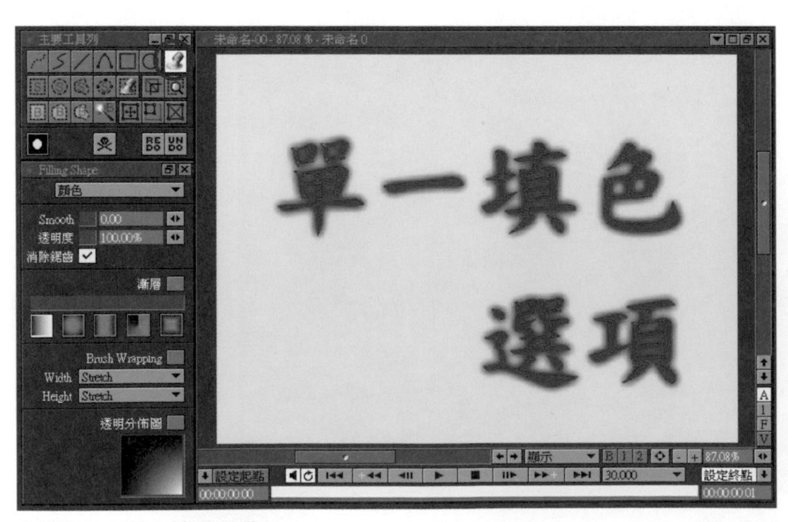

▲圖 7.3-1 單一填色工具

▲圖 7.3-2 漸層填色工具

7.4 選取工具

選取工具（圖 7.4-1）可提供使用者針對影像以不同的選取方法選擇所需要的範圍，而甚至可以應用於遮罩功能，是讀者們不可忽略的重要功能之一。

筆者以平滑選取工具的設定為例，分別以「平滑設定＝ 0」（圖 7.4-2）及「平滑設定＝ 40」（圖 7.4-3）舉例，以提供使用者們了解其差異之處為何。

▲圖 7.4-1 選取工具

▲圖 7.4-2 選取工具 - 平滑設定 =0

讀者們可明顯的比較出，選取工具中的平滑設定參數值越大，則其選取邊緣越趨向於圓形平滑曲面，而其餘的設定更是可搭配應用以提昇其選取效能。

▲圖 7.4-3 選取工具 - 平滑設定 =40

7.5 筆刷選取工具

當選擇筆刷選取工具（圖 7.5-1）之後，可搭配著以筆刷選取工具對話盒（圖 7.5-2）選項中，指定被選取範圍是使用「複製」或「剪下」等方式。

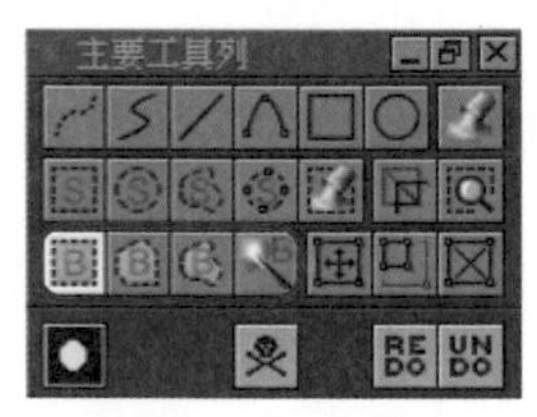

▲圖 7.5-1 筆刷選取工具

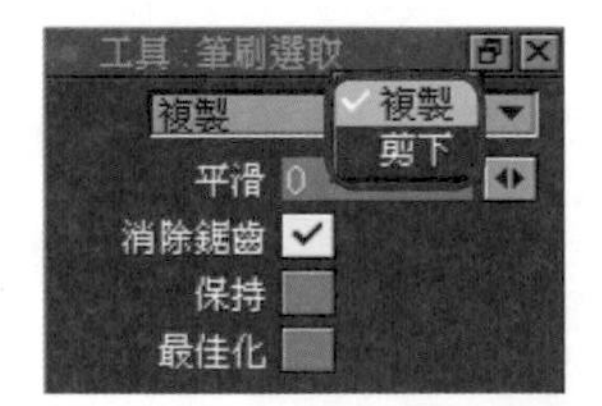

▲圖 7.5-2 筆刷選取工具對話盒

另外使用者們亦可調整平滑設定的參數值。當其參數值越大時則表示被選取範圍之邊緣所產生之霧化效果將越明顯。

調整平滑設定的參數值 =90（圖 7.5-3）之後，所產生的新筆刷其邊緣將明顯產生霧化之效果（圖 7.5-4）。

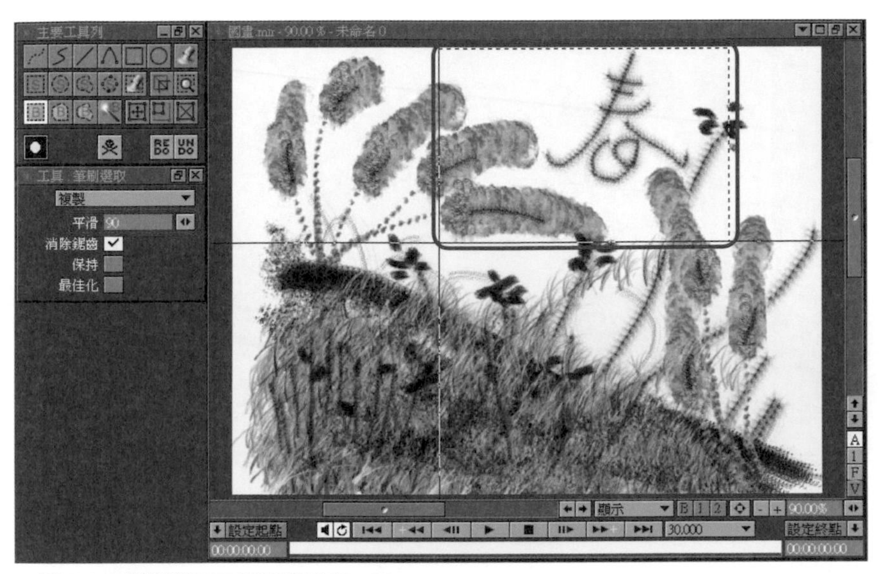

▲圖 7.5-3 筆刷選取工具平滑設定 =90

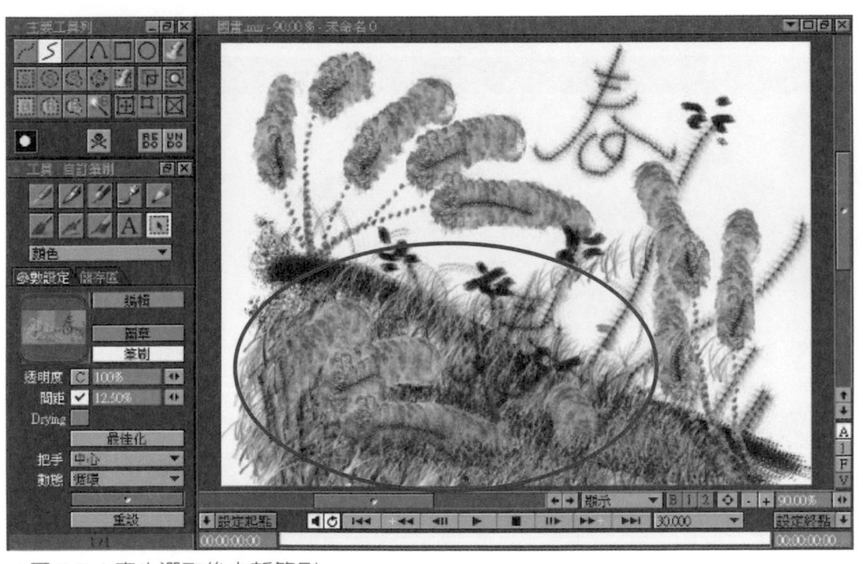

▲圖 7.5-4 產生選取後之新筆刷

在剪下工具的應用上可將需要的範圍選取之後，再按下「Crop」鈕進行確認（圖 7.5-5）。

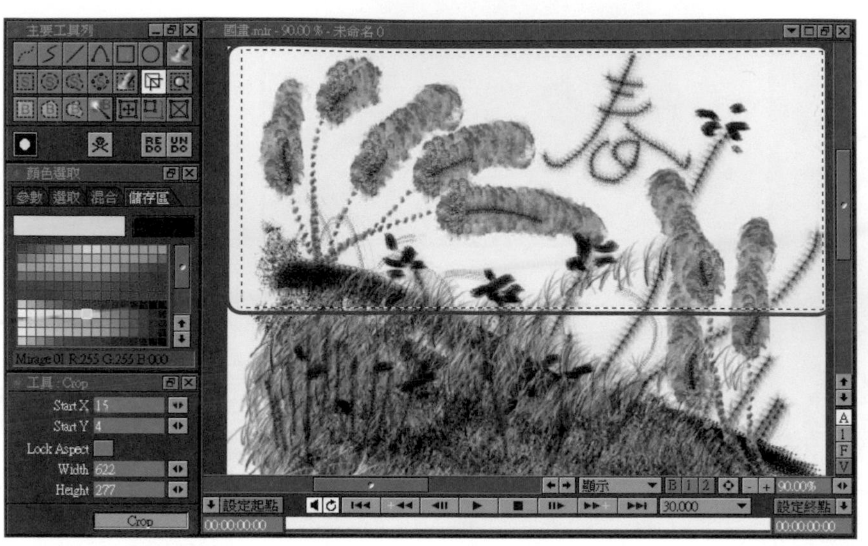

▲圖 7.5-5 剪下工具

（圖 7.5-6）為新產生之完成圖。

▲圖 7.5-6 完成剪下工具

最後在縮放工具的使用上，Mirage 定義了滑鼠操作的方式為 LMB 代表了將影像放大（圖 7.5-7），而 RMB 則代表了將影像縮小的用法（圖 7.5-8）。

▲圖 7.5-7 縮放工具 - LMB 放大

▲圖 7.5-8 縮放工具 - RMB 縮小

7.6 繪圖輔助工具

此「繪圖輔助工具」功能中包含：紙張底稿、格線、導引線、全螢幕切換開關及四個色頻頻道選項等功能（圖 7.6-1）。

「紙張底稿」工具內含相當豐富的圖檔資源可供我們應用（圖 7.6-2），甚至提供了自訂紙張底稿圖檔的功能，給予使用者極大的擴充彈性空間。

▲圖 7.6-1 繪圖輔助工具

▲圖 7.6-2 紙張底稿

筆者以紙張種類顯示底稿圖檔（圖 7.6-3）中的「woodchips」類型來舉例說明使用及設定的方法。

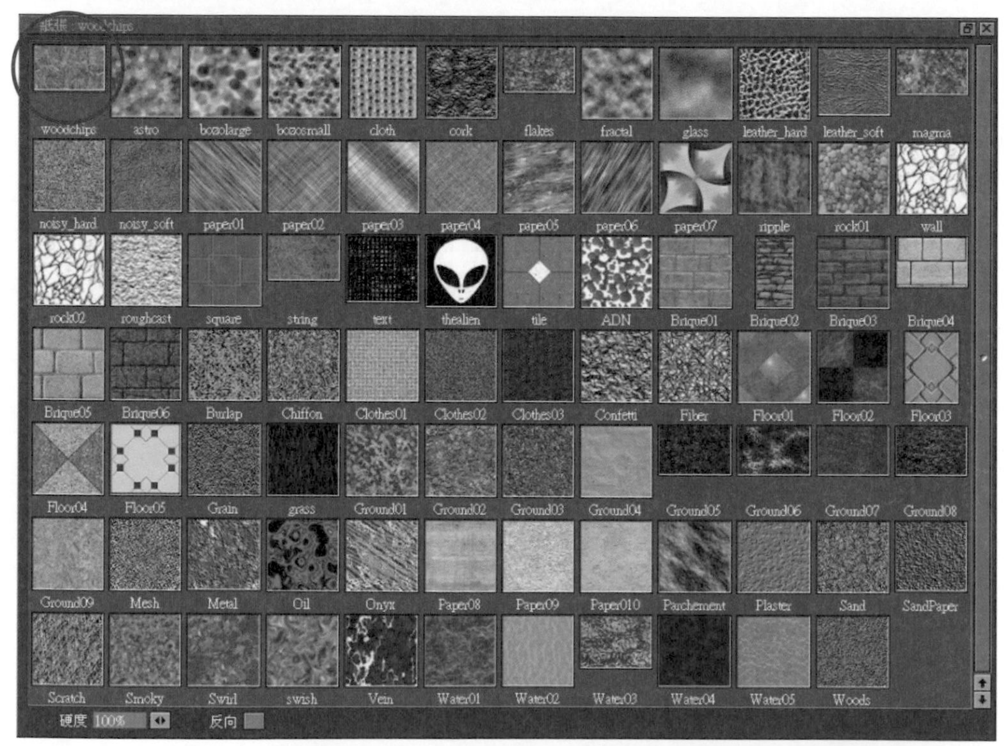

▲圖 7.6-3 紙張種類顯示底稿圖檔

使用者可於紙張底稿工具按鈕上以 RMB 點選之後（圖 7.6-4），隨即將會出現紙張種類顯示底稿圖檔（圖 7.6-3）的對話盒，以供選取圖片檔案。

▲圖 7.6-4 RMB 點選紙張底稿工具鈕

當使用者選取「woodchips」類型的紙張底稿後（圖 7.6-3），即可以 LMB 來繪製，並搭配底色而產生出相當豐富的背景底圖以供視訊應用。

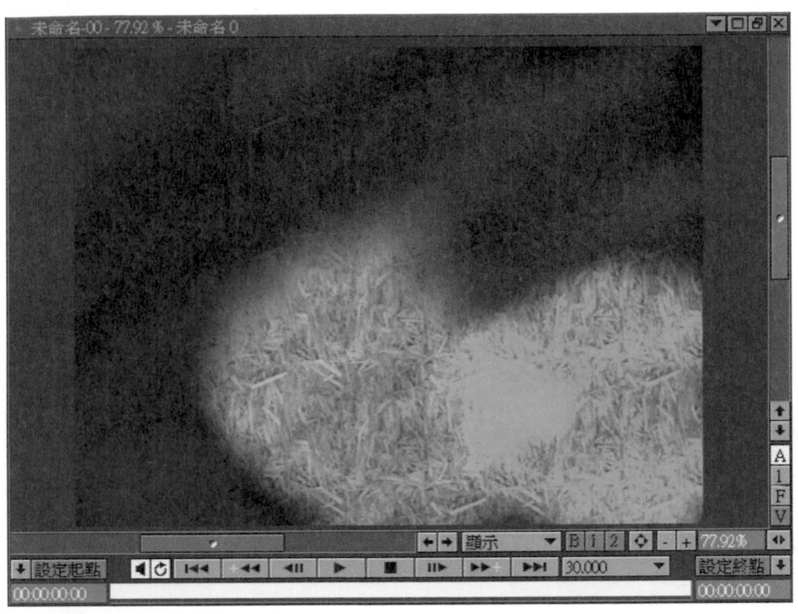

▲圖 7.6-5 LMB 紙張底稿繪製

格線工具的作用可於專案視窗內做矩陣分割（圖 7.6-6）。其目地為可讓使用者精確定位於影像中，並且方便在繪圖時做準位校正之用。

使用者亦可於格線工具按鈕上以 RMB 啟用格線工具對話盒（圖 7.6-7），做更詳細的參數值設定。

導引線工具使用方式與上述的「格線工具」用法類似圖 7.6-6。而其目地為可讓使用者以客製化需求自行定訂繪圖時的基準導引線（圖 7.6-8）。

使用者亦可於導引線工具按鈕上，以 RMB 啟用格線工具對話盒（圖 7.6-9），做更詳細的參數值設定。

▲圖 7.6-6 格線工具

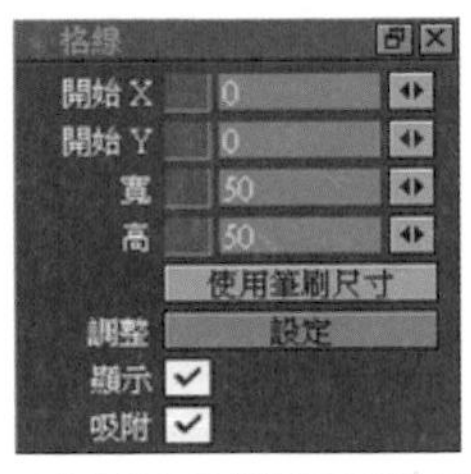

▲圖 7.6-7 格線工具對話盒

▲圖 7.6-8 導引線工具

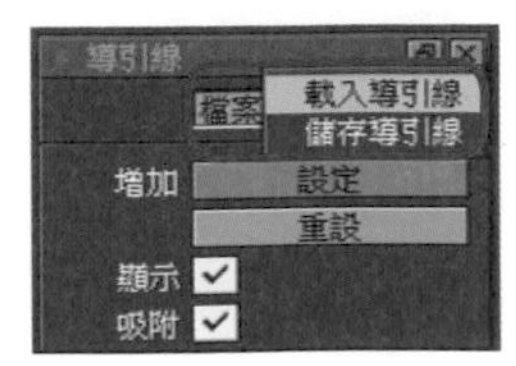

▲圖 7.6-9 導引線工具對話盒

7.7 座標顯示器

此功能在於 Mirage 之中扮演著精確的定標系統。使用者可於「座標顯示器」按鈕執行 RMB 功能，以啟動座標顯示器對話盒（圖 7.7-1）。

▲圖 7.7-1 座標顯示器

而當啟動座標顯示器對話盒之後，使用者將會由對話盒之對應顯示視埠之中，看見影像的相對位置座標以及該準位之 RGB 色彩資訊。然而這些資訊都將直接對於使用者作品的精密度有相當程度的加分效果（圖 7.7-2）。

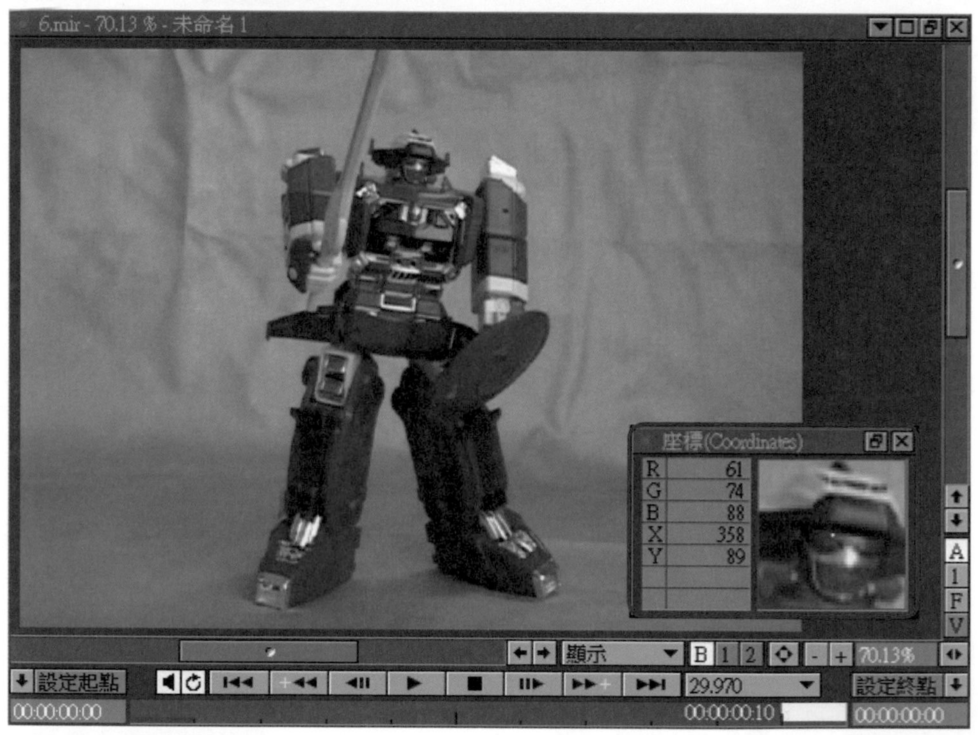

▲圖 7.7-2 座標顯示器標示對話盒

7.8 重複作用

「重複作用」（Re Apply）在 Mirage 之中有其相當方便的功能，就是可針對同一個動作再次執行。而使用者可於下拉式功能「編輯 / 重新作用」的選項中執行此功能，而其快速鍵為連續點按「Enter」鍵盤按鈕（圖 7.8-1）。然而此功能與一般軟體「Undo」（重做）的功能並不相同。

「重新作用」的用途是可將使用者繪製在專案視窗中之影像做重繪的動作。其目的是可以做出定點重繪、動態影格插畫等相當方便的效果。以下我們就來介紹其用法。

使用者可於「主要工具列」之中選取「曲線」繪製工具（圖 7.8-2）。

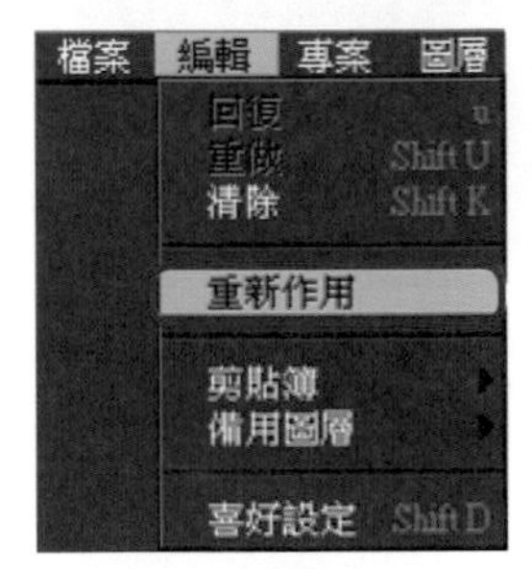

▲圖 7.8-1 重複作用

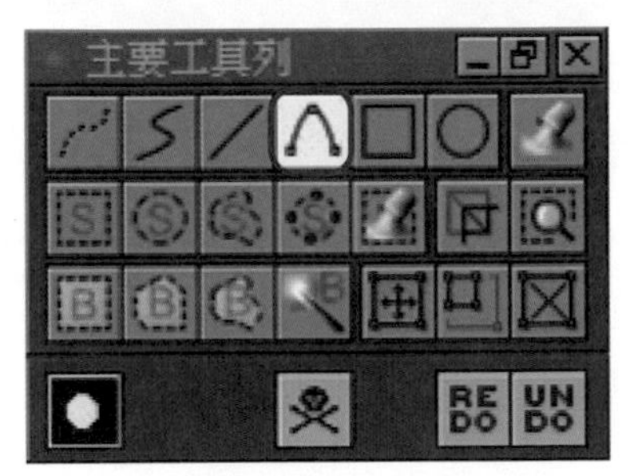

▲圖 7.8-2 選擇「曲線」工具

接著再由專案視窗中繪製出任意曲線。由於我們已經選定了「A Color」以及「噴槍」類型之筆刷工具。因此可重複選取下拉式功能「編輯 / 重新作用」的選項，執行曲線重繪或直接以快速鍵連續點按「Enter」鍵盤按鈕，進行影像重繪動作。此方式可方便、快速的產生定點重繪效果（圖 7.8-3）。

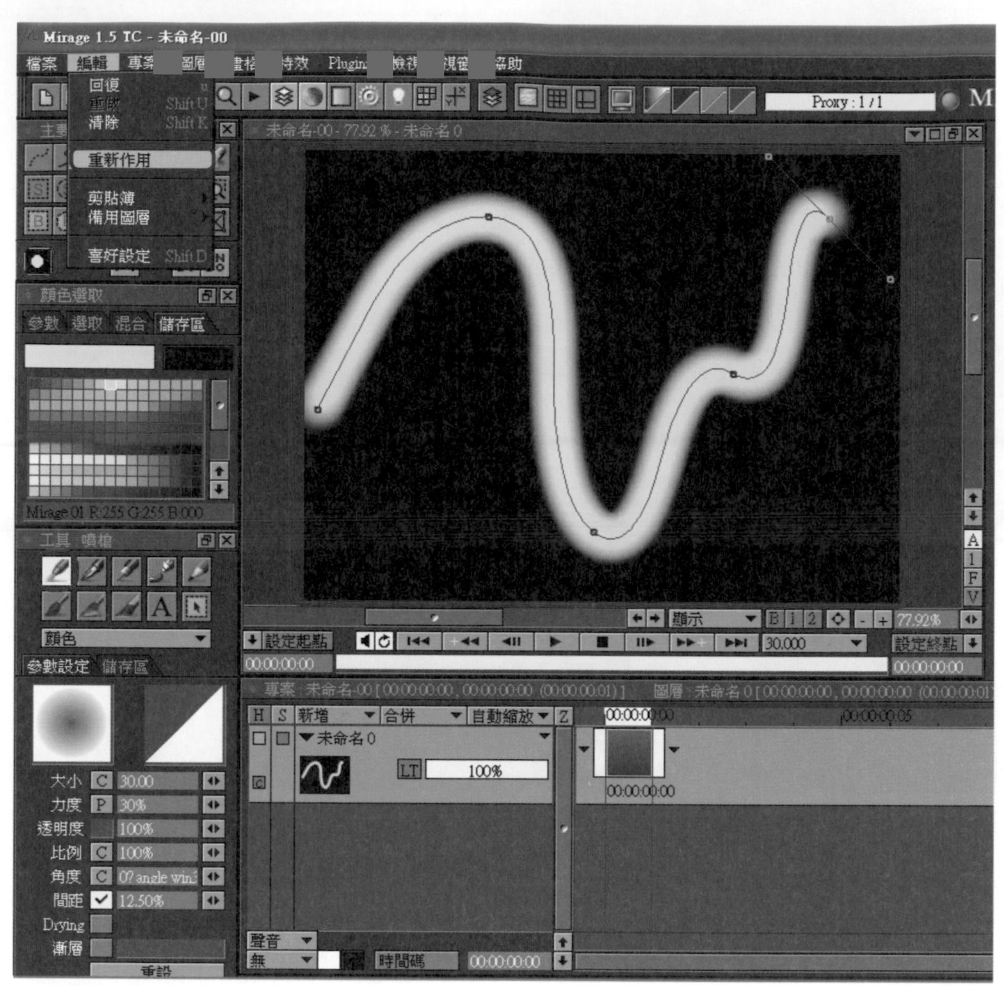

▲圖 7.8-3 連續點按「Enter」執行重複作用

Chapter 8

自動繪圖模版＋動態筆刷(Auto Paint)

學習重點

Mirage 的自動繪圖功能，可方便且快速的搭配動態筆刷設定而完成圖層覆疊的特效。以下我們就用實例來進行解說。

開啟 Mirage 並設定相關之環境（圖 8-1 環境設定）。

▲圖 8-1 環境設定

（圖 8-2）開啟並進入 Mirage 的之主畫面。

▲圖 8-2 Mirage 開啟畫面

接著開啟並且載入一動態視訊檔案（圖 8-3、圖 8-4）。

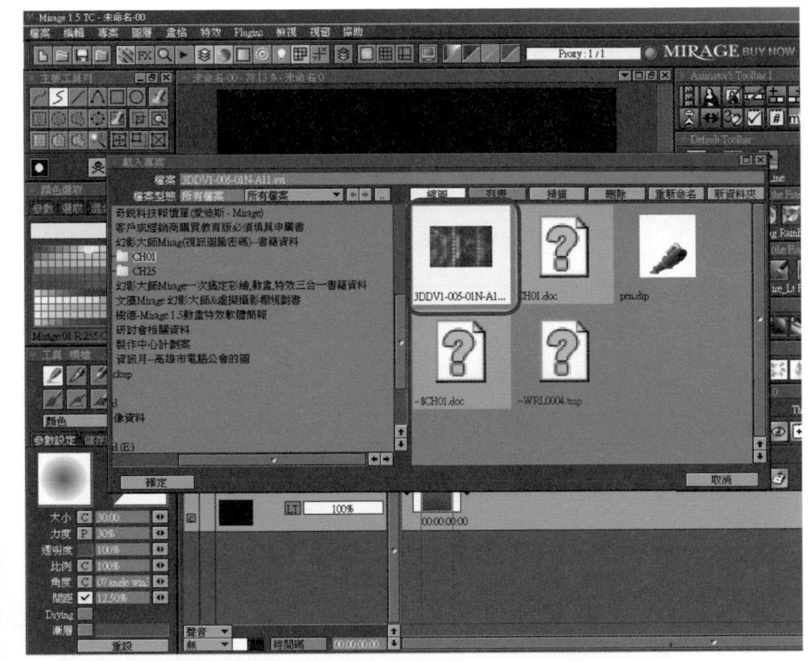

▲圖 8-3 開啟檔案 ▲圖 8-4 載入動態視訊檔案

將動態視訊檔案轉換為「NTSC/DV 4：3」格式（圖 8-5）。

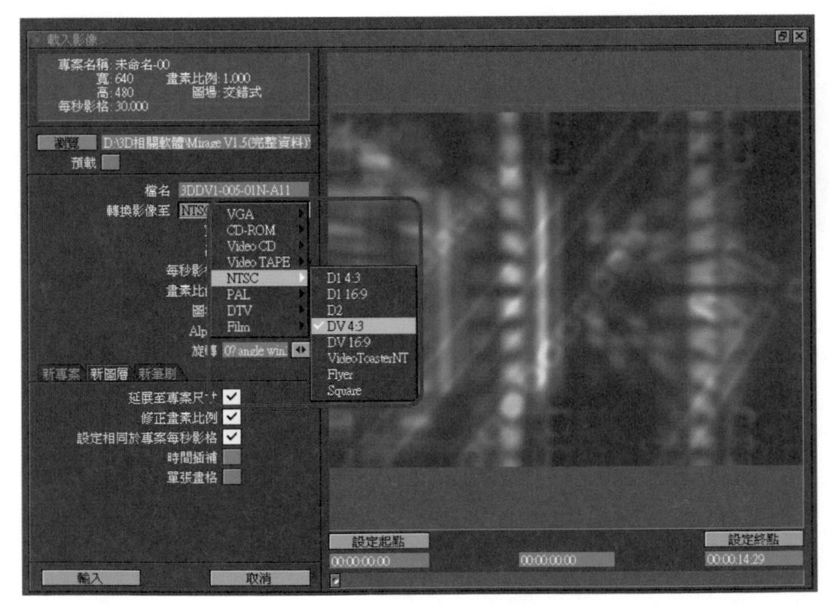

▲圖 8-5 轉換動態視訊檔案格式

圖 8-6 是載入動態視訊檔案後之畫面。

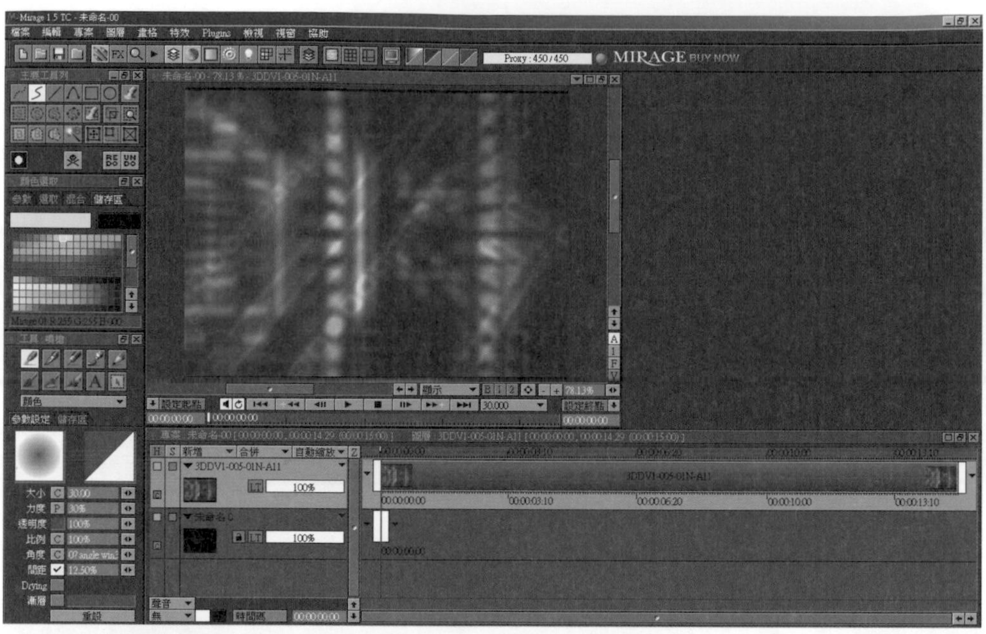

▲圖 8-6 載入動態視訊檔案

於圖層 (Layer) 工具執行 Mouse「RMB」(滑鼠左鍵)，並選擇「新增靜態圖層」之項目（圖 8-7）。

▲圖 8-7 新增一靜態圖層

首先關閉動態視訊檔中的顯示模式項目（Display），再選擇畫筆工具及所需之顏色，並於「參數設定」標籤中調整「大小＝ 4」、「力度＝ 100%」（圖 8-8）。

選擇「特效 / 繪圖 / 自動繪圖」選項予以啟用手繪功能（圖 8-9）。

▲圖 8-8 調整及選擇參數設定

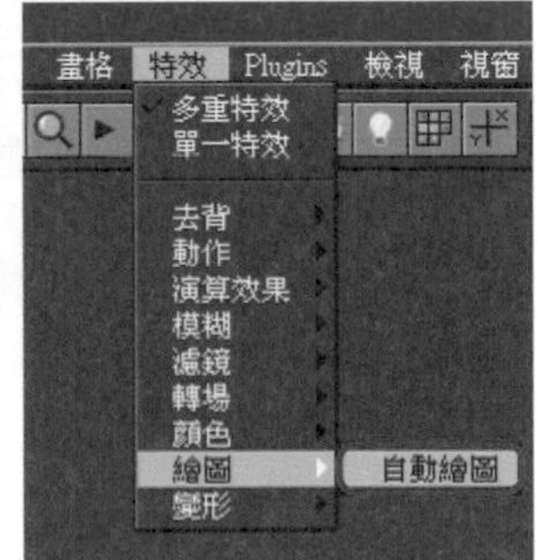

▲圖 8-9 手繪繪圖功能

再由「特效堆疊」對話盒中按下「錄製繪圖」按鈕，開始進行繪製路徑（圖 8-10）。

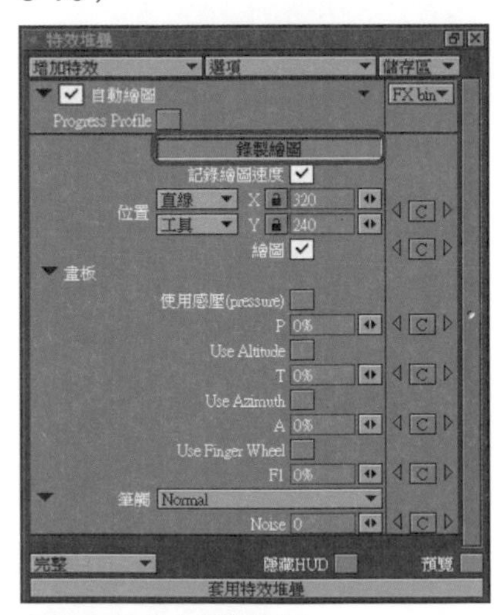

▲圖 8-10 執行繪製路徑

在「專案視窗」中以數位板進行手繪路徑之錄製功能（圖 8-11）。

▲圖 8-11 進行錄製繪製路徑

繪製完成後，於「特效堆疊」對話盒中按下「停止錄製」按鈕，結束繪製路徑（圖 8-12）。

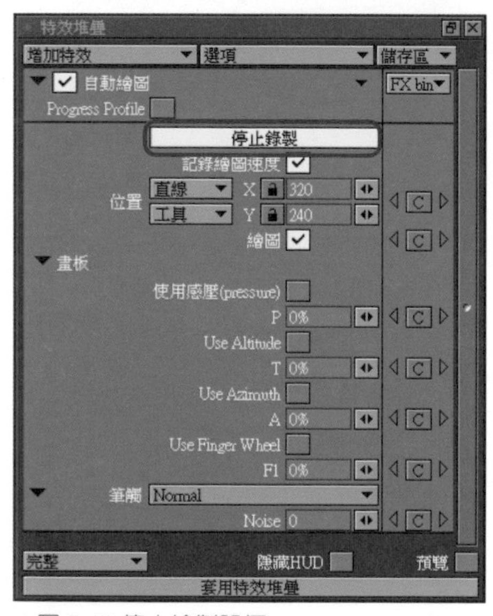

▲圖 8-12 停止繪製路徑

完成繪製路徑後，隨即則產生 Keyframes（關鍵點）的設定（圖 8-13）。

▲圖 8-13（關鍵點）設定

將 Layer(圖層) 及 Keyframes(關鍵點) 長度調整到與動態視訊圖層等長，並清除第一影格內容後再核選「預覽」功能選項（圖 8-14）。

▲圖 8-14 調整圖層長度

再將繪製路徑的圖層以 Mouse「LMB」(滑鼠右鍵) 選取，並執行「轉換成為動態圖層」之功能（圖 8-15）。

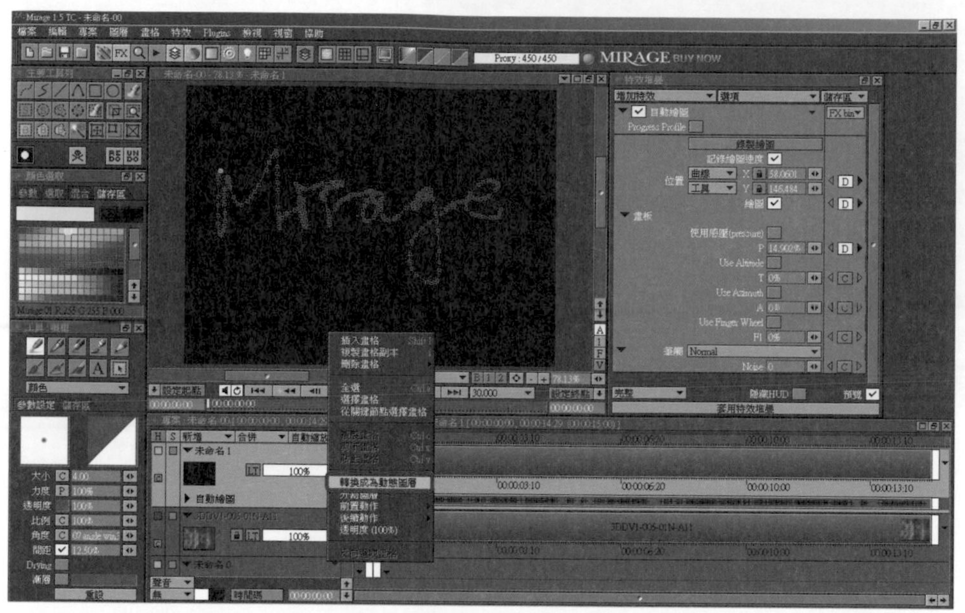

▲圖 8-15 轉換圖層屬性

將圖層轉換成為動態圖層（圖 8-16）。

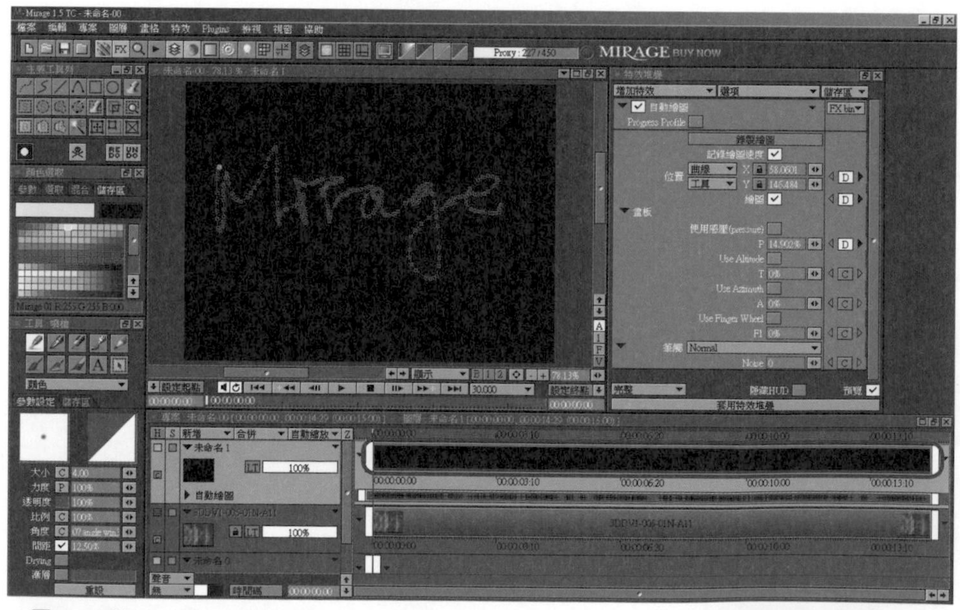

▲圖 8-16 轉換完成之動態圖層

將我們所手繪的路徑，透過特效堆疊中的「工具 / 加到儲存區」功能，進行儲存以便提供將來的運用（圖 8-17）。

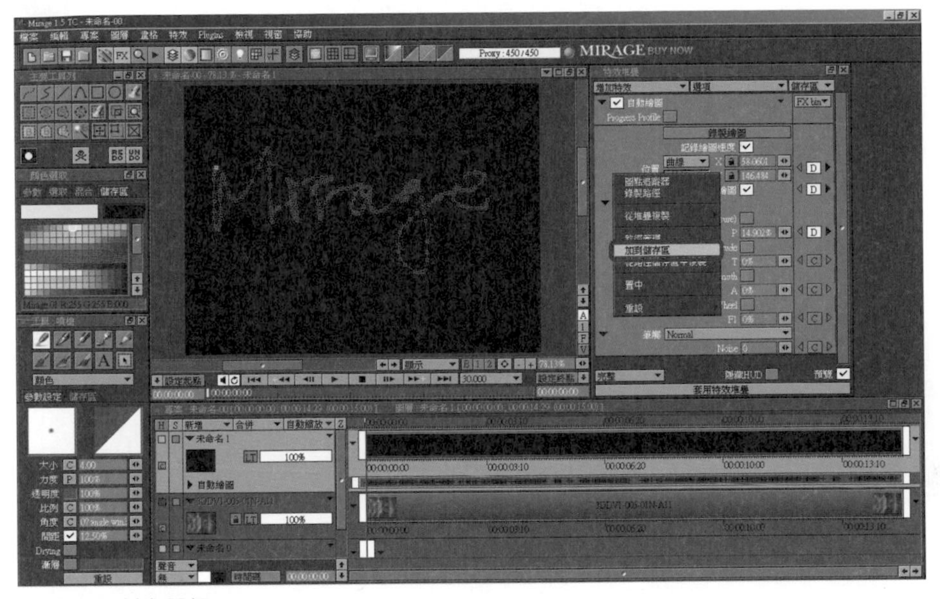

▲圖 8-17 儲存路徑

輸入路徑名稱（圖 8-18）後，可由特效堆疊的「工具 / 從路徑儲存區中複製」功能中，看到新增加入的路徑名稱（圖 8-19）。

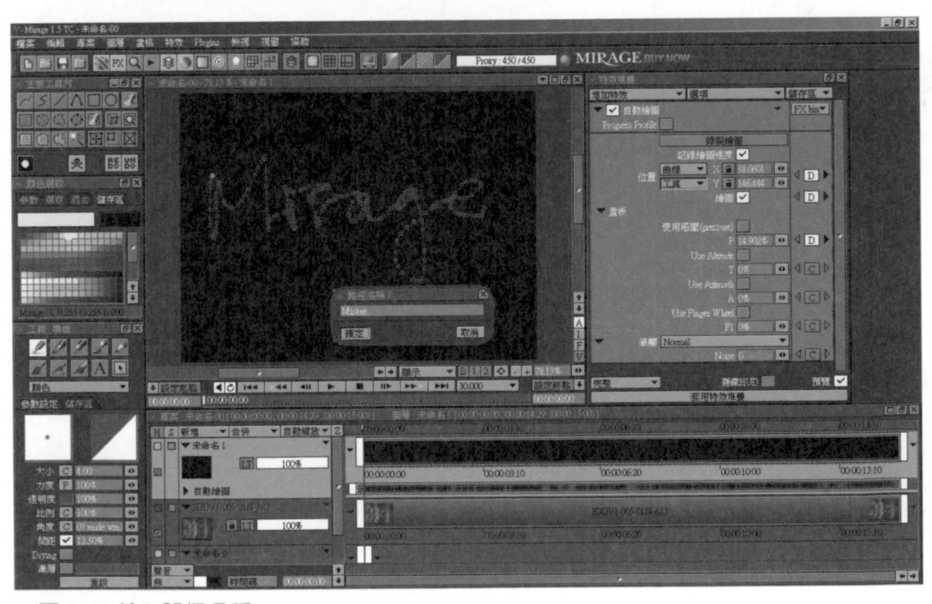

▲圖 8-18 輸入路徑名稱

▲圖 8-19 新增加入的路徑名稱

另外讀者們可用「儲存區 / 匯出」功能（圖 8-20），將此路徑儲存成為「*.bin」檔以供未來運用（圖 8-21）。

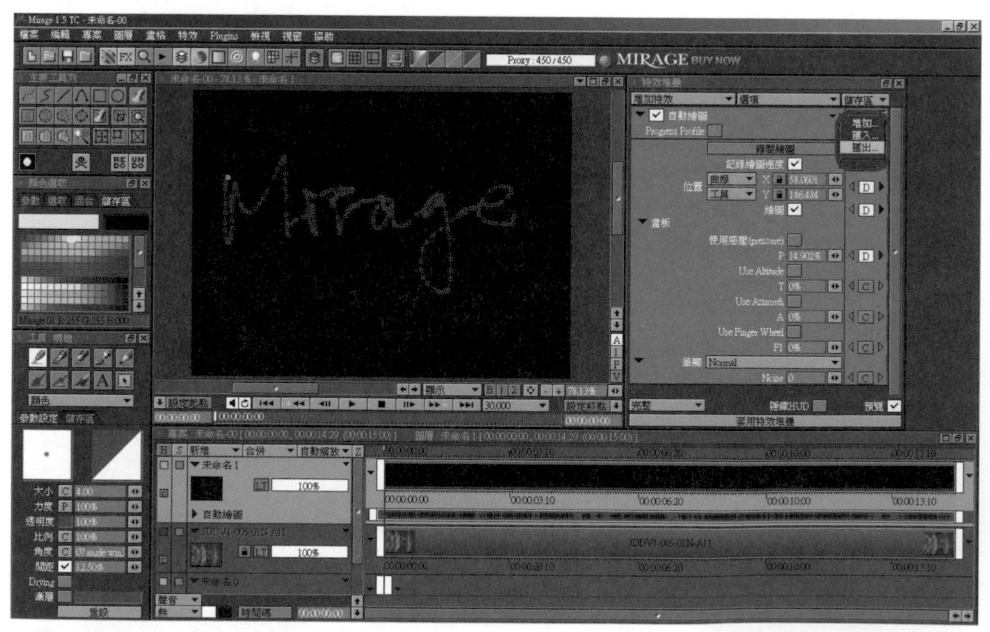

▲圖 8-20 將路徑儲存成 bin 檔

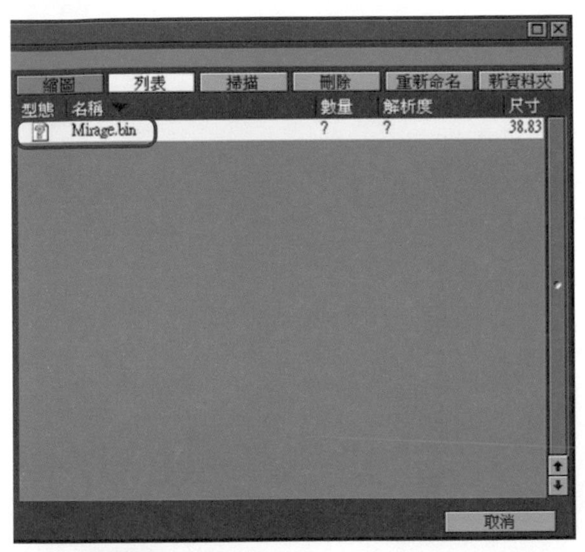

▲圖 8-21 完成 bin 檔之路徑儲存

將「參數設定」標籤功能中「大小」項目調整為 10，再以 LMB 全選動態圖層並執行「套用特效堆疊」，將特效套用於動態圖層之中（圖 8-22）。

▲圖 8-22 套用特效於動態圖層

圖 8-23、24 為套用特效的過程。

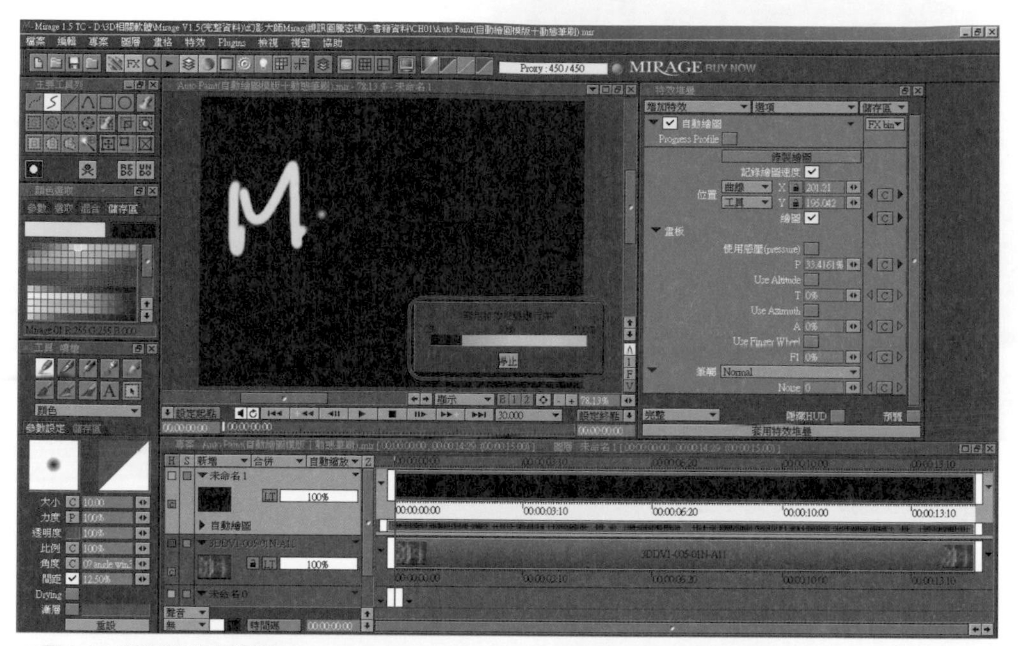

▲圖 8-23 套用特效之過程 -1

▲圖 8-24 套用特效之過程 -2

完成手繪特效功能（圖 8-25），並開啟動態視訊檔中的顯示模式項目（Display），將此圖層做為動態背景用（圖 8-26）。

▲圖 8-25 完成手繪特效

▲圖 8-26 啟用顯示模式（Display）

接著再新增一動態圖層做為下一組特效圖層的基底（圖 8-27）。

▲圖 8-27 新增一動態圖層

將新增的動態圖層以「重複畫格」的方式延長圖層長度，與其他圖層等長（圖 8-28）。

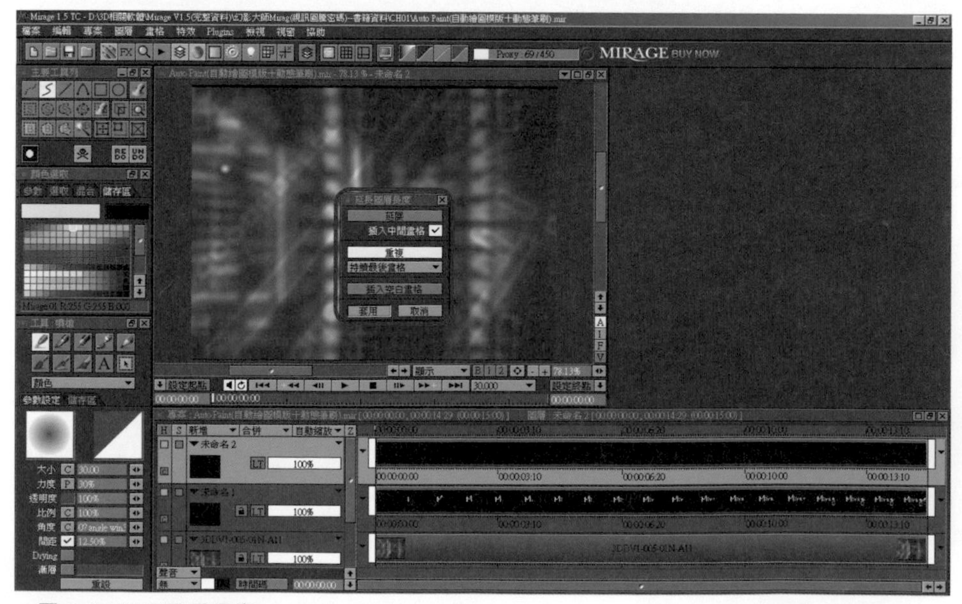

▲圖 8-28 延展圖層長度

執行工具列中「FX」特效堆疊功能，並於對話盒中執行「演算效果 / 分子運動產生器 (Particles)」選項（圖 8-29），加入分子特效。

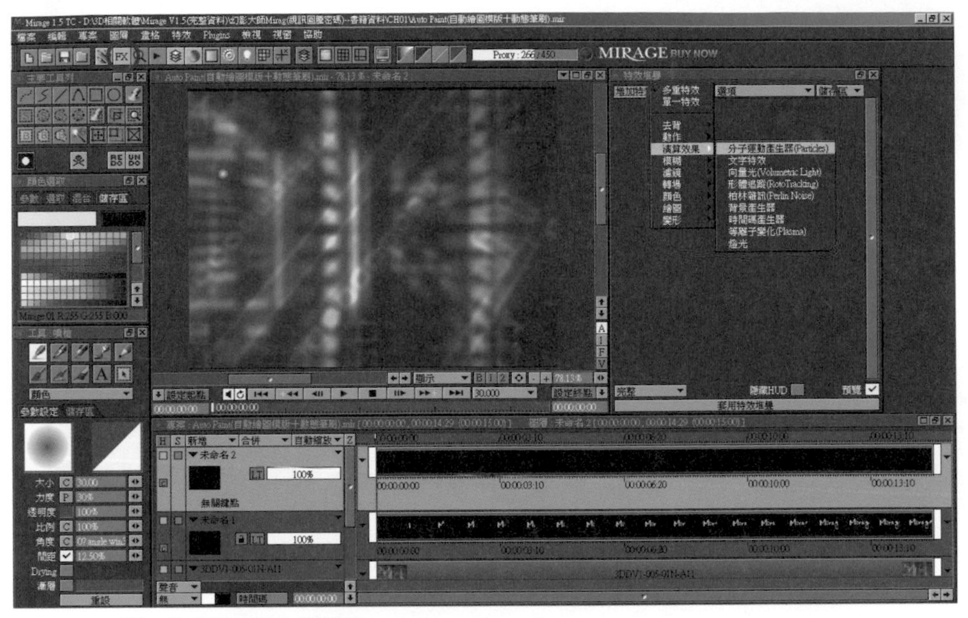

▲圖 8-29 執行分子運動產生器特效

選取特效堆疊「FX bin」中的「瀏覽」功能（圖 8-30）。

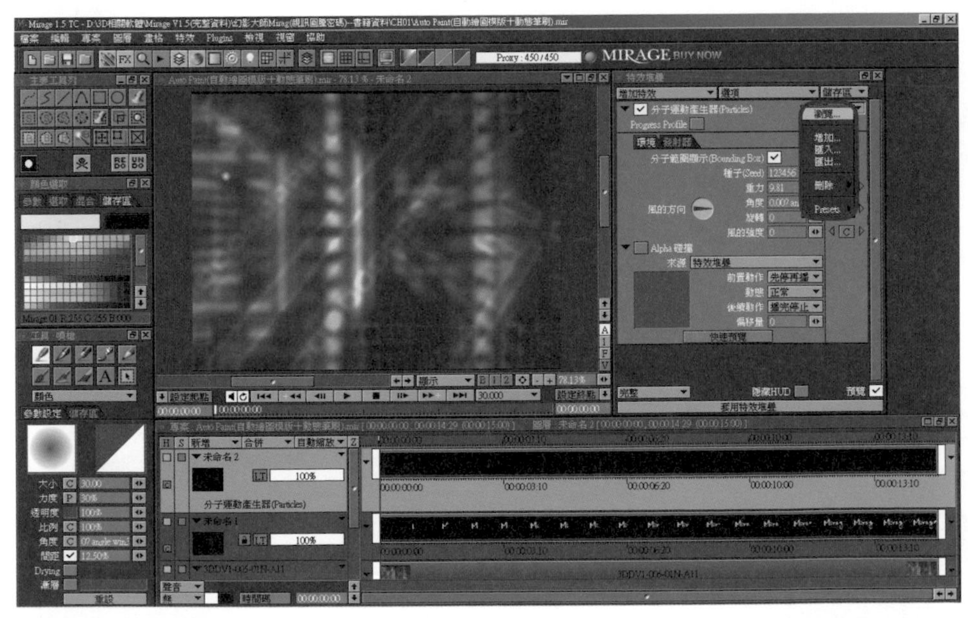

▲圖 8-30 特效瀏覽功能

選取「Particles 瀏覽」對話盒內的「sci-fi/star trails」特效樣式（圖 8-31）。

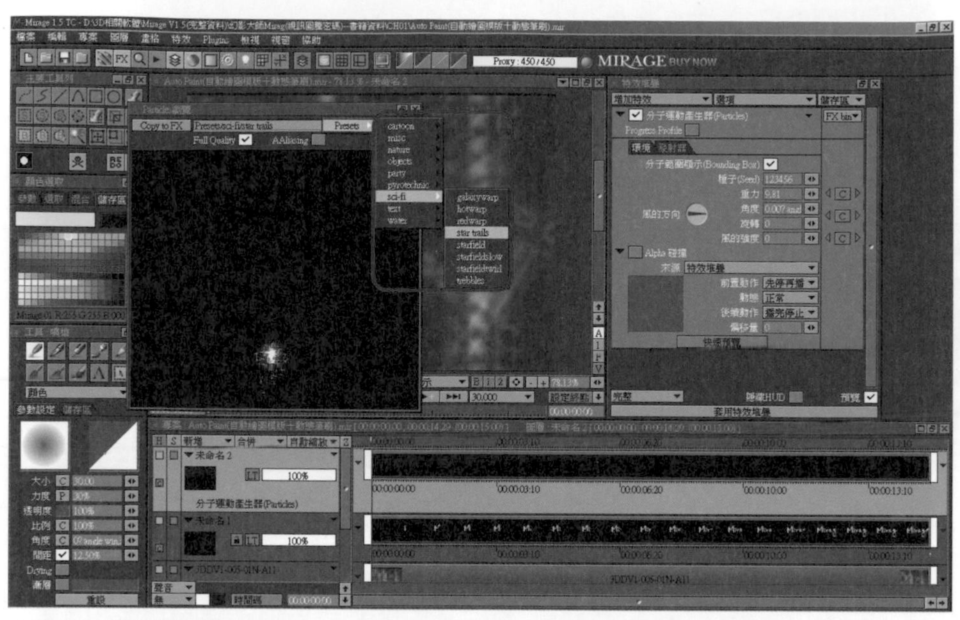

▲圖 8-31 選取特效樣式

當選取特效樣式後，執行「Copy to FX」功能將特效複製到特效堆疊中（圖 8-32）。

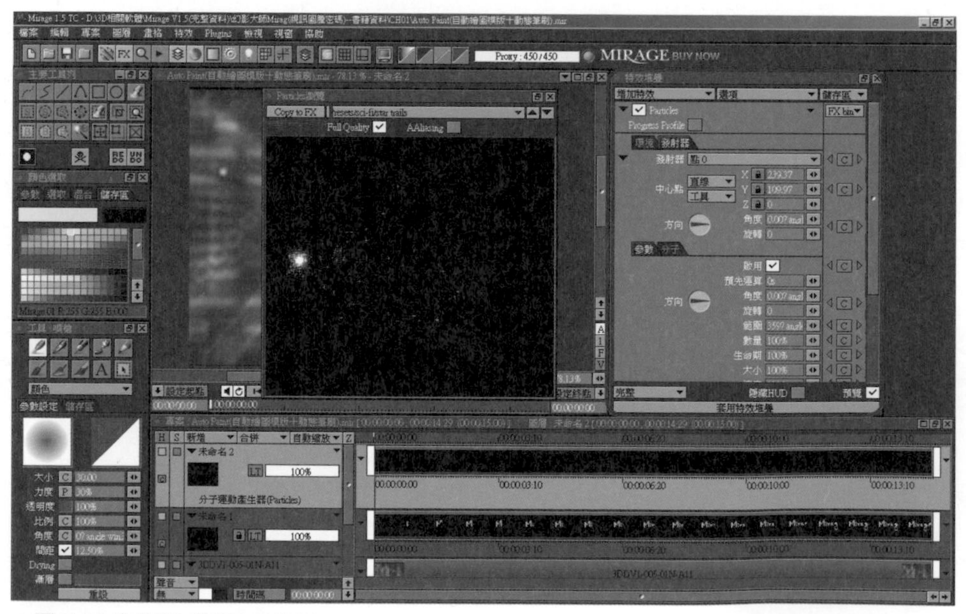

▲圖 8-32 複製樣式於特效堆疊

由專案視窗中可以看到產生一組發射器，並接著由「工具 / 從路徑儲存區中複製」功能中，選取 Mirage 路徑套用在此發射器中（圖 8-33）。

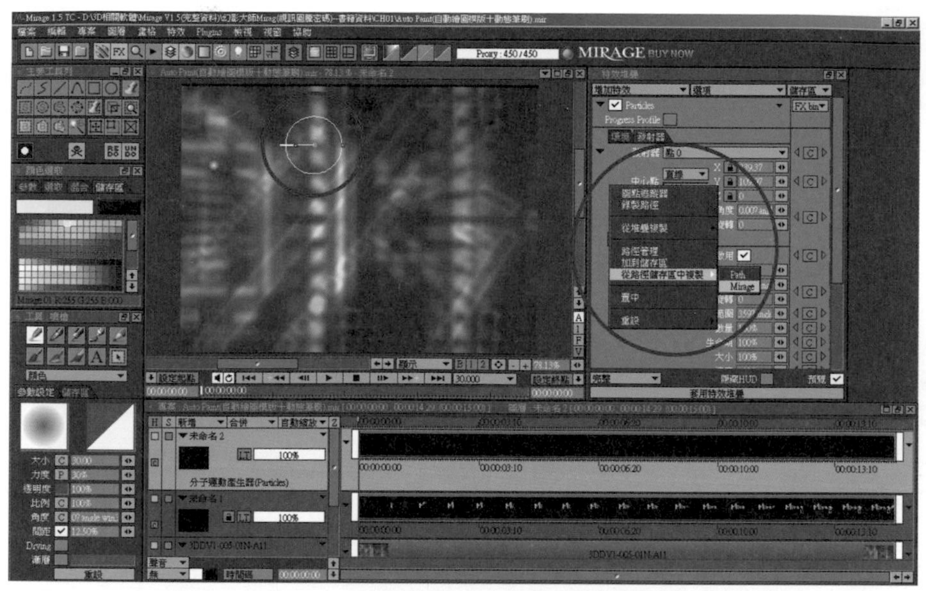

▲圖 8-33 套用路徑於發射器

將發射器中分子參數項目的「大小」參數調整為 50（圖 8-34）。

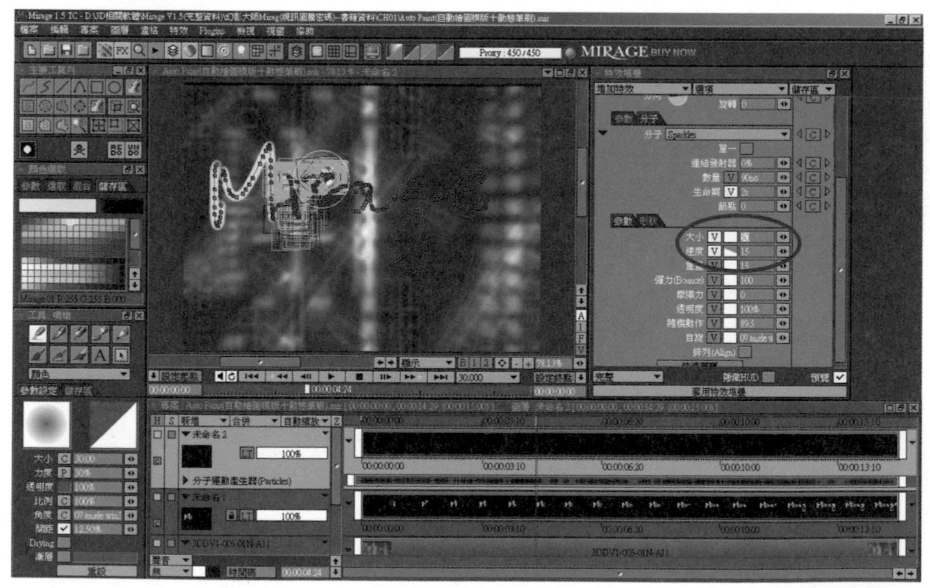

▲圖 8-34 調整「大小」參數

將動態圖層以 LMB 全選後，按下「套用特效堆疊」將「sci-fi/star trails」特效樣式進行圖層的套用（圖 8-35）。

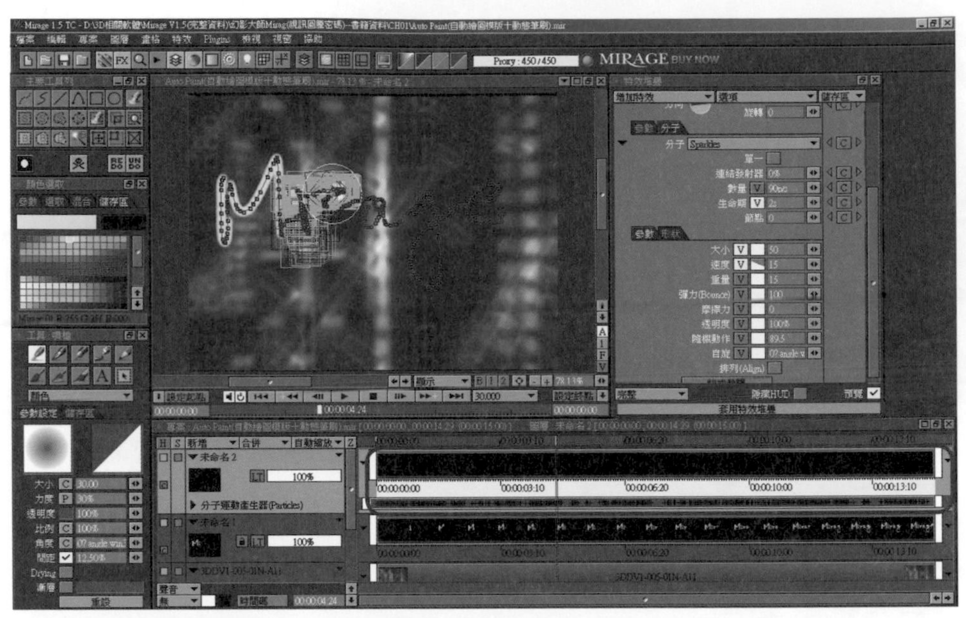

▲圖 8-35 套用特效堆疊

「套用特效堆疊」過程（圖 8-36）。

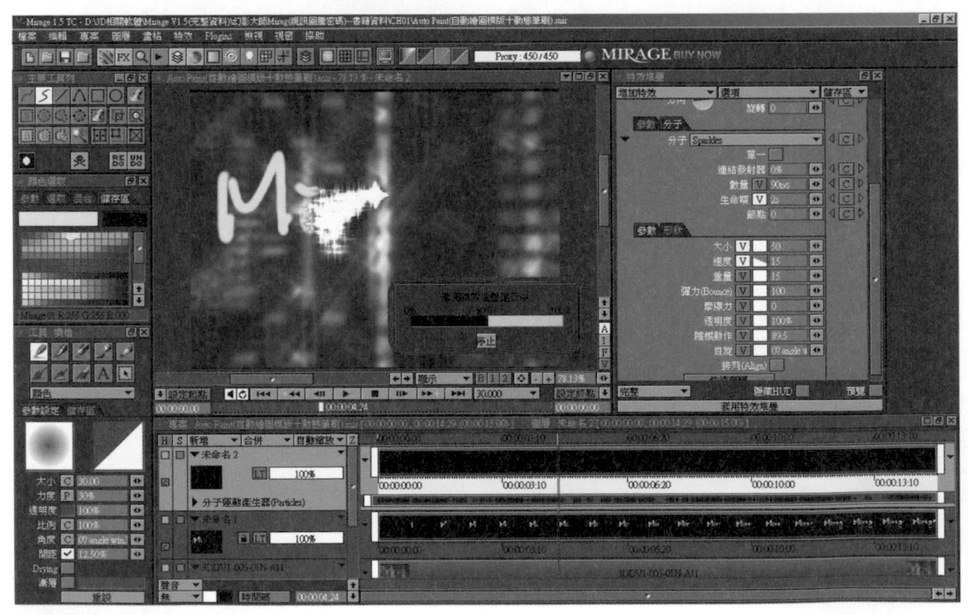

▲圖 8-36「套用特效堆疊」過程

完成「套用特效堆疊」(圖 8-37)。

▲圖 8-37 完成「套用特效堆疊」

切換至「自訂筆刷」功能選項，並於「儲存區」標籤空白處按下 LMB 選取「載入筆刷」選項 (圖 8-38)。

選擇「自訂筆刷」存放的目錄，並載入事先完成的 (pen.dip) 檔案 (圖 8-39)。

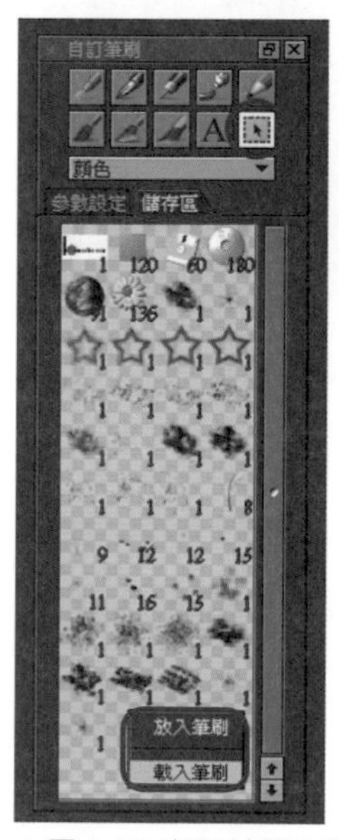

▲圖 8-38 自訂並載入筆刷

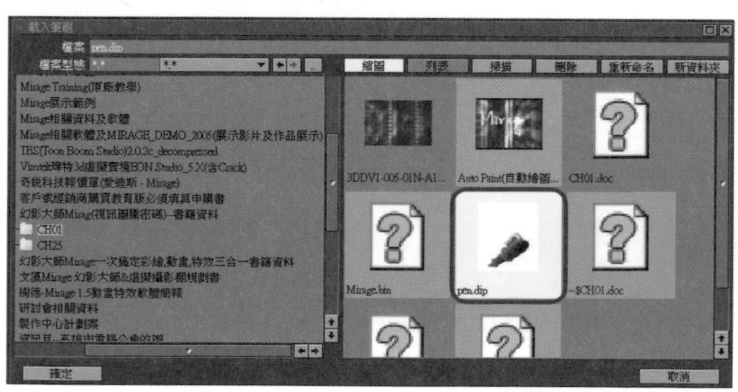

▲圖 8-39 載入「自訂筆刷」檔案

確定「自訂筆刷」的相關設定參數是否正確後，按下「輸入」鈕（圖 8-40）。

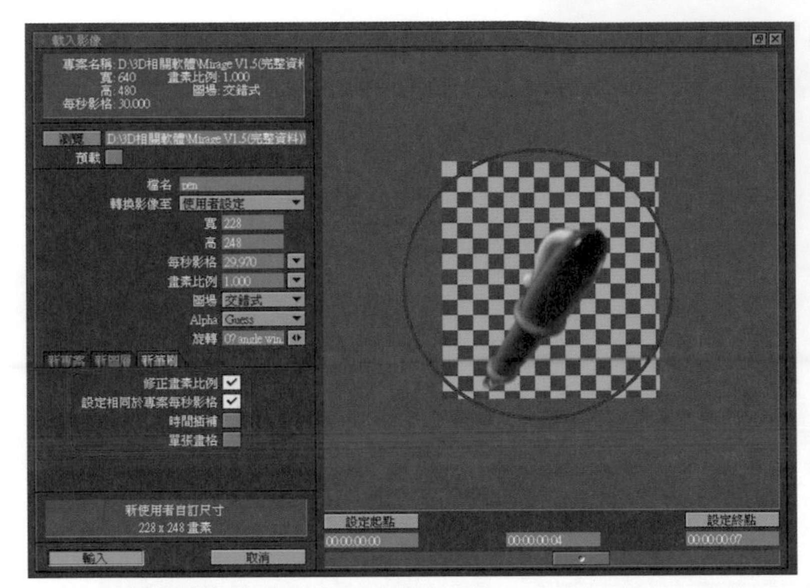

▲圖 8-40 調整參數

讀者們可由「儲存區」標籤中看到載入之 (pen.dip) 筆刷檔案（圖 8-41）。

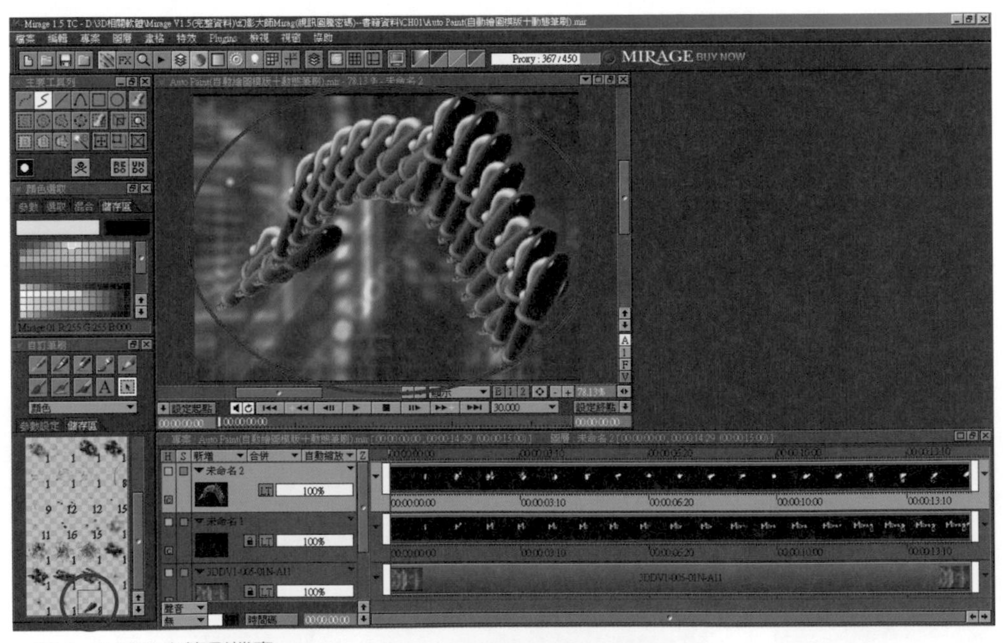

▲圖 8-41 載入之筆刷檔案

在工具列中點選「FX」啟動「特效堆疊」，並增加一個「動作 / 關鍵點」的單一特效（圖 8-42）。

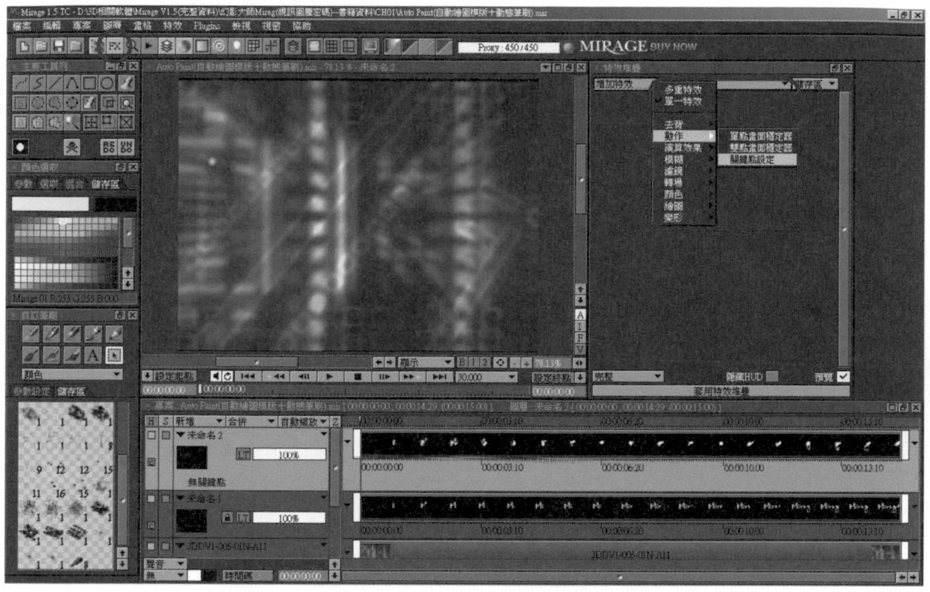

▲圖 8-42 新增一個「關鍵點」特效

再由「特效堆疊 / 位置」標籤內的「工具 / 從路徑儲存區中複製」選項中，選取並載入「Mirage」的手繪路徑（圖 8-43）。

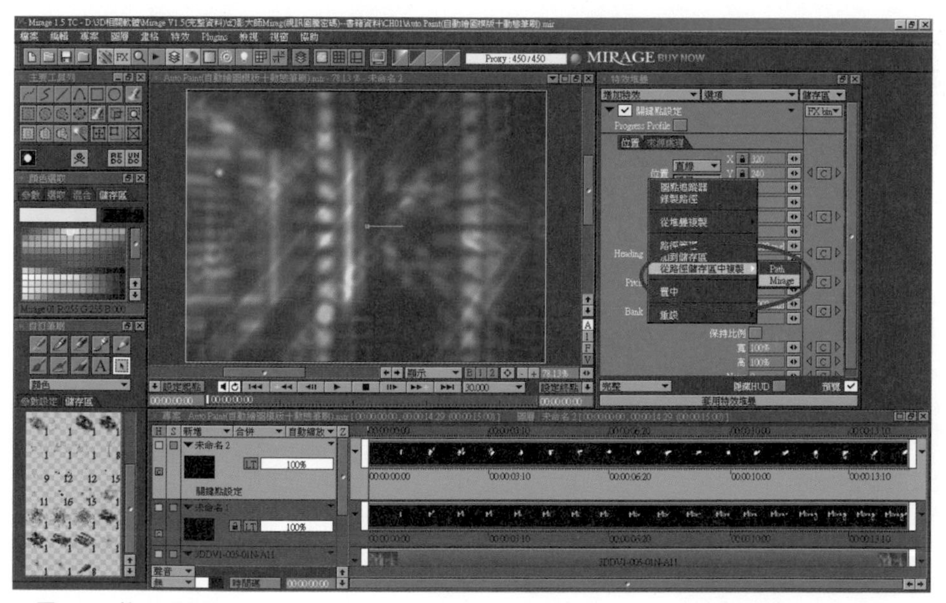

▲圖 8-43 載入手繪路徑

切換「特效堆疊」的標籤至「來源處理」，並將「來源」選項改為「自訂筆刷」以變更連結方式（圖 8-44）。

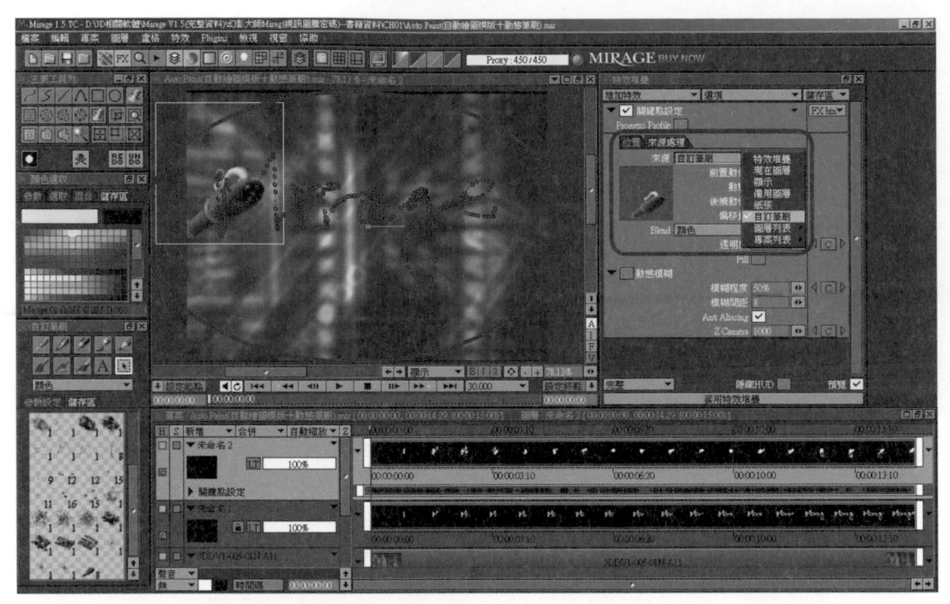

▲圖 8-44 變更選項為「自訂筆刷」

由於內定筆刷的「把手」位置並不是我們預期的筆尖位置，因此我們可由「把手」標籤的下拉式選項中，選取「自訂」項目改變正確的位置（圖 8-45）。

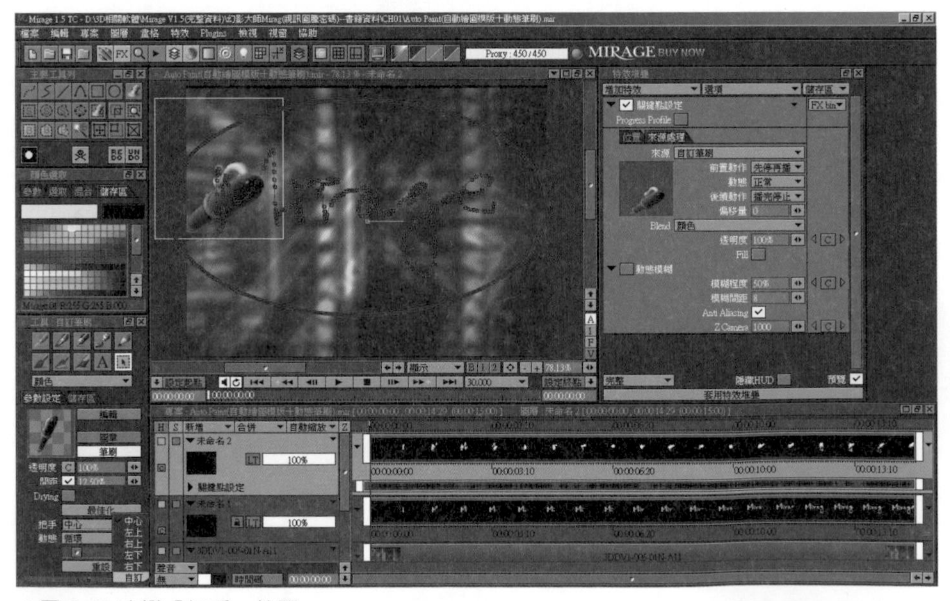

▲圖 8-45 改變「把手」位置

將「把手」中心點位置（圖 8-46）以 RMB 按住後，再移向所需的位置（圖 8-47）。

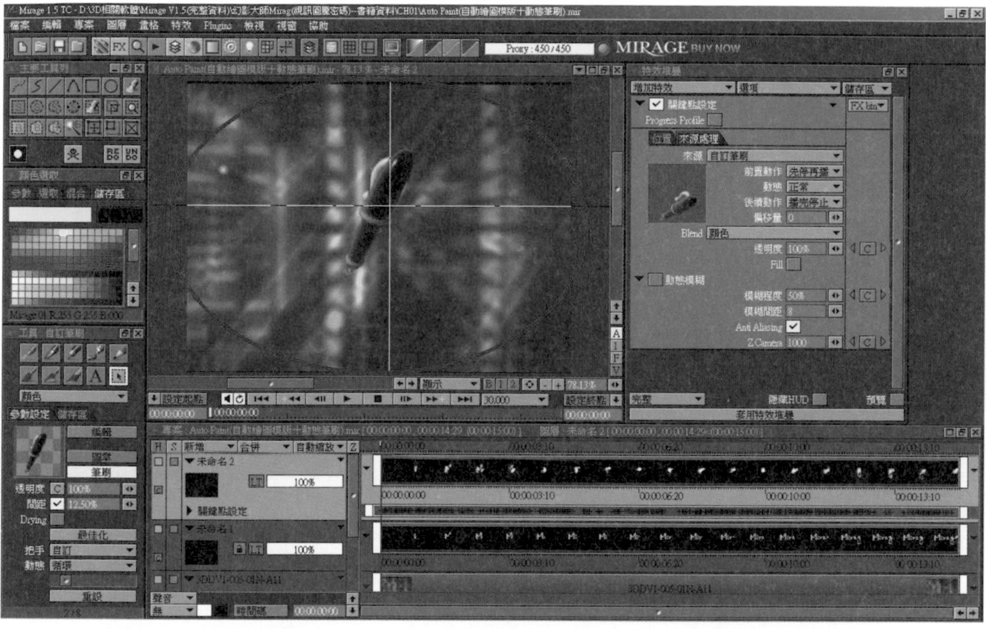

▲圖 8-46 變更「把手」中心點位置

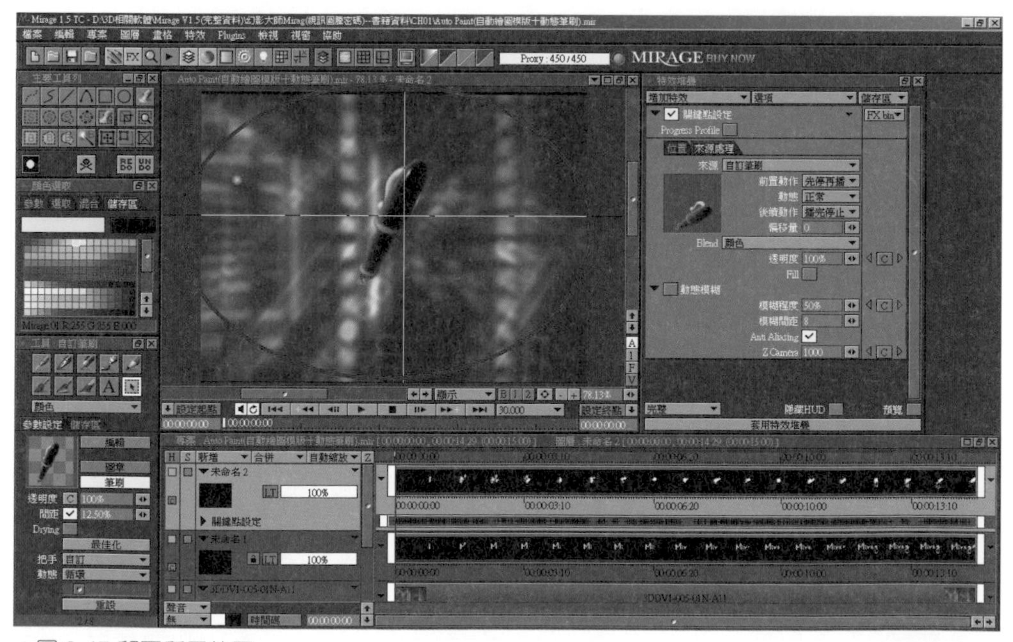

▲圖 8-47 移至所需位置

將「特效堆疊」中「來源處理」標籤選項的「後續動作」更改成「循環」。其目地為使「自訂筆刷」的動作畫格不會因為圖層的影格長度有所影響，而導致動作產生停格的狀態（圖 8-48）。

▲圖 8-48 更改「後續動作」選項

勾選「預覽」選項以顯示路徑，並新增一個動態圖層（圖 8-49）。

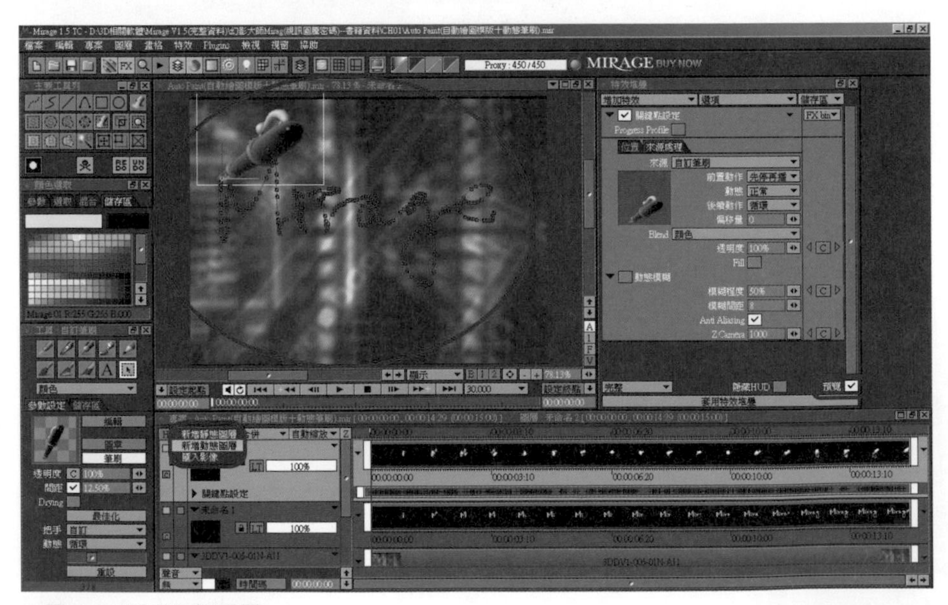

▲圖 8-49 新增動態圖層

將動態圖層以「重複/持續最後畫格」方式予以延展與其他圖層等長(圖 8-50)。

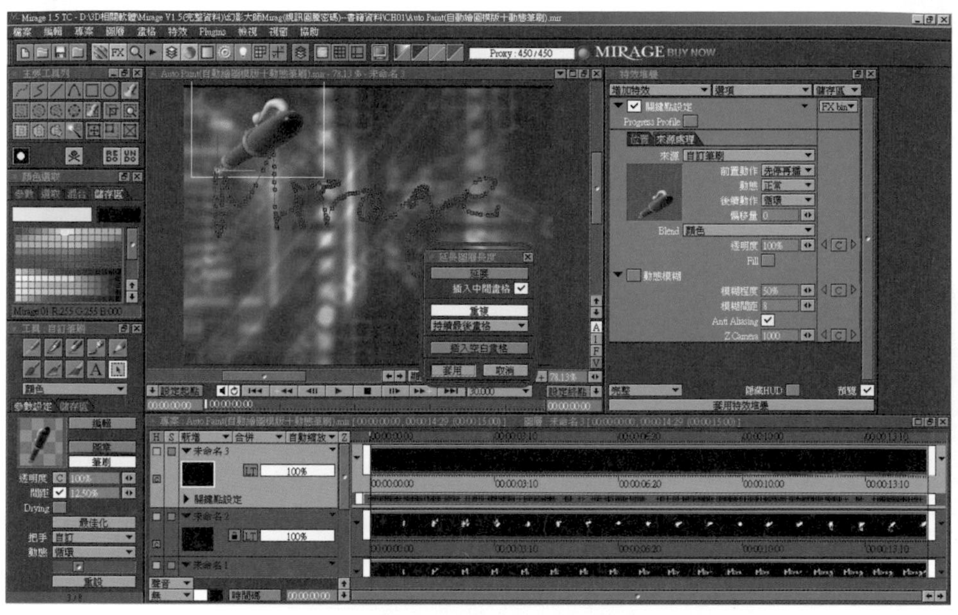

▲圖 8-50 延展圖層

再以 LMB 全選動態圖層(圖 8-51)。

▲圖 8-51 全選動態圖層

按下「套用特效堆疊」鈕進行「自訂筆刷」的路徑結合（圖 8-52）。

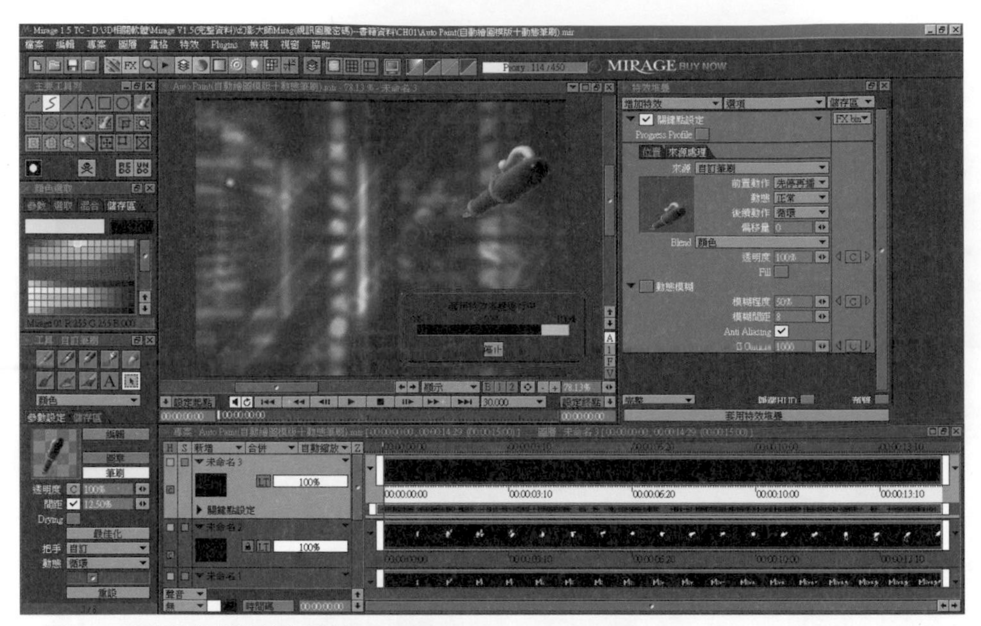

▲圖 8-52 套用特效堆疊結合路徑

完成此 Auto Paint「自動繪圖模版＋動態筆刷」實例（圖 8-53）。

▲圖 8-53 完成實例

Chapter

繪圖光桌 (Light Table)

Mirage 提供了相當容易並且以直覺式操作的 2D Light Table(繪圖光桌) 功能。筆者則以實例來進行解說。

開啟 Mirage 並調整相關的環境設定（圖 9-1 環境設定）。

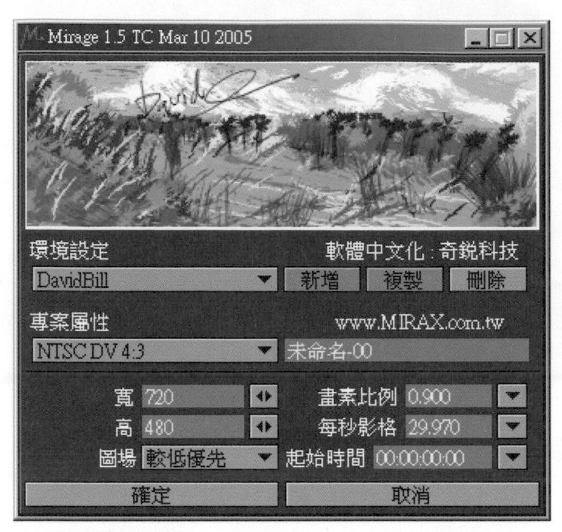

▲圖9-1 環境設定

開啟並進入 Mirage 後的主畫面（圖 9-2）。

▲圖9-2 Mirage開啟畫面

由「檔案 / 載入」功能中，載入一個 2D 的「Walking_man Cycle.mir」手繪線條檔案（圖 9-3）。

載入後的「Walking_man Cycle.mir」檔案（圖 9-4）。

▲圖9-3 載入2D手繪檔案

▲圖9-4 「Walking_man Cycle」檔案

接著，讀者可在圖層透明光棒左旁之「LT」按鈕以 LMB 執行 Light Table(繪圖光桌) 功能(圖 9-5)。

▲圖9-5 執行「LT」繪圖光桌功能

當我們移動 (Time Line) 時間軌時，則可以明顯地看到專案視窗內有覆疊影像線條產生（圖 9-6）。

▲圖9-6 產生覆疊影像線條

以 LMB 點選工具列上的 Light Table Panel 圖示，或是以 RMB 點選圖層透明光棒左旁之「LT」，執行「繪圖光桌」面板功能（圖 9-7）。

▲圖9-7 執行「繪圖光桌」面板功能

「繪圖光桌」面板內的功能參數可分為「圖層光桌選擇按鈕」及「光影透明度連桿」的操作。筆者則以各部功能參數由內而外說明如下（圖 9-8）：

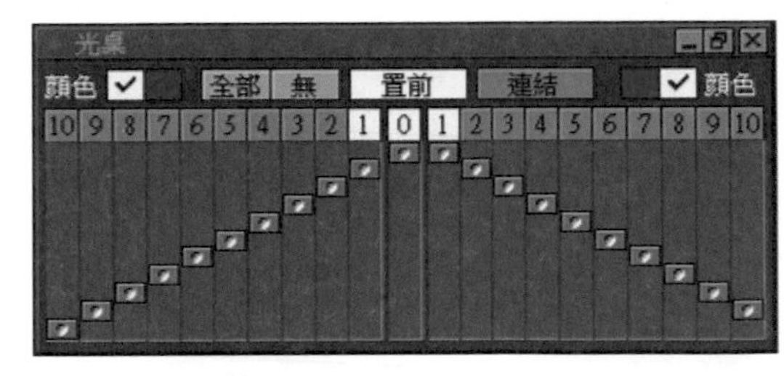

圖9-8 功能參數說明

- 「置前」按鈕：此按鈕使用於光影呈像順序。當啟用「置前」按鈕時，其專案視窗內的光影呈像順序則位在最上層。若此時進行手繪動作，則底圖的筆刷線條將繪製在光影下層順位（圖 9-9）。

▲圖9-9 啟用「置前」按鈕

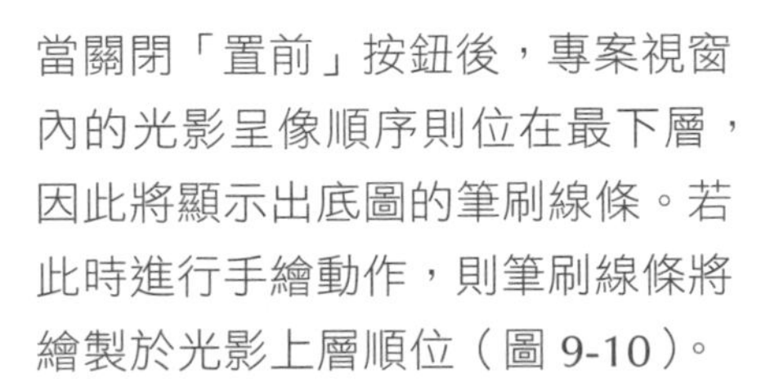

當關閉「置前」按鈕後，專案視窗內的光影呈像順序則位在最下層，因此將顯示出底圖的筆刷線條。若此時進行手繪動作，則筆刷線條將繪製於光影上層順位（圖 9-10）。

▲圖9-10 關閉「置前」按鈕

- 「連結」按鈕：此按鈕使用須啟用「圖層光桌選擇按鈕」，並打開「連結」按鈕功能選項。此時，光影透明度連桿將會視啟用圖層而產生連動功能（圖 9-11）。

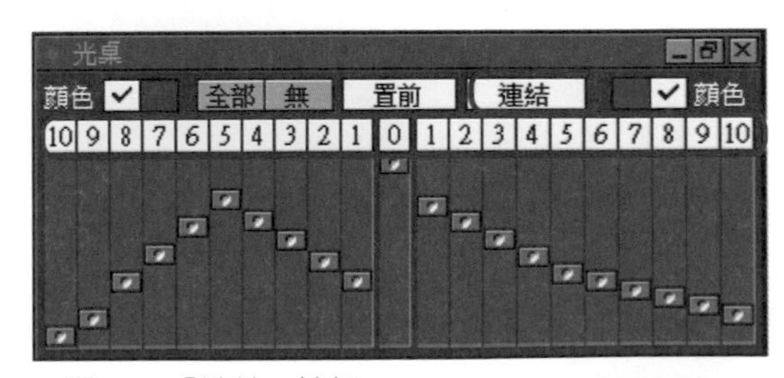

▲圖9-11 「連結」按鈕

- 「無」按鈕：取消所有 10 層「圖層光桌選擇按鈕」。
- 「全部」按鈕：開啟所有 10 層「圖層光桌選擇按鈕」。
- 「顏色」按鈕：左右兩側的「顏色」選項可以指定不同的顏色「紅＝左、藍＝右」，用來代表「左＝前圖層、右＝後圖層」（圖 9-12）。

▲圖9-12 「顏色」按鈕

「光影透明度」連桿：此連桿可調整 10 層圖層的透明度（圖 9-13）。

▲圖9-13「光影透明度」連桿

將專案視窗的底圖改用「顏色」類別選項產生明顯對比，並且將影格中之手繪線條加以填入適當的顏色（圖 9-14）。

▲圖9-14 填入顏色

再將專案視窗的底圖改用「無」類別選項，準備結合背景影像。並將影格延長使動作更加流暢（圖 9-15）。

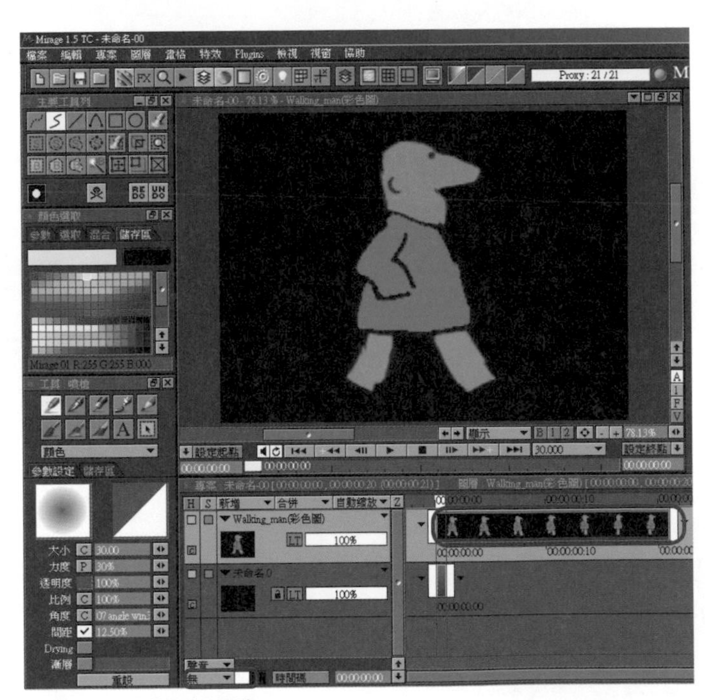

▲圖9-15 調整影格長度

由「檔案 / 載入」選項執行「載入專案」視窗，並開啟背景影像檔案（圖 9-16）。

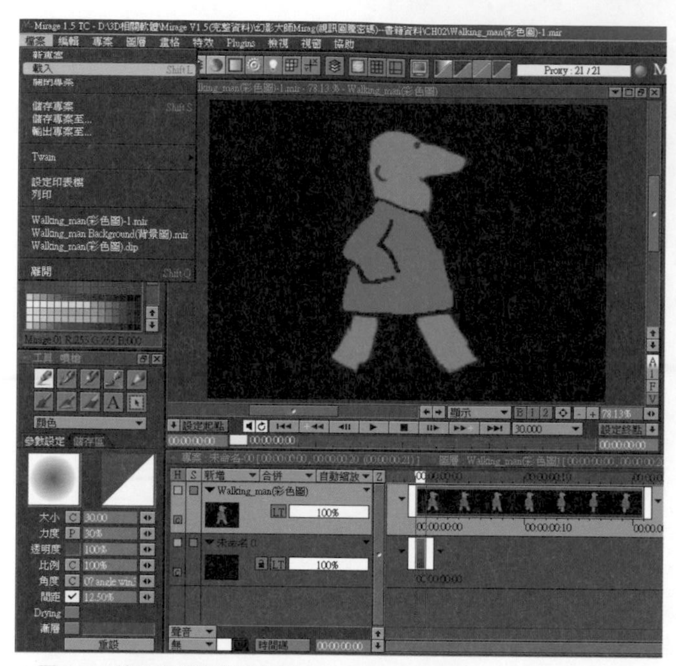

▲圖9-16 載入背景影像檔案-1

載入背景影像檔案之後，即可調整此背景影像的尺寸及位移設定（圖 9-17）。

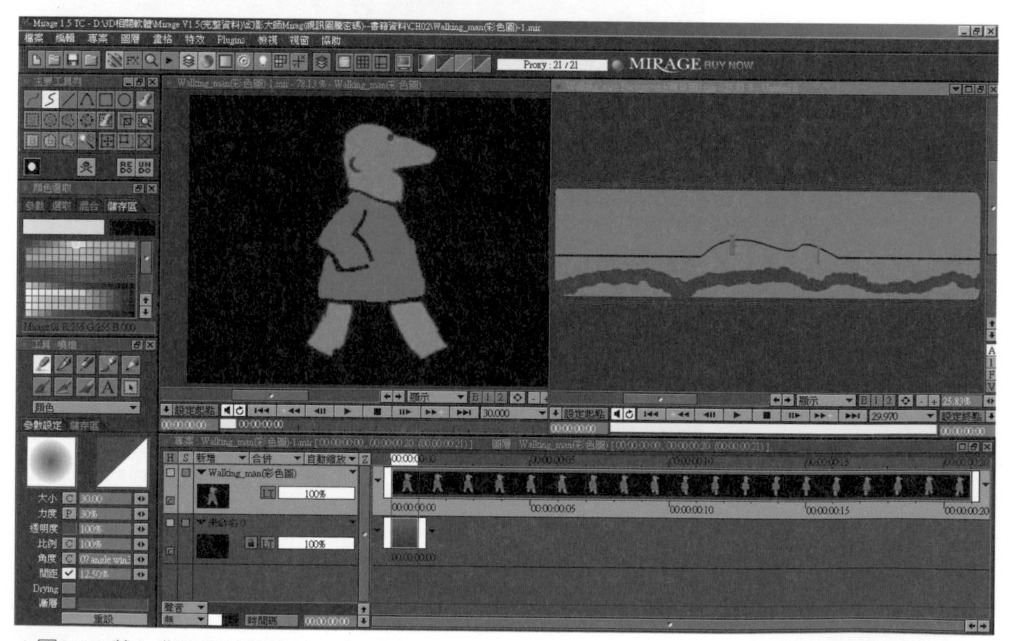

▲圖9-17 載入背景影像檔案-2

由「主要工具列」中的第三列選取矩形筆刷擷取工具，將載入的背景影像以框選方式擷取並轉入成筆刷（圖 9-18）。

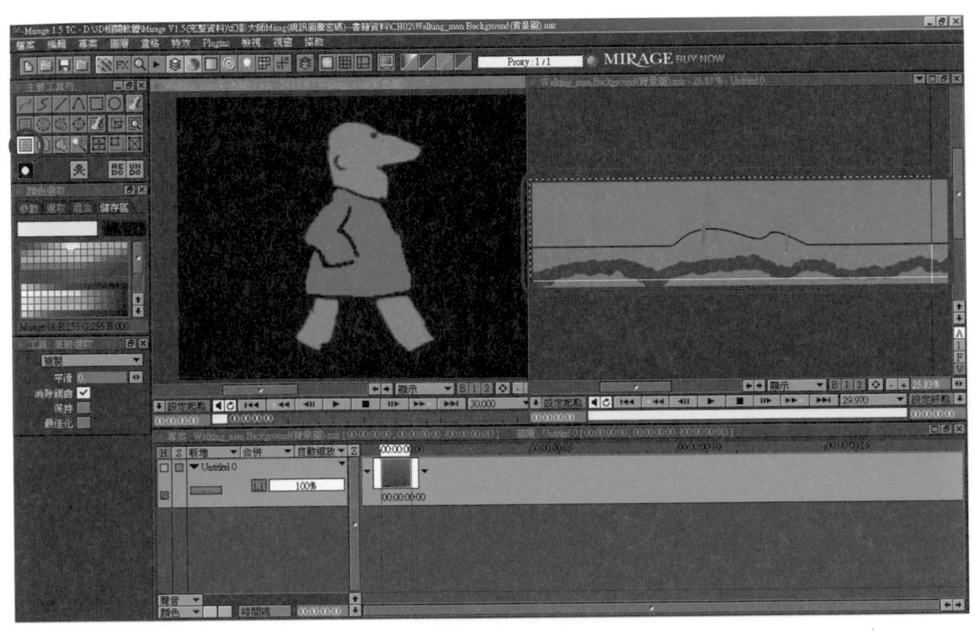

▲圖9-18 矩形筆刷擷取工具

經由「自訂筆刷」工具中的「參數設定」標籤可以確定筆刷已順利擷取，接著再由圖層工具中「新增一個動態圖層」（圖 9-19）。

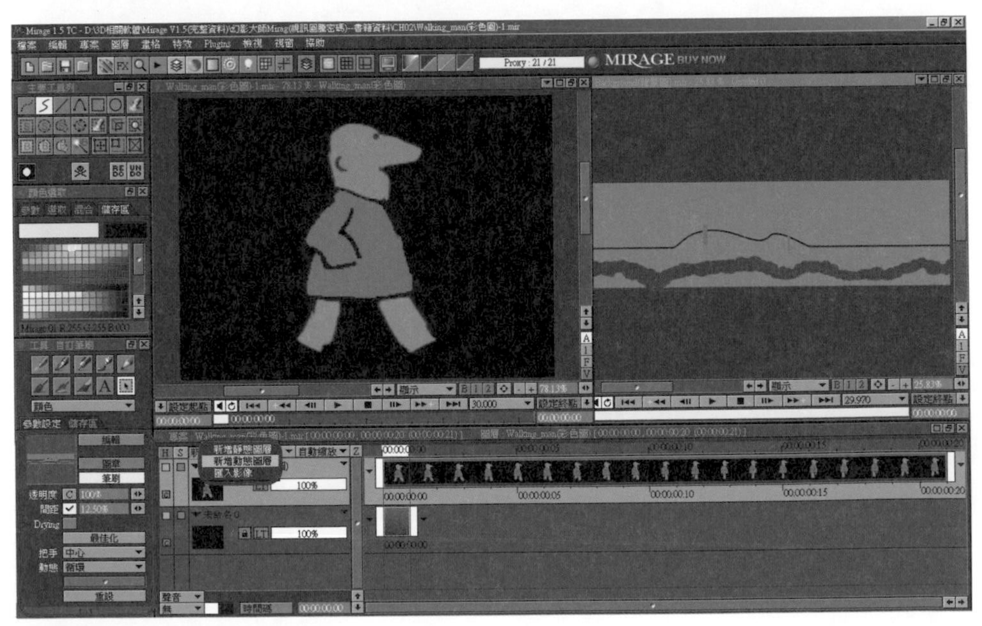

▲圖9-19 完成「自訂筆刷」擷取

新增加的動態圖層因為要做為動態背景，所以將圖層以 LMB 向下推至底層（圖 9-20、圖 9-21）。

▲圖9-20 LMB圖層下推

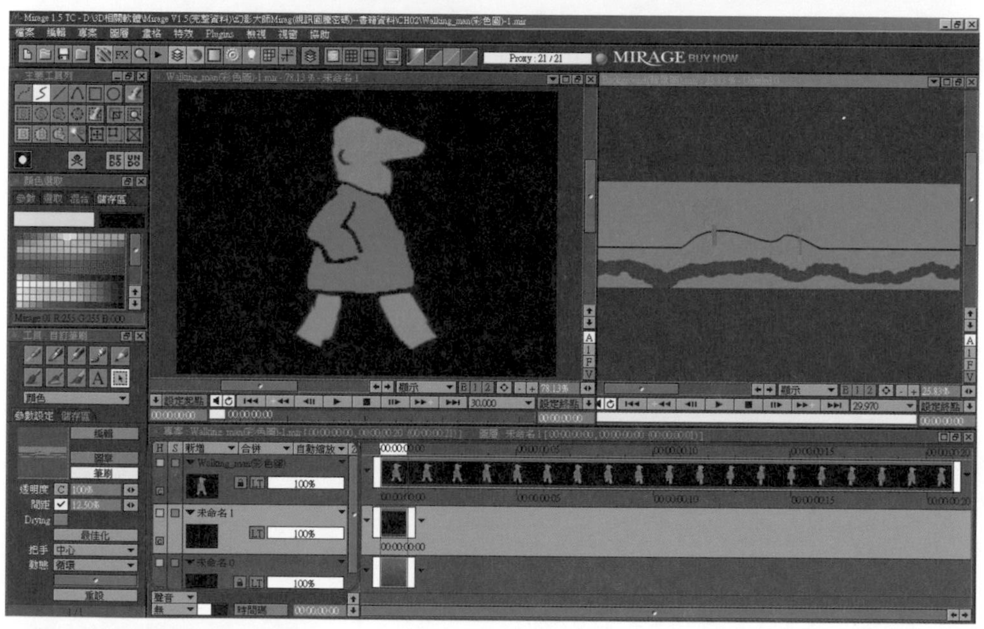

▲圖9-21 完成圖層下推至底層

切換「自訂筆刷」工具至「儲存區」標籤中，將剛才所擷取的背景「自訂筆刷」加入到「儲存區」內供將來選取運用（圖 9-22）。

▲圖9-22 加入筆刷至「儲存區」

以 LMB「插入空白畫格」的方式，延長動態圖層與其他圖層等長（圖 9-23）。

▲圖9-23 延長圖層畫格

先隱藏上圖層並將專案視窗右下方之視阜百分比調降，以擴大視阜預覽範圍。接著執行「特效 / 動作 / 關鍵點」功能設定動態背景圖層（圖 9-24）。

▲圖9-24 執行「關鍵點」動作特效

當「關鍵點」功能啟用後，再將「特效堆疊」中的「來源處理」標籤改成「自訂筆刷」方式，結合成動態背景（圖 9-25）。

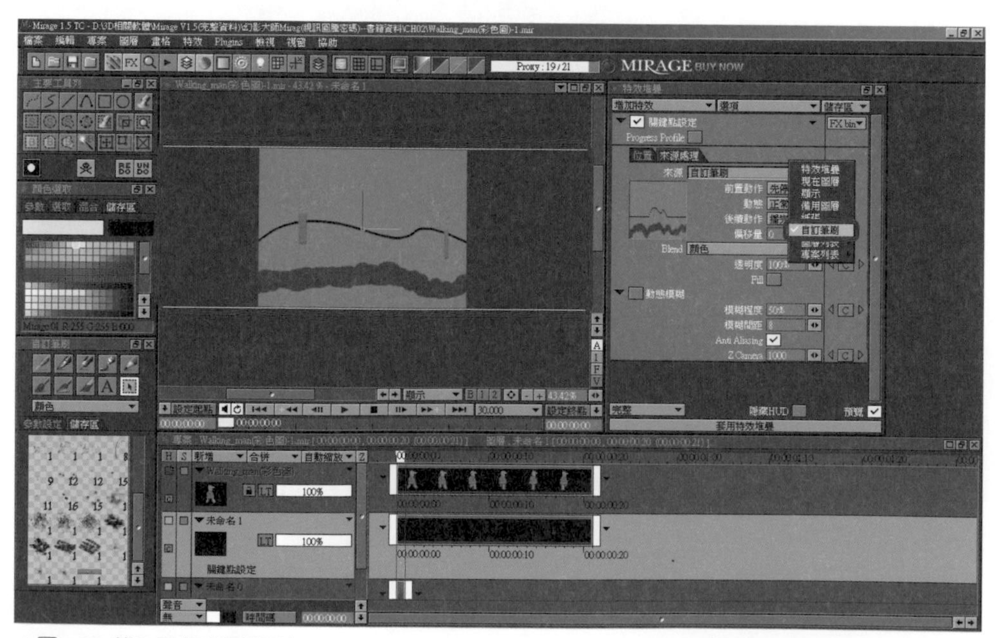

▲圖9-25 載入動態背景筆刷

將「特效堆疊」中的「後續動作」更改成「循環」選項（圖 9-26）。

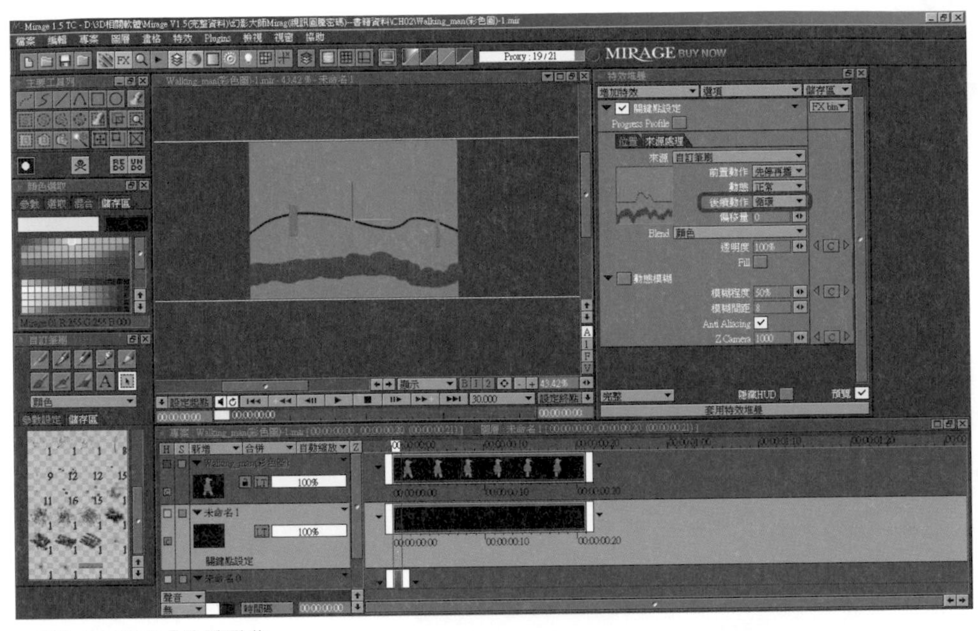

▲圖9-26 更改「後續動作」

確定圖層畫格移動至第一畫格，將專案視窗的視阜百分比調降，以擴大視阜預覽範圍，並且將「關鍵點」軸心調至最右方後，按下「位置」選項的「C」按鈕建立「關鍵點」的起點設定（圖 9-27）。

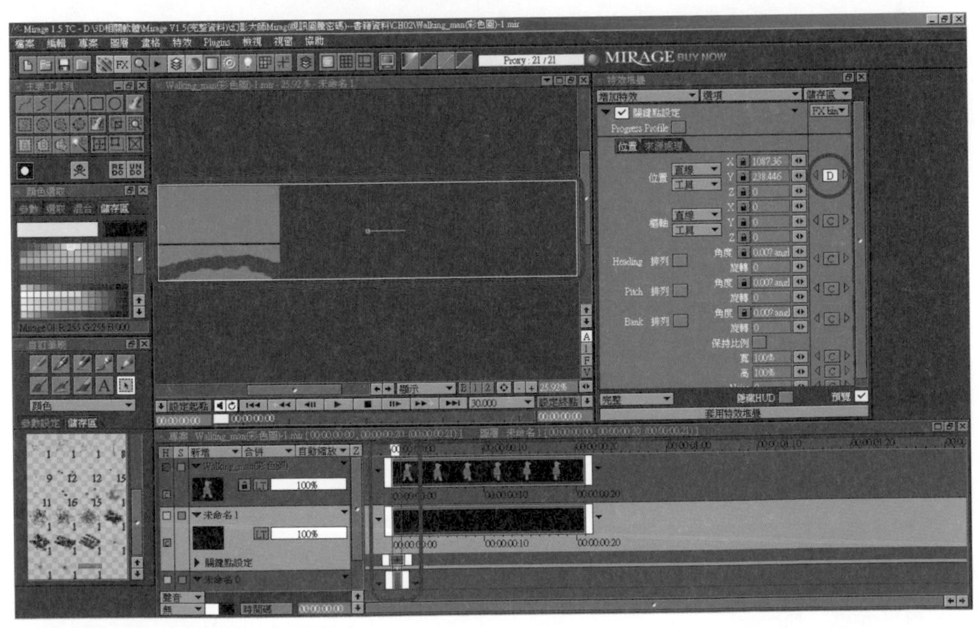

▲圖9-27 建立「關鍵點」起點設定

繼續將「關鍵點」軸心調至最左方後按下「位置」選項的「C」按鈕，建立「關鍵點」的終點設定（圖 9-28）。

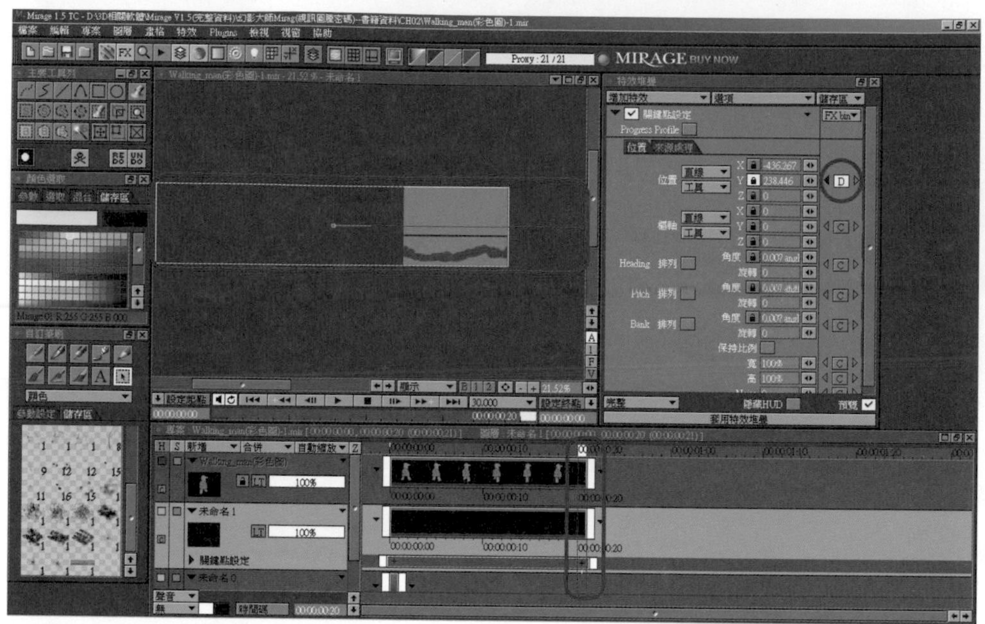

▲圖9-28 建立「關鍵點」終點設定

在圖層中以 RMB 執行「全選」功能（圖 9-29）。

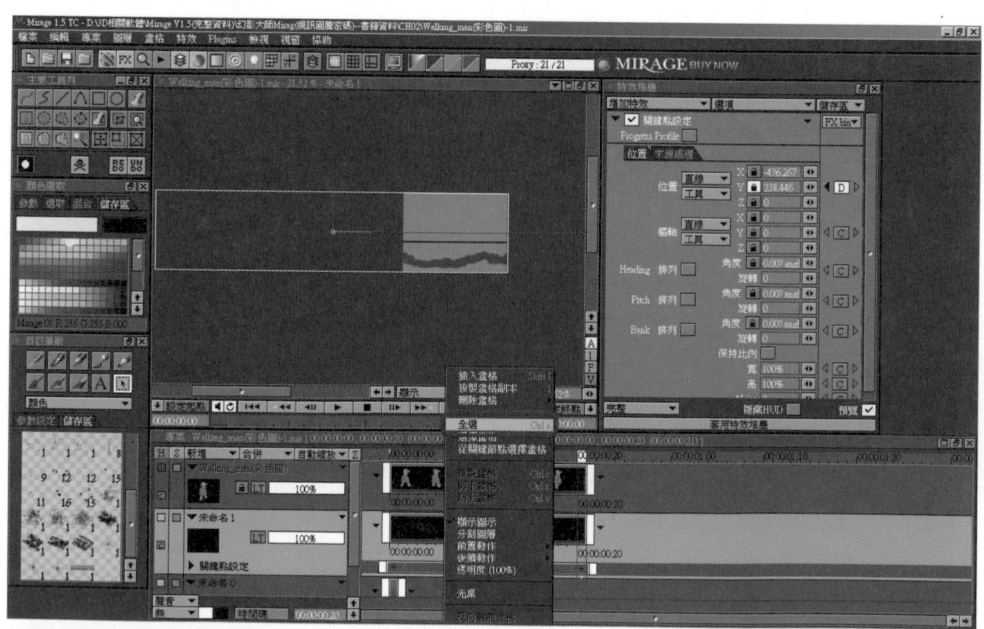

▲圖9-29 「全選」動態圖層

按下「套用特效堆疊」按鈕，將特效結合於動態圖層之中（圖 9-30）。

▲圖9-30 「套用特效堆疊」

回復 Walking Man 圖層顯示，並以 Mouse RMB 執行「全選」功能（圖 9-31）。

▲圖9-31 「全選」Walking Man圖層

按下「主要工具列」中的 Transform Tool「縮放變型」工具（圖 9-32）。

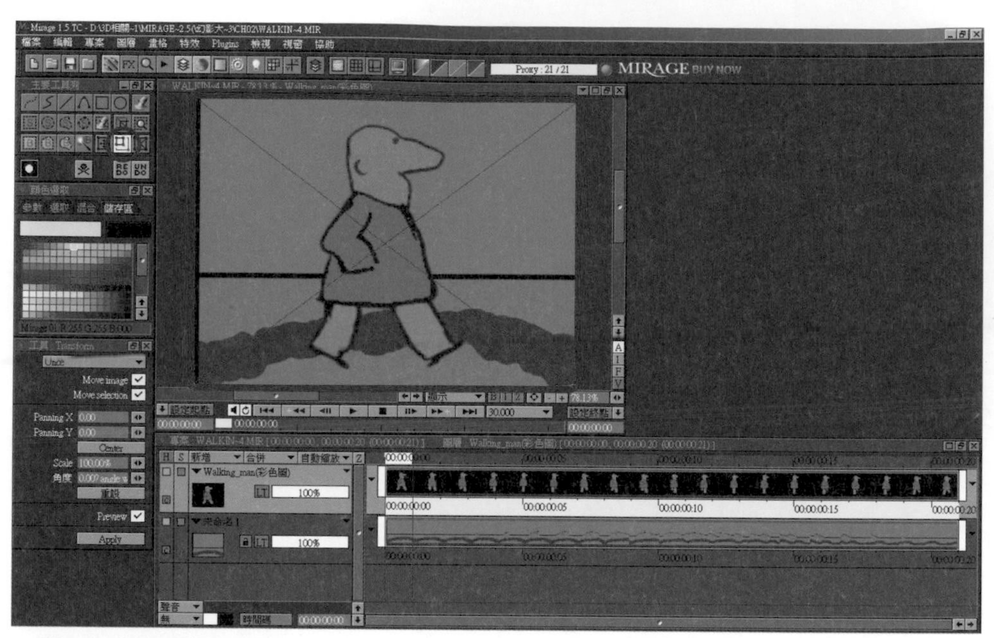

▲圖9-32 「縮放變型」工具

以 Mouse RMB 或 Scale 百分比進行尺寸的縮放調整（圖 9-33）。

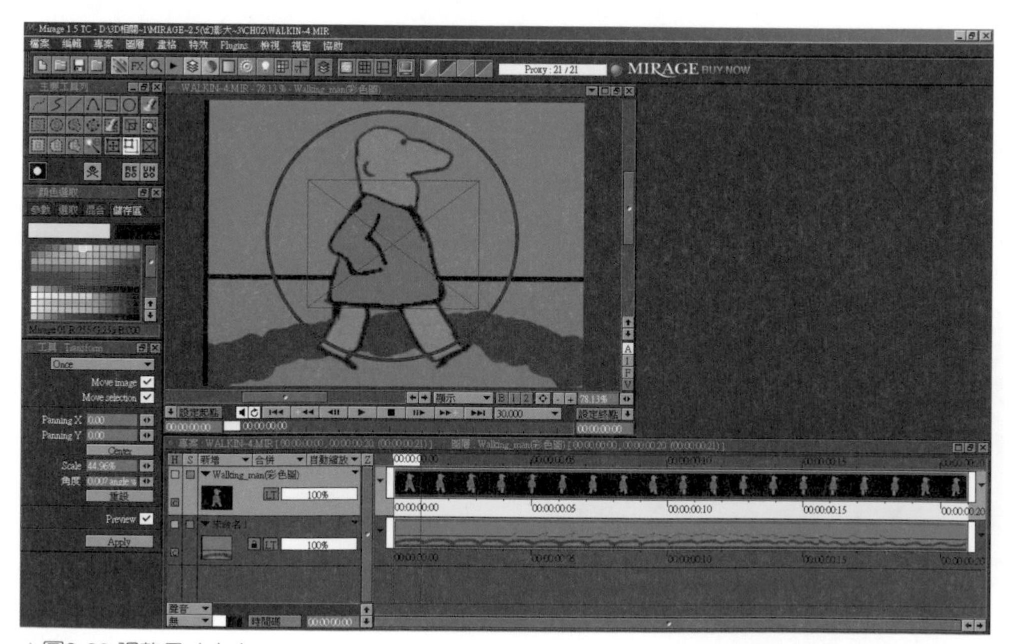

▲圖9-33 調整尺寸大小

調整尺寸大小後，以 Mouse LMB 確定人物筆刷放置的位置（圖 9-34）。

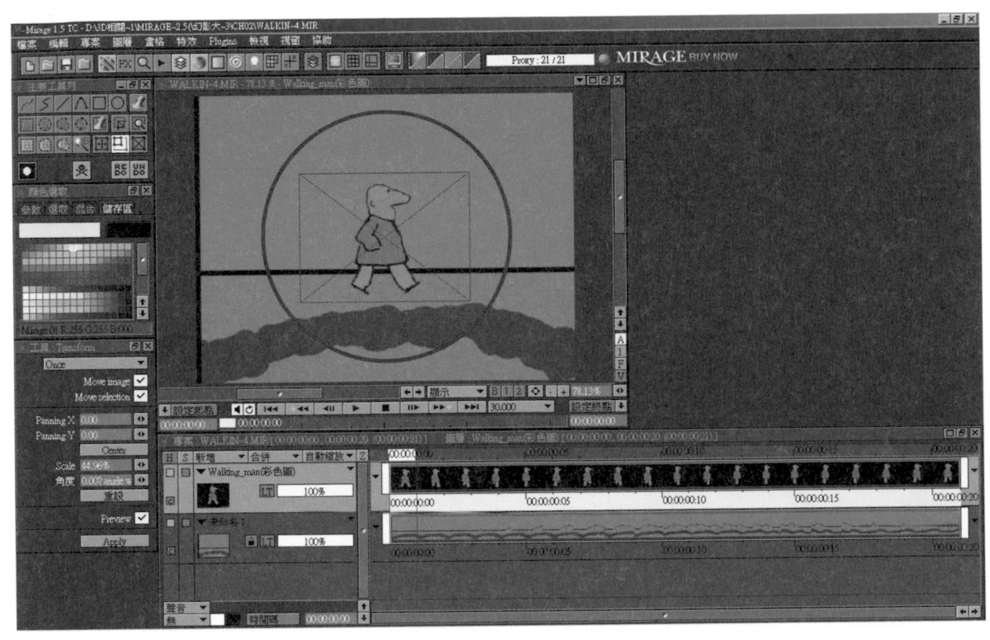

▲圖9-34 LMB確定放置位置

最後切記，需要按下「工具」面板中的「Apply」選項按鈕，將所有畫格中的尺寸全部套用成相同大小（圖 9-35）。

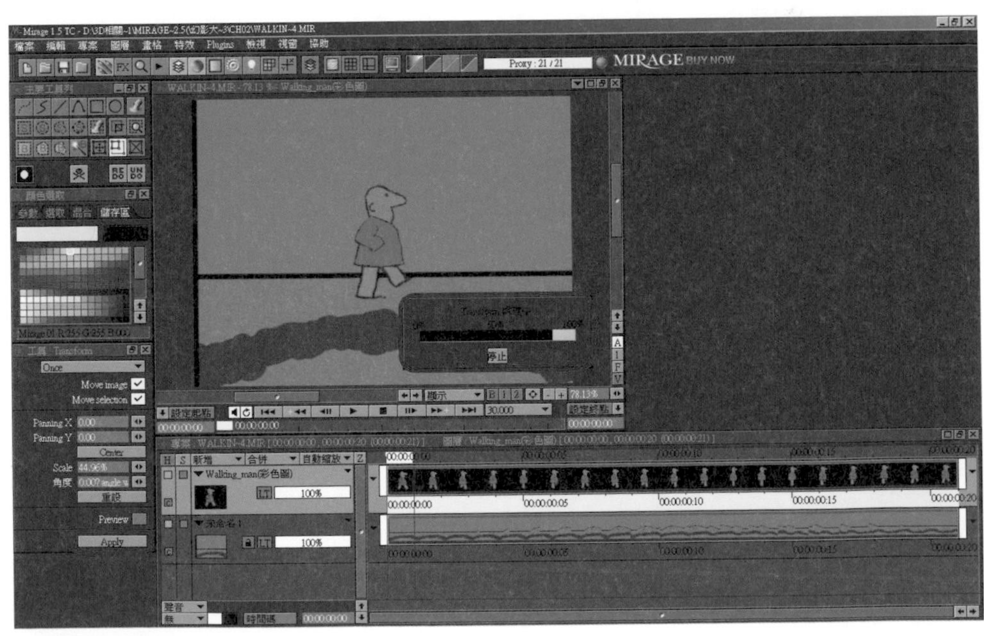

▲圖9-35 「Apply」套用相同尺寸

以上我們便完成了一個經常使用於 2D 卡通動畫製作的「繪圖光桌」實例。另外，讀者們亦可以自行將其中的 Walking Man 圖層以「關鍵點」特效功能，依照背景圖層的路徑調整其相對的運動軌跡，以更加符合背景路徑。

Chapter 10

紙板應用＋子母視窗 (Paper ＋ PnP)

學習重點

Mirage 可以設定呈現類似數位子母視窗的動態畫面效果，並且可搭配紙板應用做出視訊合成特效，以下就用實例來進行解說。

開啟 Mirage 並調整相關的環境設定（圖 10-1 環境設定）。

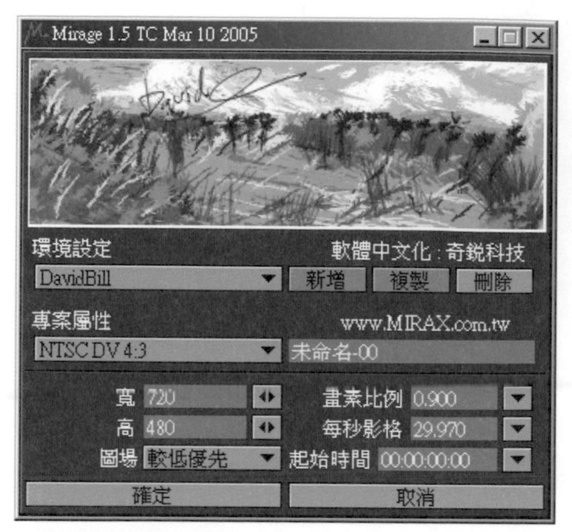

▲圖 10-1 環境設定

圖 10-2 為開啟並進入 Mirage 後的主畫面。

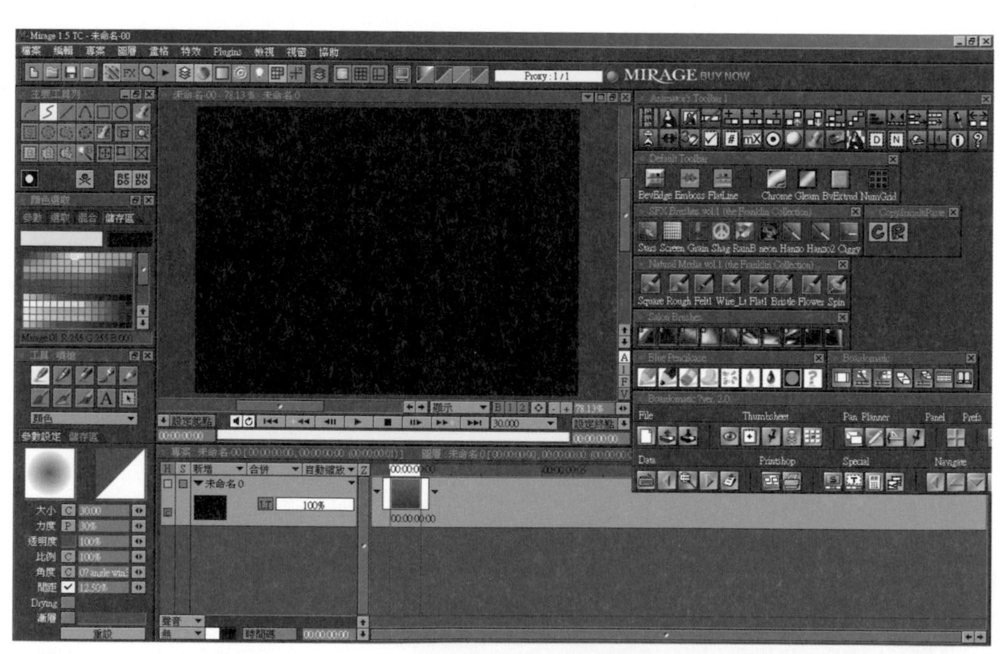

▲圖 10-2 Mirage 開啟畫面

以 LMB 選取紙板工具選項（圖 10-3）。

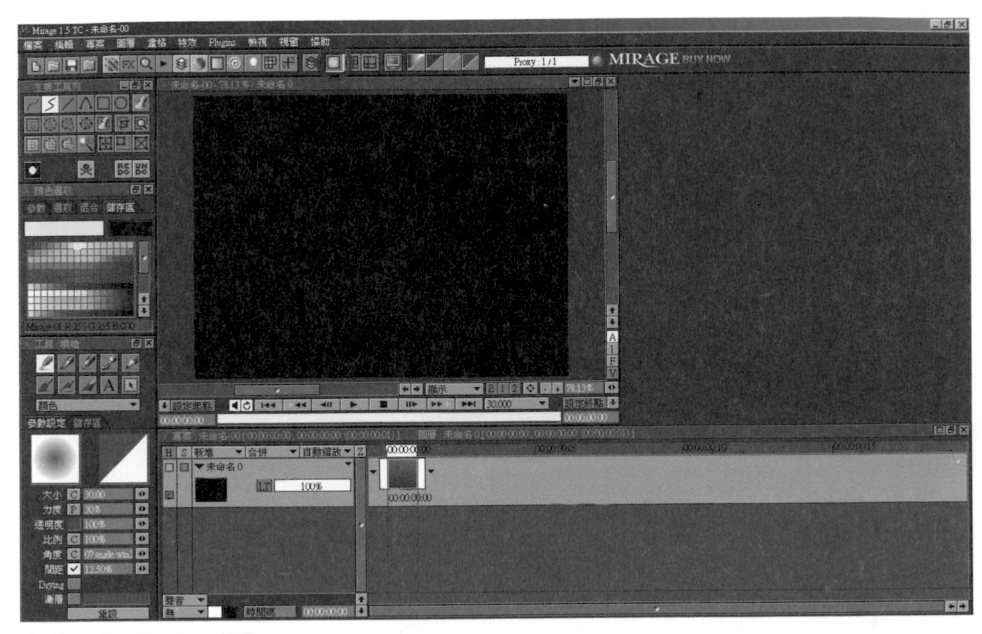

▲圖 10-3 紙板工具選項

以 RMB 選取 Paper「紙板工具」啟動紙板對話盒，並且點選「Grain」紙樣板套用在專案視窗中（圖 10-4）。

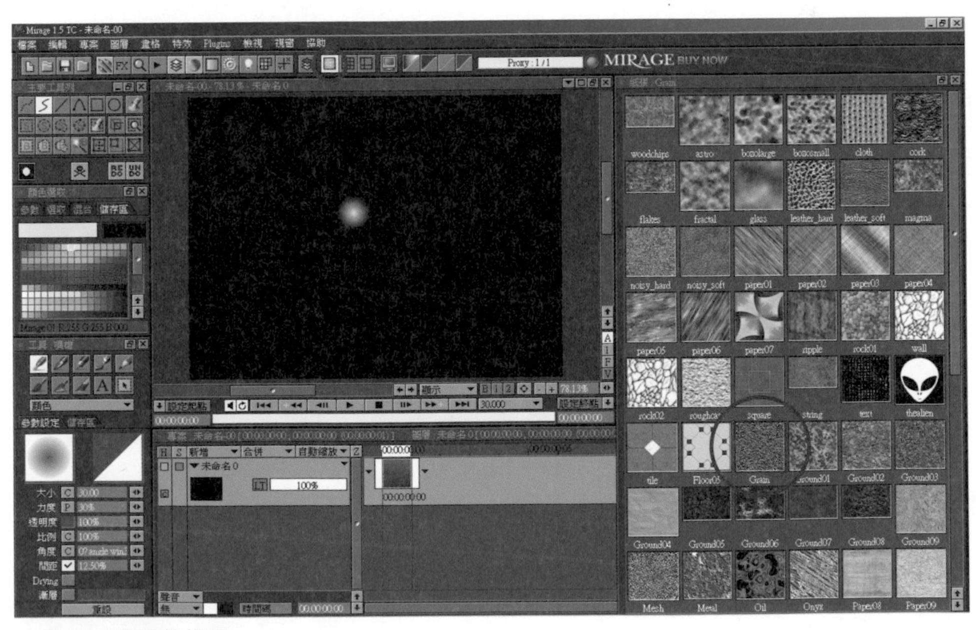

▲圖 10-4 選取紙樣板

將筆刷尺寸大小調整為「100」並選取「黃色」，再於專案視窗中繪製紙板做為背景用（圖 10-5）。

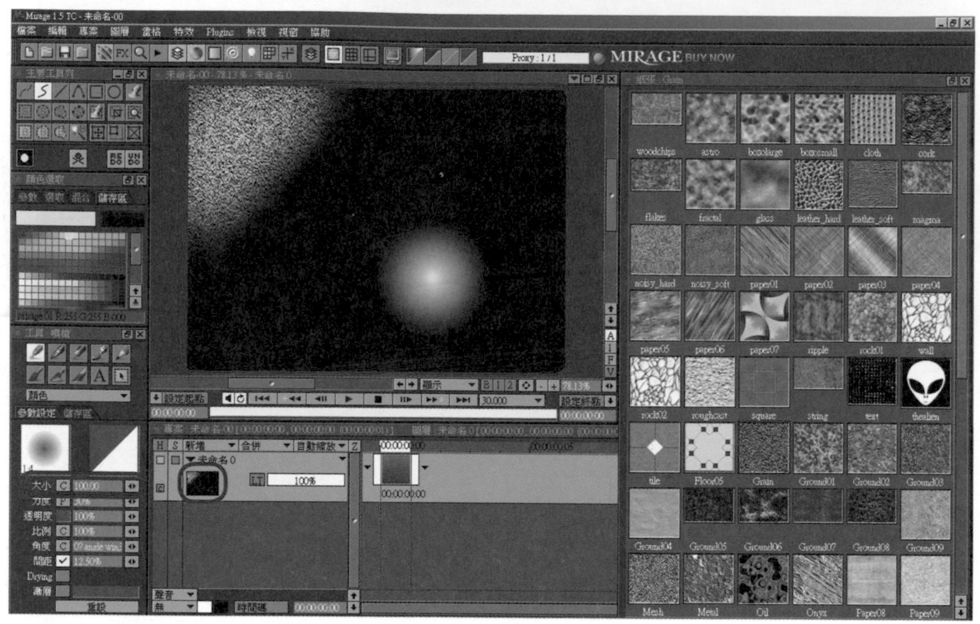

▲圖 10-5 繪製「黃色」紙板背景

將顏色更改為「紅色」，並繪製於專案視窗中（圖 10-6）。

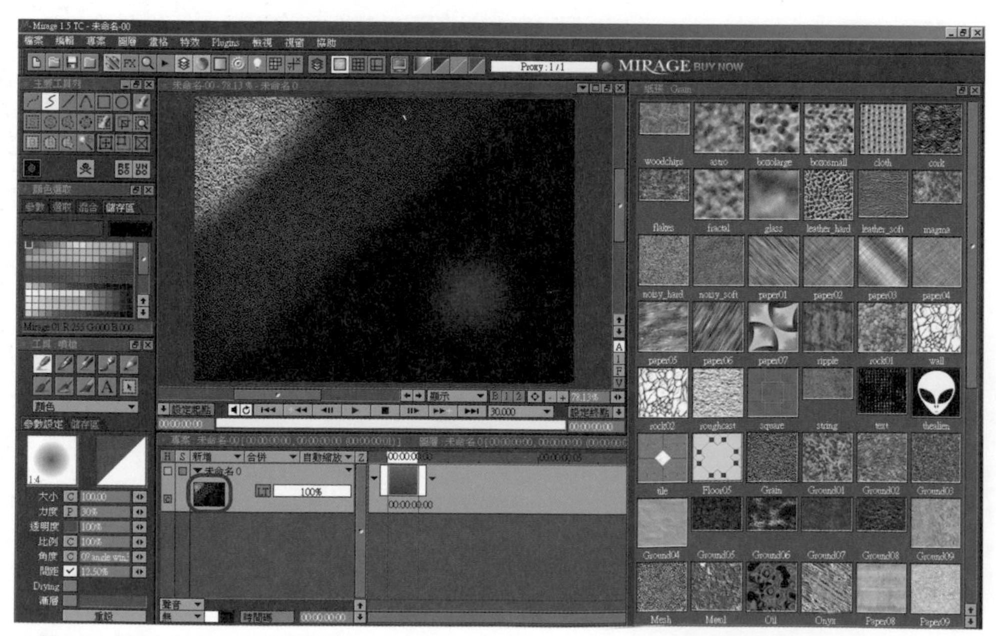

▲圖 10-6 繪製「紅色」紙板背景

將顏色再更改為「藍色」，並繪製於專案視窗中（圖 10-7）。

▲圖 10-7 繪製「藍色」紙板背景

將顏色繼續更改為「綠色」，並繪製於專案視窗中（圖 10-8）。

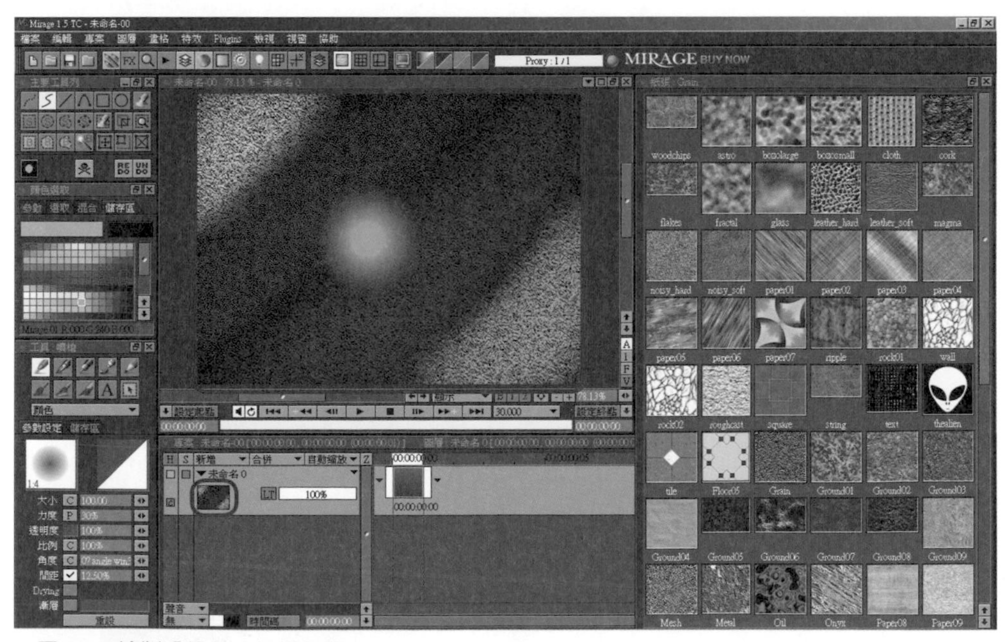

▲圖 10-8 繪製「綠色」紙板背景

完成紙板背景後，以 LMB 按下時間軌畫格右方的下拉箭頭選項。點選「持續」項目，此功能可使畫格中的背景影像向後「持續」延伸相同的畫面，因此並不需要將畫格確實向後延展，如此作法可以達到：1. 背景影像延伸。2. 提昇執行效能。3. 容量大小得以大幅減少以精簡檔案。(圖 10-9)。

▲圖 10-9 畫格「持續」選項

接下來由「檔案 / 載入」選項來開啟一個視訊檔案 (圖 10-10)。

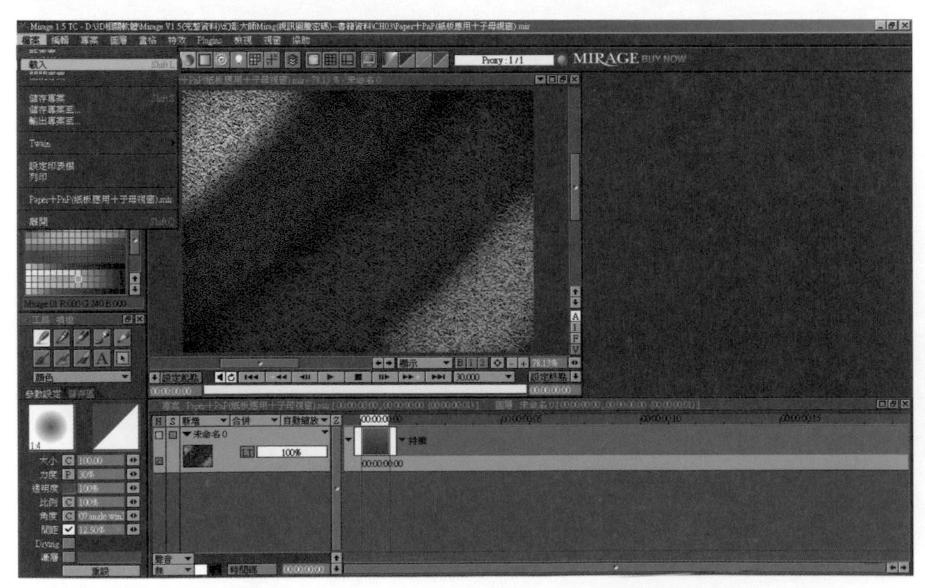

▲圖 10-10 載入視訊檔案

選定檔案及設定好相關參數後，按下「載入」按鈕（圖 10-11）。

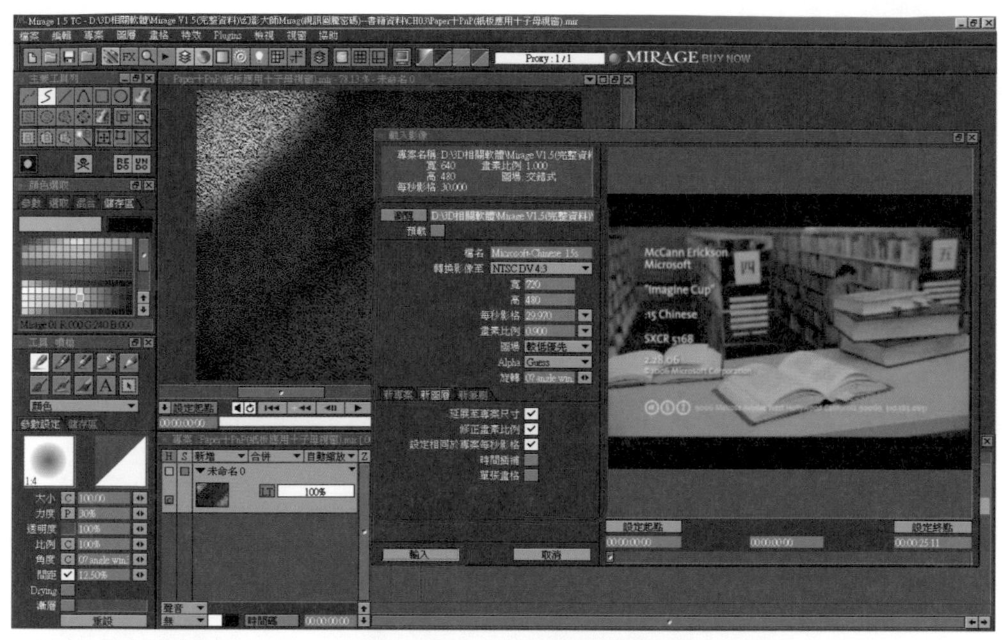

▲圖 10-11 設定參數

以 Mouse RMB 在視訊圖層中執行「全選」（圖 10-12）。

▲圖 10-12 全選視訊圖層

由「主要工具列」中選取第三列第一個「矩形筆刷擷取」工具，將專案視窗全部圈選起來（圖 10-13）。

▲圖 10-13「矩形筆刷頡取」工具

Mirage 會詢問是否將所圈選的視訊圖層內容「選取成為動態筆刷」，按下「是」按鈕確定執行（圖 10-14）。

▲圖 10-14 選取成為動態筆刷

執行動態筆刷擷取功能（圖 10-15）。

▲圖 10-15 動態筆刷擷取功能

由專案視窗可以看到筆刷更改為視訊圖層中動態筆刷的內容，並且工具選項也自動開啟「自訂筆刷」的工具。讀者可經由此工具調整「自訂筆刷」的各項進階設定（圖 10-16）。

▲圖 10-16 調整「自訂筆刷」設定

接著，讀者們可按下「自訂筆刷」工具中的「編輯」鈕後，便開啟「編輯筆刷」對話盒（圖 10-17）。

▲圖 10-17 開啟「編輯筆刷」對話盒

點選「編輯筆刷」對話盒中第二列第一個「½2」縮小按鈕，按下「套用改變」鈕調整尺寸，以縮小動態筆刷的編輯功能。（圖 10-18）。

▲圖 10-18 調整動態筆刷尺寸

將「自訂筆刷」工具切換到 bin「儲存區」標籤，於此區中按下 LMB，將自訂的筆刷加入到 bin「儲存區」中，以供未來使用（圖 10-19）。

▲圖 10-19 加入筆刷到 bin「儲存區」

先取消視訊檔案的圖層顯示核選功能後，再新增一個動態圖層，接著由「自訂筆刷」工具選項中切換至「參數設定」標籤，點選「編輯」按鈕啟動「編輯筆刷」對話盒。將對話盒的參數調整如（圖 10-20）所示後，按下「套用改變」鈕確定變更參數。

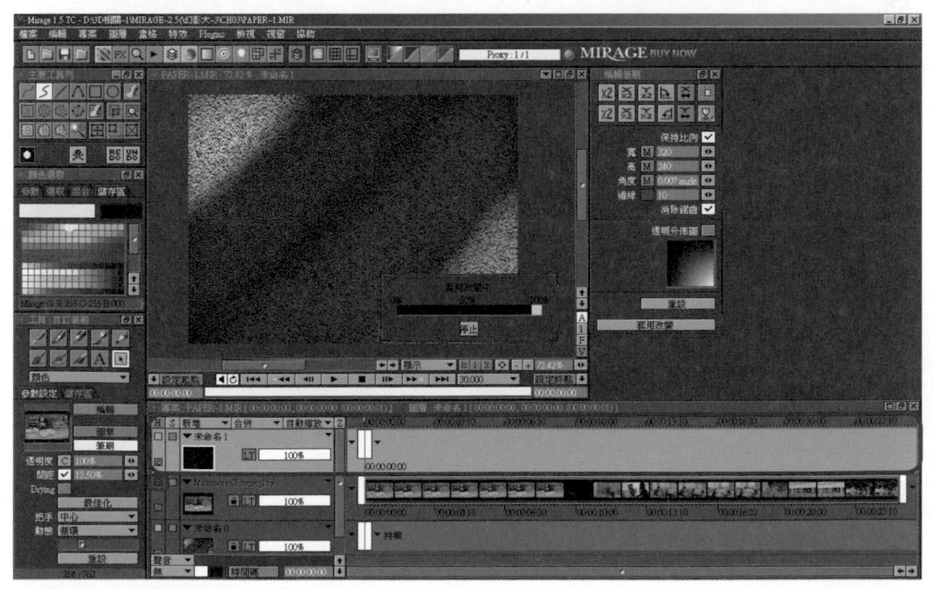

▲圖 10-20「編輯筆刷」參數變更

此時已經將所自訂的筆刷變更成參數所設定的條件，以符合我們的影像尺寸（圖 10-21）。

▲圖 10-21 變更符合影像尺寸

再將動態圖層以「插入空白畫格」的方式，延展成所需的長度（圖 10-22）。

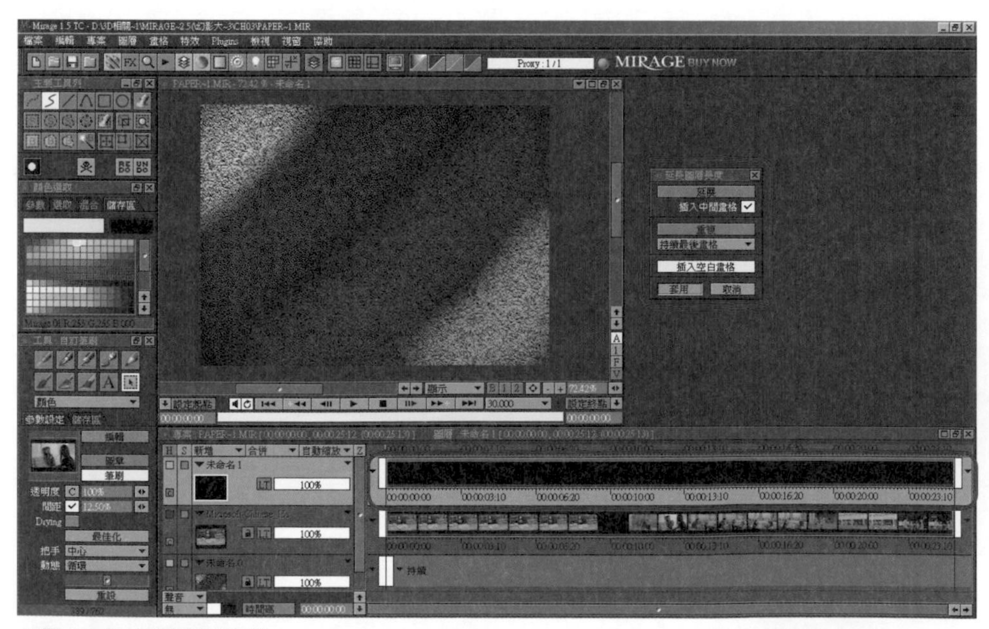

▲圖 10-22 延展畫格長度

筆者將再以「子母視窗」特效功能進行解說。首先執行「特效 / 動作 / 關鍵點設定」的下拉式功能（圖 10-23）。

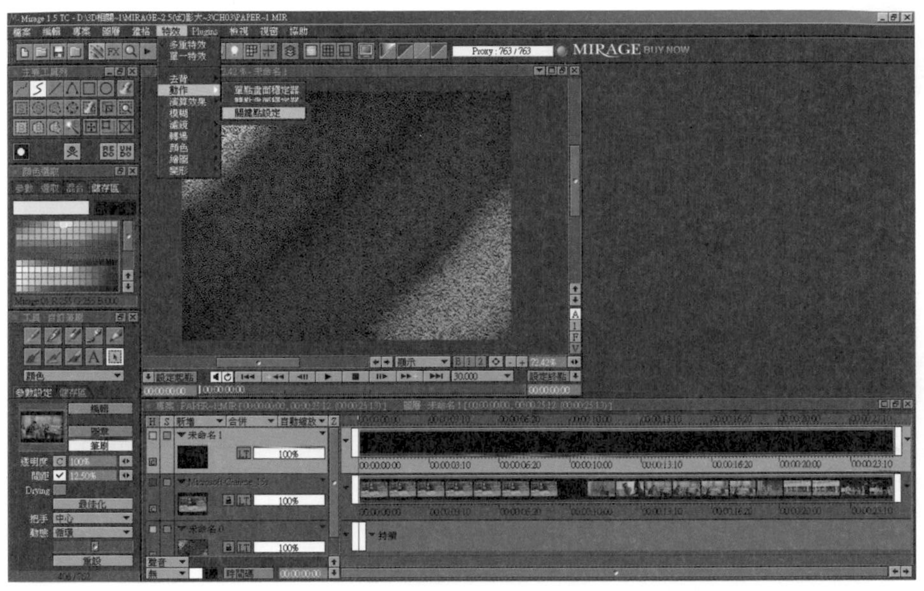

▲圖 10-23 執行「關鍵點設定」

開啟「特效堆疊」對話盒後，切換至「來源處理」標籤，將「來源」選項更改為「自訂筆刷」方式。將看到筆刷內容已轉換成我們先前所設計的視訊動態筆刷了（圖 10-24）。

▲圖 10-24 轉換視訊動態筆刷

將「後續動作」選項更改為「循環」方式，使動態筆刷的動作得以配合我們所延長的畫格長度（圖 10-25）。

▲圖 10-25「循環」動態筆刷

在動態圖層中選取第一個畫格，將筆刷移至所指定的位置後，再到動態圖層以 Mouse RMB 予以全選（圖 10-26）。

▲圖 10-26 全選動態圖層

將「特效堆疊」對話盒切換至「位置」標籤，依照（圖 10-27）所示，調整角度及位置參數。將動態圖層的時間軸線位置移至第一個畫格，將動態筆刷於專案視窗中以 LMB 點取定位，我們可由動態圖層看到「關鍵點設定」的第一點已經產生。

▲圖 10-27 設定第一點關鍵點

將動態圖層的時間軸線位置移至最後一個畫格，再到動態圖層以 Mouse RMB 全選。在專案視窗中將動態筆刷以 LMB 點選定位，此時可由動態圖層看到「關鍵點設定」的最後一點也已經產生。（圖 10-28）。

▲圖 10-28 設定最後一點關鍵點

按下「套用特效堆疊」鈕，執行「關鍵點設定」的特效（圖 10-29、圖 10-30）。

▲圖 10-29 套用「關鍵點設定」的特效 -1

▲圖 10-30 套用「關鍵點設定」的特效 -2

完成動態圖層套用「關鍵點設定」的特效（圖 10-31）。

▲圖 10-31 完成「關鍵點設定」

接著要整合音源到專案中。首先，由圖層下方選取「聲音 / 載入聲音」功能選項，預計由外部來導入音源檔案（圖 10-32）。

▲圖 10-32 載入外部音源檔案

開啟「載入聲音檔」對話盒，選取所需的音源檔案（圖 10-33）。

▲圖 10-33「載入聲音檔」對話盒

最後，我們可由聲音軌看見已載入的音源軌跡。然而 Mirage 提供之音軌只有一軌，自然就必須先由外部將所配好的音（口白）及樂（曲目）整合完成後，再藉由「載入聲音檔」對話盒載入，並合併於視訊檔中。假如視訊檔及聲音軌的準位錯誤，亦可以用 LMB 將聲音軌予以移動，調整其相對的位置（圖 10-34）。

▲圖 10-34 完成合併音源檔案

Chapter

11 金屬文字 (Metal Text)

學習重點

這一章要以動態金屬文字實例來介紹 Mirage 應用於片頭文字的特效，以下就用實例來進行解說。

開啟 Mirage 並調整相關的環境設定（圖 11-1 環境設定）。

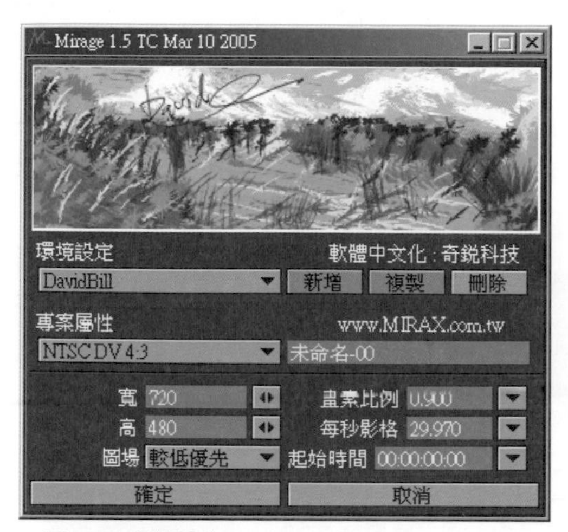

▲圖 11-1 環境設定

開啟 Mirage 後的主畫面（圖 11-2）。

▲圖 11-2 Mirage 開啟畫面

首先挑選所需的顏色「A Color」，再切換至「筆刷工具」(圖 11-3)。

▲圖 11-3 切換至「筆刷工具」

將文字更改為「完整字串」，於主要文字輸入區輸入「Mirage」。在專案視窗內即可看見「Mirage」的字樣(圖 11-4)。

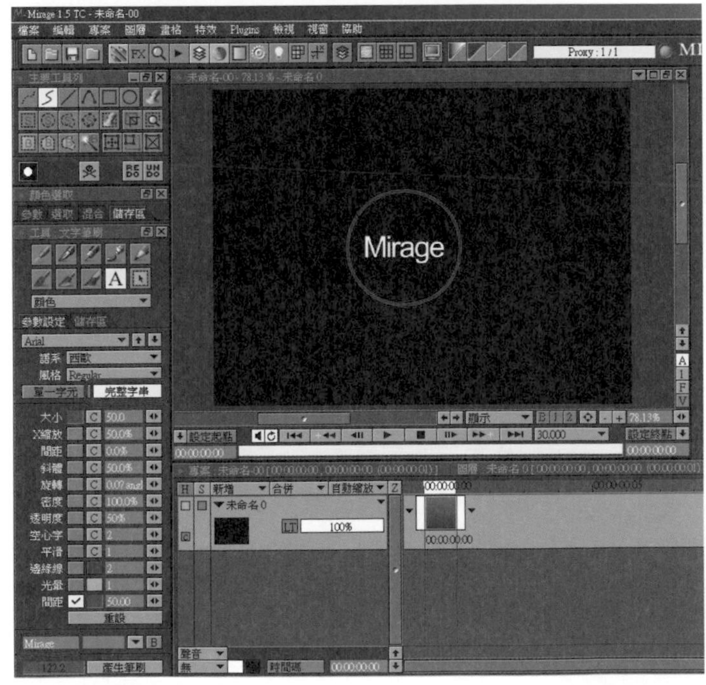

▲圖 11-4 鍵入「Mirage」文字

在字型選擇器中選取「Bauhaus 93」的字體（圖 11-5）。

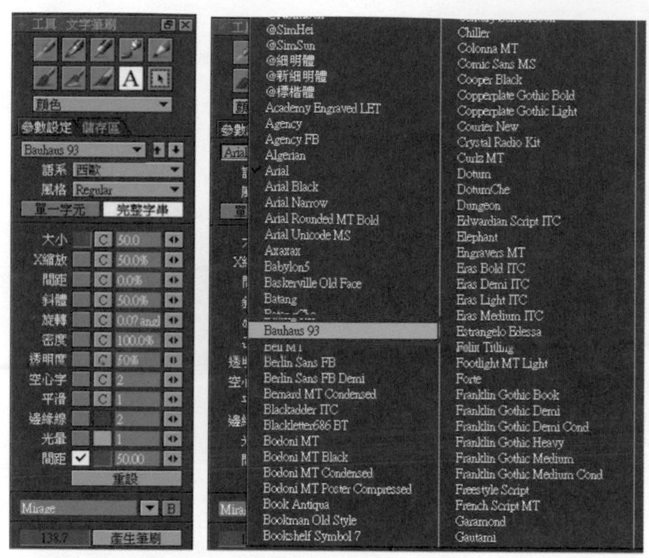

▲圖 11-5 變更文字字體

將文字大小的參數調整為 200，並將文字定位在專案視窗中（圖 11-6）。

▲圖 11-6 定位並調整文字參數

將圖層影格調整至適當的長度以符合需求（圖 11-7）。

▲圖 11-7 調整影格長度

以 Mouse LMB 按下「自訂面板」工具按鈕，啟動「Custom Panel」（圖 11-8）。

▲圖 11-8 啟動「自訂面板」

再以 Mouse RMB 於圖層中執行「轉換成為動態圖層」功能（圖 11-9、圖 11-10）。

▲圖 11-9 執行「轉換成為動態圖層」

▲圖 11-10 完成「轉換成為動態圖層」

將文字動態圖層以 Mouse RMB「全選」(圖 11-11)。

▲圖 11-11「全選」文字動態圖層

執行金屬文字的鍍製特效(圖 11-12)。

▲圖 11-12 鍍製金屬文字

出現對話盒詢問是否要讀取特效的簡介，按下「Yes」鈕（圖 11-13）。

▲圖 11-13 鍍製金屬文字特效簡介

按下「Continue」鈕進行接下來的設定（圖 11-14）。

▲圖 11-14「Continue」進行設定

調整「Light direction」光源方向後，按下「確定」鈕（圖 11-15）。

▲圖 11-15 調整光源方向

將特效套用在所有畫格內（圖 11-16）。

▲圖 11-16 套用特效於畫格

完成後，即可看到所設定的鍍製金屬文字特效了（圖 11-17）。

▲圖 11-17 完成鍍製金屬文字特效

將圖層以 Mouse RMB「全選」，進行下一個特效設定（圖 11-18）。

▲圖 11-18「全選」圖層

選取「延展成形」工具並按下「Continue」鈕，執行字體延展的特效（圖 11-19）。

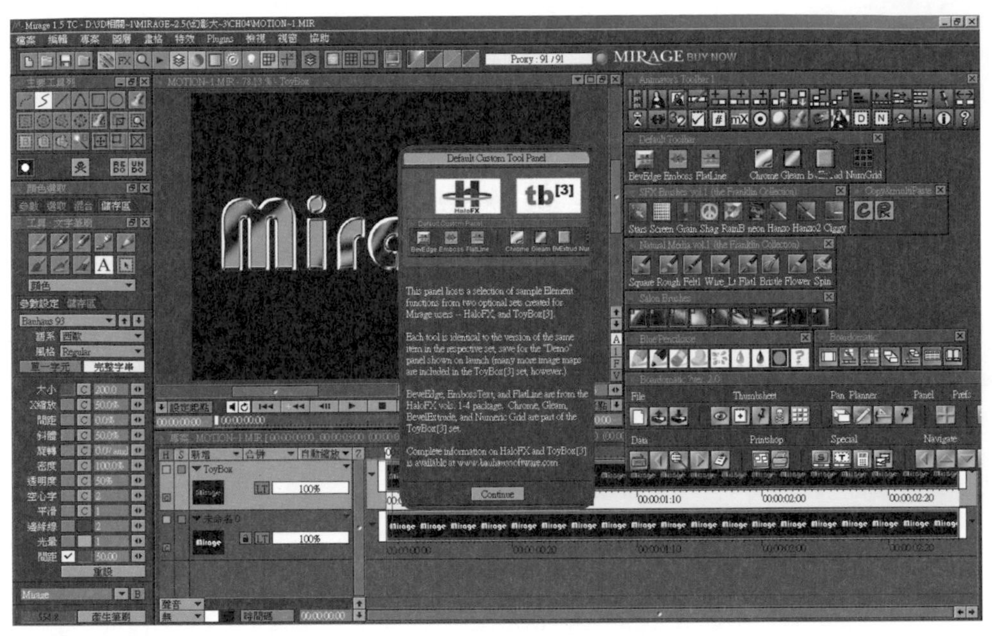

▲圖 11-19「延展成形」文字

出現對話盒詢問是否要讀取特效的簡介，按下「Yes」鈕（圖 11-20）。

▲圖 11-20「延展成形」文字特效簡介

按下「Proceed」執行類型選項設定（圖 11-21）。

▲圖 11-21 類型選項設定

出現「Color」或「Image Map」的類型選項按鈕。筆者則先以「Color」設定來做解說。「Color」的類型選項表示將以文字本身的顏色做為延展之基礎色，如此可確保所製作完成的文字保持整體色彩，不至於產生色彩相容性的問題（圖 11-22）。

▲圖 11-22「Color」類型選項

出現「extrusion direction」文字延展方向的設定參數對話盒（圖 11-23）。

▲圖 11-23 文字延展方向參數設定

出現「Extrusion depth」文字延展深度的設定參數對話盒。調整好參數之後再按下「確定」按紐（圖 11-24）。

▲圖 11-24 文字延展深度參數設定

開始執行特效套用在所有畫格內（圖 11-25）。

▲圖 11-25 套用特效於畫格

完成後，可看到以「Color」類型為主色所設定的「延展成形」文字特效了（圖 11-26）。

▲圖 11-26 完成「延展成形」文字特效

繼續說明另外一種以「Image Map」類型為主色的「延展成形」文字特效。此類型選項表示將由外部所選取的影像檔案做為延展的基礎色，製作出相當獨特的文字色彩，達到具有個人化特色的創意整合特效（圖 11-27）。

▲圖 11-27「Image Map」類型選項

載入所需的影像檔案做為延展的基礎色（圖 11-28）。

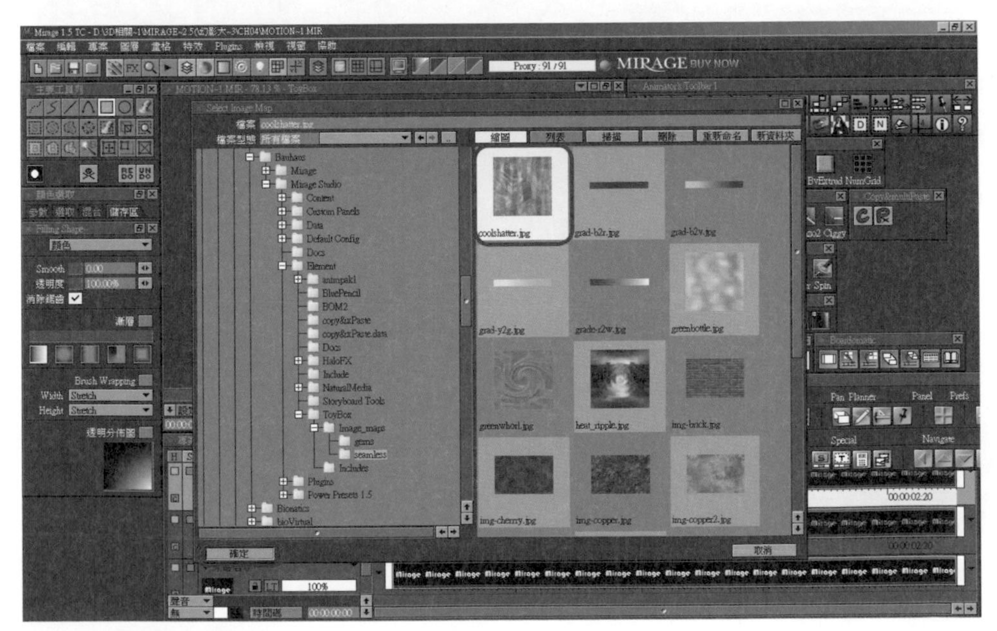

▲圖 11-28 載入影像檔案

調整影像圖檔尺寸的縮放比例參數值，其範圍區間設定為「20-100」(圖 11-29)。

▲圖 11-29 設定尺寸的縮放比

出現「extrusion direction」文字延展方向的設定參數對話盒(圖 11-30)。

▲圖 11-30 文字延展方向參數設定

出現「Extrusion depth」文字延展深度的設定參數對話盒。調整好參數之後再按下「確定」按紐（圖 11-31）。

▲圖 11-31 文字延展深度參數設定

執行特效套用於所有畫格內（圖 11-32）。

▲圖 11-32 套用特效於畫格

完成之後，即可看到以「Image Map」類型為主色所設定的「延展成形」文字特效了（圖 11-33）。

▲圖 11-33 完成「延展成形」文字特效

最後，再結合一個特效來為本章實例的 Ending。首先，確認 A Color 顏色是否正確，針對要製作特效的圖層以 RMB「全選」（圖 11-34）。

▲圖 11-34「全選」圖層

選取「Gleam」閃光工具並按下「Continue」鈕，執行字體閃光的特效（圖 11-35）。

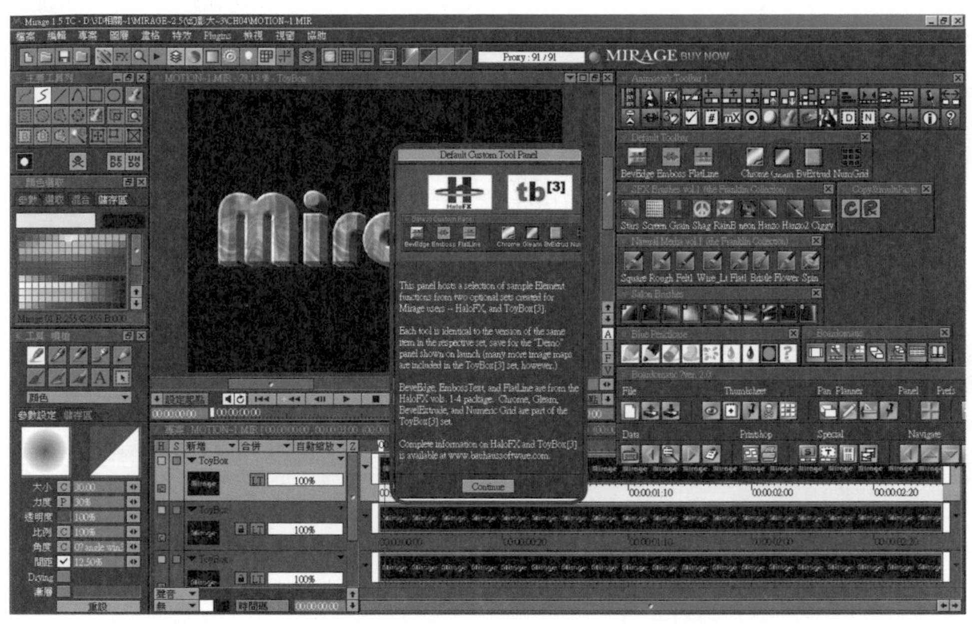

▲圖 11-35 字體閃光特效

出現對話盒詢問是否要讀取此特效之簡介，按下「Yes」鈕（圖 11-36）。

▲圖 11-36「字體閃光」特效簡介

按下「Continue」鈕進行設定（圖 11-37）。

▲圖 11-37「Continue」進行設定

「passes」對話盒是要設定所選取的畫格中要掠過幾道字體閃光，其數量範圍為「1-10」（圖 11-38）。

▲圖 11-38 閃光數量設定

對話盒「width」則是設定選取的畫格內閃光掠過的寬度比例，其數量範圍為「1-160」(圖 11-39)。

▲圖 11-39 閃光寬度比例設定

對話盒「strength」則是設定畫格內掠過閃光的強弱比例，其數量範圍為「1-10」(圖 11-40)。

▲圖 11-40 閃光強弱比例設定

對話盒「angle」則是設定閃光的放射角度（圖 11-41）。

▲圖 11-41 閃光放射角度設定

出現「Foreground」或「White」的兩種類型選項按鈕。筆者先以第一種方式「Foreground」設定來做解說。「Foreground」的類型選項表示將以「A Color」主色做為閃光放射的基礎色，選擇以「黃色」為閃光的基礎色（圖 11-42）。

▲圖 11-42 選擇「A Color」閃光色

執行特效套用於所有畫格內（圖 11-43）。

▲圖 11-43 套用特效於畫格

完成之後，即可看到以「Foreground」類型為閃光主色設定的字體閃光文字特效（圖 11-44）。

▲圖 11-44 完成「字體閃光」文字特效

繼續說明第二種以「White」類型做為閃光之主色。此類型選項表示將以「白色」來做為閃光的投射色彩（圖 11-45）。

▲圖 11-45 選擇「白色」閃光色

執行特效套用於所有畫格內（圖 11-46）。

▲圖 11-46 套用特效於畫格

完成之後，即可看到以「White」類型做為主色所設定的字體閃光文字特效(圖 11-47)。以上實例，介紹了自訂面板功能之中「Default Toolbar」的特效整合，讀者們可參考練習。

▲圖 11-47 完成「字體閃光」文字特效

NOTE

Chapter 12

向量光特效製作 (Volumetric Light)

學習重點

視訊媒體不論是平面 2D 或是動靜態 3D 的應用領域中，「Volumetric Light」一向都是許多設計者經常使用的特效。本章則以動態影片來介紹 Mirage 對此特效的相關製作過程以實例來進行解說。

開啟 Mirage 調整環境設定（圖 12-1 環境設定）。

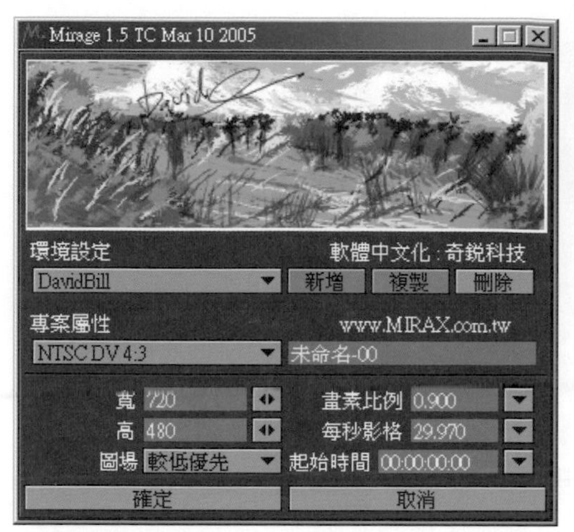

▲圖12-1 環境設定

開啟 Mirage 主畫面（圖 12-2）。

▲圖12-2 Mirage開啟畫面

由 A Color 選取「白色」做為文字色彩，將筆刷工具切換為「文字」筆刷，選擇「Bauhaus 93」字體類型，選擇「完整字串」，將字體大小調整為「150」，最後於專案視窗中輸入「Mirage」文字（圖 12-3）。

▲圖12-3 設定文字參數

將圖層畫格延長至所需長度（圖 12-4）。

▲圖12-4 延長畫格長度

畫格中以 RMB 選取「轉換成為動態圖層」選項，準備製作特效（圖 12-5）。

▲圖12-5 轉換圖層屬性

完成轉換動態圖層功能（圖 12-6）。

▲圖12-6 完成轉換圖層屬性

執行「特效 / 演算效果 / 向量光 (Volumetric Light)」功能（圖 12-7）。

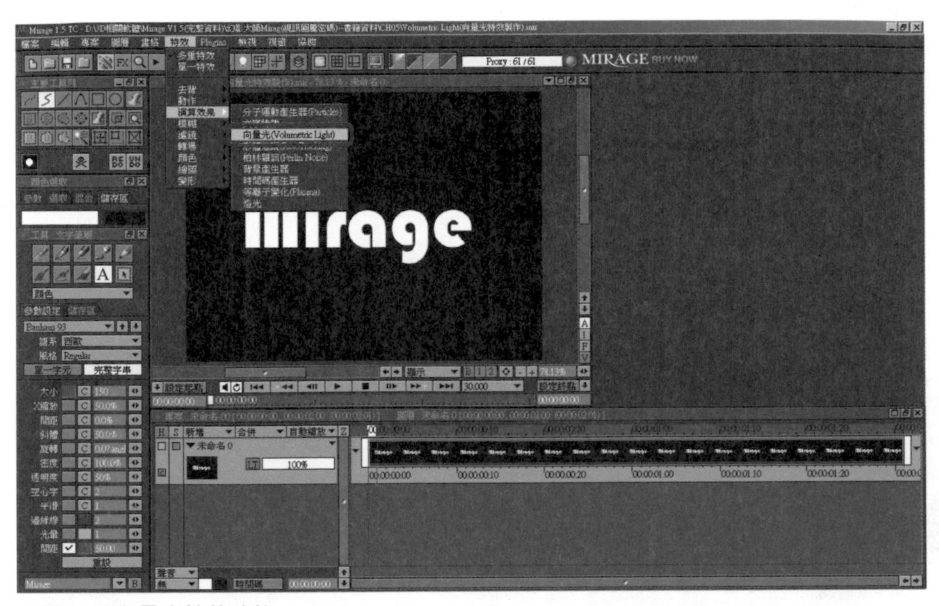

▲圖12-7 向量光特效功能

將圖層時間軌移至畫格第一格，拖曳專案視窗內向量光的「中心點」到左方起點位置，調整「長度」、「強度」參數為「0」，使起點無任何光源效果。最後，點選「特效堆疊」對話盒內「中心點」、「長度」、「強度」的關鍵點按鈕「D」，以設定起點位置（圖 12-8）。

▲圖12-8 建立向量光特效起點位置

將圖層的時間軌移至畫格中間，拖曳專案視窗內向量光「中心點」到中間第二點位置，調整參數「長度 =100」、「強度 =200」，使中點向量光產生最強的光源效果，並點選「特效堆疊」對話盒內「中心點」、「長度」、「強度」的關鍵點按鈕「D」，設定第二點位置（圖 12-9）。

▲圖12-9 建立向量光特效中點位置

將圖層的時間軌移至畫格的最後一格設定第三點位置，拖曳專案視窗內向量光「中心點」到右方終點位置，將參數調整為「長度 =0」、「強度 =0」，並點選「特效堆疊」對話盒內「中心點」、「長度」、「強度」之關鍵點按鈕「D」，以設定終點位置，使終點向量光不再產生光源效果（圖 12-10）。此三點關鍵點主要是為了產生向量光的光源強弱效果。

▲圖12-10 建立向量光特效終點位置

以 RMB「全選」所有畫格，按下「套用特效堆疊」按鈕結合向量光特效（圖 12-11）。

▲圖12-11 套用向量光特效

執行向量光特效於圖層中（圖 12-12）。

▲圖12-12 執行套用向量光特效

完成向量光特效（圖 12-13）。

以上實例是以文字為基礎所製作的向量光特效 (Volumetric Light)。

▲圖12-13 完成向量光特效

接下來將繼續介紹以動態視訊檔案做為素材的向量光特效。開啟一個多媒體視訊檔案之後再按下「確定」按鈕（圖 12-14）。

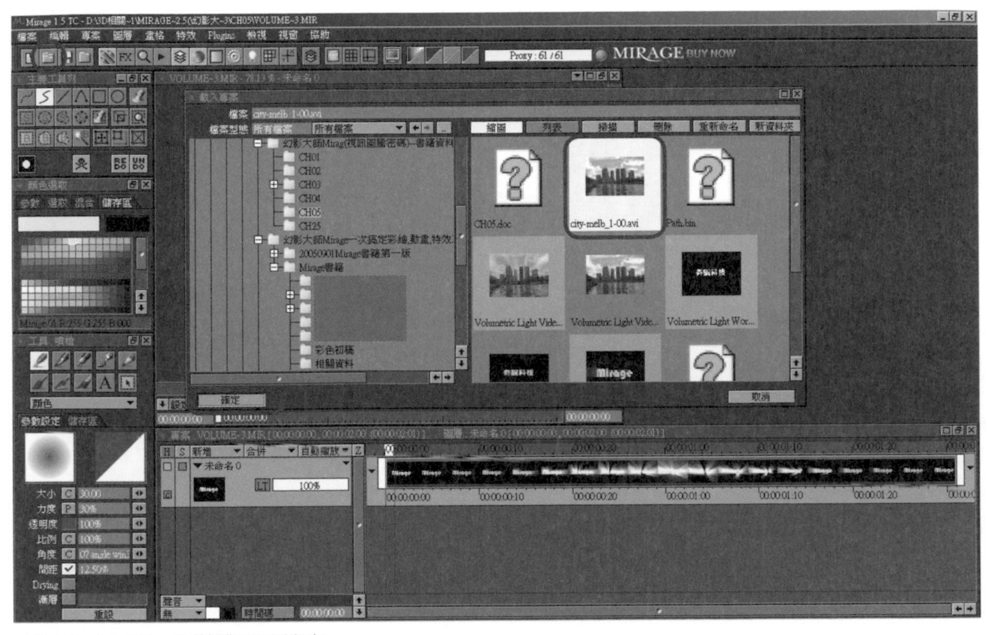

▲圖12-14 載入多媒體視訊檔案

確定並調整好相關參數，按下「確定」按鈕（圖 12-15）。

▲圖12-14 調整相關參數

完成載入的視訊檔案（圖 12-16）。

▲圖12-16 完成載入視訊檔案

將文字及多媒體視訊圖層對調，使文字特效顯現於上層（圖 12-17）。

▲圖12-17 對調顯現文字圖層

將整段視訊圖層向後拖曳並對齊文字圖層的最後一個畫格（圖 12-18），此處是為了要製作兩圖層的過場效果。另外，兩圖層的交疊位置可以重疊在一起使其過場產生不同的特效，本實例稍後會加以呈現。

▲圖12-18 拖曳圖層交疊位置

開啟「特效 / 運算效果 / 向量光（Volumetric Light）」選項功能，針對動態視訊檔案製作向量光特效（圖 12-19）。

▲圖12-19 視訊檔案向量光特效

選擇向量光（Volumetric Light）選項功能，隨即在專案視窗上將出現向量光效果（圖 12-20）。

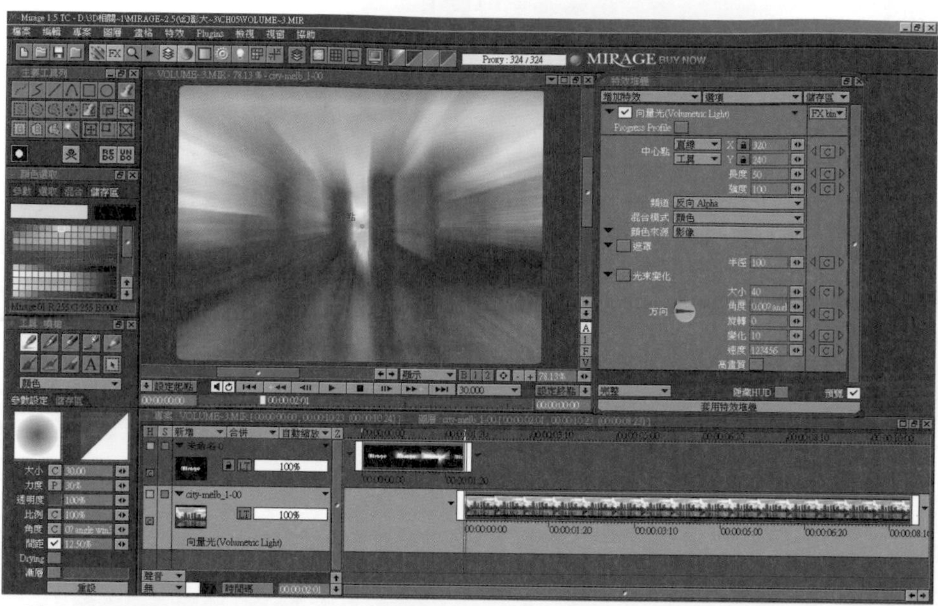

▲圖12-20 呈現向量光效果

勾選「特效堆疊」對話盒「遮罩」的核選功能，其向量光效果的作用範圍將內縮至「半徑 =100」的尺寸（圖 12-20）。

▲圖12-20 勾選「遮罩」核選功能

將「特效堆疊」對話盒「遮罩」的作用範圍調整為「半徑 =250」的尺寸，專案視窗中圓形作用範圍框將放大其圈選區域（圖 12-21）。

▲圖12-21 調整半徑之作用範圍尺寸

將專案視窗縮放比調整至「33%」放大要設定路徑的可視範圍，確定定位好時間軌的第一點畫格位置。以 LMB 點選「X、Y」中心點的「D」點關鍵點設定，確認向量光特效的起點位置，其他參數則先保留預設值不變（圖 12-22）。

▲圖12-22 設定向量光起點位置

將時間軌的畫格移至第二點位置，以 LMB 點選「X、Y」中心點的「D」按鈕，並將「中心點」拖曳到中間位置，設定向量光特效的第二點位置（圖 12-23）。

▲圖5-23 設定向量光第二點位置

繼續將時間軌的畫格移至第三點位置，以 LMB 點選「X、Y」中心點的「D」按鈕設定，確認並拖曳向量光特效的終點位置。可由專案視窗中看見三點路徑軌跡，亦可由圖層發現三點關鍵點「D」的位置設定點（圖 12-24）。

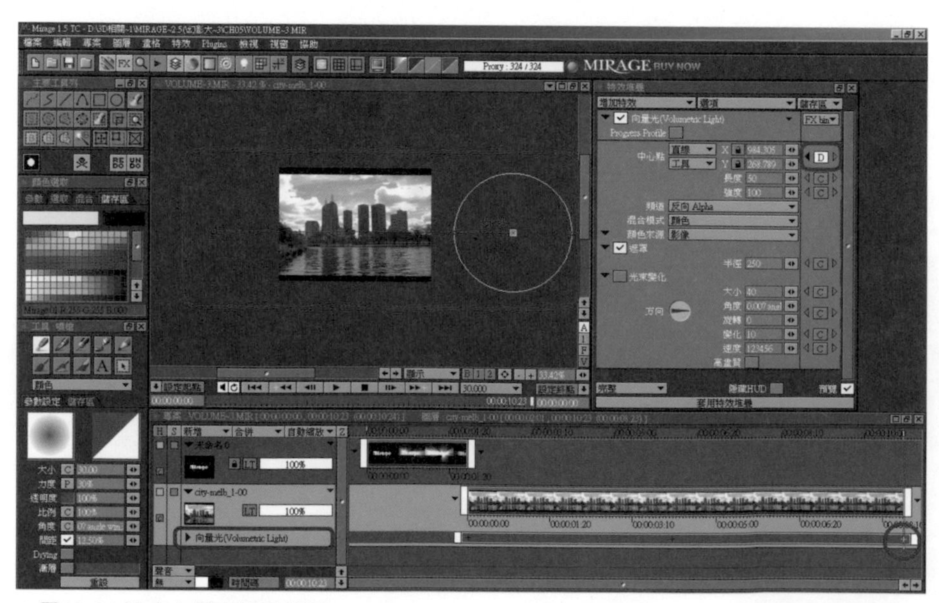

▲圖12-24 設定向量光終點位置

最後以 Mouse RMB「全選」所有畫格，按下「特效堆疊」對話盒內「套用特效堆疊」鈕結合此向量光特效（圖 12-25）。

▲圖12-25 套用向量光特效

執行向量光特效於圖層中（圖 12-26）。

▲圖12-26 執行套用向量光特效

套用向量光特效後，將專案視窗可視範圍的縮放比調整回滿版面尺寸。由於專案視窗內仍然出現路徑軌跡，因此可由「特效堆疊」中，將右下角的「預覽」核選選項予以取消即可（圖 12-27）。

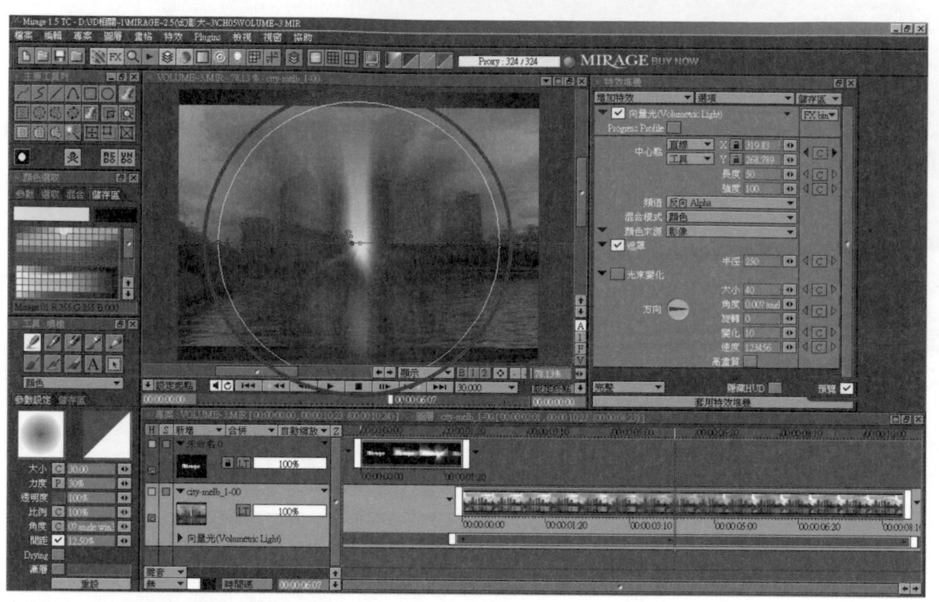

▲圖12-27 取消「預覽」核選選項

完成向量光特效（圖 12-28）。

▲圖12-28 完成向量光特效

切換至文字圖層，將時間軌移至轉場的起點位置準備製作接下來的轉場特效（圖 12-29）。

▲圖12-29 製作轉場特效

執行「特效 / 轉場 / 翻頁」功能（圖 12-30）。

▲圖12-30 「特效/轉場/翻頁」功能

啟動轉場特效，於「特效堆疊」對話盒將「Position」調降至「0%」，以 LMB 按下關鍵點「D」按鈕建立轉場特效起點位置（圖 12-31）。

▲圖12-31 建立轉場特效起點位置

於文字圖層中將時間軌移至最後畫格，由「特效堆疊」對話盒中將「Position」調昇至「100%」，以 LMB 按下關鍵點「D」按鈕建立轉場特效終點位置（圖 12-32）。

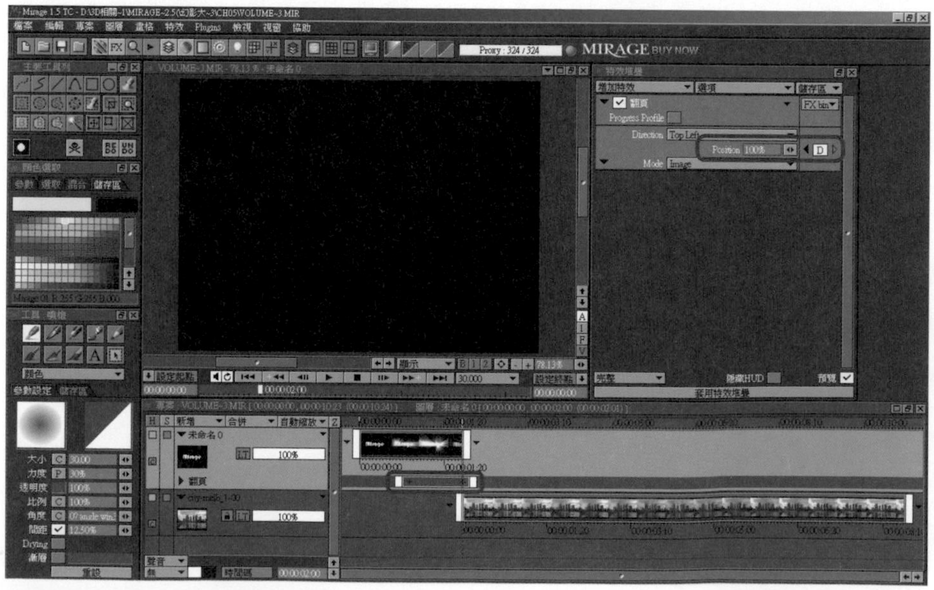

▲圖12-32 建立轉場特效終點位置

最後以 Mouse RMB「全選」所有畫格，按下「特效堆疊」對話盒內「套用特效堆疊」鈕結合此轉場特效（圖 12-33）。

▲圖12-33 全選圖層轉場特效

執行轉場特效於圖層之中（圖 12-34）。

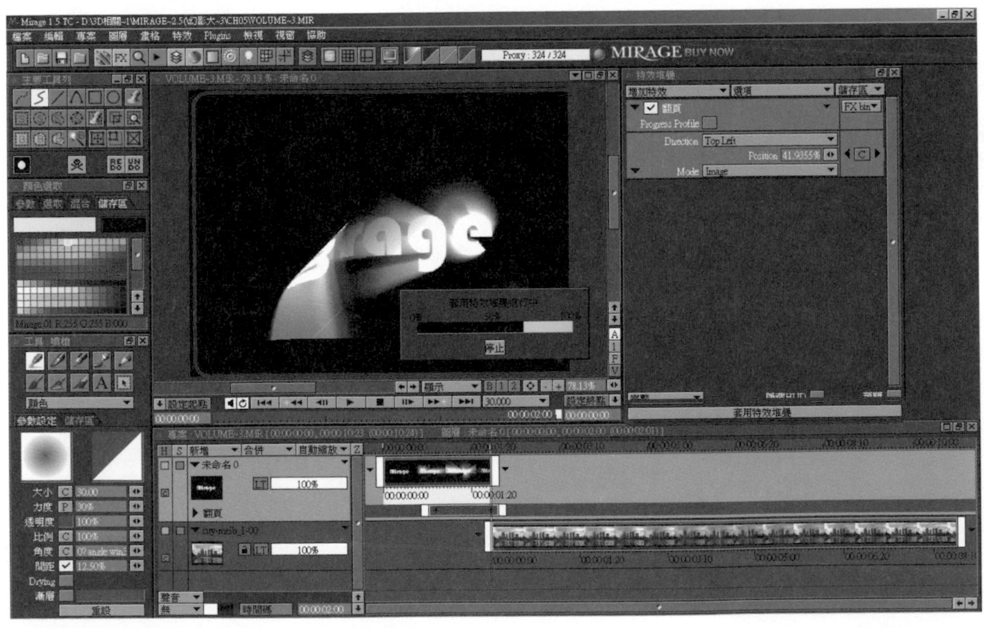

▲圖12-34 執行套用「翻頁」轉場特效

前面曾經提及過轉場特效是應用於兩個圖層之間的轉換，因此可將視訊圖層向前移至相同的畫格起點。然而此調整將會改變轉場特效應於兩個圖層出現的不同時機而產生不同的效果（圖 12-35）。

▲圖12-35 調整轉場特效起點

最後再以「特效 / 濾鏡 / 粒狀結晶」特效做為本章實例的 Ending（圖 12-36）。

▲圖12-36 「特效/濾鏡/粒狀結晶」功能

以 RMB「全選」所有畫格，設定「特效堆疊」對話盒內的參數值（圖 12-37）。

▲圖12-37 設定「特效堆疊」參數值

將「特效堆疊」對話盒內的參數值設定如圖 12-38 所示，其中「Range」選項為啟動 RGB 三原色的範圍強度，可勾選「Change Alpha」選項，使其產生極特殊的 RGB 混色效果。

▲圖12-38 啟動並設定RGB混色效果

執行「粒狀結晶」特效於圖層中（圖 12-39）。

▲圖12-39 執行套用「粒狀結晶」特效

以上便完成了經常使用於影片中相互轉場的特效實例。

Chapter 13

3D 動畫物件設定 (Animator Object)

學習重點

本章要針對 3D 動畫物件筆刷的應用做解說。與動態視訊媒體結合的平面 2D 或是動靜態 3D 元素素材中，筆刷及關鍵點的搭配設定是經常使用的一種特效功能。筆者將以動態影片來介紹此特效的相關製作過程進行解說。

開啟 Mirage 環境設定（圖 13-1 環境設定）。

▲圖 13-1 環境設定

（圖 13-2）開啟 Mirage 主畫面。

▲圖 13-2 Mirage 開啟畫面

由「檔案 / 載入」功能中匯入一個動態視訊檔案做為本實例的背景素材(圖 13-3)。

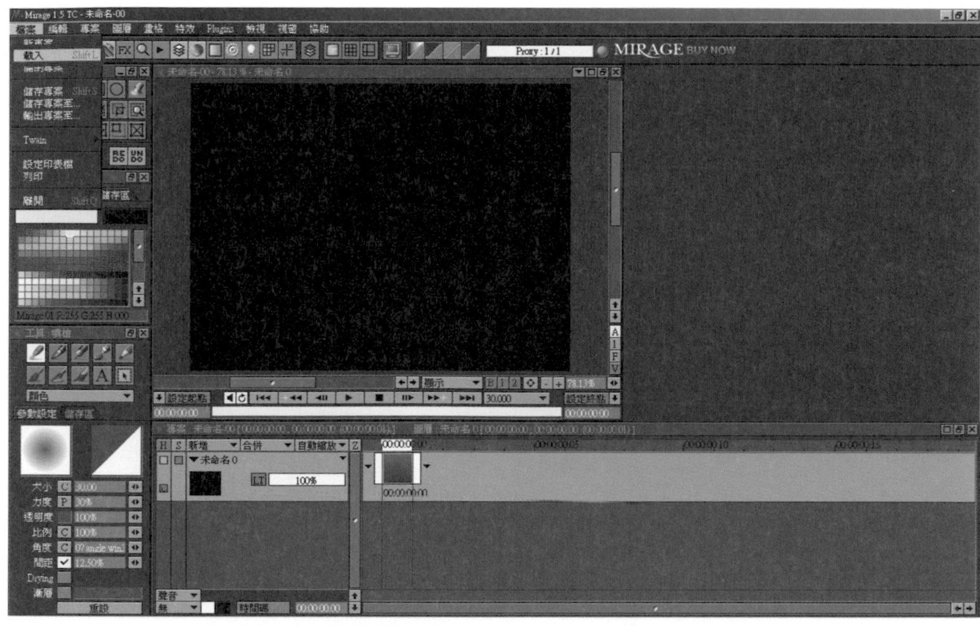

▲圖 13-3 匯入背景素材

選定所需的背景素材檔案後，按下「確定」按鈕載入至圖層中(圖 13-4)。

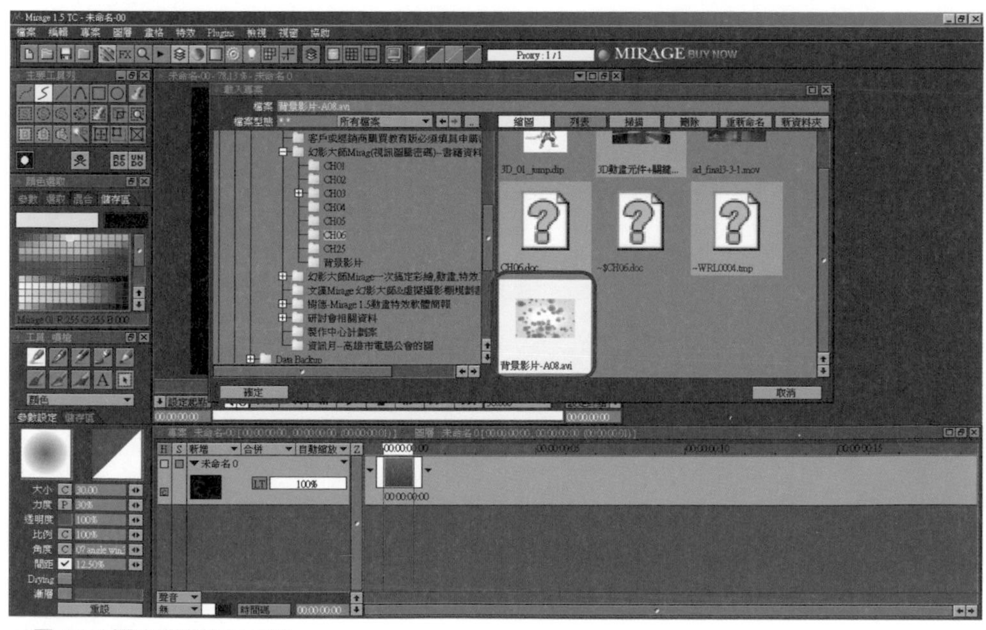

▲圖 13-4 選定背景素材檔案

經由「載入影像」對話盒中，將規格參數調整如下（圖 13-5）。

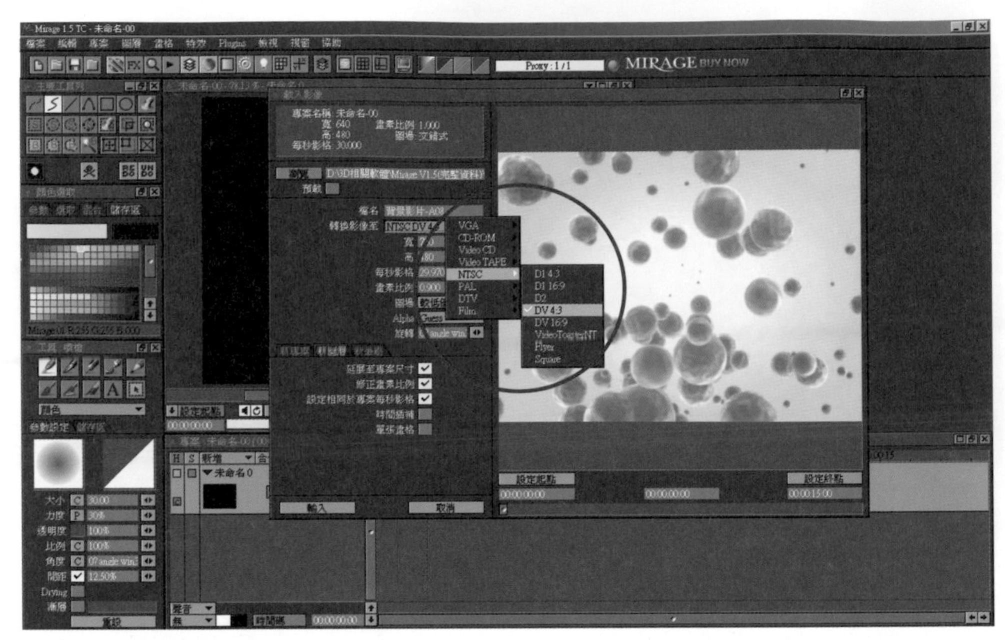

▲圖 13-5 調整影像規格

調整規格參數後，按下「輸入」按鈕（圖 13-6）。

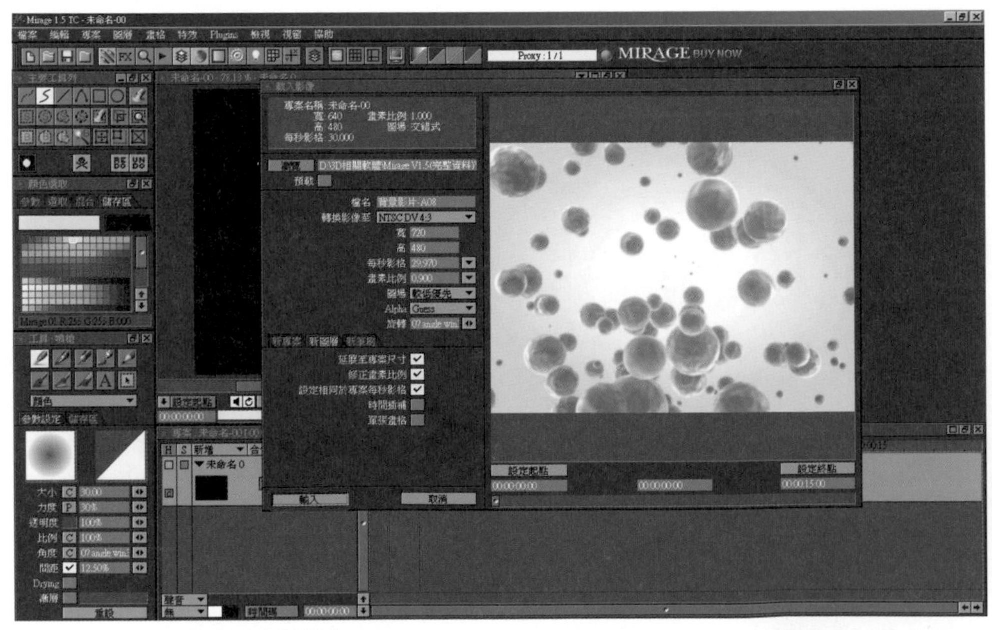

▲圖 13-6 輸入影像背景素材檔案

輸入影像素材檔案後，在背景圖層中按下 RMB 並勾選「顯示圖示」功能，將圖層的畫格顯示出來，方便後續的影像定位合成等特效之用（圖 13-7）。

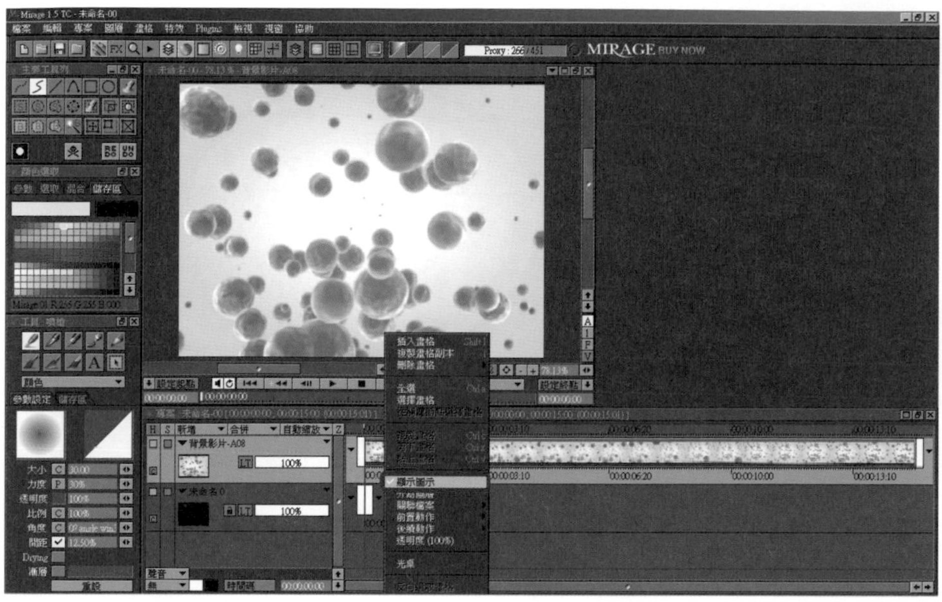

▲圖 13-7 顯示圖示畫格

切換筆刷工具列為「自訂筆刷」工具（圖 13-8），筆者將進一步介紹套用動態筆刷，以及運用路徑結合於視訊背景的特效。

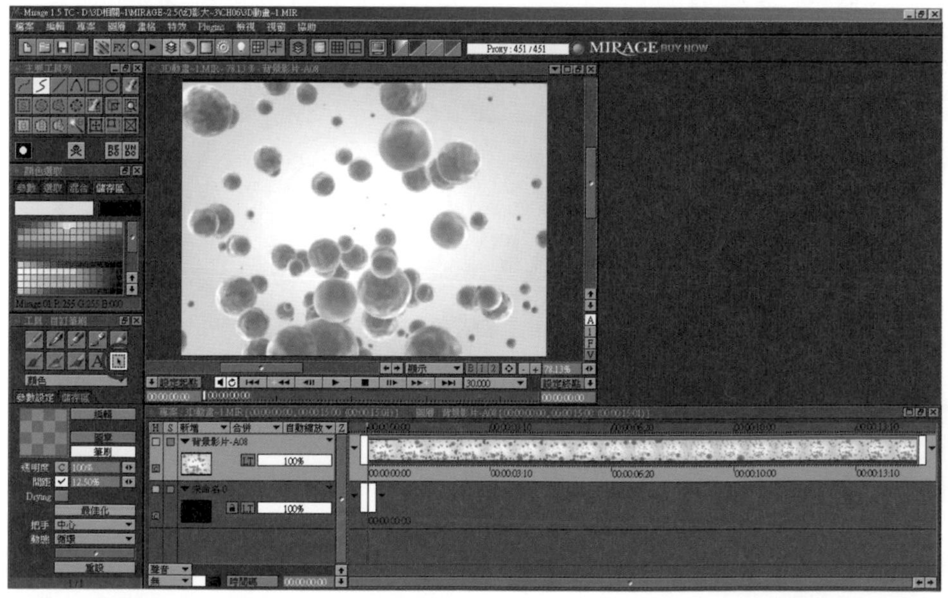

▲圖 13-8 切換「自訂筆刷」工具

切換「自訂筆刷」工具至「儲存區」標籤（圖 13-9），於筆刷顯示區中執行 RMB，出現對話盒後選擇「載入筆刷」功能選項。

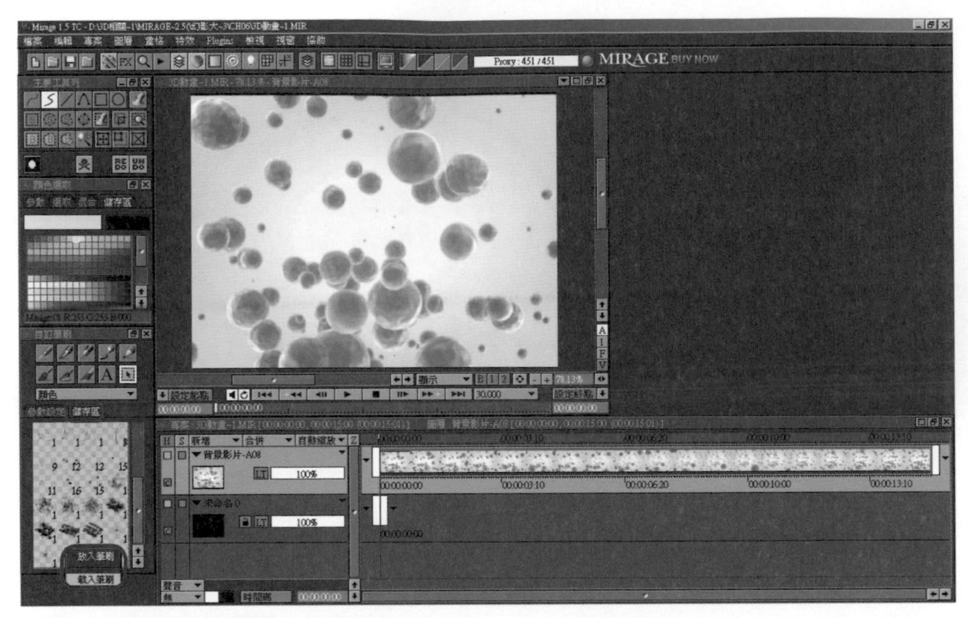

▲圖 13-9 執行「載入筆刷」功能

選取之前已經繪製完成並儲存於特定目錄中的動態自訂筆刷檔案，按下「確定」按鈕（圖 13-10）。

▲圖 13-10 選取動態自訂筆刷

由「載入影像」對話盒中看見此動態的自訂筆刷，按下「輸入」按鈕（圖 13-11）。

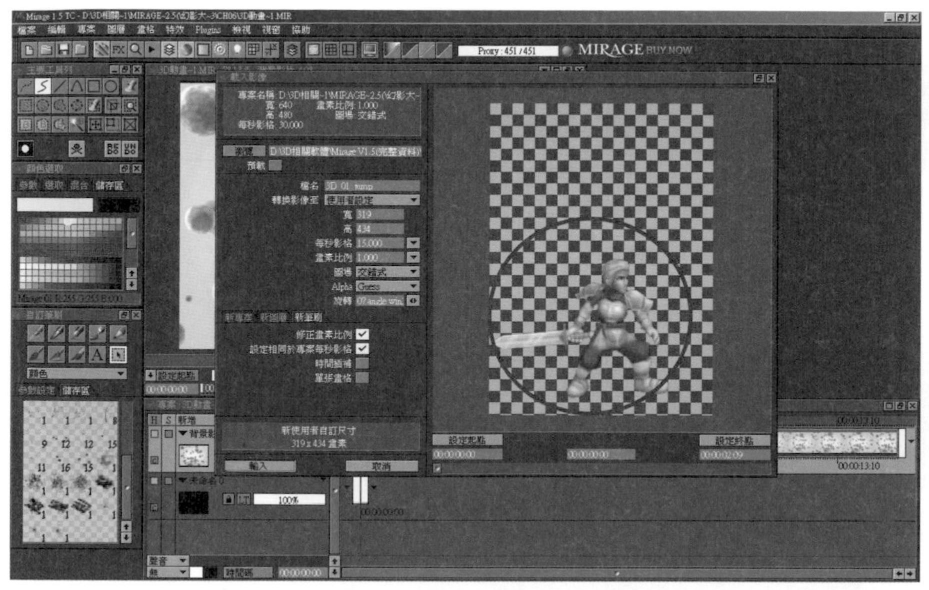

▲圖 13-11 輸入自訂筆刷檔案

經由「自訂筆刷」工具內的「儲存區」標籤，發現筆刷顯示區中多出了一個動態的自訂筆刷，移動滑鼠會發現已經連結上此動態筆刷，在筆刷右下方標註著「80」等數值字樣，其意義代表著此動態的自訂筆刷內含有「80」格畫格（圖 13-12）。

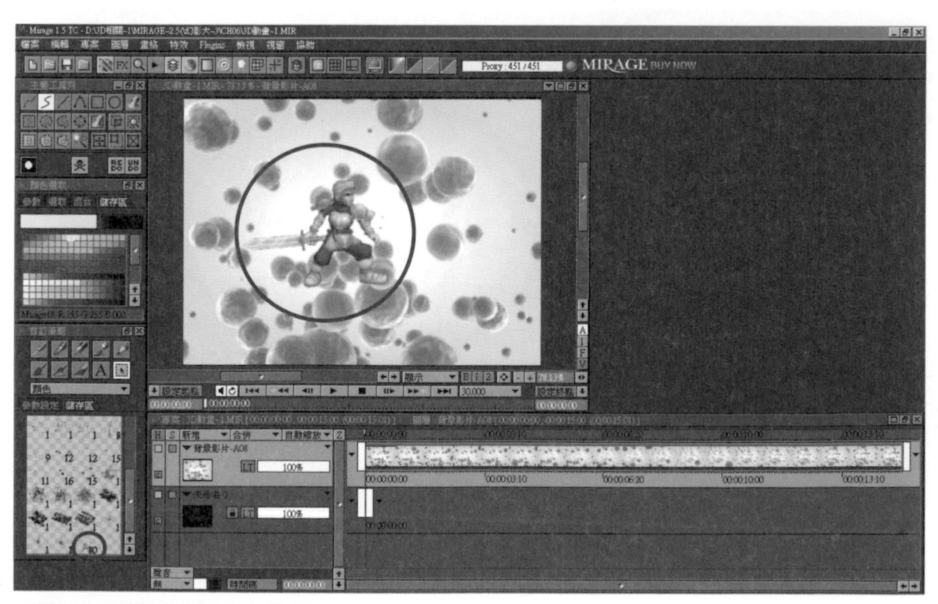

▲圖 13-12 顯示動態自訂筆刷

將「自訂筆刷」工具切換至「參數設定」標籤，準備編輯動態筆刷以調整至我們所需要的外型（圖 13-13）。

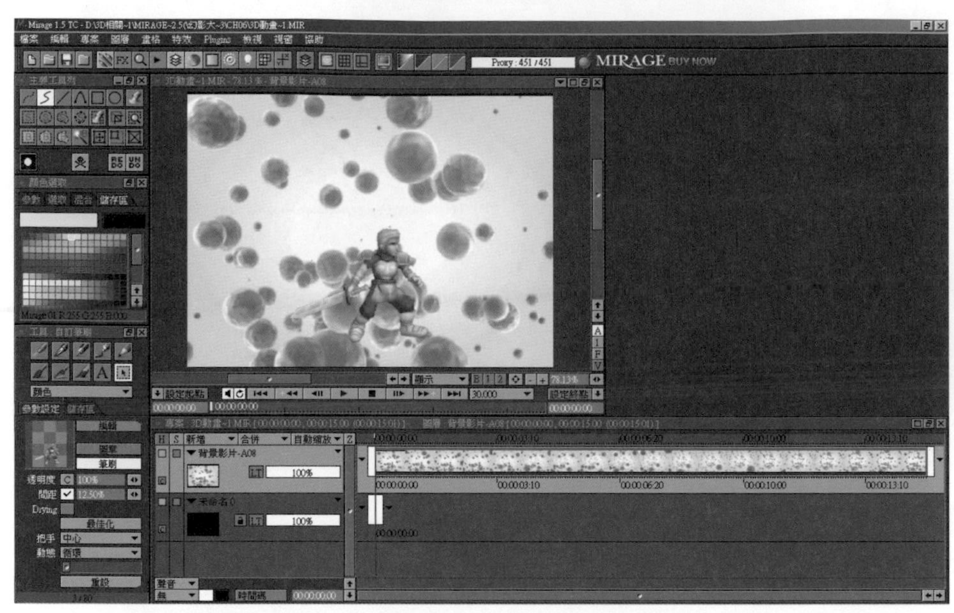

▲圖 13-13 調整「參數設定」

以 LMB 按下「參數設定」標籤下的「編輯」按鈕，將出現可調整參數值設定的「編輯筆刷」對話盒（圖 13-14）。

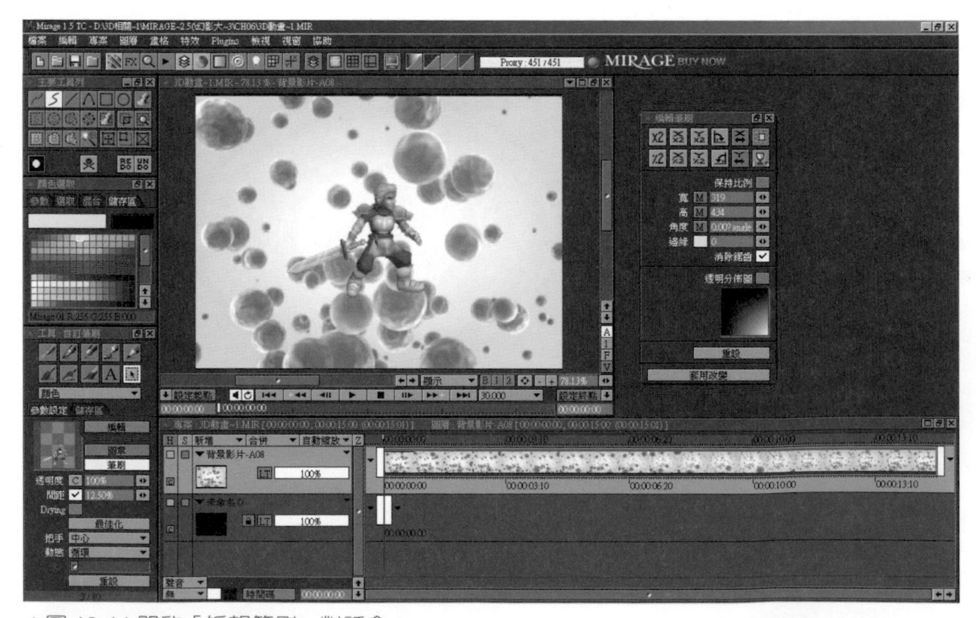

▲圖 13-14 開啟「編輯筆刷」對話盒

於「編輯筆刷」對話盒中按下「½」按鈕，將先前所載入的動態筆刷縮小兩倍尺寸以符合整體大小所需（圖 13-15），此方式可以有效達到微調自訂筆刷的目地。

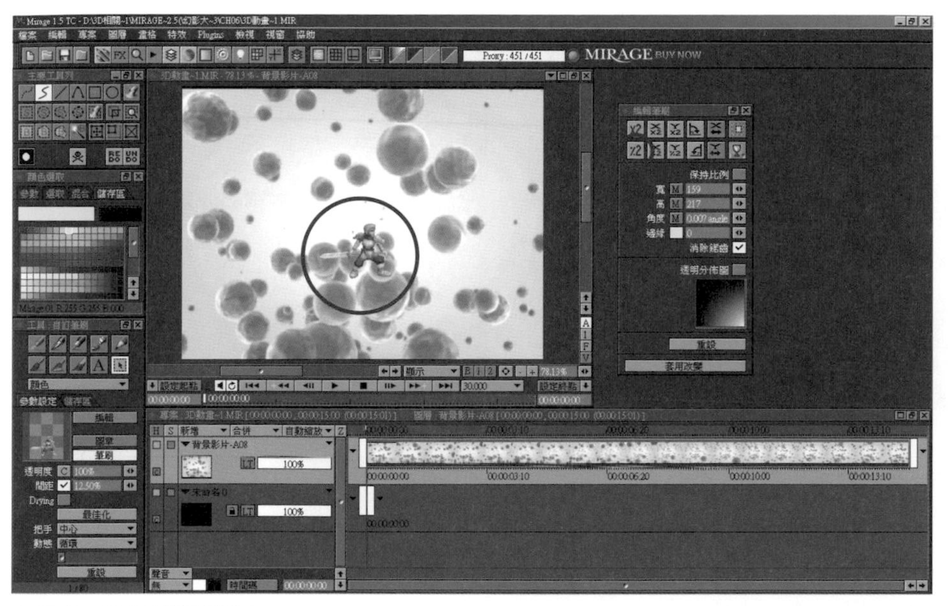

▲圖 13-15 編輯筆刷尺寸

另外，筆者載入一個已經編輯處理過後的自訂筆刷，並且包含以「特效 / 繪圖 / 自動繪圖」功能將路徑予以自動錄製完成的動態筆刷（圖 13-16）。

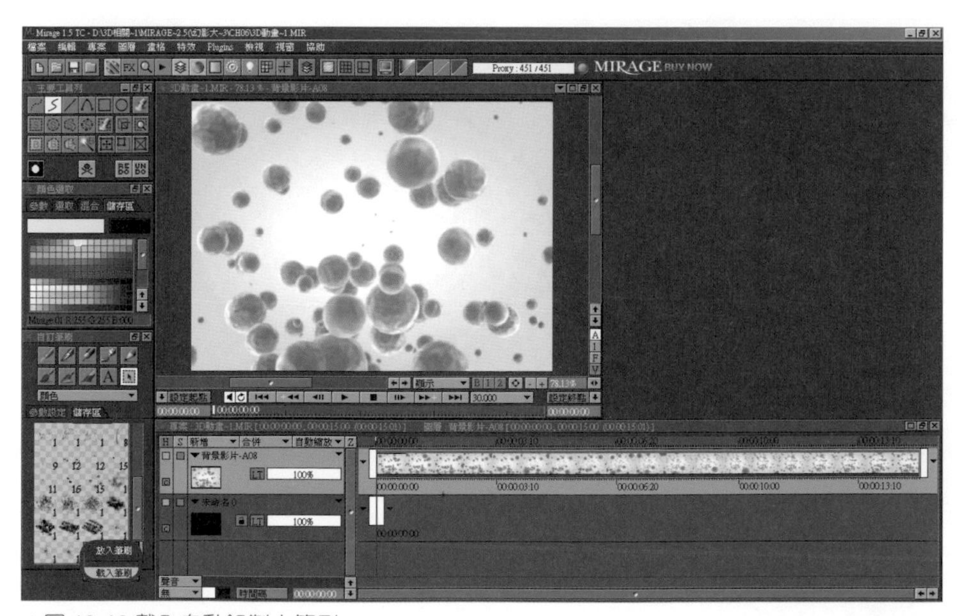

▲圖 13-16 載入自動錄製之筆刷

由「載入筆刷」對話盒中選取「＊ .dip」檔案格式的自訂筆刷後，再按下「確定」按鈕（圖 13-17）。

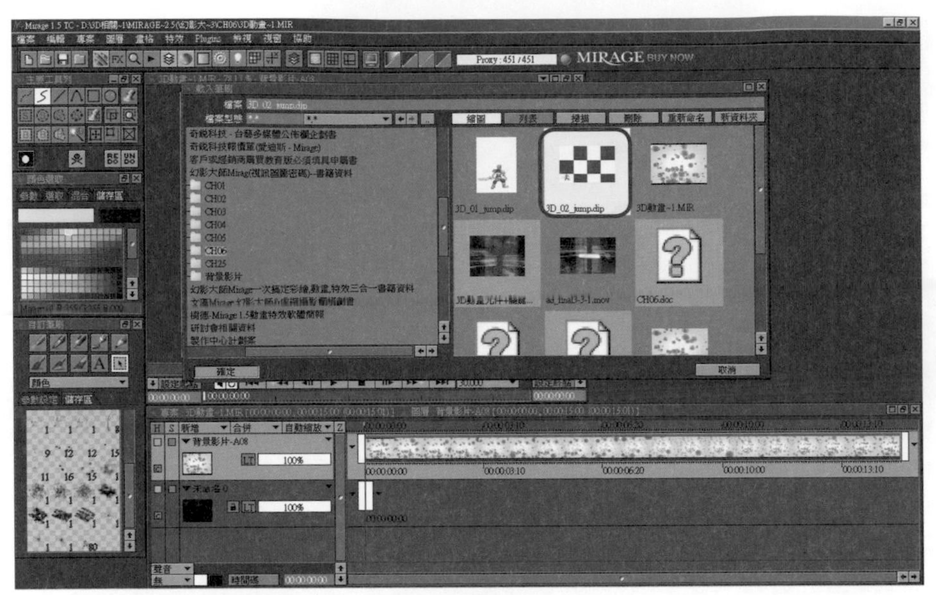

▲圖 13-17 選取「dip」筆刷檔案

按下「確定」按鈕之後，出現自訂筆刷樣式與其相關的參數設定對話盒，將參數值設定完成後再按下「輸入」按鈕（圖 13-18）。

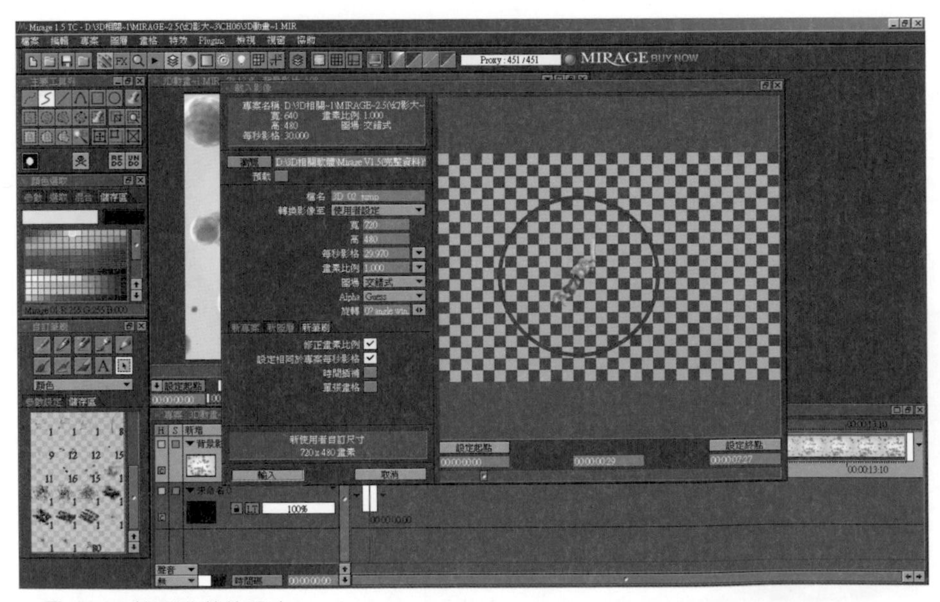

▲圖 13-18 筆刷參數值設定

由於以「新筆刷」的方式來輸入自訂筆刷，因此 Mirage 會將自訂的「dip」動態筆刷以序列圖檔方式加入到筆刷「儲存區」之中作為筆刷元素（圖 13-19）。

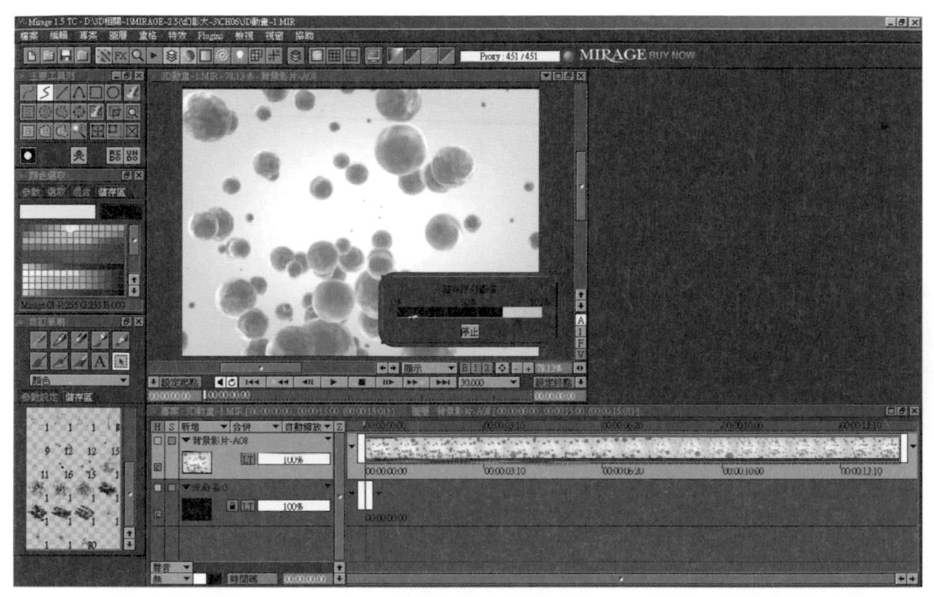

▲圖 13-19 加入筆刷至「儲存區」

由「專案視窗」中看見滑鼠游標已經呈現出動態筆刷的樣式，在「自訂筆刷」的「儲存區」標籤功能內發現所新增的筆刷元素，並標示出動態筆刷包含了有 238 格畫格（圖 13-20）。

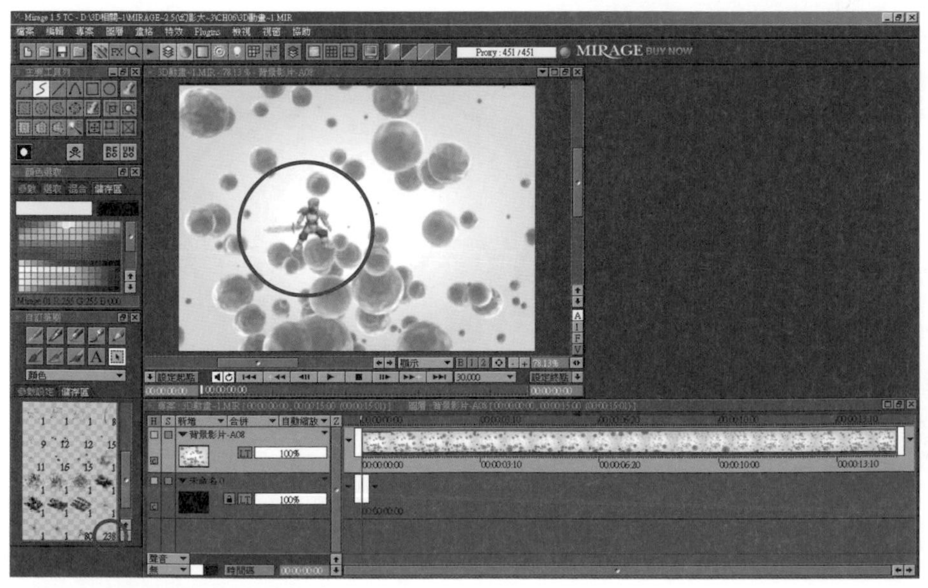

▲圖 13-20 新增動態筆刷元素

切換到「參數設定」標籤。由於自訂筆刷的中心點位置並不一定是我們所需要的正確位置，因此可按下「把手」功能右方的「自訂」按鈕，重新定義動態筆刷的中心點位置（圖 13-21）。

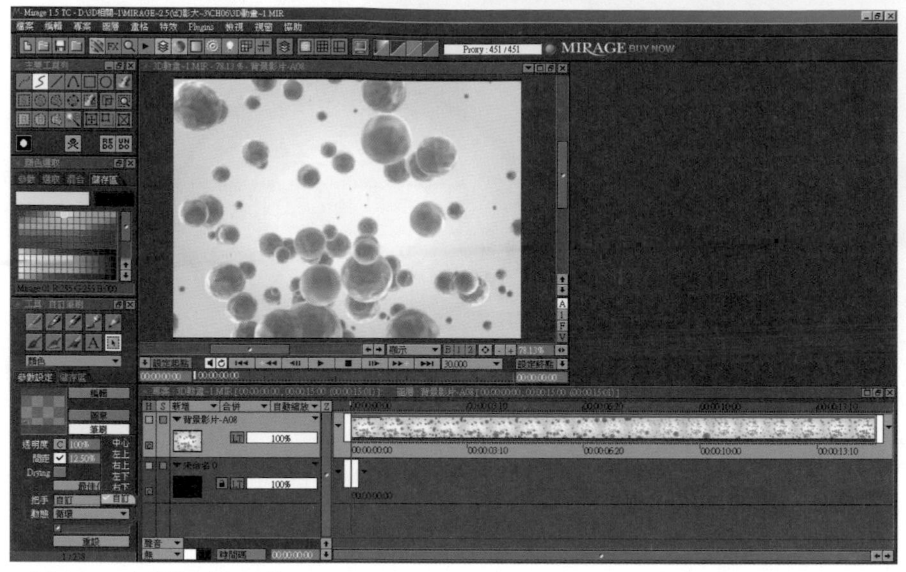

▲圖 13-21 定義筆刷中心點

按下「把手」的「自訂」按鈕後發現筆刷中心點位置位在右上方，此時可由右上方按住 LMB 並拖曳滑鼠游標至筆刷物件的中心位置，放開 LMB 即可完成設定（圖 13-22）。

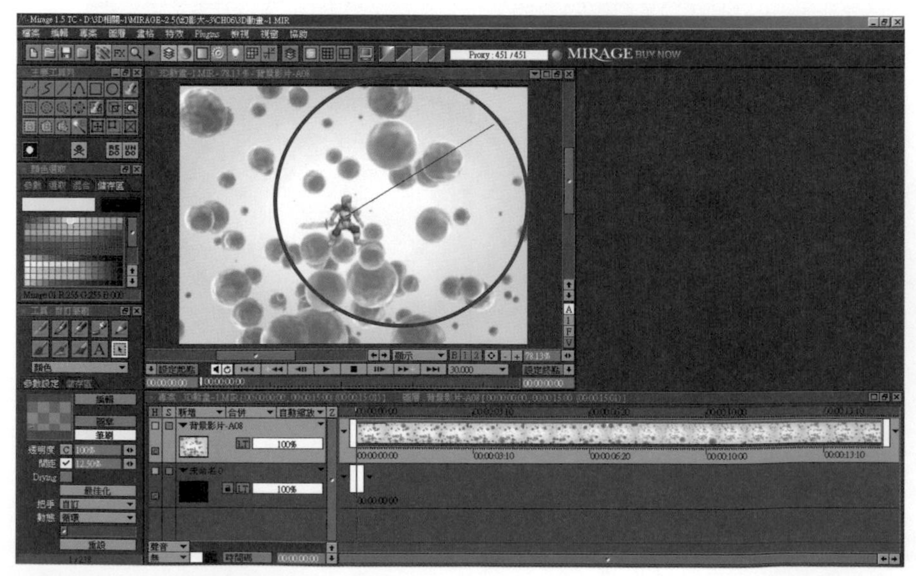

▲圖 13-22 拖曳游標完成中心位置設定

完成中心位置設定後，在圖層工具選項新增一列動態圖層，準備接下來要完成的特效（圖 13-23）。

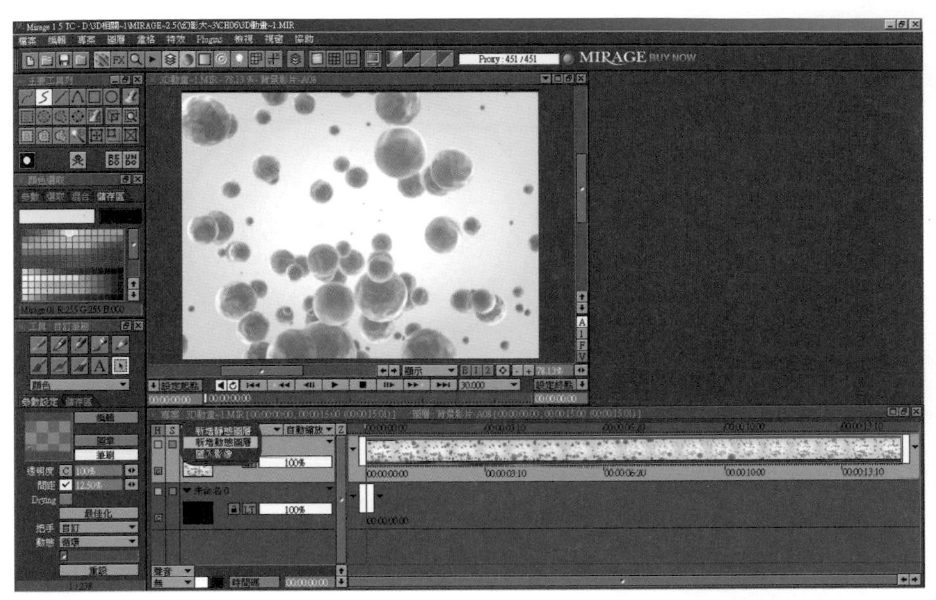

▲圖 13-23 新增動態圖層

於新增動態圖層對話盒的「延長圖層長度」中，選擇「插入空白畫格」方式加入空白畫格（圖 13-24）。

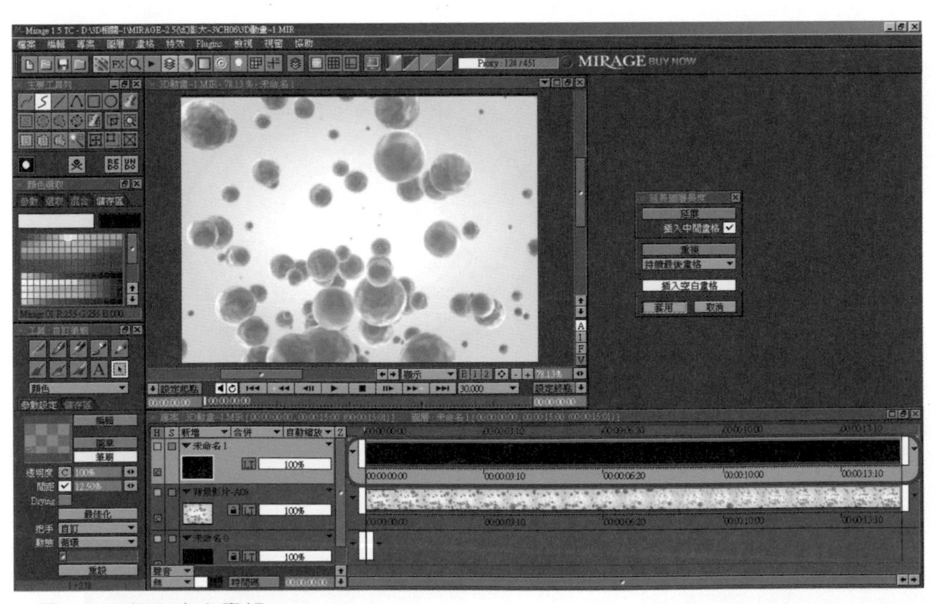

▲圖 13-24 插入空白畫格

執行「特效 / 動作 / 關鍵點設定」選項功能（圖 13-25），準備將先前的動態筆刷與此圖層進行結合。

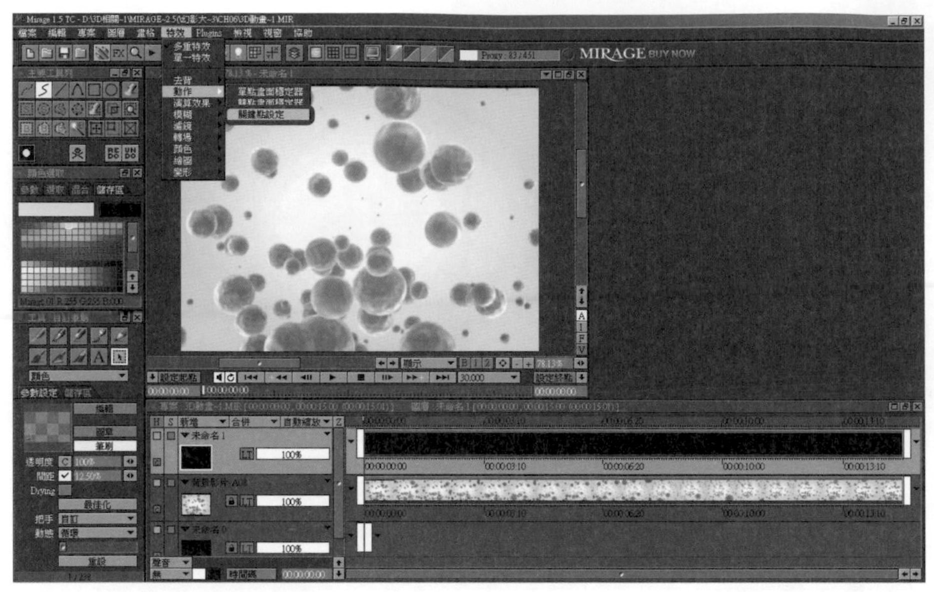

▲圖 13-25 執行關鍵點設定

於「專案視窗」中可看見經過調整後的動態筆刷，將「特效堆疊」對話盒切換到「來源處理」標籤，核選來源選項的「自訂筆刷」項目（圖 13-26），此目地是為了讓特效以我們所自訂的動態筆刷套用於「來源處理」上。

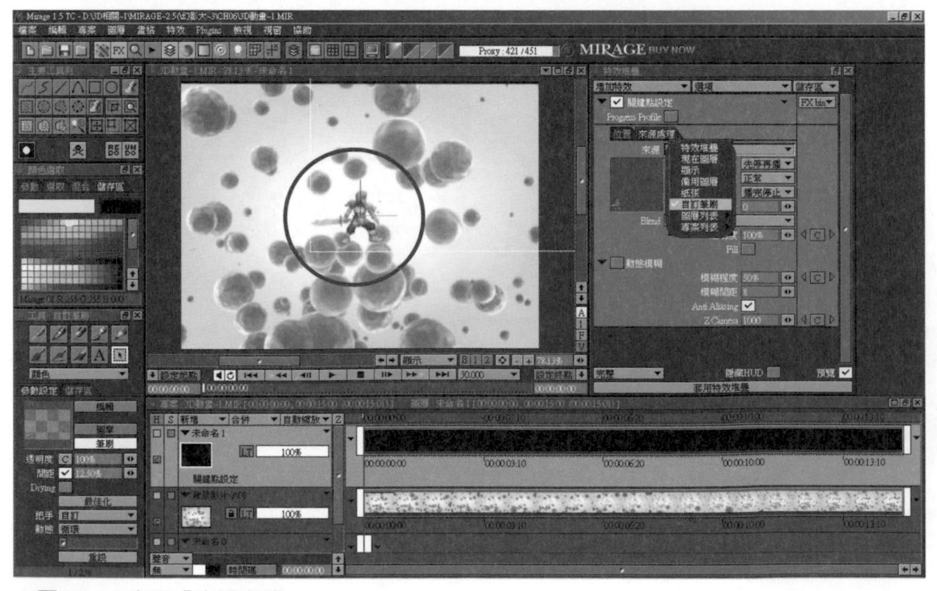

▲圖 13-26 套用「來源處理」

將「來源處理」標籤中「後續動作」項目核選改為「循環」選項（圖 13-27），此目地是為了讓動態筆刷能夠以連續不間斷的動作套用於圖層的所有畫格上，並使動態筆刷不致於因為畫格不足而影響到動作的流暢性與連貫性。

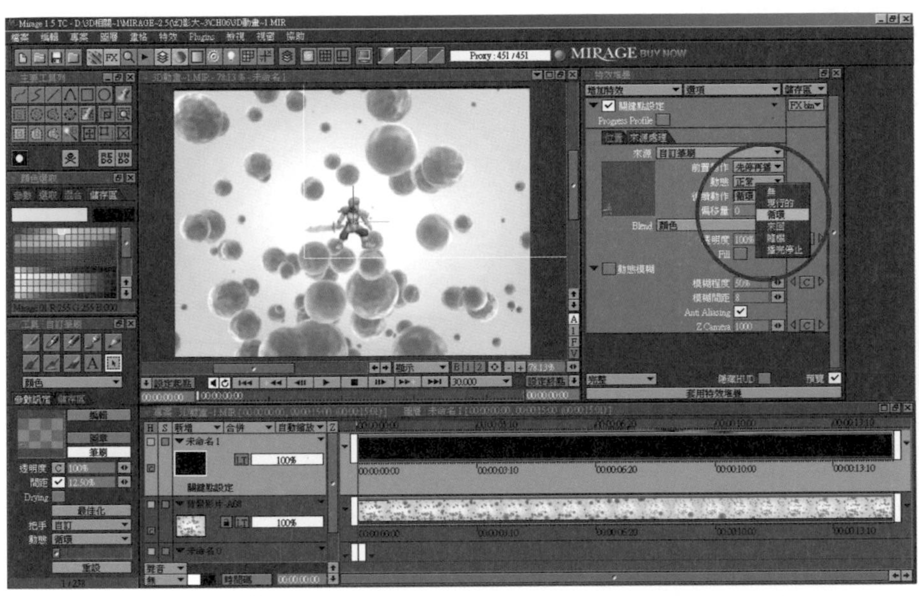

▲圖 13-27「循環」動態筆刷

變更動態筆刷設定後，發現此筆刷作用區域範圍超過了專案視窗的大小（圖 13-28），緊接著來介紹如何修改此作用區範圍的相關設定。

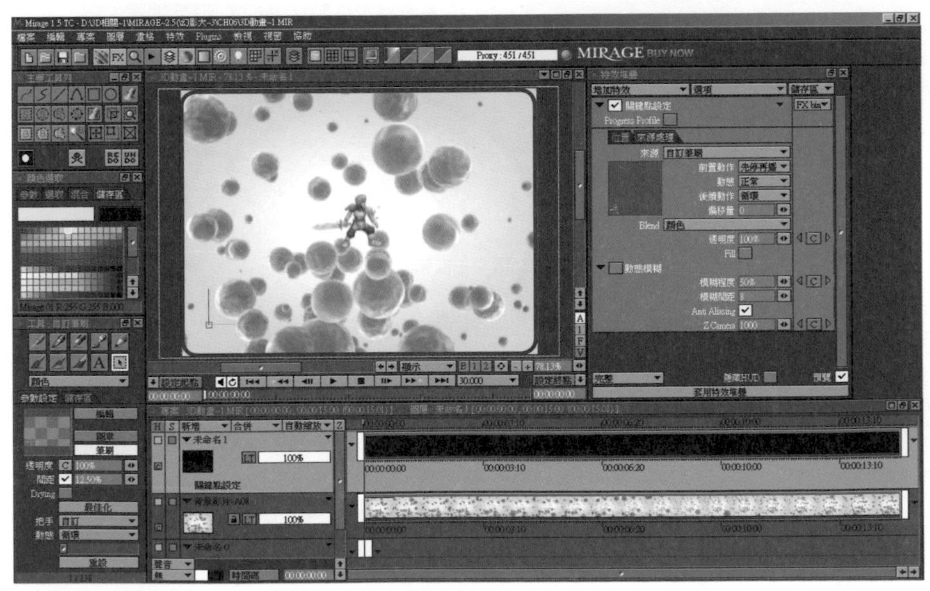

▲圖 13-28 修改作用區域範圍

將「特效堆疊」對話盒切換到「位置」標籤，核選「保持比例」項目，此選項是為了確保當變更作用區範圍時不致於影響動態筆刷的外型比例，也不會使動態筆刷在動作時超出「專案視窗」的範圍，其系統預設值為 100%（圖 13-29）。

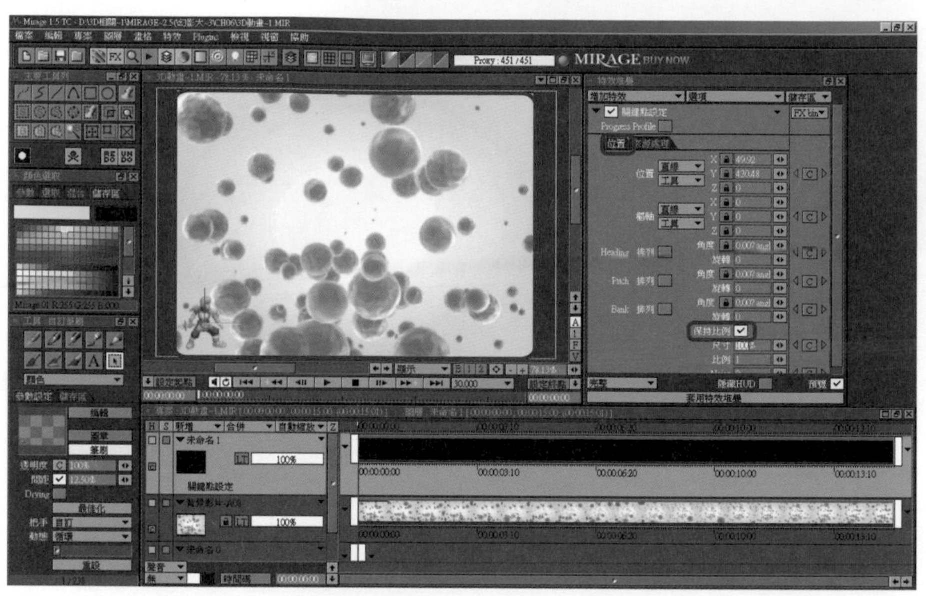

▲圖 13-29 核選「保持比例」項目

將「尺寸」比例的參數值向下調整到符合「專案視窗」比例，如圖 13-30 所示「尺寸＝ 89%」。

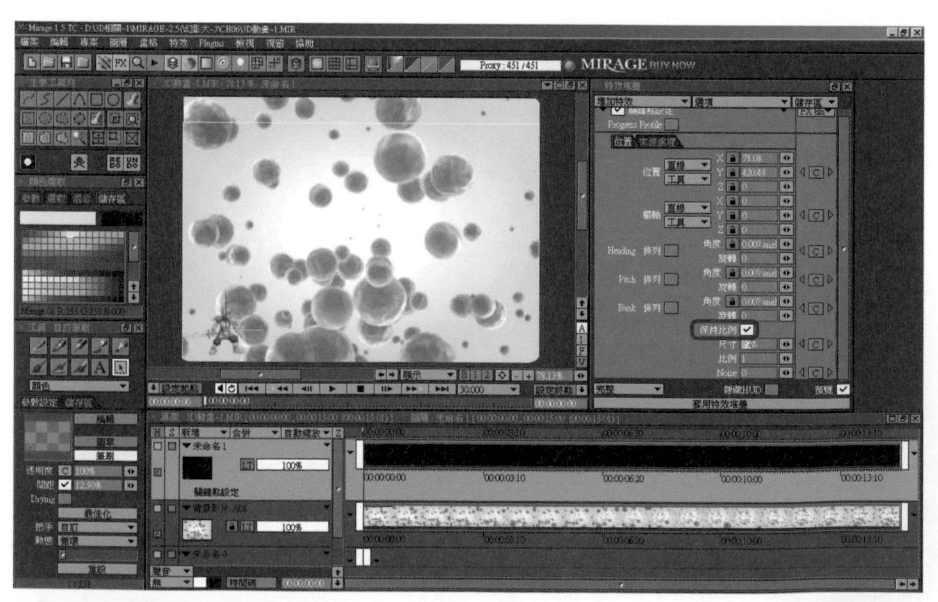

▲圖 13-30 調整「尺寸」比例

以 RMB「全選」所有畫格，按下「特效堆疊」對話盒內「套用特效堆疊」鈕，結合此關鍵點特效（圖 13-31）。

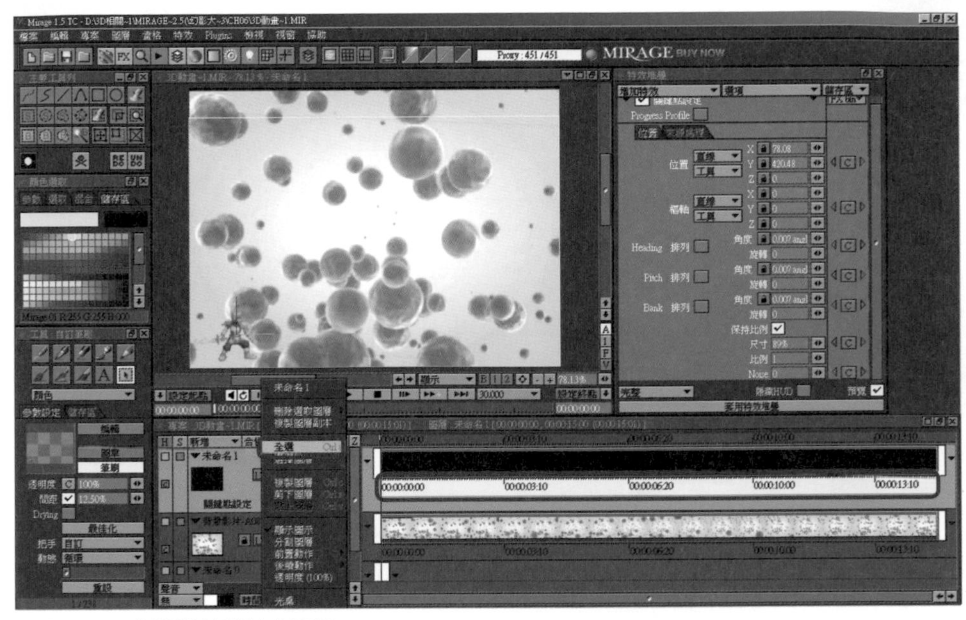

▲圖 13-31 全選關鍵點特效圖層

執行關鍵點特效套用圖層中（圖 13-32）。

▲圖 13-32 執行套用「關鍵點」特效

以上完成了使用於 3D 動畫物件關鍵點設定的特效實例（圖 13-33）。

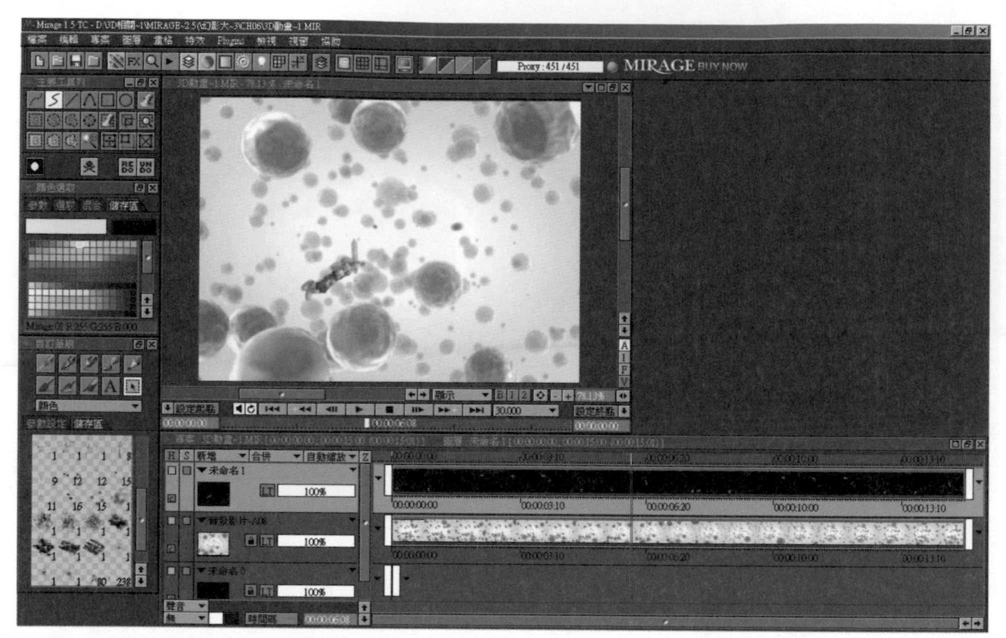

▲圖 13-33 完成「物件關鍵點」特效

Chapter 14

影片特效堆疊 (Film Effect)

學習重點

本章筆者要以動態視訊媒體結合影片特效素材為主軸，介紹並解說在一段相同的視訊媒體檔案中要如何設定並規劃特效的各節點位置。筆者以一段動態影片來介紹 Mirage 針對此特效的相關製作過程以實例來進行解說。

開啟 Mirage 的環境設定（圖 14-1 環境設定）。

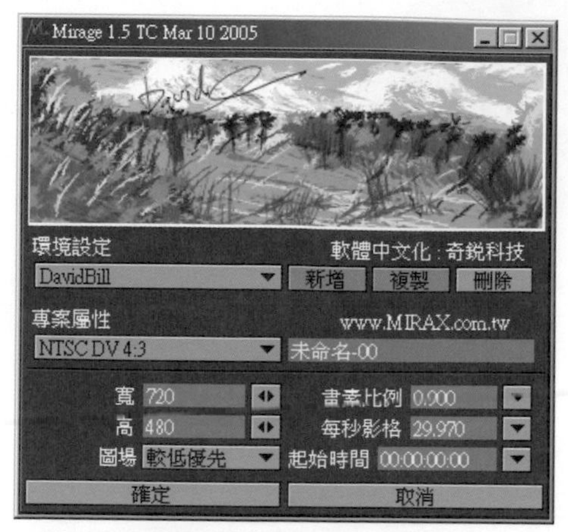

▲圖 14-1 環境設定

開啟 Mirage 之主畫面（圖 14-2）。

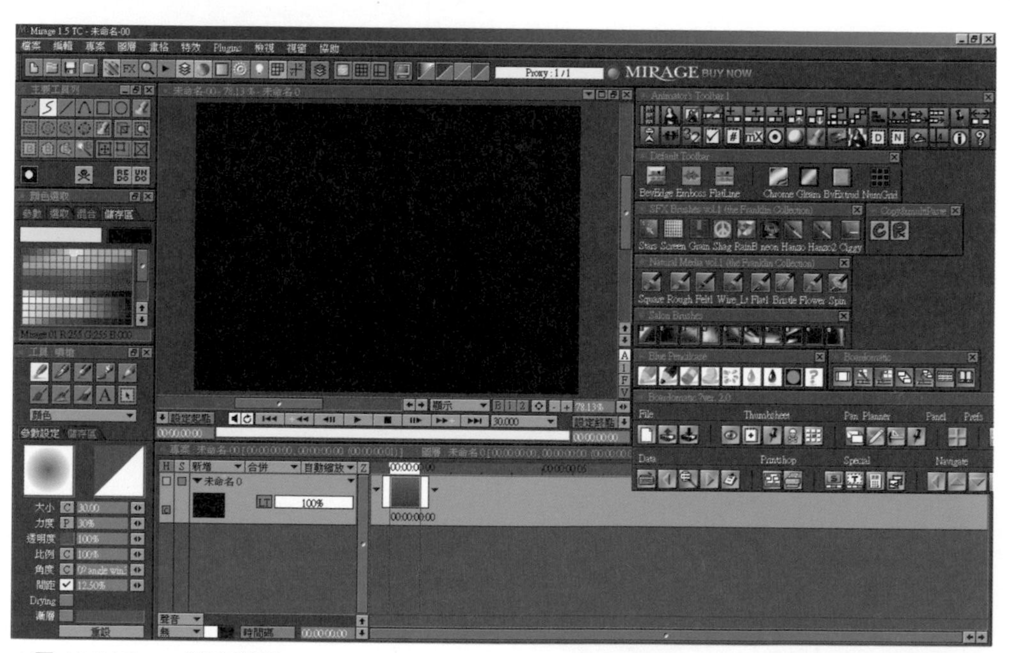

▲圖 14-2 Mirage 開啟畫面

由「檔案 / 載入」功能中匯入一個動態視訊檔做為本實例的背景素材（圖 14-3）。

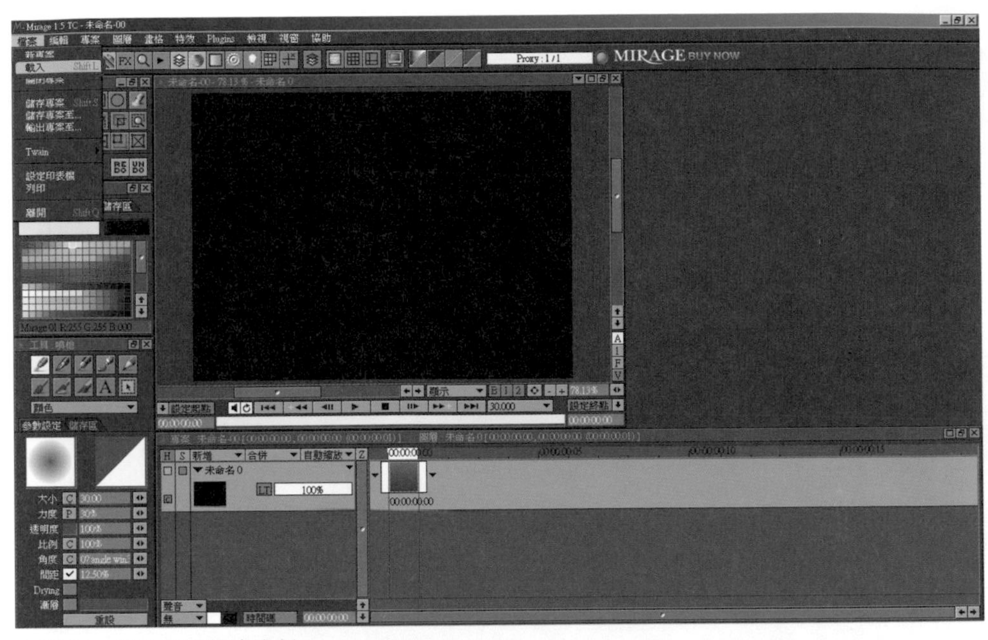

▲圖 14-3 匯入視訊檔案素材

選定視訊素材檔案後，按下「確定」按鈕，將檔案載入至圖層中（圖 14-4）。

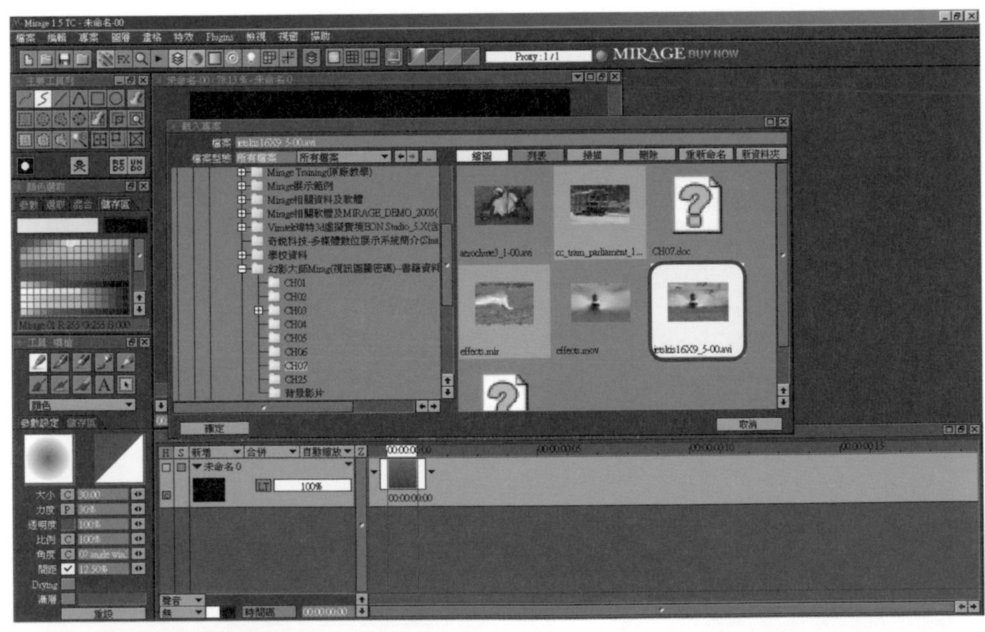

▲圖 14-4 選定視訊素材檔案

由「載入影像」對話盒可以看到影像內容，確定各參數值是否合乎我們的設定需求並進行調整（圖 14-5）。

▲圖 14-5 調整參數設定值

變更「載入影像」對話盒中的「轉換影像至」選項為「DV 4:3」畫素品質規格（圖 14-6）。

▲圖 14-6 變更影像規格

由於是以「新圖層」的方式來匯入影像，因此會產生一層新的圖層來顯示影像內容（圖 14-7），而讀者們亦可視狀況以不同方式做為匯入影像的基準，建議養成以不同的圖層來設計不同的特效，將有助於未來的維護與修改，此觀念則是共通於影音視覺領域。

▲圖 14-7 匯入影像圖層

為了接下來一連串的特效製作，可於圖層上以 RMB 執行「顯示圖示」功能選項（圖 14-8），此做法將有助於為每一個特效精確地指定畫格定位點，對於影片要切入特效的準位有著極大的幫助。

▲圖 14-8 顯示影片畫格

接著將設定與製作第一個特效。執行「特效 / 模糊 / 中心點模糊」選項功能（圖 14-9），此特效在於突顯出影片標地物，並有效地掌握視覺的焦點。

▲圖 14-9「中心點模糊」特效

於「專案視窗」內出現一個以中心點模糊的圓形框選範圍，調整對話盒內的參數設定值可改變此作用範圍（圖 14-10）。

▲圖 14-10「中心點模糊」框選架

將框選範圍適當的縮放調整，調整方法可直接拖曳「專案視窗」中圓形框兩邊紅色的控制點，或是透過對話盒以修改參數值的方式做變更。如（圖 14-11）將半徑縮小為數值「100」。

▲圖 14-11 修改框選架參數值

由圖層上方的「Z」字按鈕向右拖曳方式，將圖層畫格延展開來，此做法可以針對每一個畫格做特效定位的設定，確定所需要的畫格後按下對話盒內「X、Y」座標軸右方的「D」字按鈕設定「中心點模糊」特效的起始定位點，圖層上可以看見出現了第一點「+」號關鍵點標示符號（圖 14-12）。

▲圖 14-12 設定第一點關鍵點

將圖層畫格向右拖曳至所規劃的定點，發現「專案視窗」內的影片中心焦點已經偏離圓形框中心位置，將中心以 LMB 拖曳至特效中心位置再繼續設定第二點關鍵點，仍然按下「特效堆疊」對話盒內「X、Y」座標軸右方「D」字按鈕，圖層上會再出現第二點「＋」號關鍵點標示符號（圖 14-13）。

▲圖 14-13 設定第二點關鍵點

再將圖層畫格向右拖曳至第三關鍵點的位置以設定第三定位點，同樣地中心焦點也偏離圓形框中心點的範圍，將影片中心點以 LMB 拖曳至特效中心點位置，圖層上則出現第三點「＋」號關鍵點標示符號（圖 14-14）。

▲圖 14-14 設定第三點關鍵點

以上述相同的方式完成各關鍵點的位置設定，將圖層畫格向右拖曳至特效最後的關鍵點位置設定終點定位點，將影片中心以 LMB 拖曳至特效中心點，圖層上出現最終點「＋」號關鍵點標示符號（圖 14-15）。

▲圖 14-15 設定終點關鍵點

完成所有關鍵點的位置設定後，於圖層上執行 RMB 選取「從關鍵節點選擇畫格」功能選項（圖 14-16），此方式只會針對圖層的關鍵點做區域範圍的選取。

▲圖 14-16 選取關鍵節點畫格

按下「套用特效堆疊」按鈕，執行特效套用圖層中（圖 14-17）。

▲圖 14-17 執行套用「中心點模糊」特效

將建立的特效路徑進行儲存以方便未來編輯取用。按下對話盒內中心點「工具」的按鈕準備儲存（圖 14-18）。

▲圖 14-18 儲存特效路徑

按下「工具」按鈕之後，出現快顯功能表，選擇「加到儲存區」選項開啟對話盒（圖 14-19）。

▲圖 14-19 開啟儲存快顯功能表

於開啟的「路徑名稱」對話盒輸入特效路徑名稱，如「水上摩托車路徑」等（圖 14-20），如此可於專案中隨時載入路徑來加以運用。

▲圖 14-20 儲存特效路徑名稱

完成特效路徑名稱儲存後，可由對話盒「工具」選項執行 RMB 功能顯示快顯功能表，可看到快顯功能表的「從路徑儲存中複製」選項內出現剛才儲存的「水上摩托車路徑」檔案（圖 14-21），而筆者要特別強調的是此處所看到的檔案名稱只限於本次開啟專案才可以使用，如果將專案存檔關閉後再開啟此專案，將不會出現這個特效路徑的名稱，那麼要如何才可以不受限制並且能重複使用此特效路徑呢？方法很簡單，只要改用「儲存區」功能選項來儲存成「＊.bin」特效路徑實體檔案即可。

▲圖 14-21 呼叫特效路徑名稱

完成第一個特效後，接著以單格步進按鈕方式，將畫格調整至上述特效所在的下一格位置，以接續另一個特效指令（圖 14-22）。

▲圖 14-22 製作下一個特效

先於「特效堆疊」中將「增加特效」下拉式按鈕切換為「單一特效」，此用意在於使特效擁有獨立性，不與其他特效產生混合作用（圖 14-23）。

▲圖 14-23 變更特效堆疊方式

選取「濾鏡 / 反相」特效，製作一個影片出現短暫色彩對比反相的效果，突顯焦點及產生較明顯的視覺落差吸引目光（圖 14-24）。

▲圖 14-24「反相」特效

執行「濾鏡 / 反相」後，於「專案視窗」內可以看見「反相」的特效，再圈選所需要的畫格數量（圖 14-25）。

▲圖 14-25 呈現特效作用

按下「套用特效堆疊」按鈕執行「反相」特效於圖層中（圖 14-26）。

▲圖 14-26 執行套用「反相」特效

完成第二種「反相」特效設定（圖 14-27）。

▲圖 14-27 完成執行「反相」特效

完成第二個特效後，再執行「特效 / 變形 / 龍捲風」下拉式功能選項，以單格步進按鈕調整畫格至上述特效所在的下一格的位置，以接續製作新的「龍捲風」特效（圖 14-28）。

▲圖 14-28 製作下一個特效

將「特效堆疊」的「旋轉」項目由 0 調整為 1，設定此特效的起點位置，由「專案視窗」可看見「龍捲風」特效使得影片中圓形範圍框產生了 1 圈逆時針的旋轉扭曲（圖 14-29），而「旋轉」項目中數值代表的意義為「正數值＝逆時針旋轉」、「負數值＝順時針旋轉」。

▲圖 14-29「旋轉」龍捲風起點設定

將畫格以 RMB 位移至「龍捲風」特效的最後畫格，將對話盒中的「旋轉」項目調整至 7，設定此特效的終點位置，可看見「專案視窗」中影片的圓形範圍框產生了 7 圈逆時針的旋轉扭曲（圖 14-30）。

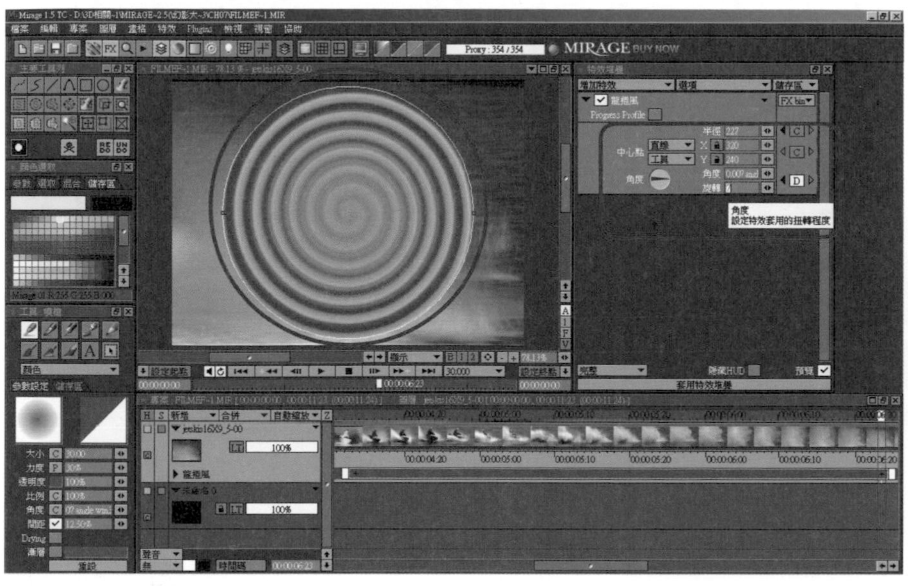

▲圖 14-30「旋轉」龍捲風終點設定

完成關鍵點的位置設定後，於圖層上執行 RMB 並選取「從關鍵節點選擇畫格」功能選項，此種選取方式將只會針對圖層的關鍵點做區域範圍的選取（圖 14-31）。

▲圖 14-31 選取關鍵節點畫格

於「特效堆疊」按下「套用特效堆疊」按鈕，執行「龍捲風」特效以套用於圖層中（圖 14-32）。

▲圖 14-32 執行套用「龍捲風」特效

完成第三個特效後，再以單格步進按鈕調整畫格至上述特效所在的下一格位置，接續製作新的「波浪變形」包覆網格特效（圖 14-33）。

▲圖 14-33 製作下一個特效

執行「特效 / 變形 /「波浪變形」包覆網格」下拉式功能選項，將此特效載入至影片中（圖 14-34）。

▲圖 14-34 載入「波浪變形」包覆網格特效

載入「波浪變形」包覆網格特效後，可由「專案視窗」中看見包含著各點座標的矩陣方格，而位於「特效堆疊」對話盒中的參數值也保持預設值不變（圖 14-35）。

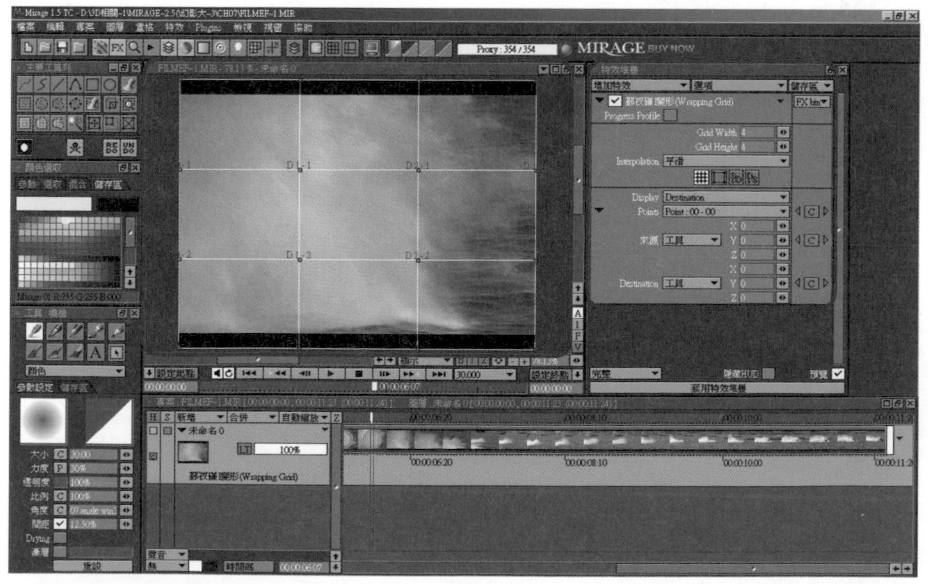

▲圖 14-35 套用矩陣「包覆網格」

接下來針對點座標做適當的變形調整，以 LMB 圈選第一組「D1-1」、「D1-2」兩點座標（圖 14-36）。

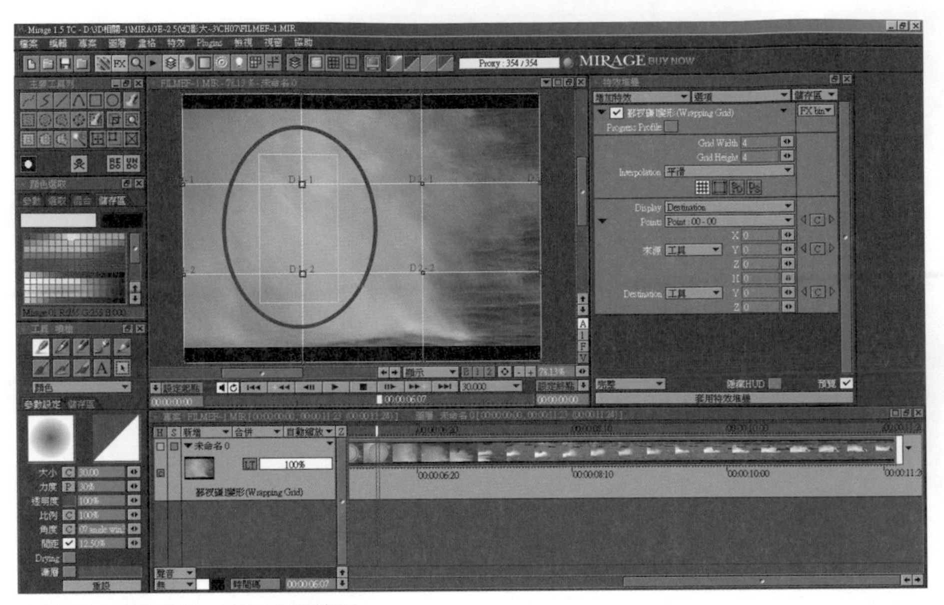

▲圖 14-36 圈選第一組點座標範圍

圈選兩點座標後會使點座標改變為黃顏色，點選「特效堆疊」中「Point」、「來源」以及「Destination」右邊的「D」字選項，設定「波浪變形」包覆網格特效的起始定位點，於圖層上出現了起點「＋」號關鍵點的標示符號（圖 14-37）。

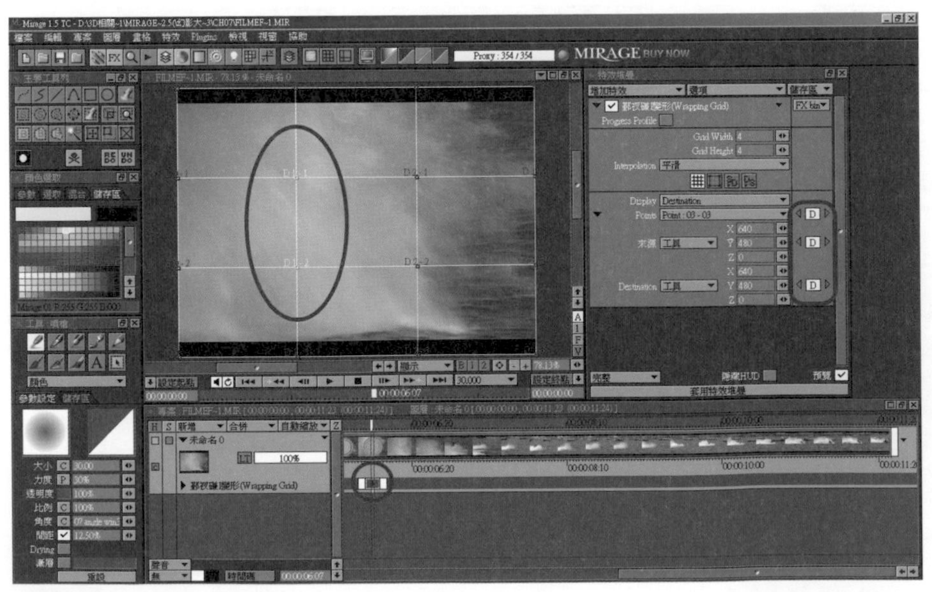

▲圖 14-37 設定第一點關鍵點

將圈選的兩點座標點依照影片需求，以 LMB 向下拖曳至第二點關鍵定點位置，可看到影片中的畫面產生了如波浪般扭曲的效果，於圖層上則出現了第二點「＋」號關鍵點的標示符號（圖 14-38）。

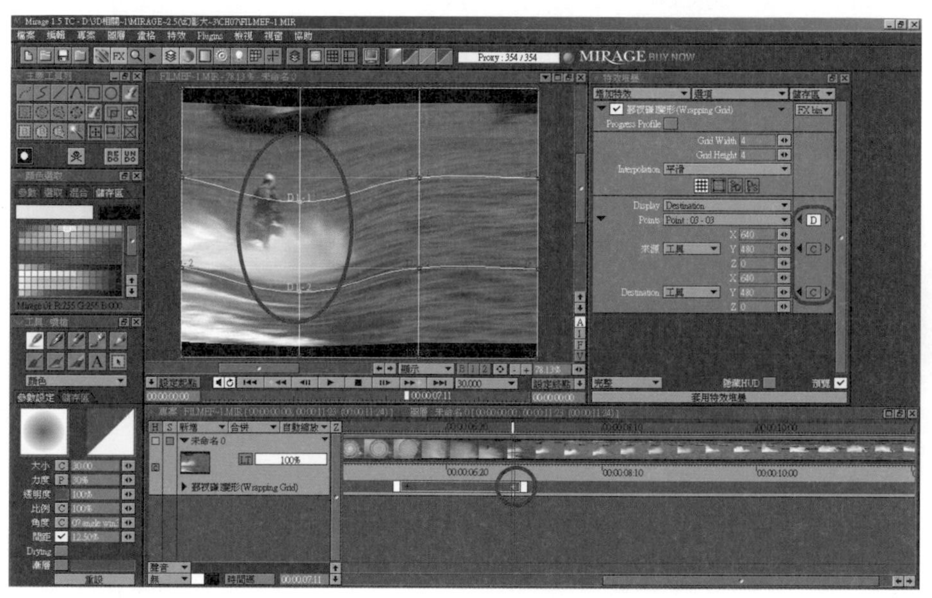

▲圖 14-38 設定第二點關鍵點

繼續以 LMB 圈選「D2-1」、「D2-2」兩點座標，以建立第二組波浪變形調整（圖 14-39）。

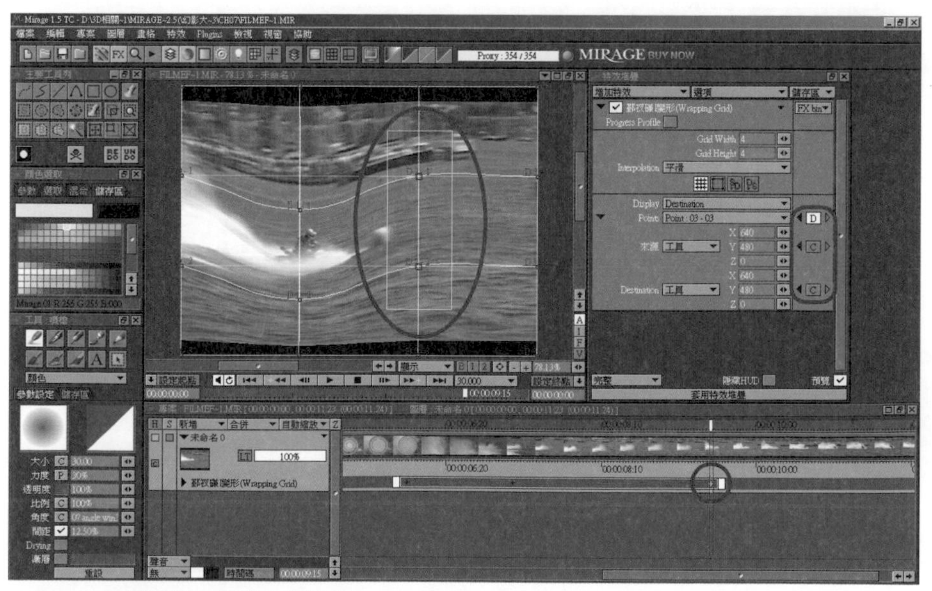

▲圖 14-39 圈選第二組點座標範圍

相同的，圈選完兩點座標後會使得點座標改變為黃顏色（圖 14-40）。

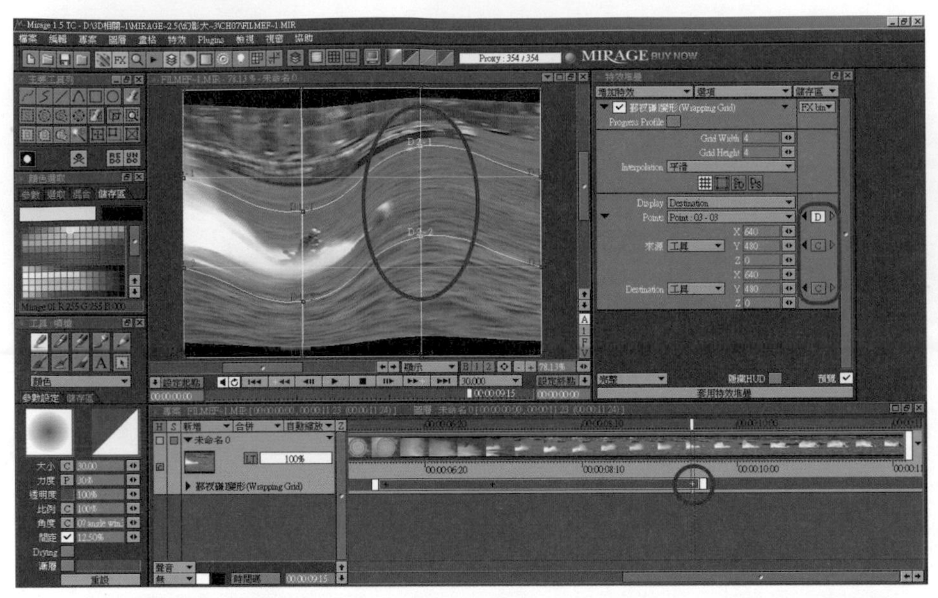

▲圖 14-40 設定第三點關鍵點

結合「D2-1」、「D2-2」點座標再加以圈選「D1-1」、「D1-2」兩點座標點，以 LMB 向左方拖曳至第四點關鍵定點位置，可看到影片中的畫面再度產生了波浪般扭曲的效果，於圖層上會再度出現第四點「+」號關鍵點的標示符號（圖 14-41）。

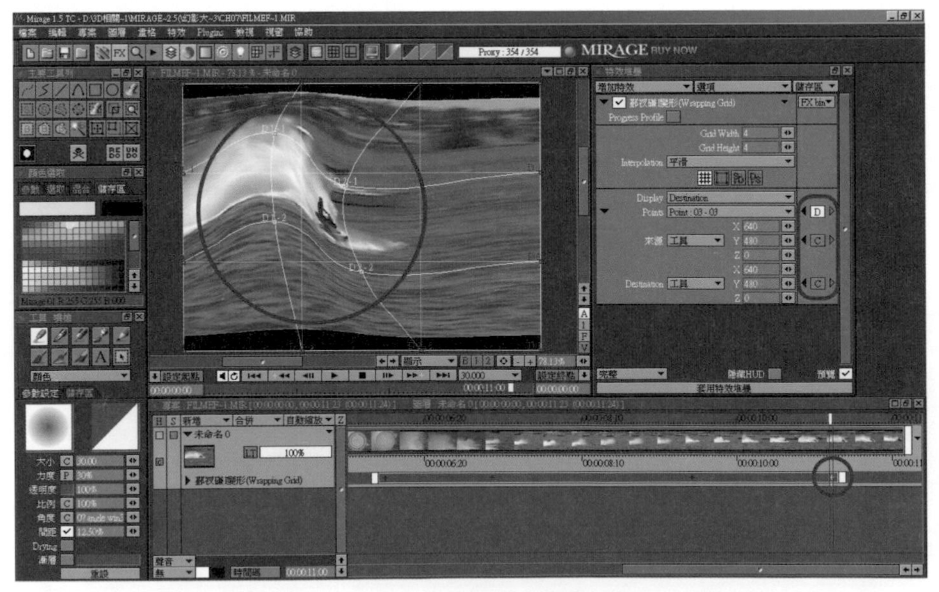

▲圖 14-41 設定第四點關鍵點

將畫格移至影片的最後關鍵點位置建立第四點關鍵點，以 LMB 圈選「D1-1」、「D1-2」、「D2-1」、「D2-2」四點座標並向右方拖曳至所需變形的之位置，影片中的畫面產生了扭曲效果，於圖層上再度出現第五點「＋」號關鍵點的標示符號（圖 14-42）。

▲圖 14-42 設定第五點關鍵點

當完成所有關鍵點的設定後，於圖層上執行 RMB 並選取「從關鍵節點選擇畫格」功能選項，此種選取方式將只會針對圖層的關鍵點做區域範圍的選取（圖 14-43）。

▲圖 14-43 選取關鍵節點畫格

按下「套用特效堆疊」按鈕，執行「波浪變形」包覆網格特效套用於圖層中（圖 14-44）。

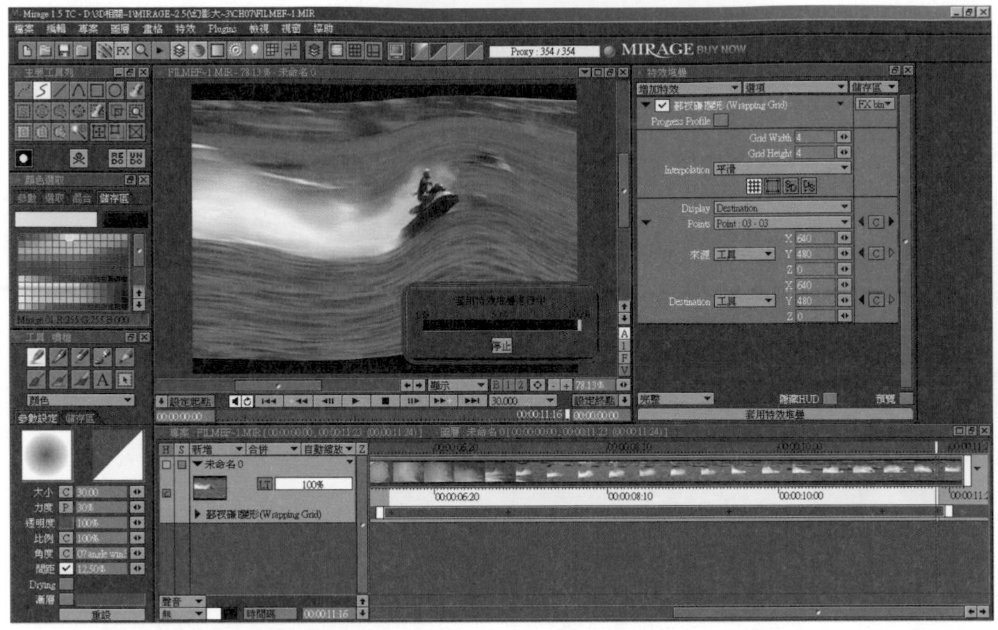

▲圖 14-44 執行套用「波浪變形」特效

以上製作運用多種特效結合於同一段影片中，搭配不同的畫面內容使用不同的特效將有助於影片呈現不同的豐富性與多元性，請讀者們發揮創意並多加練習。

Chapter

15 顏色消去＋閃電特效

(Color Erase ＋ Zap Element)

學習重點

本章要介紹視訊特效應用於電視廣告的製作方法，解說 Element「元件」在視訊媒體檔案中如何設定。筆者就以一段動態影片來介紹此特效的製作過程。

開啟 Mirage 並調整相關的環境設定（圖 15-1 環境設定）。

▲圖 15-1 環境設定

開啟 Mirage 主畫面（圖 15-2）。

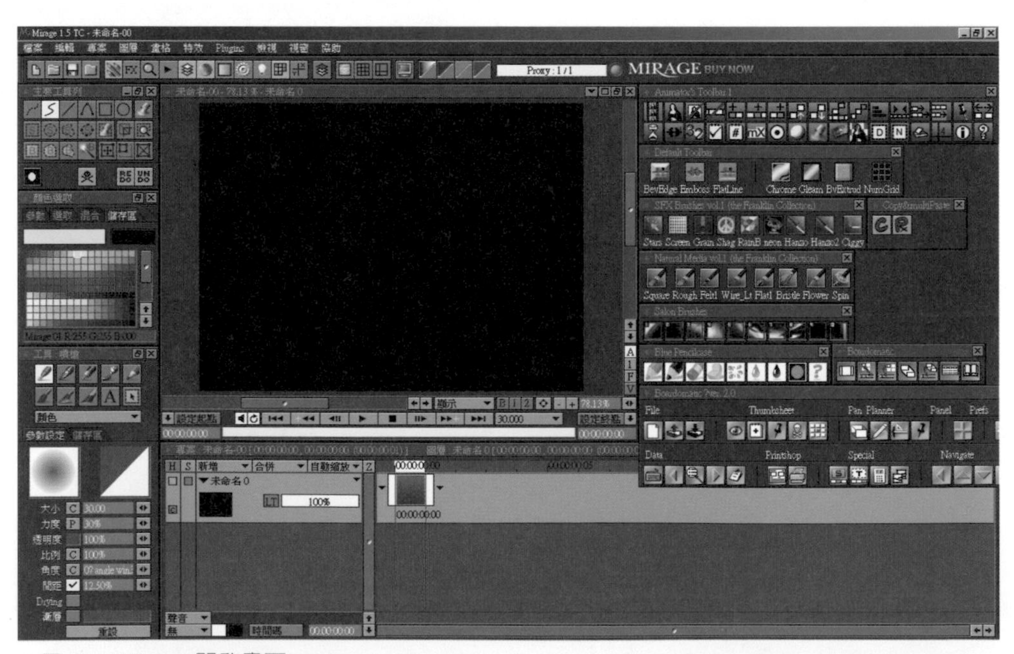

▲圖 15-2 Mirage 開啟畫面

由「檔案 / 載入」功能匯入一個動態視訊檔案做為本實例的背景素材（圖 15-3）。

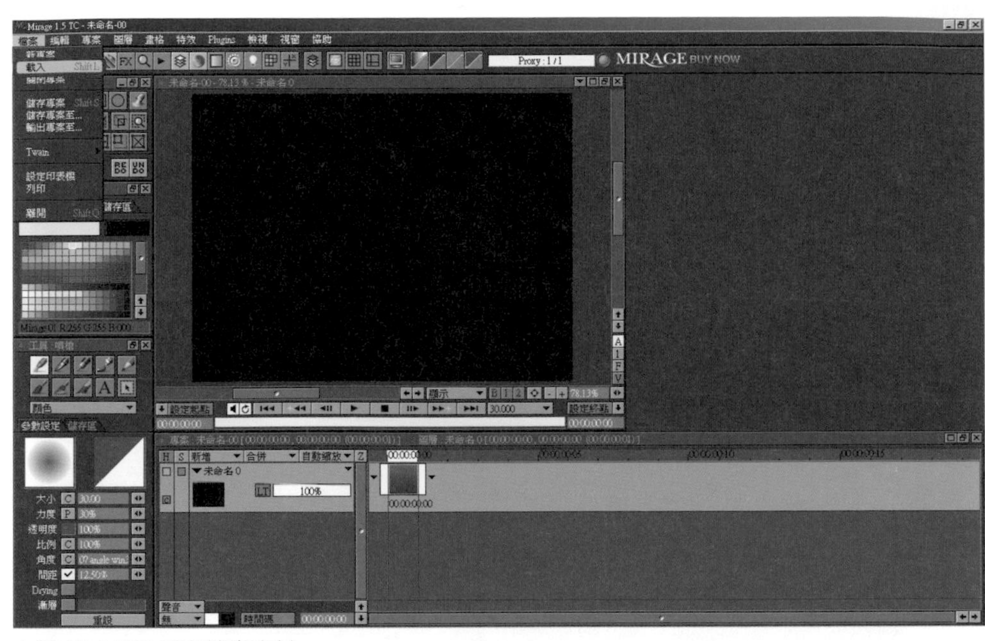

▲圖 15-3 匯入視訊檔案素材

選定視訊素材檔案按下「確定」按鈕，將檔案載入至圖層中（圖 15-4）。

▲圖 15-4 選定視訊素材檔案

出現「載入影像」對話盒，變更「轉換影像至」的選項為「NTSC/DV 4：3」模式（圖 15-5）。

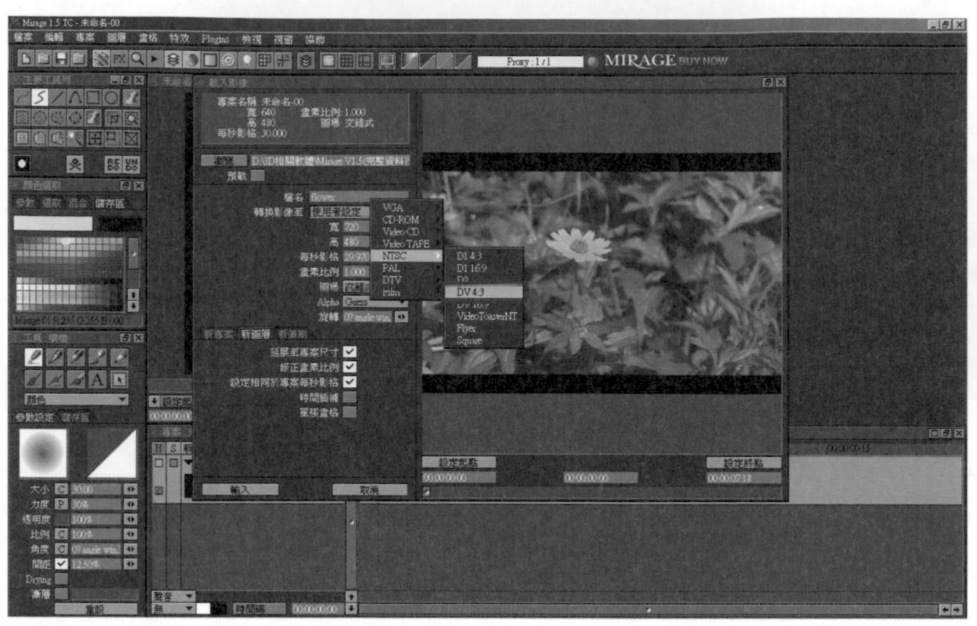

▲圖 15-5 變更為「NTSC/DV 4：3」模式

影像載入後再由圖層的「自動縮放」選擇「符合專案長度」功能，將影像調整至最適合的編輯長度（圖 15-6）。

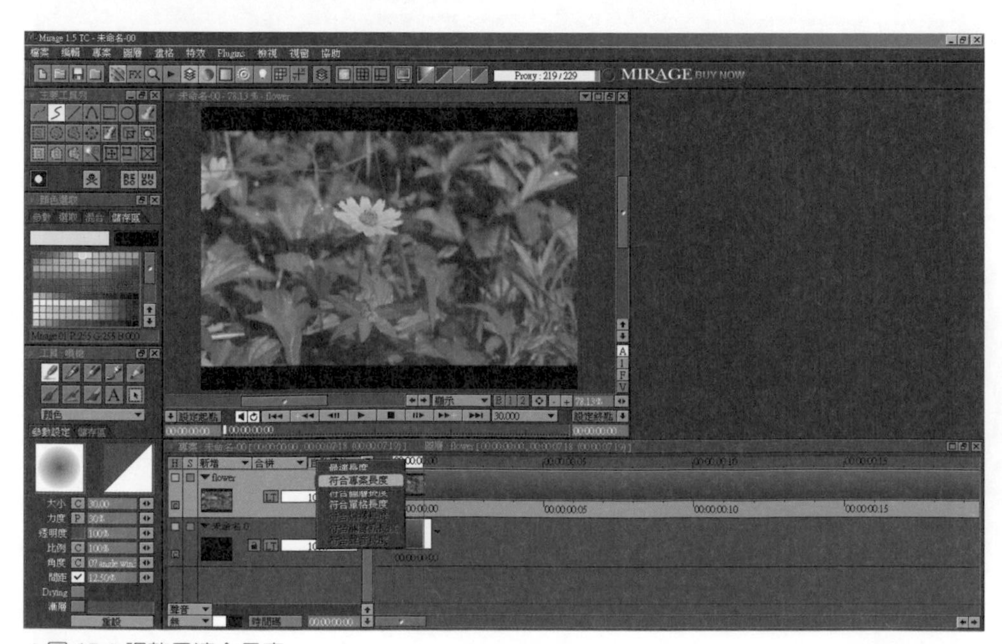

▲圖 15-6 調整最適合長度

於圖層執行 RMB 後出現快顯功能表，點選「顯示圖示」選項（圖 15-7）。

▲圖 15-7 執行「顯示圖示」選項

於圖層的「新增」功能選擇「新增動態圖層」選項，增加一列新圖層做為特效之用（圖 15-8）。

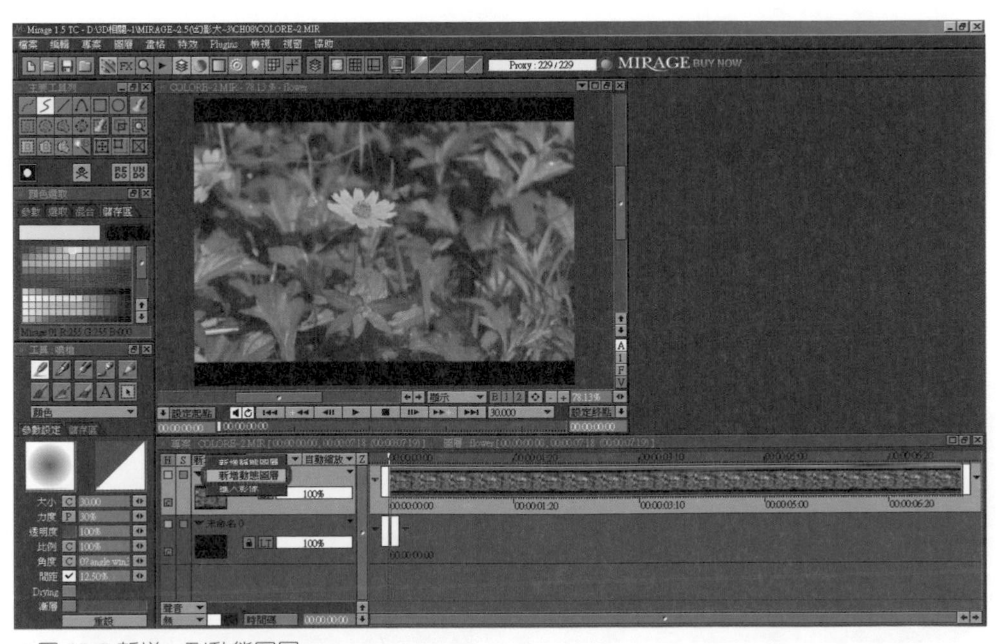

▲圖 15-8 新增一列動態圖層

以 LMB 按住動態圖層的右側邊界框向右拖曳至所需位置，出現「延長圖層長度」對話盒，選取「重複」或「插入空白畫格」後，按下「套用」鈕確認延長圖層畫格（圖 15-9）。

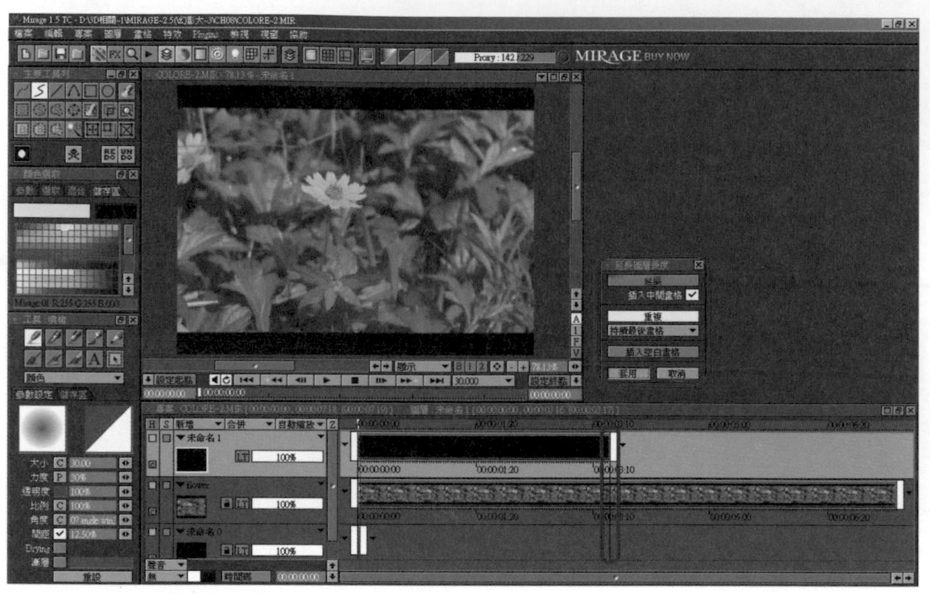

▲圖 15-9 延長圖層畫格

接著將延長後的動態圖層以 LMB 按住向圖層右方拖曳至所需的位置，此目地是因為在本實例特效開始前要預留一小段視訊影片來做為進場開端（圖 15-10）。

▲圖 15-10 變更動態圖層之特效位置

本實例先以「閃電 Element」特效做為開端，執行「視窗 / 元件工具列」或是以 LMB 執行「 圖示工具列」，皆可呼叫並開啟「Element」元件工具列（圖 15-11）。

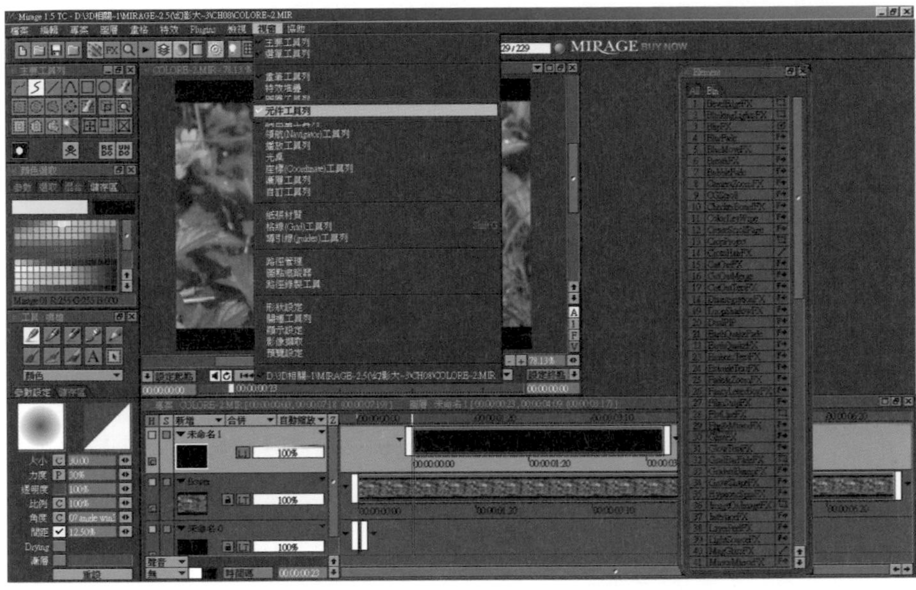

▲圖 15-11 啟用「元件工具列」功能

在「Element」元件工具列內切換為「All」標籤，選取編號「36」號的「zap」閃電特效選項（圖 15-12）。

▲圖 15-12 選取 36 號「zap」閃電特效

以 RMB 由動態圖層中選取「全選」，將整段圖層畫格予以圈選（圖 15-13）。

▲圖 15-13「全選」動態圖層畫格

由「Element」元件工具列中選取編號「36」號的「zap」閃電特效選項，因此於「專案視窗」中會出現十字游標樣示。接著將 A Color 調整為「黃色」，產生一道隨機式閃電特效於影片中，以對應黃色花朵（圖 15-14）。

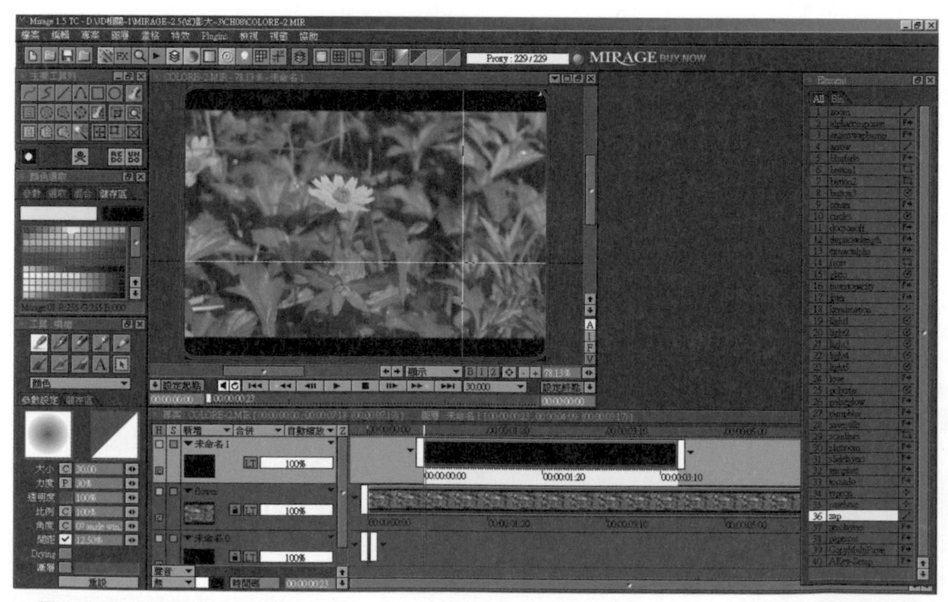

▲圖 15-14 設定閃電十字游標

將十字游標移動至「專案視窗」右下角位置，並且以 LMB 由右下角位置拖曳滑鼠至黃色花朵中心位置，設定閃電的起迄點（圖 15-15）。

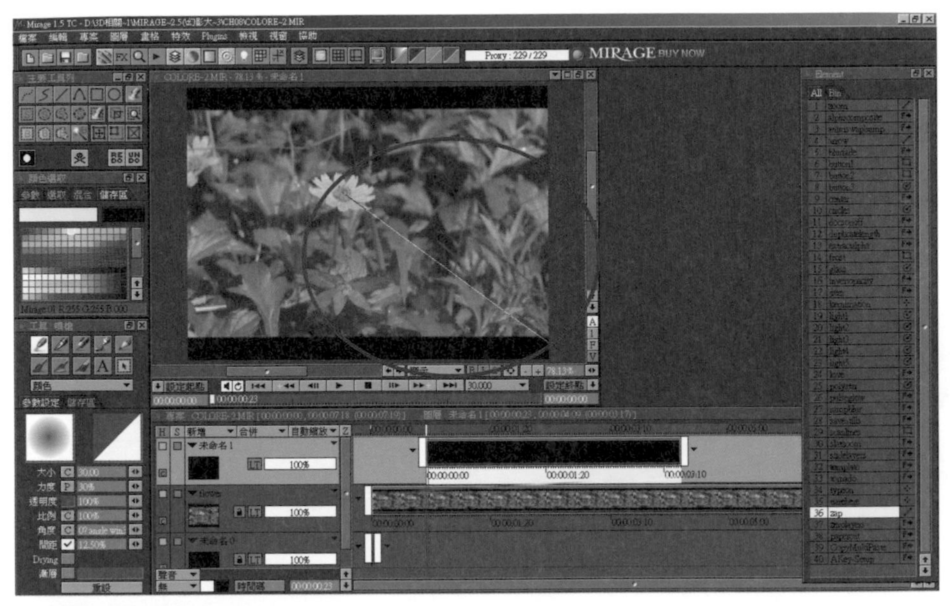

▲圖 15-15 建立閃電起迄點位置

將 LMB 拖曳至終點定位點後，放開滑鼠左鍵，出現一個詢問是否閱讀閃電特效簡介的對話盒，按下「Yes」按鈕進行設定（圖 15-16）。

▲圖 15-16 點選閱讀閃電特效簡介

當閱讀閃電特效簡介後，按下「Continue」按鈕繼續進行以下的設定（圖 15-17）。

▲圖 15-17 閱讀特效簡介

出現對話盒詢問是否開始於此 107 格動態畫格中執行閃電特效，按下「Go Ahead」按鈕進行套用（圖 15-18）。

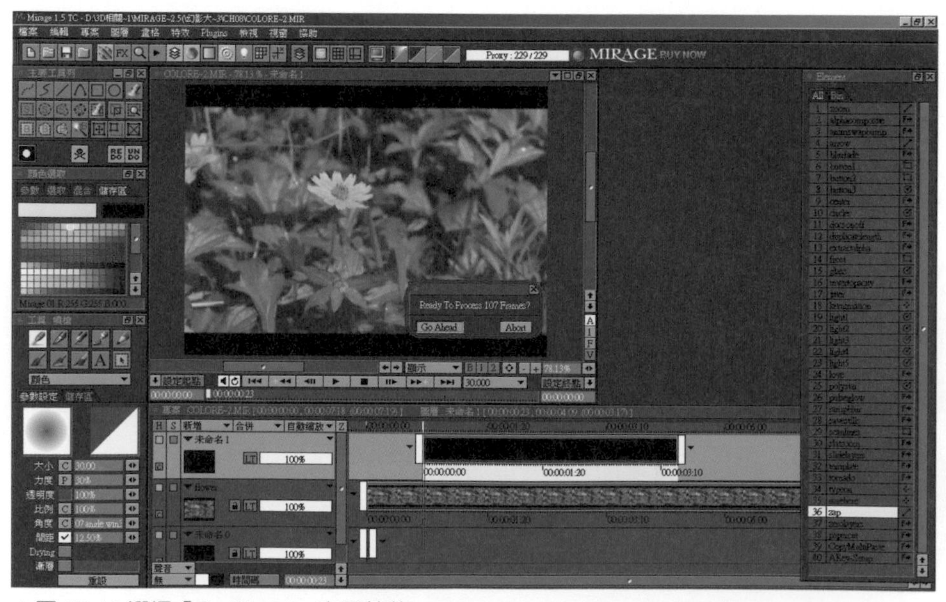

▲圖 15-18 選擇「Go Ahead」套用特效

隨即系統將於動態畫格中開始進行閃電特效的套用（圖 15-19）。

▲圖 15-19 執行套用閃電特效

套用閃電特效後再由出現的對話盒按下「確定」，完成此設定（圖 15-20）。

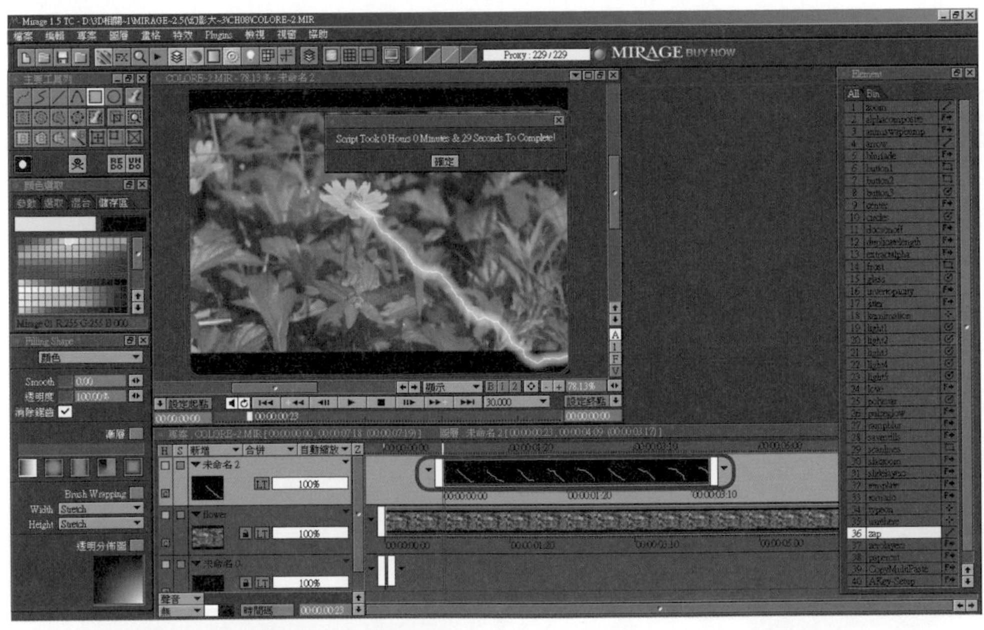

▲圖 15-20「確定」完成閃電特效設定

由圖層工具列的「新增」功能選擇再執行一次「新增動態圖層」選項，增加一列新的動態圖層來做為特效製作之用（圖 15-21）。

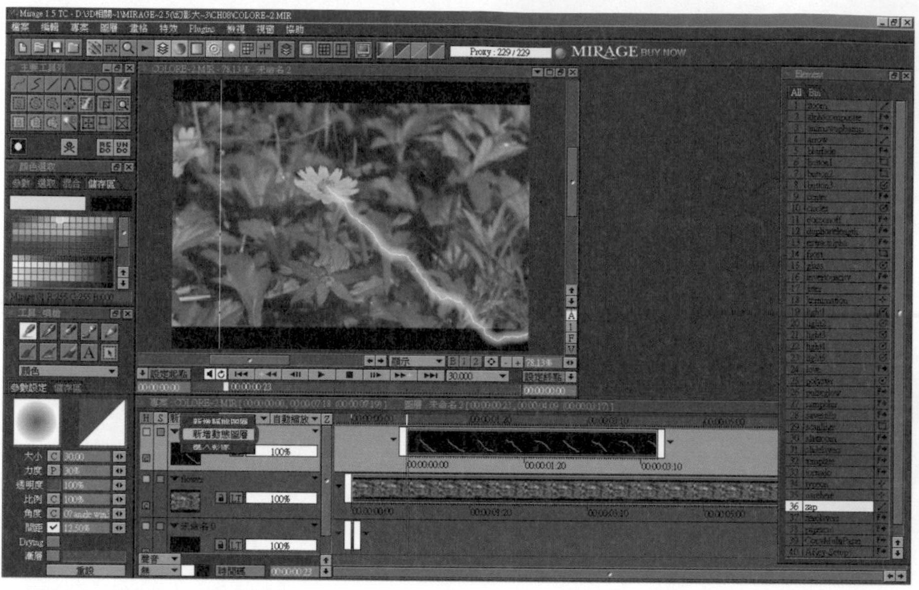

▲圖 15-21 新增一列動態圖層

以 LMB 按住新加入的動態圖層右側邊界框，向右拖曳延長畫格到與閃電特效圖層等長，將出現「延長圖層長度」對話盒，選取「重複」或「插入空白畫格」後按下「套用」鈕確認延長圖層畫格（圖 15-22）。

▲圖 15-22 延長圖層畫格

以 RMB 由動態圖層中選取「全選」，將整段圖層畫格予以圈選（圖 15-23）。

▲圖 15-23「全選」動態圖層畫格

選取「黃色」做為此光源特效的 A Color 主色調後，於「Element」元件工具列「All」標籤內選取編號為「22」號的「light4」光源特效選項（圖 15-24）。

▲圖 15-24 選取 22 號「light4」光源特效

由「Element」元件工具列選取編號 22 號的「light4」光源特效選項後，於「專案視窗」內發現十字游標的樣示，將游標指向花卉中心點的位置（圖 15-25）。

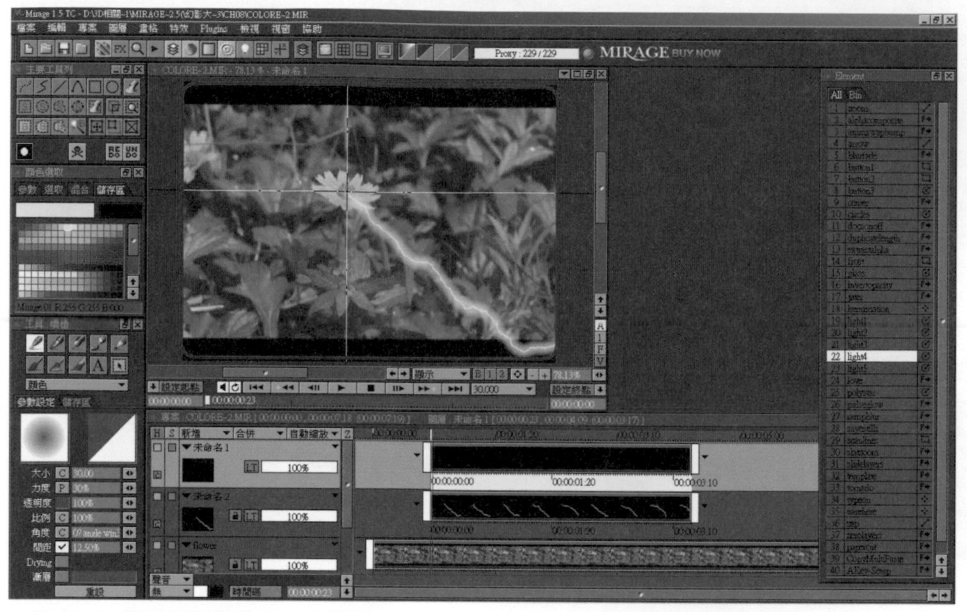

▲圖 15-25 設定光源特效之十字游標

將十字游標由「專案視窗」花卉中心點的位置，向外以 LMB 拖曳出一個圓形框，設定光源特效的作用範圍（圖 15-26）。

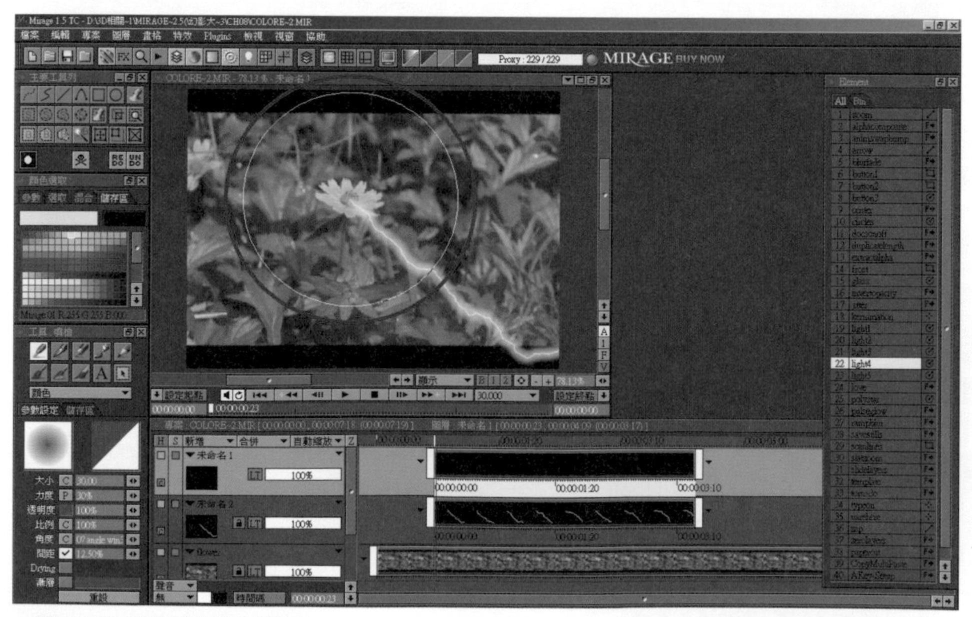

▲圖 15-26 設定特效作用範圍

設定作用範圍框後，放開滑鼠左鍵則出現一個對話盒詢問是否閱讀光源特效簡介選項，按下「Yes」按鈕進行閱讀設定（圖 15-27）。

▲圖 15-27 點選閱讀光源特效簡介

閱讀光源特效簡介後，按下「Continue」按鈕繼續進行以下的設定（圖 15-28）。

▲圖 15-28 閱讀特效簡介

接著會出現對話盒詢問是否開始於此 107 格動態畫格中執行光源特效，按下「Go Ahead」按鈕進行套用（圖 15-29）。

▲圖 15-29 選擇「Go Ahead」套用特效

隨即將於動態畫格中開始進行光源特效的套用（圖 15-30）。

▲圖 15-30 執行套用光源特效

套用光源特效後，由對話盒按下「確定」按鈕完成此設定（圖 15-31）。

▲圖 15-31「確定」完成光源特效設定

接下來設定的特效是 Color Erase（顏色消去），將畫格移至特效的最後一格影格（圖 15-32）。

▲圖 15-32 影格後移至最後一格

以 LMB 按下圖層的「Z」字型按鈕並向右拖曳，展開畫格至最大顯示範圍（圖 15-33）。

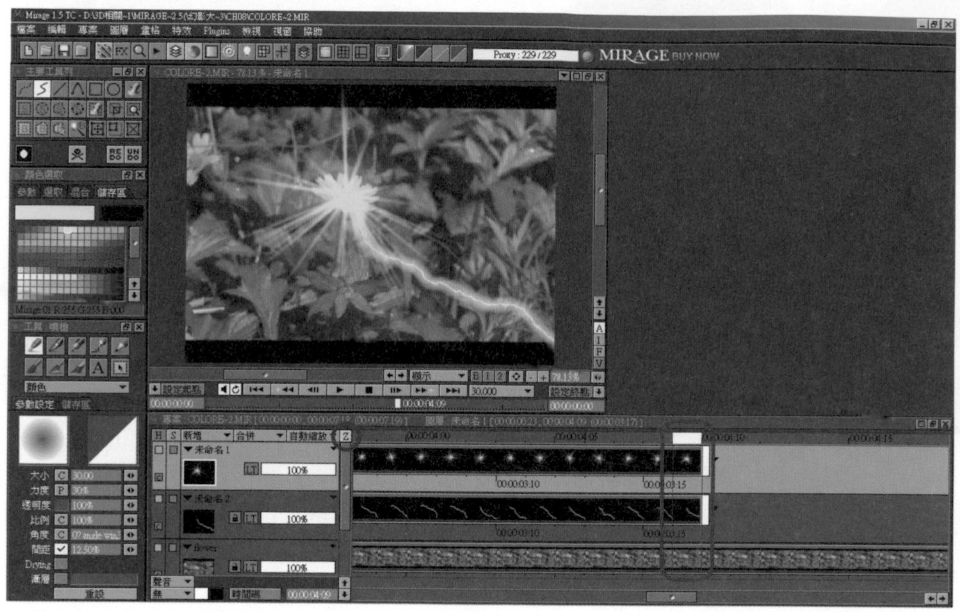

▲圖 15-33 拖曳展開畫格顯示範圍

接著切換至花卉圖層，將畫格向後移動一格到「閃電」及「光源」特效完成後的第一格影格（圖 15-34）。

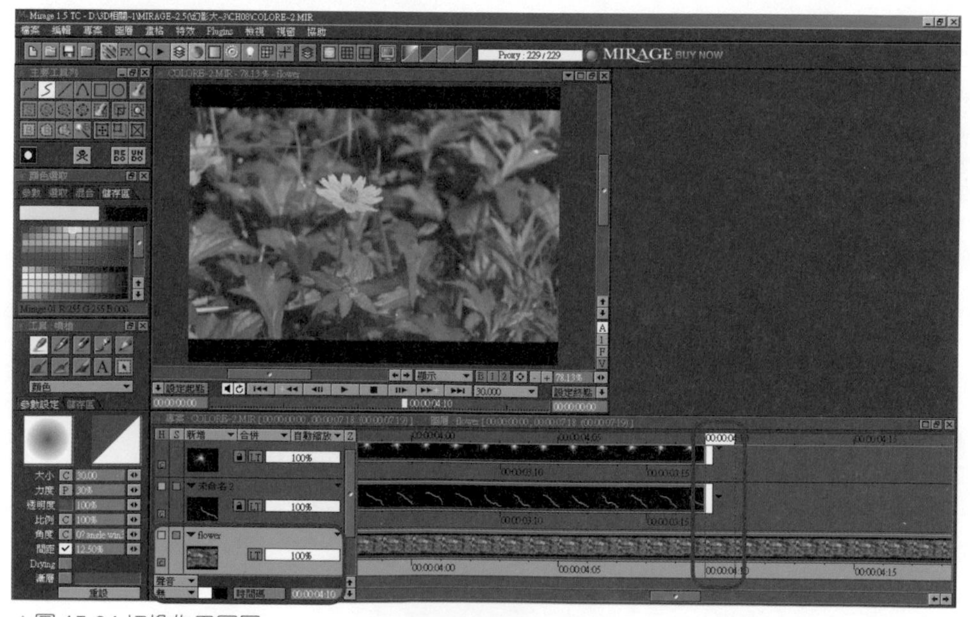

▲圖 15-34 切換作用圖層

由花卉圖層以 LMB 選取特效後的所有畫格（圖 15-35）。

▲圖 15-35 選取圖層畫格

執行「特效 / 顏色 / 顏色消去」功能進行最後一段的特效製作（圖 15-36）。

▲圖 15-36 執行「顏色消去」特效製作

於「特效堆疊」對話盒內，可使用 LMB 來點選「顏色」功能旁的色彩取樣方塊以正確地選取樣本色彩（圖 15-37）。

▲圖 15-37 色彩取樣設定

當在編輯色彩取樣的細微設定時，可運用鍵盤上的按鍵以及搭配滑鼠的左右兩鍵產生複合性功能。例如以「ALT」＋「RMB」拖曳「專案視窗」時則可達到格放局部影像內容的功能（圖 15-38）。

▲圖 15-38「ALT　RMB」格放影像功能

將 LMB 直接於花卉上擷取所需要的「黃色」，會發現影片內的花卉部分黃色被「灰色」所取代，並且「顏色」功能旁的色彩取樣方塊改變成原本花卉的顏色（圖 15-39）。

▲圖 15-39 擷取花卉顏色

由於影片內的顏色皆大多數是以色盤相近的漸層顏色所疊聚而成，因此色階若差異性太大時將無法於同一次被選取，此時可以藉由點選「加」字按鈕進行第二次色彩加選動作來完成漸層顏色的選取（圖 15-40）。

▲圖 15-40 點選「加」字選取漸層顏色

繼續按下「加」字按鈕，再進行一次選取花卉的其他相近顏色（圖 15-41）。

▲圖 15-41 再按「加」鈕選取相近顏色

可再按下「加」字按鈕多選取幾次花卉其他的相近顏色，完成整體漸層色階的擷取動作（圖 15-42）。

▲圖 15-42 多按幾次「加」鈕選取相近色

完成色彩取樣後，可經由按下「專案視窗」右下方的「F」字型按鈕將影像全畫面填滿回「專案視窗」中（圖 15-43）。

▲圖 15-43「F」全畫面填滿

回復「專案視窗」全畫面後，可經由視窗中發現影片內所有的「黃色」花卉皆被「灰色」所取代（圖 15-44）。

▲圖 15-44 灰色取代黃色花卉

在此說明有關加速製作方面的相關技巧，以本例來說明就是當影片中若要擷取漸層色階時，可先行判斷影片內漸層色彩的複雜程度後再決定要擷取何種顏色較為便捷以及提昇製作效率。

本例可經由反向選取「黃色」而來達到快速擷取所需要的「綠色」，因此可按下「特效堆疊」中的「Invert」反轉選項達到此目地（圖 15-45）。

▲圖 15-45 反向擷取顏色

最後於「特效堆疊」對話盒按下「套用特效堆疊」按鈕執行，完成「顏色消去」特效以套用於圖層中（圖 15-46）。

▲圖 15-46 執行套用「顏色消去」特效

當完成套用特效後，可看到影片中花卉的部分已經恢復成黃色，而其他周圍綠色植物的顏色皆消失為灰色，因此達到了保留所需顏色去除其他顏色的效果了（圖 15-47）。

▲圖 15-47 保留 / 去除所需顏色

本章中運用了幾種特效結合於一段影片之中，並搭配不同特效關鍵點位置的順序來達到影片的豐富與多元性，讀者們可參考練習並自行發揮不同的創意（圖15-48）。

▲圖 15-48 完成特效製作

Chapter 16

影片追蹤 (Video Tracking)

學習重點

本章要介紹 Mirage 中效能相當卓越的 Video Tracking(影片追蹤) 視訊特效，主要功能是應用於影片中物體動態即時追蹤的定位方法。將會以一段動態飛行傘影片來介紹其中的步驟及設定的過程，以下就用實例來進行解說。

開啟 Mirage 並調整環境設定（圖 16-1 環境設定）。

▲圖 16-1 環境設定

開啟 Mirage 主畫面（圖 16-2）。

▲圖 16-2 Mirage 開啟畫面

由「檔案 / 載入」功能匯入動態視訊檔案做為背景素材（圖 16-3）。

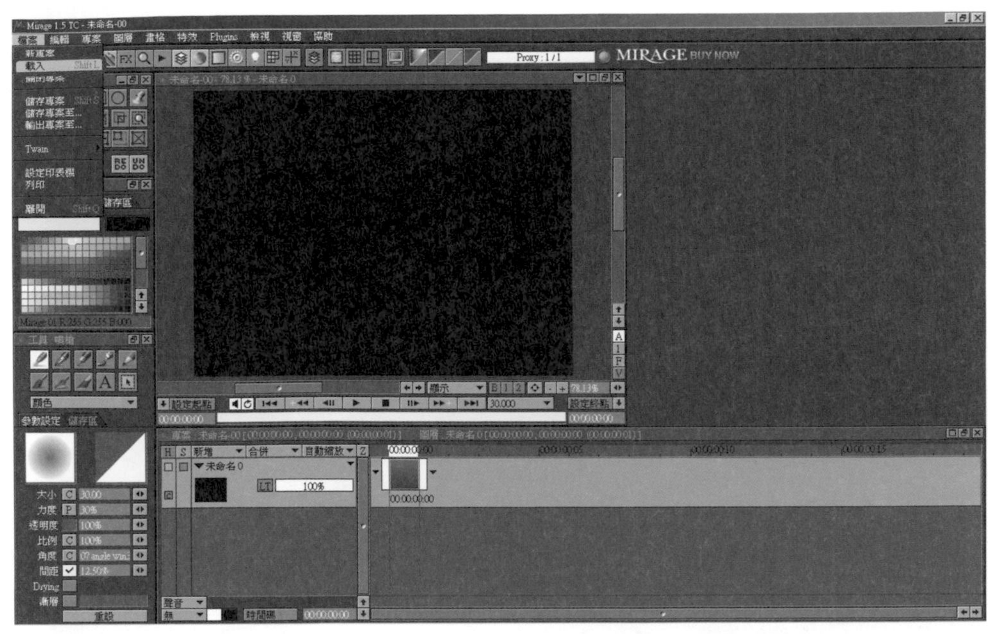

▲圖 16-3 匯入視訊檔案素材

選定飛行傘影片後，按下「確定」按鈕，將檔案載入圖層中（圖 16-4）。

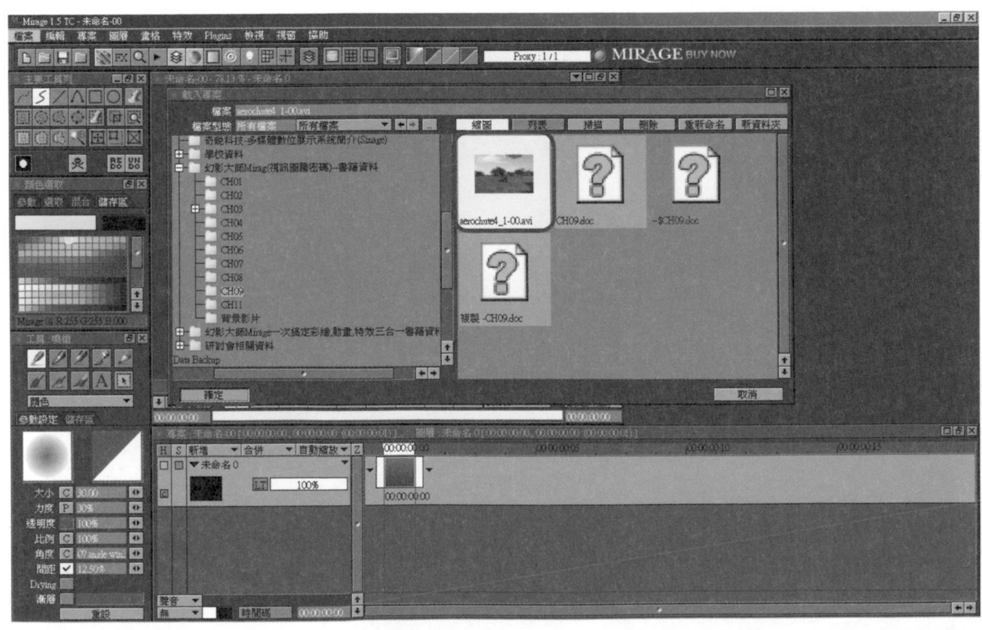

▲圖 16-4 選定視訊素材檔案

出現「載入影像」對話盒，變更「轉換影像至」的功能為「NTSC/DV 4：3」模式（圖 16-5）。

▲圖 16-5 變更為「NTSC/DV 4：3」模式

影像載入後由圖層的「自動縮放」選項選擇「符合專案長度」功能，將影像調整至最適合的編輯長度（圖 16-6）。

▲圖 16-6 調整最適合長度

執行「特效 / 演算效果 / 分子運動產生器 (Particles)」功能 (圖 16-7)。筆者將為此飛行傘加入分子運動特效，以便搜尋出影片中的特定點座標，有效地運用來結合產生特效。

▲圖 16-7「分子運動產生器」特效

於「特效堆疊」對話盒內點選「FX bin」按鈕的「瀏覽」選項 (圖 16-8)。

▲圖 16-8 開啟「FX bin」之「瀏覽」選項

由「Particles 瀏覽」對話盒中選擇「Presets/pyrotechnic/smoketraila」的火焰來做為本章節的特效功能（圖 16-9）。

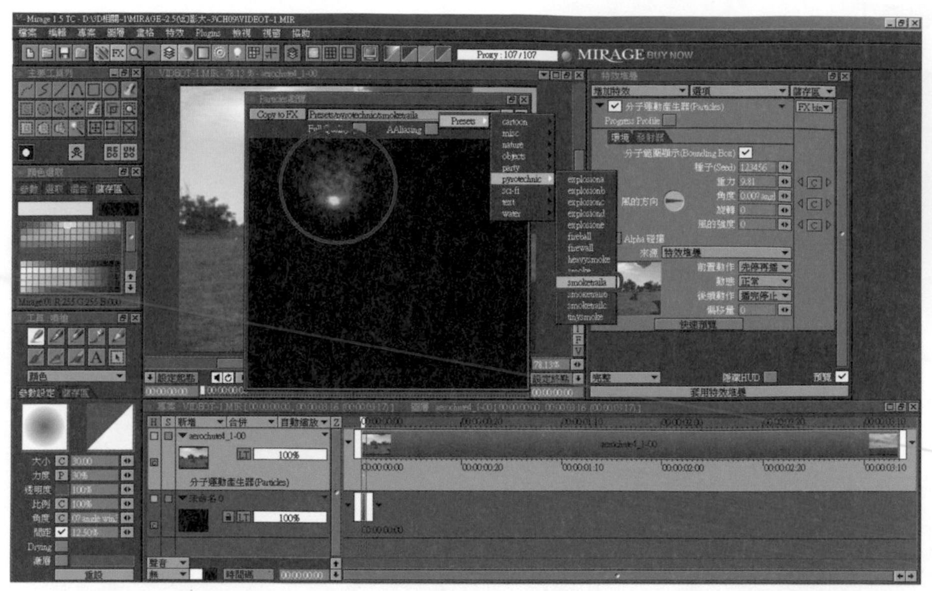

▲圖 16-9 火焰特效功能

勾選「Particles 瀏覽」對話盒中的「Full Quality」選項（圖 16-10），此功能核選後將可提昇「Particles 瀏覽」對話盒的預視品質，相對的也會加重系統的執行運作效能。

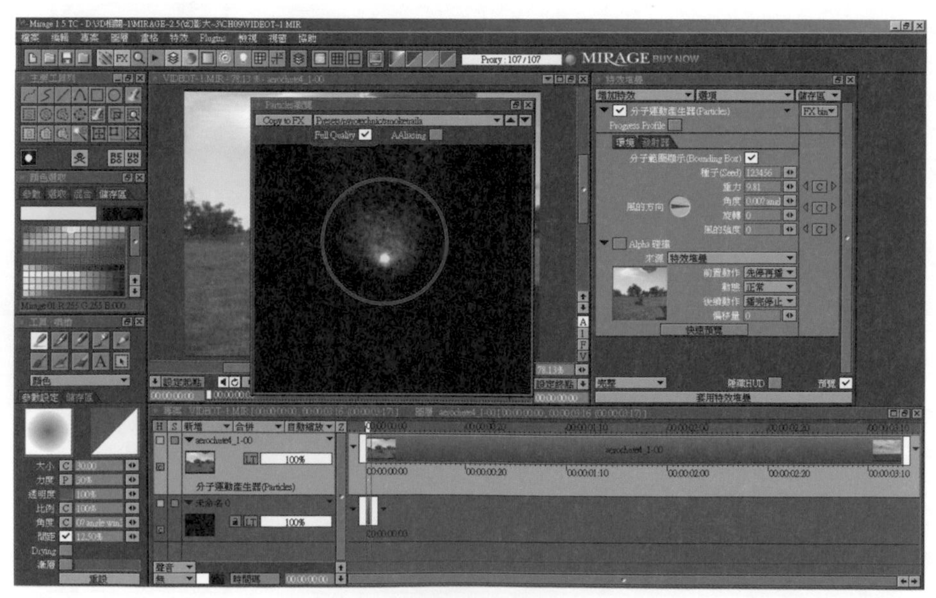

▲圖 16-10「Full Quality」預視品質

筆者繼續要介紹如何將火焰特效與飛行傘影片做結合。按下「Particles 瀏覽」對話盒中的「Copy to FX」複製到「特效堆疊」按鈕後，將發現此特效已經被指定至「特效堆疊」中等待調整設定，並可經由「專案視窗」中看見火焰特效的圓形編輯框（圖 16-11）。

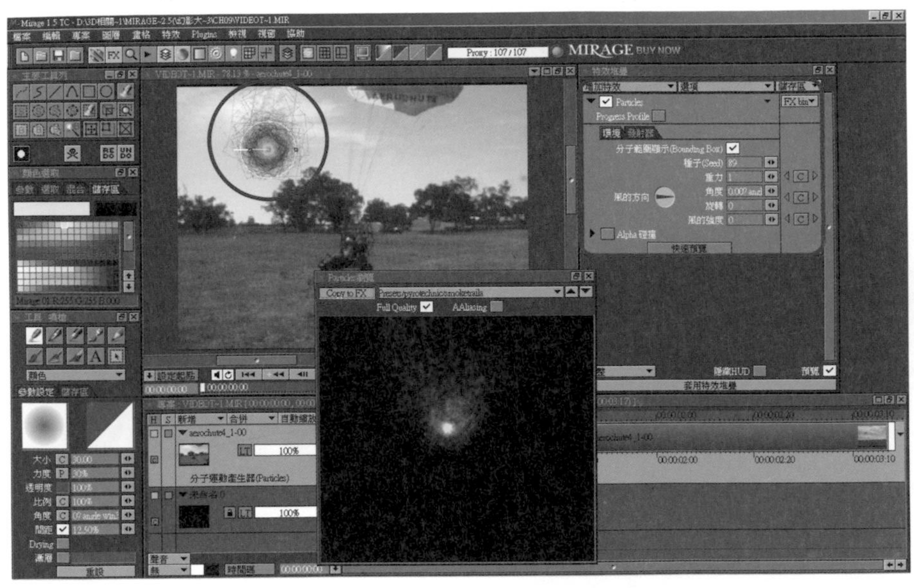

▲圖 16-11 指定特效至「特效堆疊」

將「特效堆疊」切換到「發射器」標籤後，由「中心點」項目按下「工具」下拉式按鈕，選取「圖點追蹤器」功能選項（圖 16-12）。

▲圖 16-12 選取「圖點追蹤」功能

啟動「圖點追蹤器」功能之後將會出現「Particles– 中心點」定位追蹤系統，可經由此功能選項來設定動態追蹤功能（圖 16-13）。

▲圖 16-13 啟用「圖點追蹤」功能

此「Particles– 中心點」定位追蹤系統的設定相當地簡易與快速，當按下「Set Tracker」按鈕後，將會在「專案視窗」內看見一個方形的定位追蹤器圖示，此圖示表示 Mirage 已經進入了定位追蹤系統並且等待著做影片動態追蹤（圖 16-14）。

▲圖 16-14「Set Tracker」追蹤器設定

於定位追蹤器圖示上以 LMB 拖曳其定位點至所需要的位置，本例要於影片中表現出飛行傘後方產生火焰拖曳效果，因此為了找出影片中飛行傘的行徑路線，筆者則將定位追蹤器圖示拖曳並指定到飛行傘輪框的位置，藉由 Mirage 的定位追蹤系統於整段影片中做特定點的路徑追蹤（圖 16-15）。

▲圖 16-15 指定路徑追蹤位置

調整定位點位置後，可經由「Particles– 中心點」對話盒中的 Reference 參考選項內選取「Dynamic」項目，此設定是針對動態影片的某一特定點位置以動態參考作為追蹤基礎（圖 16-16）。

▲圖 16-16 動態參考定位追蹤

另外，經由「Particles– 中心點」對話盒中的 Channel 選項選取「Red」項目，此設定是針對影片中的色彩元素進行鎖定掃描，以做為動態參考追蹤的依據（圖 16-17）。

▲圖 16-17 色彩鎖定參考追蹤

最後，再由「Particles– 中心點」對話盒的 Accuracy 選項選取「1-64」項目，此設定是針對影片中的位移精準度來進行各個畫格的鎖點掃描，藉由提高精準度而做為影格路徑的參考追蹤條件（圖 16-18）。

▲圖 16-18 位移精準度參考條件

完成上述參數設定後，按下「Track」按鈕進入 Mirage 系統內置的追蹤功能（圖 16-19）。

▲圖 16-19 執行「Track」按鈕進行追蹤

經由（圖 16-20）內的「專案視窗」，看見 Mirage 開始針對指定的參考點進入每一個畫格的動態追蹤功能，此時系統也會在每一個畫格建立一個定位點。

在「專案視窗」中可即時預覽 Mirage 的動態追蹤機制是否正確跟隨每個特定參考點，若要停止追蹤機制則可隨時按下「Esc」按鈕中斷此作業。

▲圖 16-20 完成「Track」動態追蹤功能

完成影片動態追蹤後，得到的追蹤路徑可提供用來與特效做為結合。可將「特效堆疊」對話盒右下角的「預覽」功能勾選，可發現「專案視窗」中的「追蹤路徑」與「火焰特效」已經結合套用在一起了（圖 16-21）。

▲圖 16-21 結合套用追蹤路徑與特效

為了確保未來各種不同的特效皆能夠精準套用於相同的追蹤路徑上，可點選「特效堆疊」對話盒中位於中心點項目旁的「工具」按鈕，點選「加到儲存區」功能將剛才所追蹤的路徑儲存起來（圖 16-22）。

▲圖 16-22 追蹤路徑加入儲存區

由「路徑名稱？」對話盒以鍵盤輸入「飛行傘路徑」名稱後，按下「確定」按鈕將路徑存入系統之中（圖 16-23）。

▲圖 16-23 儲存追蹤路徑

開啟「特效堆疊」對話盒中心點項目旁的「工具」按鈕，可經由「從路徑儲存區中複製」的功能看見新加入的「飛行傘路徑」名稱（圖 16-24）。

▲圖 16-24 確認已儲存之追蹤路徑

由於新加入的火焰特效內定預設外型為圓形，若以此圓形來呈現火焰特效將無法配合影片中飛行傘，以較擬真的效果來模擬同一行徑方向產生火焰的真實情景。

因此，要解決此種情形可以經由拖曳此特效的範圍控制點角度「Particles Range」而來達到同一方向性調整（圖 16-25）。

▲圖 16-25 調整特效之範圍控制點

另外還需要調整火焰特效方向控制點角度「Particles Direction」的影響，將方向控制點角度調整為 90 度，達到模擬火焰被風力及飛行傘拖曳所產生拖尾上揚的效果（圖 16-26）。

▲圖 16-26 調整特效之方向控點為 90 度

將「特效堆疊」對話盒中的標籤切換至「環境」項目，並調整標籤內「風的強度＝ 100」，同樣在「專案視窗」中可立即看到此火焰特效經由風力的影響而導至火焰拖尾上揚的效果（圖 16-27）。

▲圖 16-27 調整風的強度參數值為 100

讀者們也可按下「特效堆疊」對話盒中的「快速預覽」選項按鈕，在仍未套用特效之前，先由呼叫出的對話盒觀察到此火焰特效的路徑設定是否正確無誤（圖 16-28）。

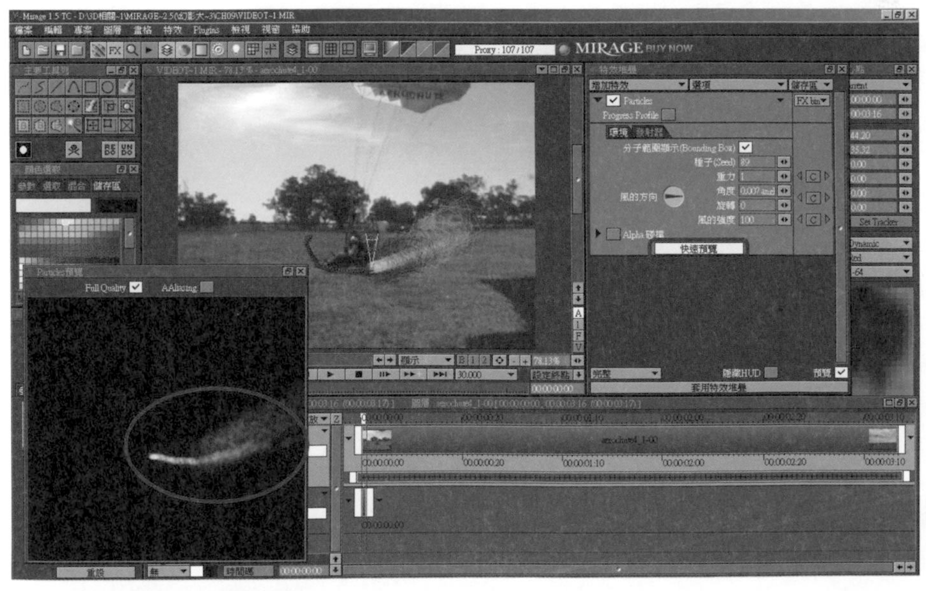

▲圖 16-28 預覽火焰特效路徑

由於習慣將特效放置於獨立圖層，因此再由圖層的「新增」功能，選擇「新增動態圖層」選項，增加一列新圖層來做為特效製作之用（圖 16-29）。

▲圖 16-29 新增一列動態圖層

以 LMB 按住動態圖層右側邊界框並向右拖曳至與影片等長，將出現「延長圖層長度」對話盒，選取「插入空白畫格」後按下「套用」按鈕，確認延長圖層畫格（圖 16-30）。

▲圖 16-30 延長圖層畫格

執行 RMB 經由動態圖層選取「全選」項目，並將整段動態圖層畫格圈選起來（圖 16-31）。

▲圖 16-31「全選」動態圖層畫格

於「特效堆疊」對話盒按下「套用特效堆疊」按鈕，執行動態影片火焰追蹤特效「Video Tracking」以套用於圖層中（圖 16-32）。

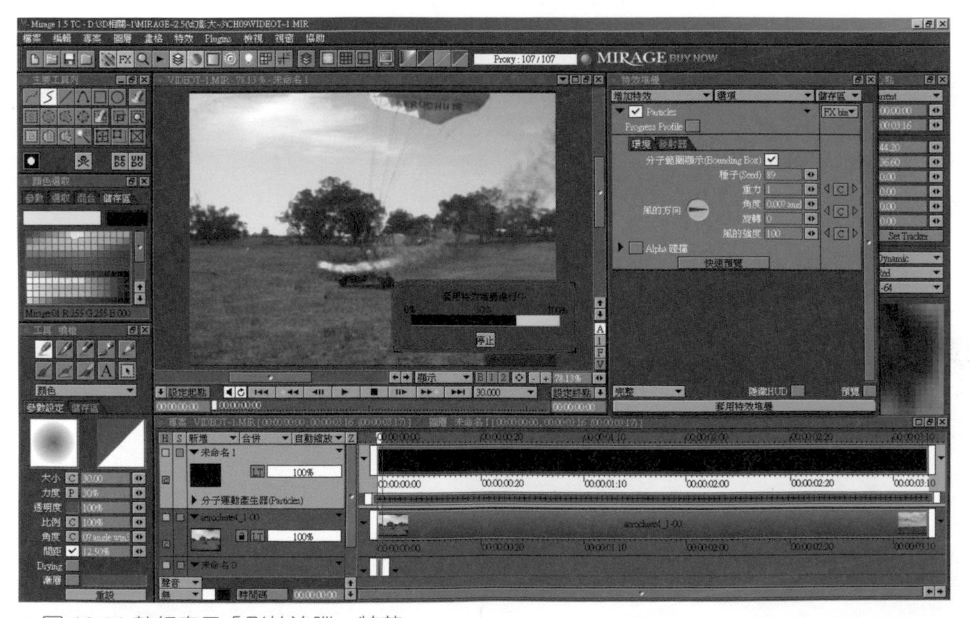

▲圖 16-32 執行套用「影片追蹤」特效

完成動態影片追蹤特效「Video Tracking」的後製。筆者要再針對完成的特效做進一步的修改調整，繼續解說製作過程（圖 16-33）。

▲圖 16-33 完成「影片追蹤」特效

由於欲表現出火焰是產生於飛行傘行駛一小段距離後才燃燒起來，並且影片於動態方式呈現時其火焰應該稍帶有動態模糊的效果。

基於上述的理由，可執行「特效 / 模糊 / 立體模糊」功能，加強火焰模糊效果（圖 16-34）。

▲圖 16-34 火焰模糊效果

執行「立體模糊」特效後，於「特效堆疊」對話盒可看見系統的「模糊程度」預設數值為「5」，並於「專案視窗」中可發現火焰已經略顯模糊了（圖 16-35）。

▲圖 16-35 加入「立體模糊」特效

變更「特效堆疊」對話盒內「Channel」項目為「Alpha」選項。此「Channel」選項是指定模糊對象為「RGB」色彩元素或是「Alpha」透空背景底圖（圖 16-36）。

▲圖 16-36 變更「Channel」選項

確定畫格位於影片的起始點位置，因為影片中飛行傘火焰燃燒的情形是由無到有燃燒起來，所以在影片起始點位置需要將「特效堆疊」對話盒內的「模糊程度」項目影響數值調至為「100」，並按下「D」字型關鍵點按鈕建立第一點關鍵點位置，此作法可使得「專案視窗」內的火焰產生最大模糊效果，因而使得影片中類似無火焰產生（圖 16-37）。

▲圖 16-37「模糊程度」調至為「100」

將畫格移至影片要顯示火焰燃燒的影格位置，並於「特效堆疊」對話盒內「模糊程度」項目的影響數值調降為「15」後，按下「D」字型關鍵點按鈕建立第二點關鍵點位置，此作法可使得「專案視窗」內的火焰燃燒效果漸漸呈現出來（圖 16-38）。

▲圖 16-38「模糊程度」調降至「15」

最後，將畫格移至影片欲使火焰完全顯示出來的影格位置，並於「特效堆疊」對話盒內「模糊程度」項目的影響數值再調降至「0」後，按下「D」字型關鍵點按鈕建立第三點關鍵點位置，即可發現火焰燃燒起來並夾帶著模糊的效果了（圖 16-39）。

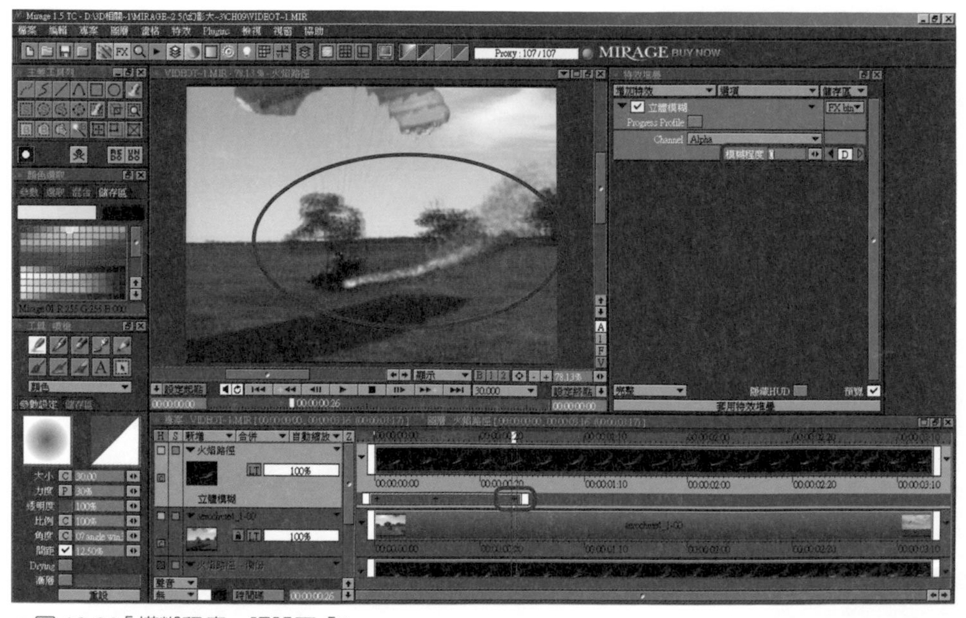

▲圖 16-39「模糊程度」調降至「0」

執行 RMB，經由模糊效果的火焰燃燒動態圖層中選取「全選」項目，並將整段動態圖層畫格圈選起來（圖 16-40）。

▲圖 16-40「全選」模糊動態圖層畫格

於「特效堆疊」對話盒中按下「套用特效堆疊」按鈕，執行模糊的火焰燃燒動態效果套用於圖層中（圖 16-41）。

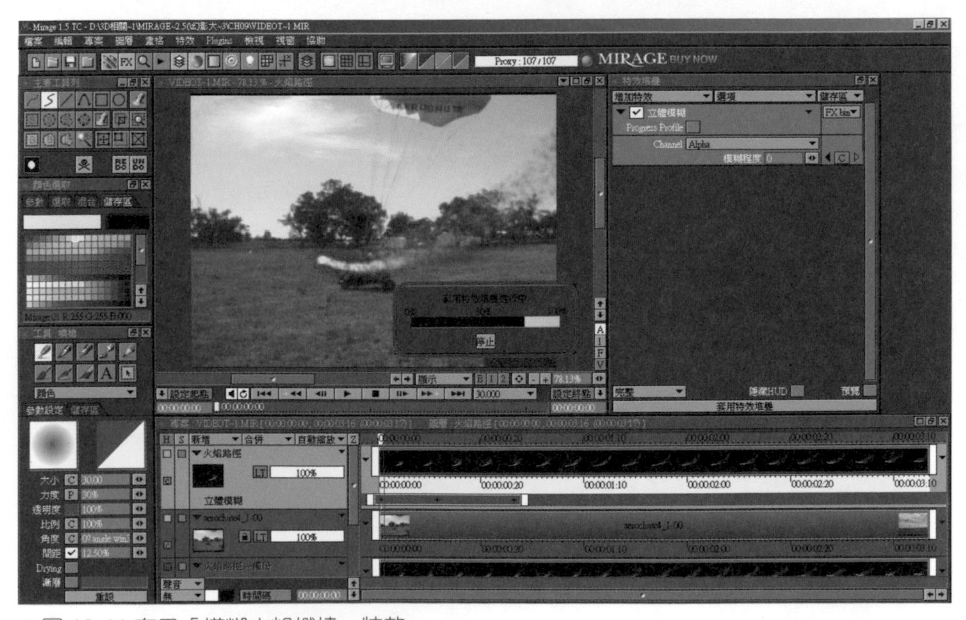

▲圖 16-41 套用「模糊火焰燃燒」特效

以上完成了本章所有動態影片追蹤特效「Video Tracking」製作（圖 16-42）。由於影片中的影像掃描畫素及解析度皆與電腦特效所產生的高畫質仍有些許對比存在，因此本章實例運用了「動態立體模糊效果」來企圖使兩者之間取得一個平衡點，藉此方式使火焰效果不致於在影片中顯得太過突兀而變得不自然。

當然，工具不過只是用來協助達成目地而已，讀者們可以多加發揮自己的創意，運用不同的特效工具來使創意無限、特效成真。

▲圖 16-42 完成「影片追蹤」特效

NOTE

Chapter

17 分子運動特效 (Particle)

學習重點

本章要介紹 Mirage 另一個頗受各界矚目的焦點功能－ Particles(分子運動特效)，其功能夾帶著大量及時性的純軟體分子運算技術，並應用於多種動態視訊影片格式中，是目前涵蓋多媒體格式最為廣泛的一套整合性軟體。筆者以一段動態視訊影片介紹如何對此特效製作的步驟及設定過程，以下我們就用實例來進行解說。

開啟 Mirage 環境設定（圖 17-1 環境設定）。

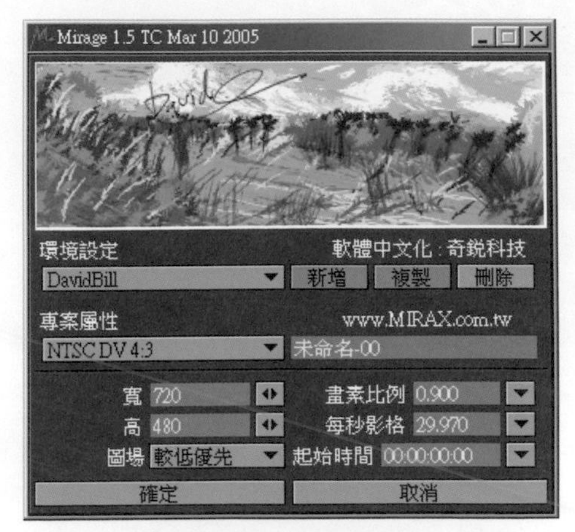

▲圖 17-1 環境設定

開啟 Mirage 主畫面（圖 17-2）。

▲圖 17-2 Mirage 開啟畫面

由「檔案 / 載入」功能中匯入動態視訊檔案做本例的背景素材（圖 17-3）。

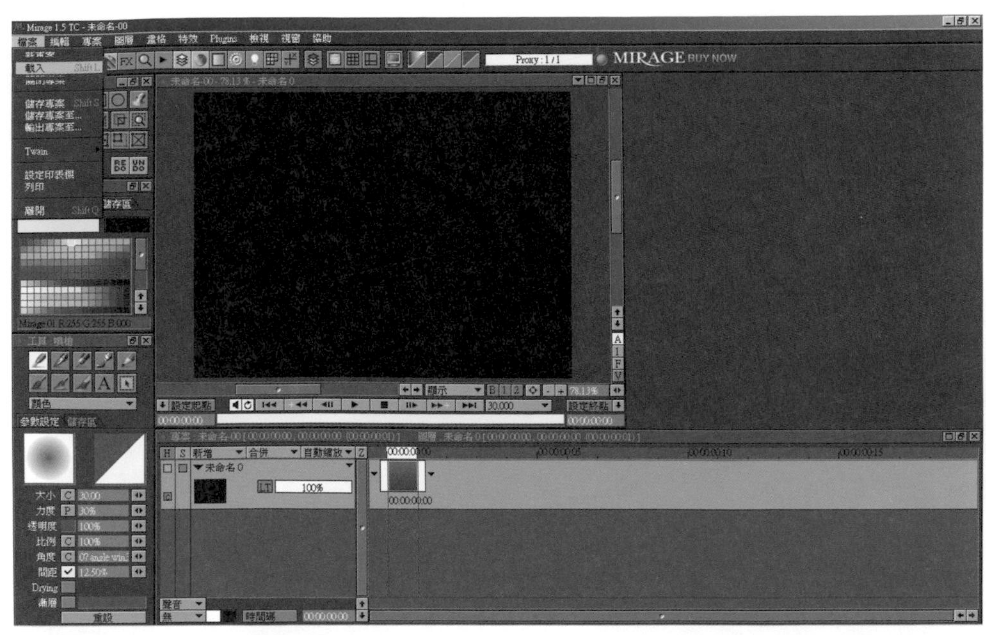

▲圖 17-3 匯入視訊檔案素材

選定動態素材檔案並按下「確定」按鈕，將此檔案載入至圖層中（圖 17-4）。

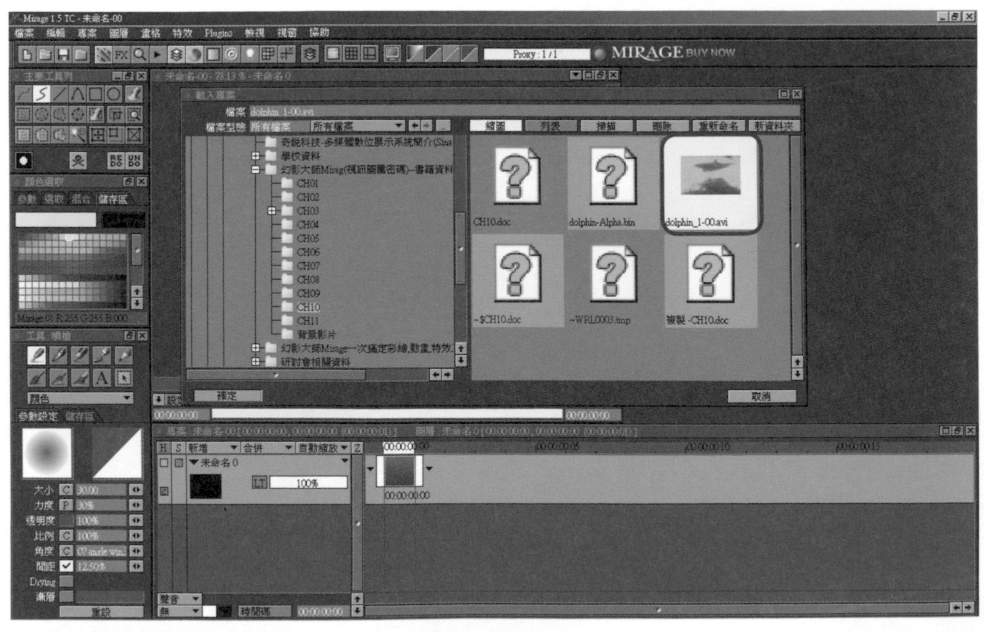

▲圖 17-4 選定視訊素材檔案

出現「載入影像」對話盒，變更「轉換影像至」的功能選項為「NTSC/DV 4：3」模式（圖 17-5）。

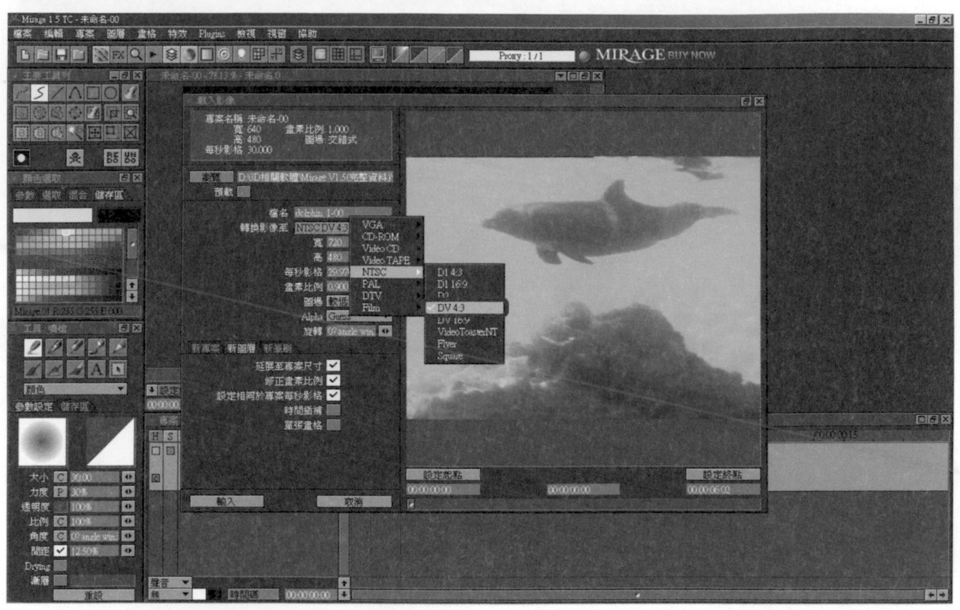

▲圖 17-5 變更為「NTSC/DV 4：3」模式

影像載入後再由圖層的「自動縮放」選項選擇「符合專案長度」功能，將影像調整至最適合的編輯長度（圖 17-6）。

▲圖 17-6 調整最適合長度

執行「特效 / 演算效果 / 分子運動產生器 (Particles)」功能（圖 17-7）。本章將為此影片加入如海底所產生的氣泡分子運動特效，並且隨機性地由影片底層向上方浮出之後隨即消失。

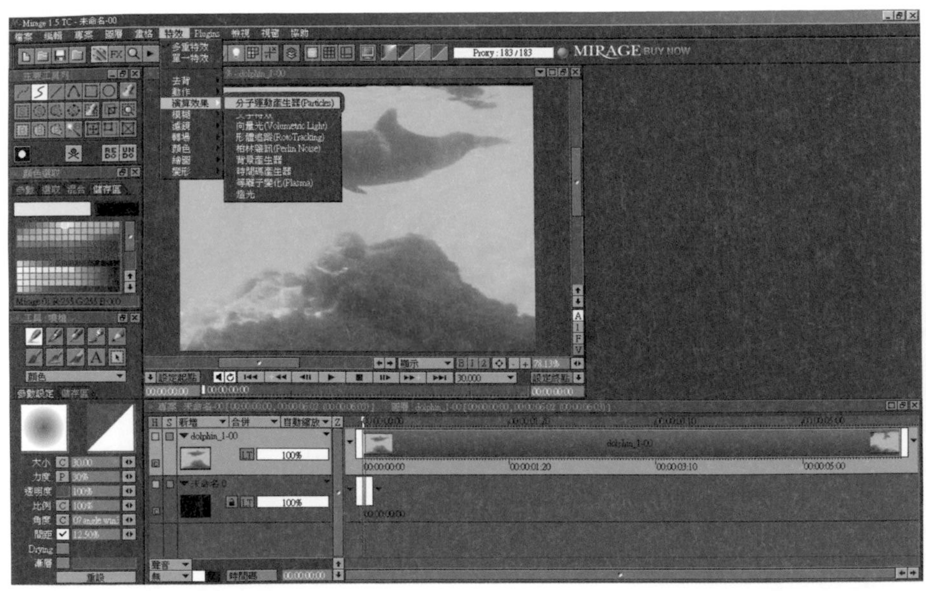

▲圖 17-7「分子運動產生器」特效

由「特效堆疊」對話盒內的「增加特效」選項改選項目為「單一特效」，此作法可以確保特效功能於目前對話盒之中同一啟用時間內只有一項特效功能（圖 17-8）。

▲圖 17-8 單一項目特效功能

上一章提及過「分子運動產生器 (Particles)」中火焰的特效製作，而本章要介紹「分子運動產生器 (Particles)」，以使用者自行定義的方式來產生氣泡分子運動特效的相關設定步驟，並將「特效堆疊」對話盒標籤選項切換至「發射器」項目（圖 17-9）。

▲圖 17-9 自行定義分子運動產生器

由「特效堆疊」對話盒內的「發射器」選項新增一組「線」段分子發射器，由於此特效需要以平面分佈於影片底部而來產生氣泡，因此以「線」段分佈來做為分子發射器，以完成此特效的製作（圖 17-10）。

▲圖 17-10 新增「線」段分佈發射器

新增「線」段分子發射器後，可經由「特效堆疊」對話盒內勾選「預覽」功能，可發現「專案視窗」中新產生一組圓形發射器，並且「特效堆疊」對話盒內也顯示出分子發射器所有相關的參數設定值（圖 17-11）。

▲圖 17-11 調整分子發射器參數設定值

以 LMB 經由「專案視窗」對話盒內，將圓形發射器水平控制點的一端向左（右）拖曳展開至影像顯示區域範圍外，或是可經由「特效堆疊」對話盒內的「長度」選項直接輸入「690」的參數值，藉以定義特效顯示區域的範圍。此作法的目地是要使氣泡特效均勻地由影片底層向上方四處隨機性的浮現出來（圖 17-12）。

▲圖 17-12 變更發射器「長度」 690

經由「專案視窗」對話盒內將右下方的視窗縮放百分比調降為「50%」，如此可將「專案視窗」的作用區範圍加大，方便圓形分子發射器變更其相對作用位置（圖 17-13）。

▲圖 17-13 調降視窗百分比為「50 」

完成變更後，再將圓形分子發射器向下移動其相對位置，或是經由「特效堆疊」對話盒內中心點選項的「Y」軸設定值將其變更為「500」個單位（圖 17-14）。

▲圖 17-14 移動「Y」軸為「500」單位

將「特效堆疊」對話盒切換至「分子」的標籤項目，並按下「分子」功能按鈕，選取「新增分子」加入要設定的自訂分子特效（圖 17-15）。

▲圖 17-15 自訂「新增分子」特效

按下「特效堆疊」對話盒下方的「快速預覽」按鈕，開啟「Particles- 預覽視窗」即時預覽氣泡特效設定是否合乎要求（圖 17-16）。

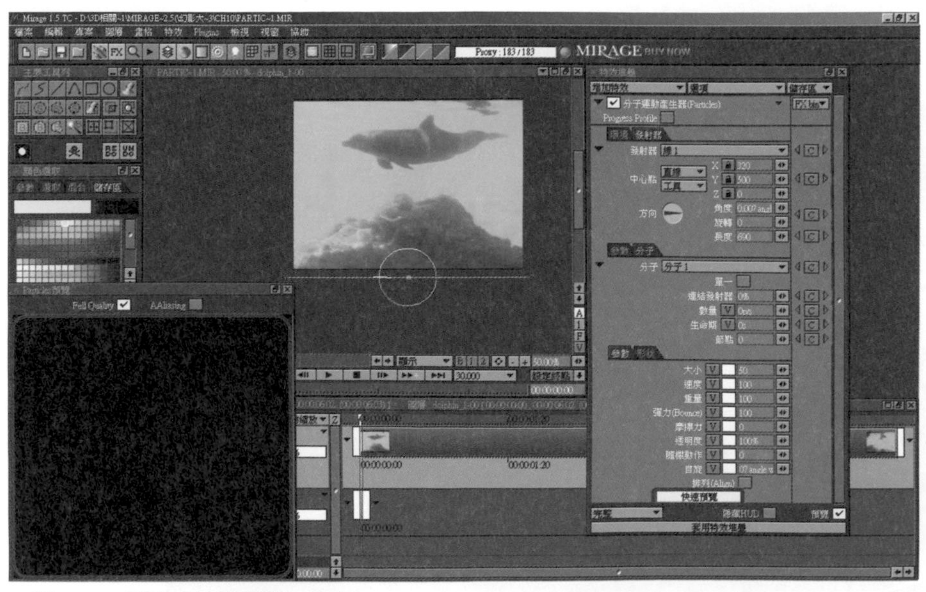

▲圖 17-16 開啟「快速預覽」視窗

此時由「Particles- 預覽視窗」中可發現並無任何特效出現於此視窗內，這是由於所新增的分子參數值中並無「分子數量」的設定。因此，將數值增加為「50p/s」，其中單位所代表意義為「每秒於影格之中產生 50 個分子數量的單位」(圖 17-17)。

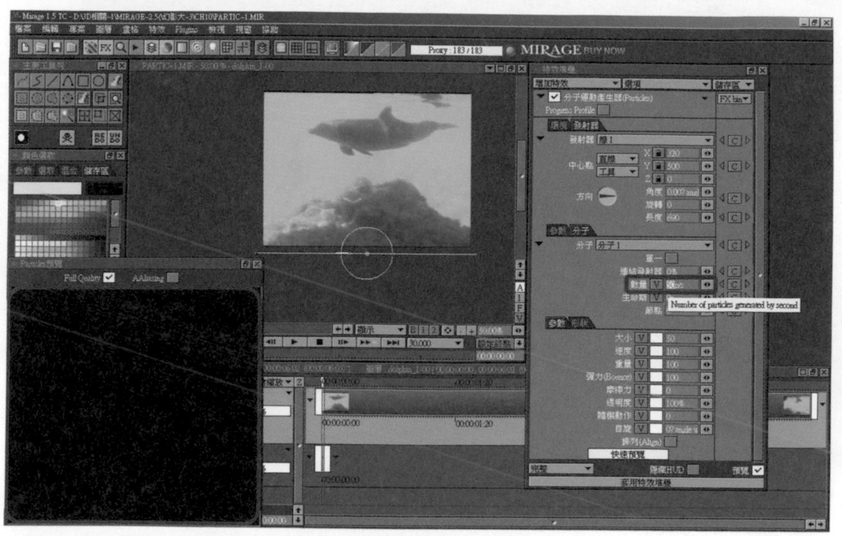

▲圖 17-17 增加「50p/s」分子數量單位

另外，調整分子「生命期」參數值為「1s」，其單位所代表意義是「於影格中每單位秒數分子的生命存留週期」，此時若經由「Particles- 預覽視窗」對話盒即可發現分子特效出現於此視窗內，這是由於上述兩個參數值已被設置變數內容的原故 (圖 17-18)。

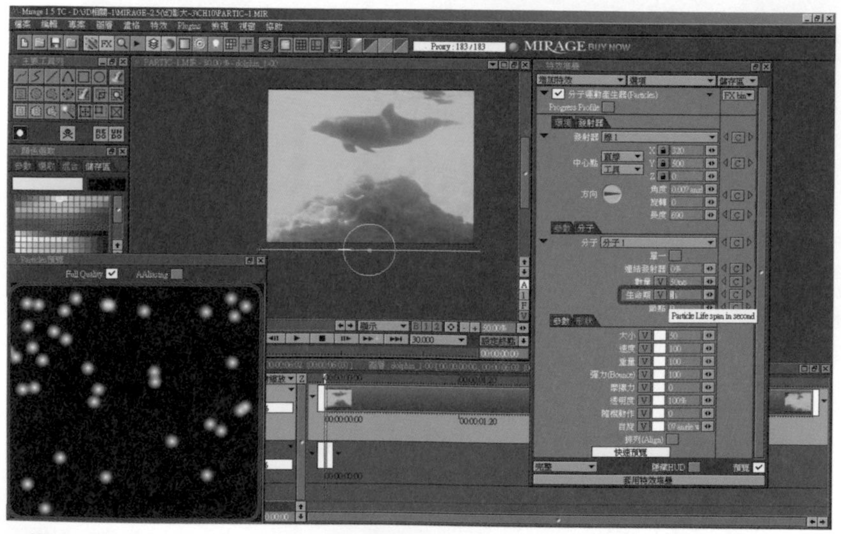

▲圖 17-18 增加分子「生命期」為「1s」

切換至分子「形狀」標籤功能選項，按下「來源」項目的按鈕點選「從檔案」的來源項目，此作法的用意是改變分子外型，並經由事先繪製完成的氣泡圖載入後調整成為氣泡分子外型（圖 17-19）。

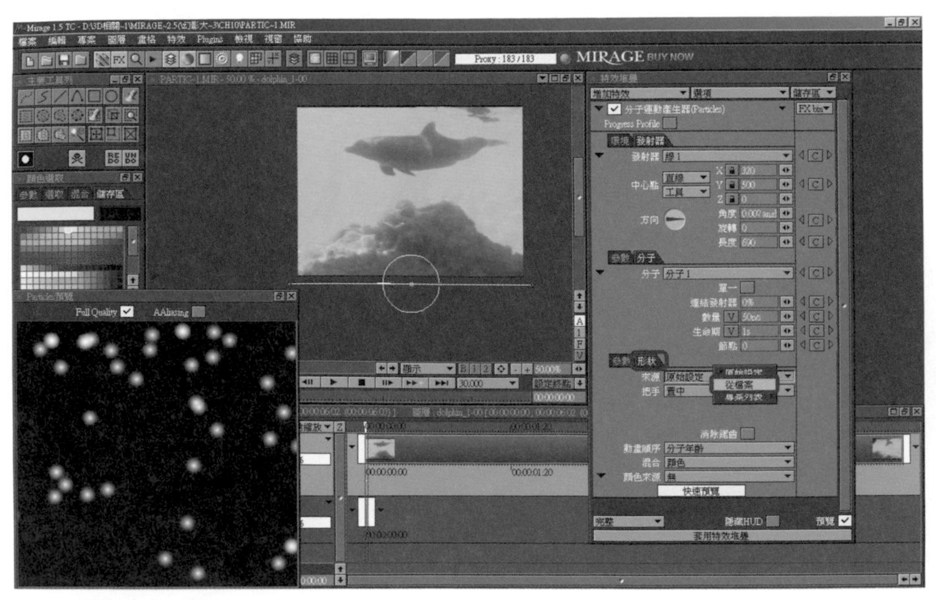

▲圖 17-19「從檔案」載入氣泡分子外型

將開啟「選擇來源」對話盒，讀者們可以經由 Mirage 的檔案總管找尋氣泡圖形檔案的位置，並且開啟「bubble.dip」檔案（圖 17-20）。

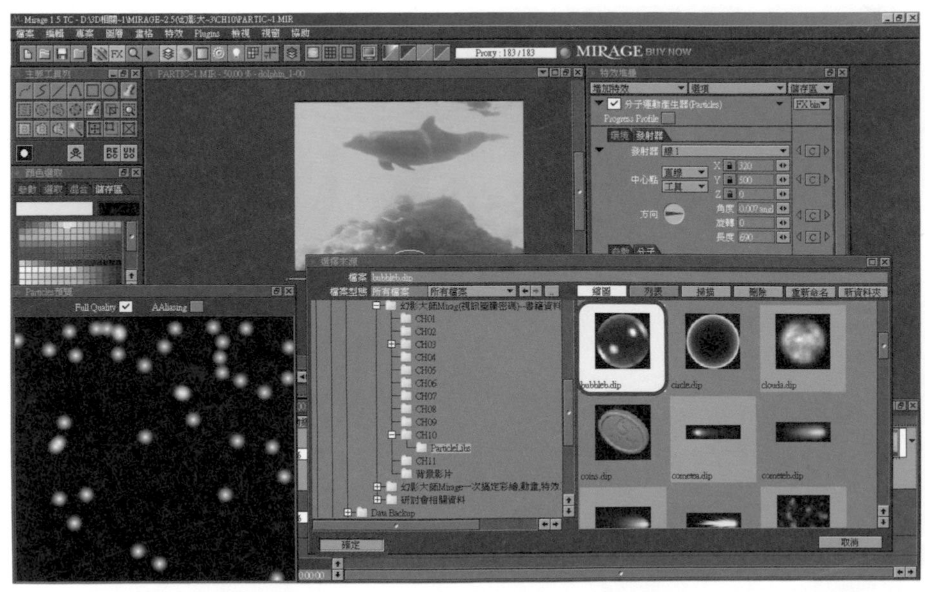

▲圖 17-20 開啟氣泡圖形檔案

載入「bubble.dip」檔案後，可立刻經由「Particles- 預覽視窗」對話盒，發現所有的分子都已換上氣泡圖形的新裝了（圖 17-21）。

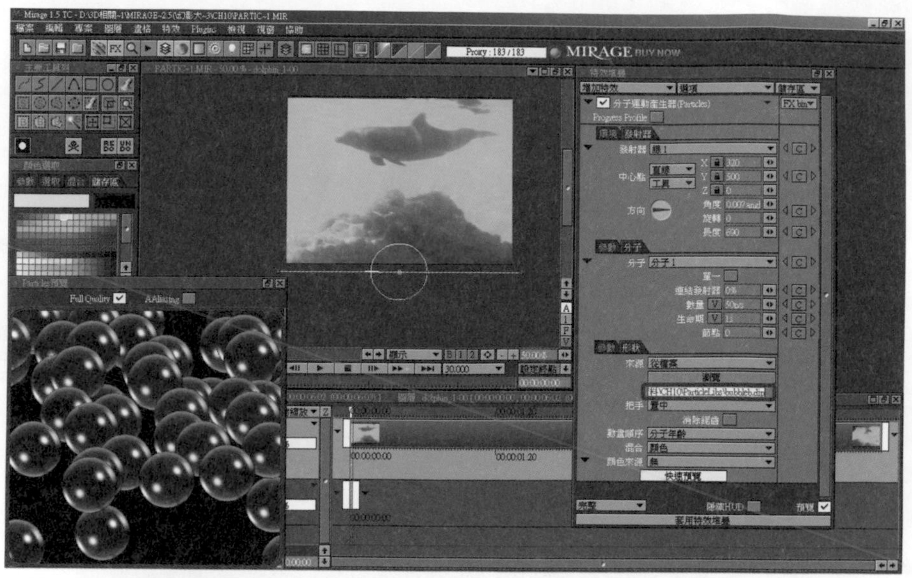

▲圖 17-21 替換氣泡分子圖形

接著可將圖層畫格以 LMB 向後方移動，此時可發現「專案視窗」中會出現氣泡分子，並經由視窗下方的圓形發射器向上依據參數值不斷地產生於「專案視窗」的影片上層（圖 17-22）。

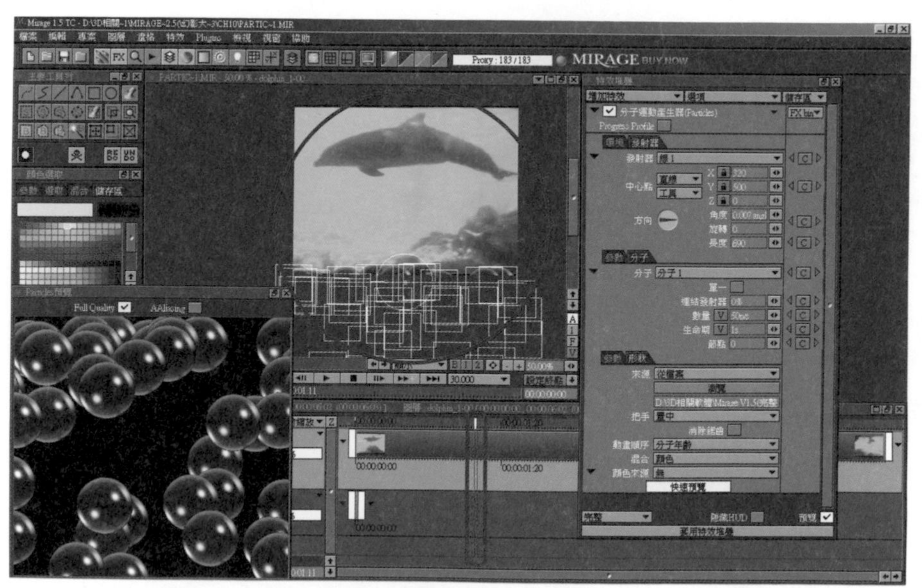

▲圖 17-22 檢視氣泡分子

將「特效堆疊」的「分子」設定選項切換至「參數」標籤。由於氣泡分子目前是以預設的參數值出現，所以筆者將調整以下參數值項目使得特效與動態影片的結合能夠更加擬真及融合。首先，變更「參數」標籤內的氣泡分子「大小」為「15」(圖 17-23)。

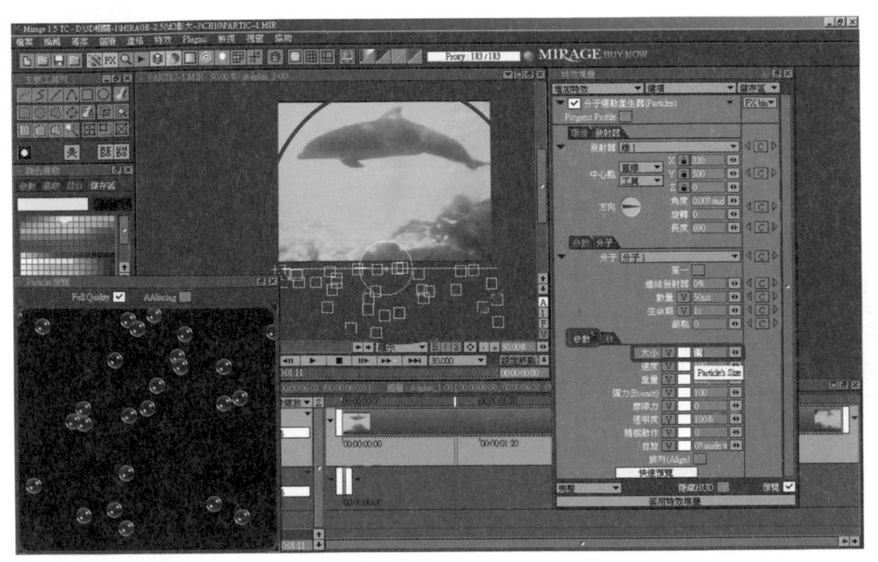

▲圖 17-23 變更氣泡分子「大小」為「15」

雖然已經將氣泡分子的「大小」調降至「15」個單位，然而在真實的世界中所有的氣泡分子並非全部被定義為「15」個單位。因此，點選「大小」項目旁的白色剖面按鈕，將出現「大小剖面」的對話盒提供氣泡分子大小變數值的設定(圖 17-24)。

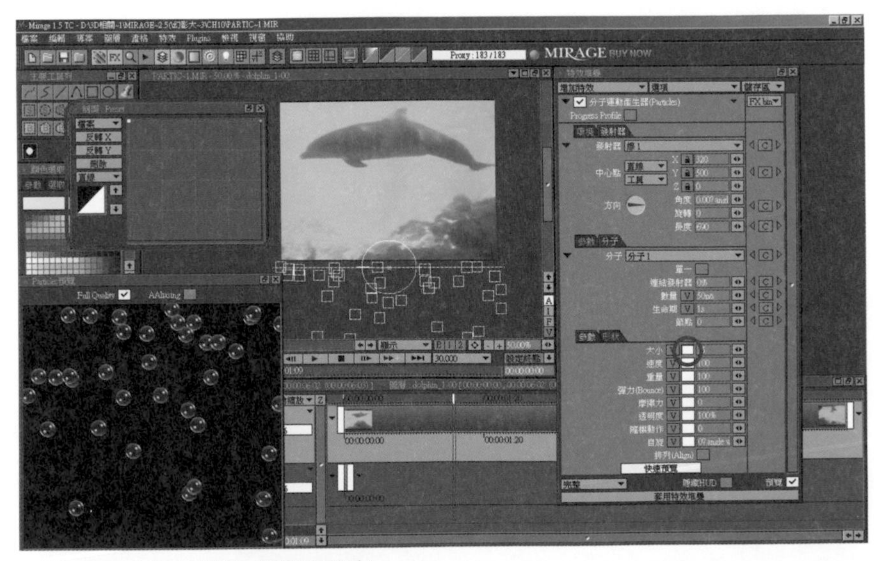

▲圖 17-24「大小剖面」變數值設定

使用 LMB 點選「大小剖面」對話盒內的左方控制點後，再向下方拖曳至最低點位置（圖 17-25）。此作法表示氣泡分子出現的時候，其分子的大小是由小氣泡變化成為大氣泡，如此才可以表現與模擬出自然界中真實的水中氣泡分子是由小到大、由底部向水面上方浮起並且破滅的生命週期。

經由調整與設定後，可藉由「Particles- 預覽視窗」對話盒發現氣泡分子產生了符合變數的調整與變化情形，並且發現「特效堆疊」的「大小」項目右方白色的剖面按鈕圖形也發生了外觀變化的現象（圖 17-25）。

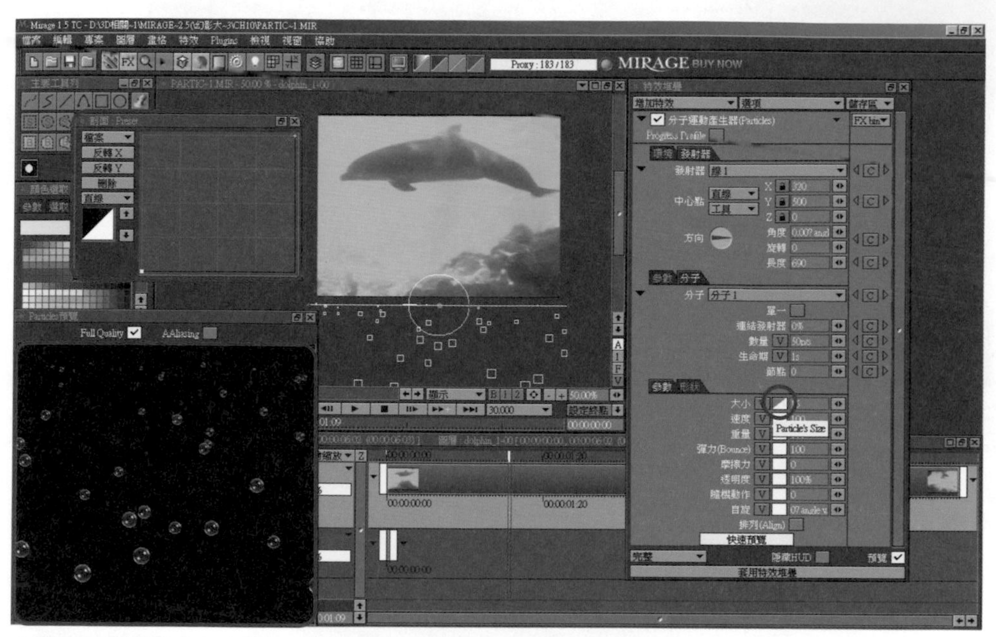

▲圖 17-25 變更「大小剖面」變數值

將「重量」項目的參數值由「100」調降至「-1」（圖 17-26）。此作法表示氣泡分子出現時，分子應當是向水面上方以隨機方向飄浮。因此，當「重量=100」時，代表的意義是讓氣泡分子向下落下，這並不符合常理，也因此需要將「重量」項目調降為「-1」的負值屬性，如此即可使得氣泡分子質量小於水分子而產生向水面上飄浮的效果，需要特別注意的是「重量」項目的負值參數值不必太大才不會導致氣泡分子向上的飄浮速率過大而產生突兀現象。

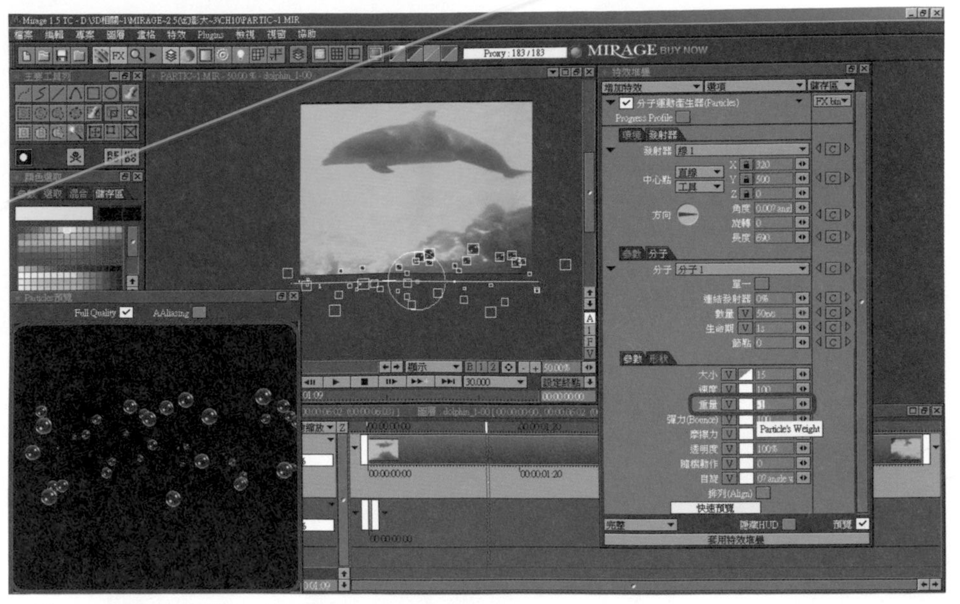

▲圖 17-26 調降「重量」項目為「-1」

修改完成「重量」項目後，可再以 LMB 點選「重量剖面」的按鈕，並選取「重量」項目左方的控制點後，再向下方拖曳至最低點位置。此表示氣泡分子出現的時候重量是由小變大，此處的設定可增加氣泡分子在水中的隨機飄浮亂數因子，模擬出更自然真實的水底氣泡飄浮特效（圖 17-27）。

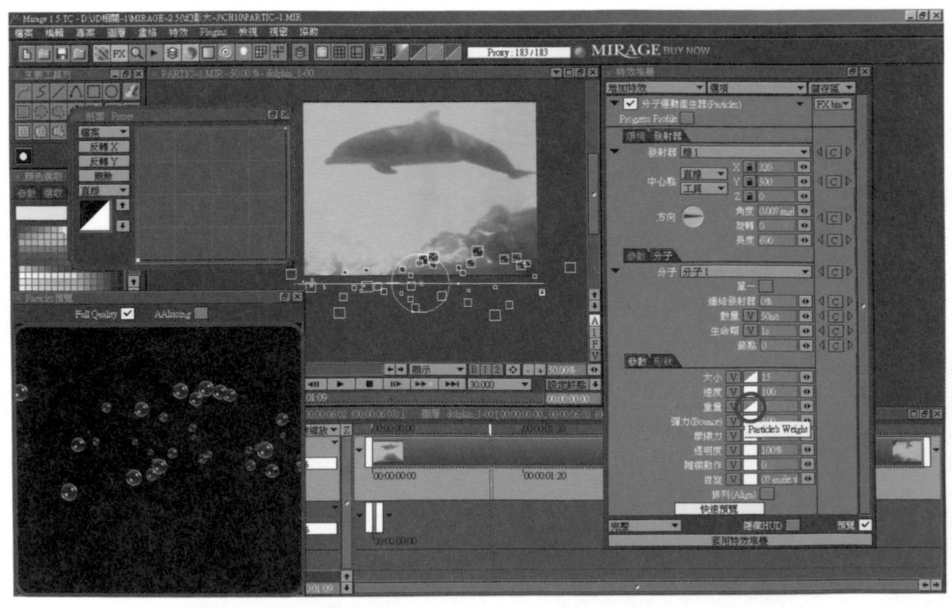

▲圖 17-27 變更「重量剖面」變數值

接著將「生命期」項目的參數值由「1s」調高至「4s」的存留期。經由調整與設定後，可藉由「Particles- 預覽視窗」對話盒發現到氣泡分子存留於「專案視窗」的情形加長到了 4 秒的時間（圖 17-28）。

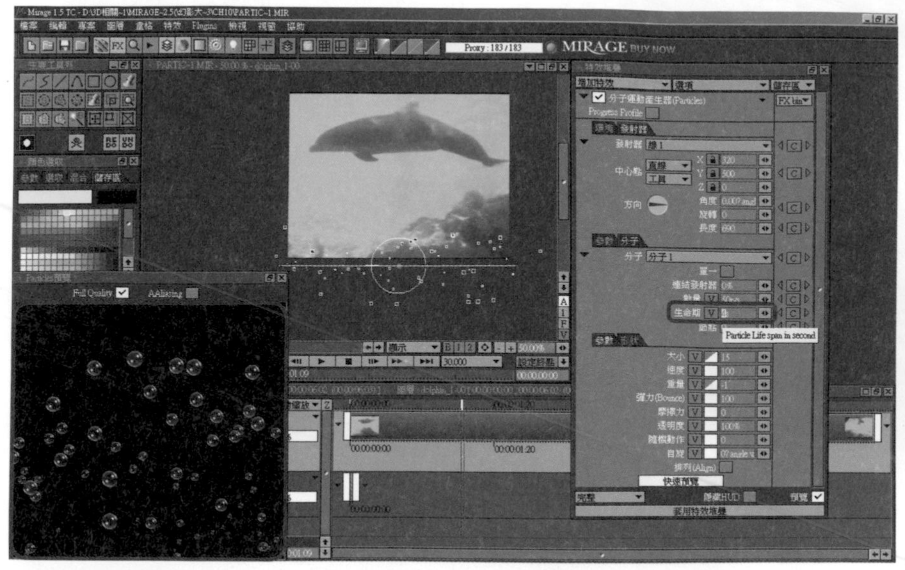

▲圖 17-28 延長「生命期」項目參數值

將圖層的影格向後方拖曳後發現，雖然已經調變了「大小」項目的參數，然而透過「專案視窗」對話盒會發現到氣泡分子大小的改變仍然太過規律，因此產生不夠擬真的情況（圖 17-29）。

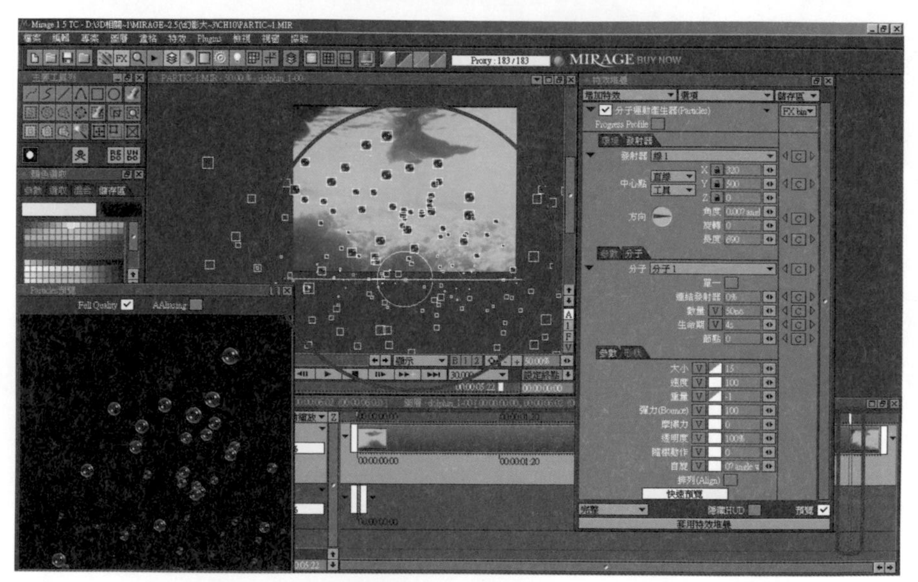

▲圖 17-29 氣泡分子變化仍太過於規律

點選「專案視窗」對話盒右下角的「F」-fit 按鈕，此功能若執行 LMB 時，會將影片調整至「專案視窗」對話盒的最適尺度範圍，以符合觀視者的製作面板大小。而另一種以 RMB 來執行時，其方式是當視訊影片被調整成其他不同的預覽尺寸比率時，可以將「專案視窗」對話盒縮放至視訊影片的最適尺度範圍（圖 17-30）。

雖然上述兩種方式皆為調整最適尺度的範圍，但在製作專案的過程中，經常會移動與啟閉各種不同的工具面板，因此在配合操作與觀視的情況下，熟悉調整面板最適尺度的方法將有助於整體效能的提昇。

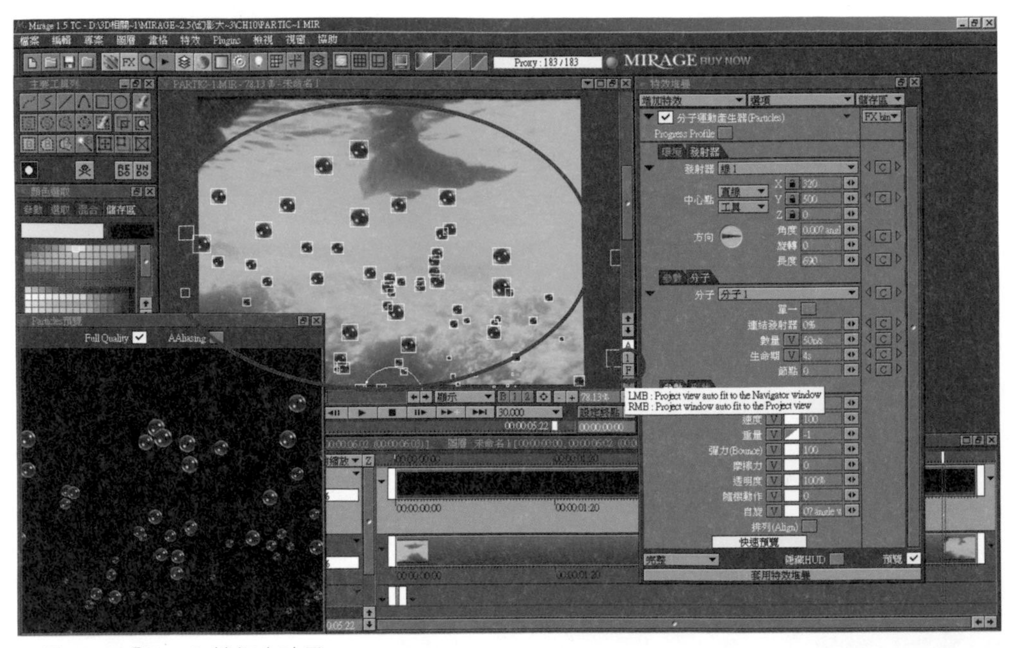

▲圖 17-30「F」-fit 按鈕之功用

以 LMB 執行「特效堆疊」的「大小 -V」字型按鈕，並設定對話盒功能以模擬出更真實的水中氣泡變化特效（圖 17-31）。

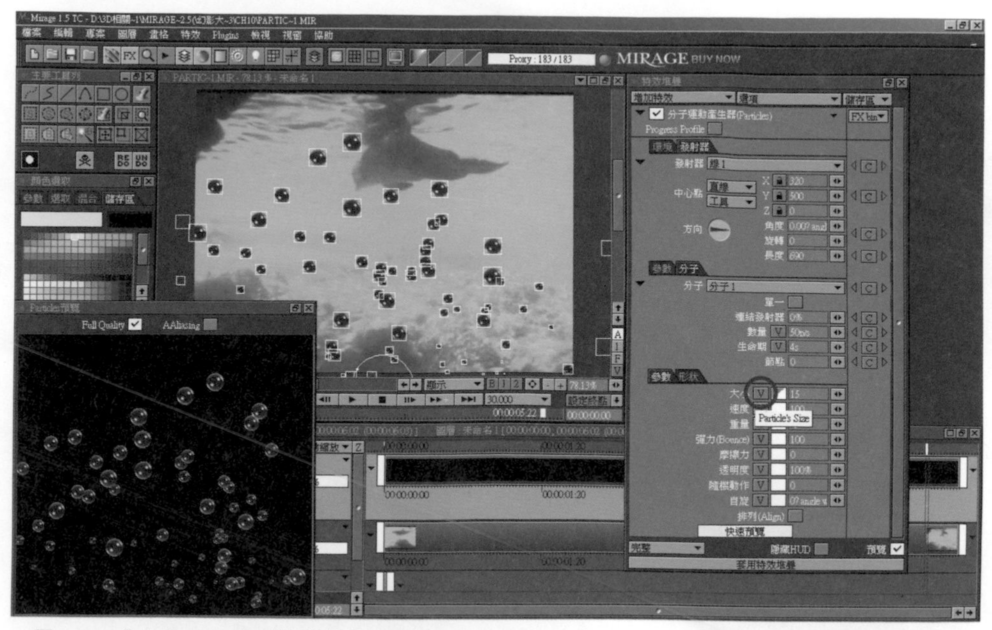

▲圖 17-31「大小 -V」字型變數按鈕

依照需求調整數據大小，將其調整為「10」個單位的變動值，目地是在於氣泡分子被定義為「15」個單位大小時，其中的大小變化因子將由「0」至「10」個單位，以隨機性的亂數產生而達到不規則變化的目地（圖 17-32）。

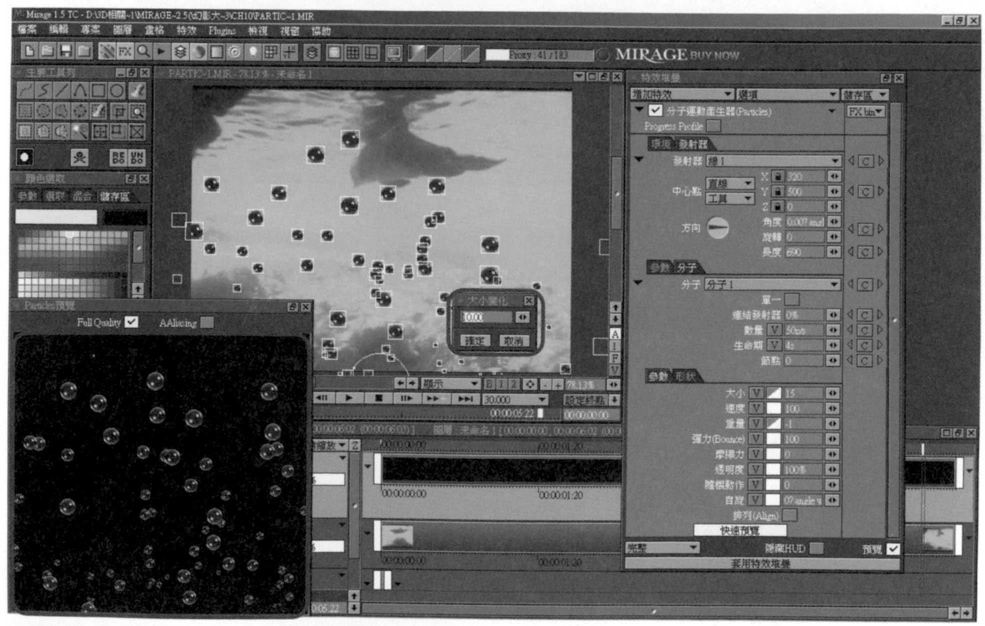

▲圖 17-32 調整分子之大小變化因子

完成氣泡分子大小變化因子設定後，可發現「特效堆疊」的「大小 -V」字型按鈕改為反白顯示啟用此功能，並可由「專案視窗」對話盒內看見氣泡分子，以更自然且擬真的隨機性亂數產生其大小不同的變化（圖 17-33）。

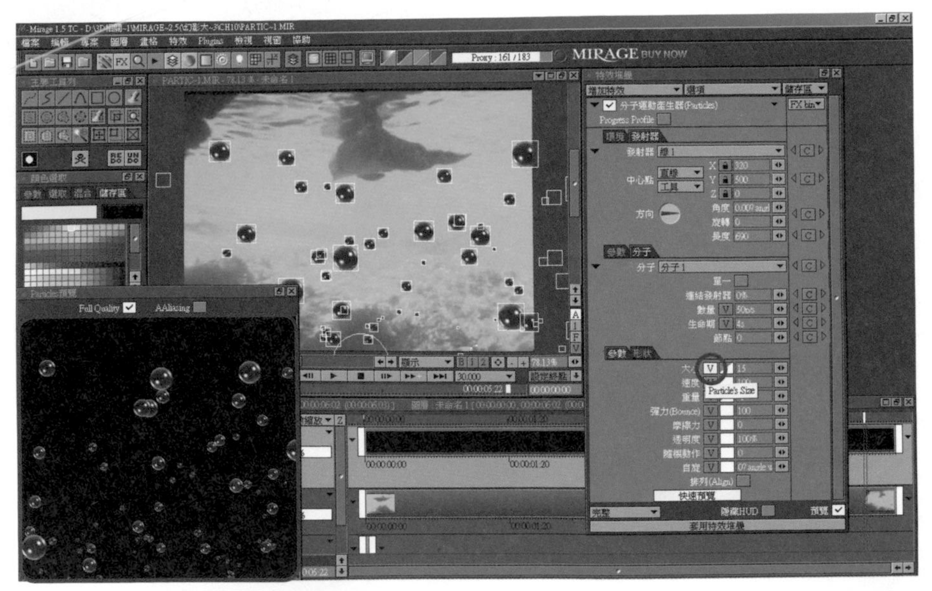

▲圖 17-33 完成氣泡大小變化的設定

繼續對「速度」變化加以調整設定，以 LMB 執行「特效堆疊」的「速度 -V」字型按鈕，並啟用設定對話盒的功能以模擬出更真實的水底飄浮氣泡特效（圖 17-34）。

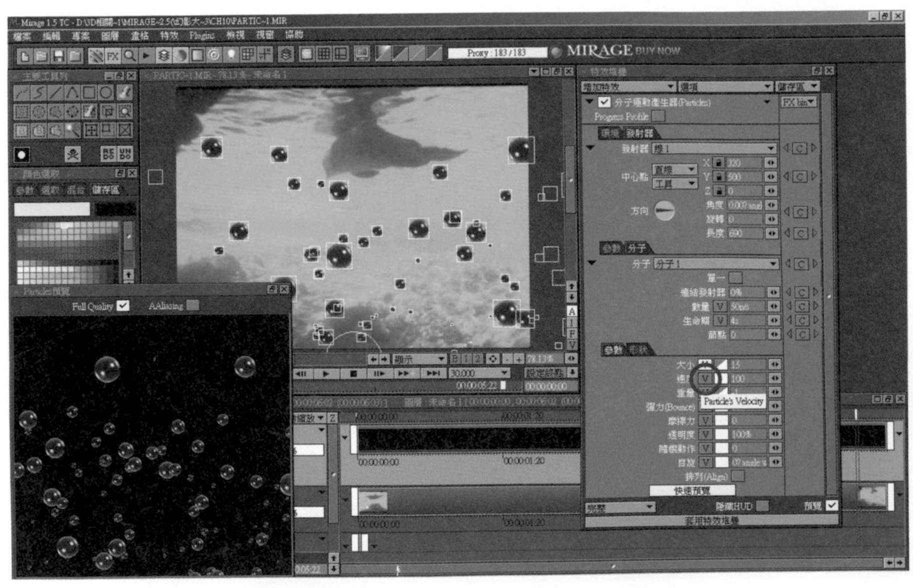

▲圖 17-34「速度 -V」字型變數按鈕

讀者可依需求調整此功能的數據大小，筆者仍將數值調整為「10」個單位的變動值，目地是當氣泡分子移動速度被定義為「100」個單位流速時，其中的速度變化因子將由「0」至「10」個單位做隨機性的亂數產生，而達到不規則流速變化的目地（圖 17-35）。

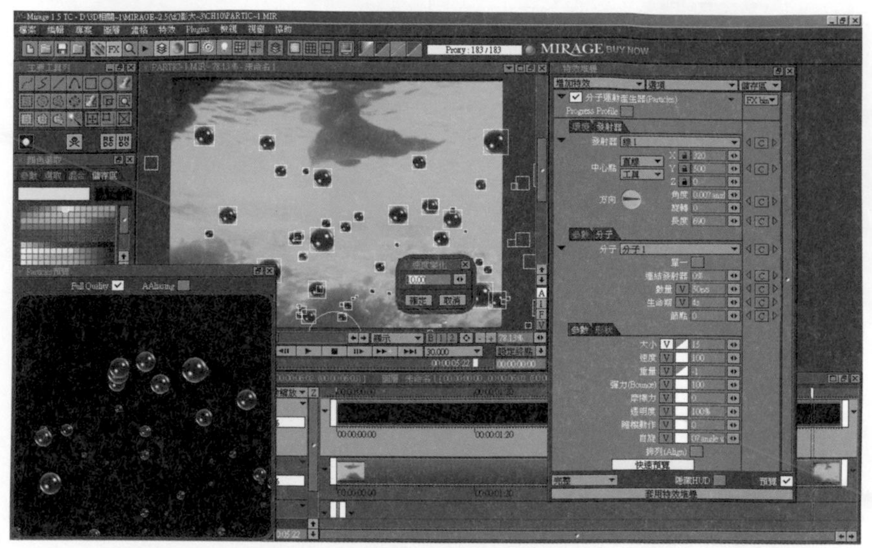

▲圖 17-35 調整分子之速度變化因子

完成氣泡分子的速度變化因子設定後，可發現「特效堆疊」的「速度 -V」字型按鈕以反白顯示啟用此功能，並可由「專案視窗」對話盒看見氣泡分子以擬真度更高的隨機性亂數產生不同的流動變化（圖 17-36）。

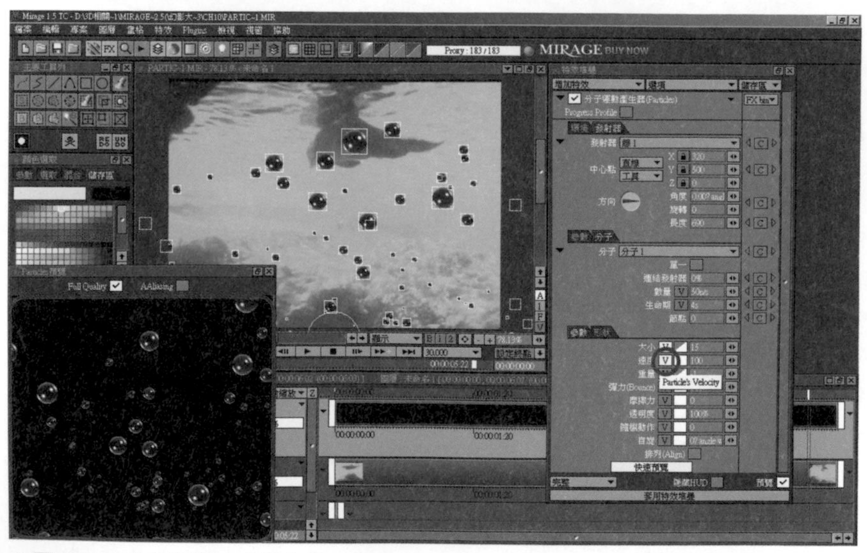

▲圖 17-36 完成氣泡速度變化的設定

最後再設定「重量」變化項目參數值。使用 LMB 執行「特效堆疊」對話盒內的「重量 -V」字型按鈕，則可啟用設定的功能，由於「重量」項目之前已經調降為「-1」個單位，如此使得氣泡分子可緩慢地向上且隨意的四處飄浮，再針對分子的重量變化因子進行變更，將更有助於浮力擬真度的提昇（圖 17-37）。

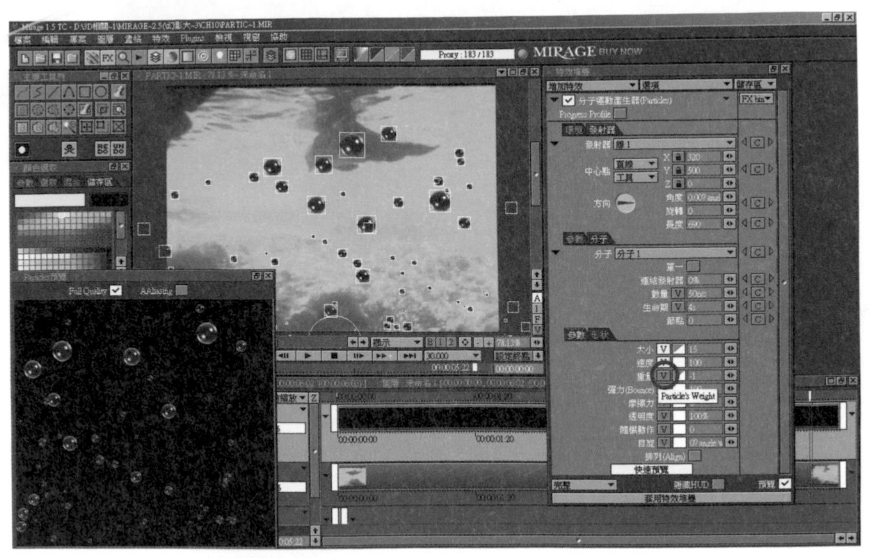

▲圖 17-37「重量 -V」字型變數按鈕

可依需求調整此數據大小，筆者將其調整為「10」個單位的變動值，主要目地是在於當氣泡分子的「重量」被定義為「-1」個單位負值時，其中的重量變化因子將由「0」至「10」個單位做隨機性的亂數產生而達到氣泡分子不規則飄浮變化之目地（圖 17-38）。

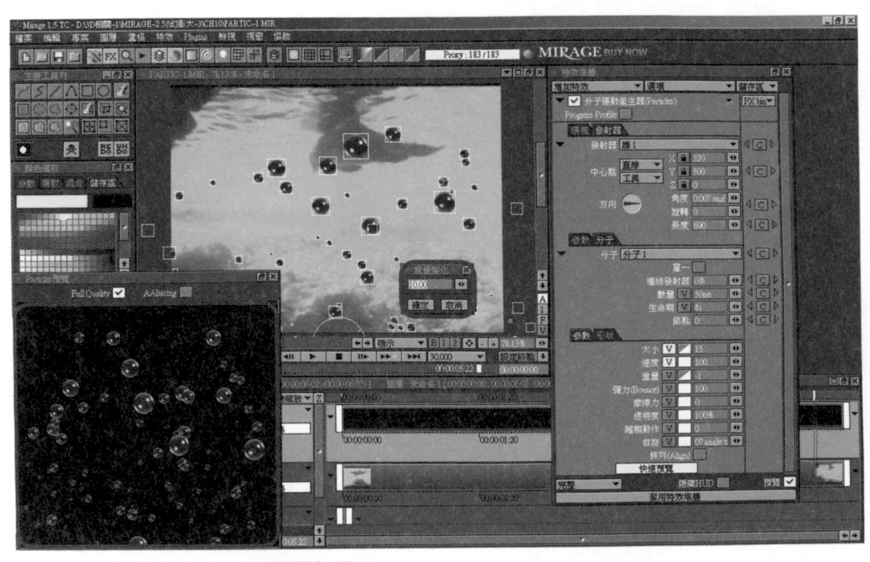

▲圖 17-38 調整分子之重量變化因子

完成氣泡分子的重量變化因子設定後，可發現「特效堆疊」的「重量 -V」字型按鈕以反白顯示啟用了此功能，並可由「專案視窗」對話盒內看見氣泡分子飄浮路徑更加自然且擬真的產生隨機性的亂數變化（圖 17-39）。

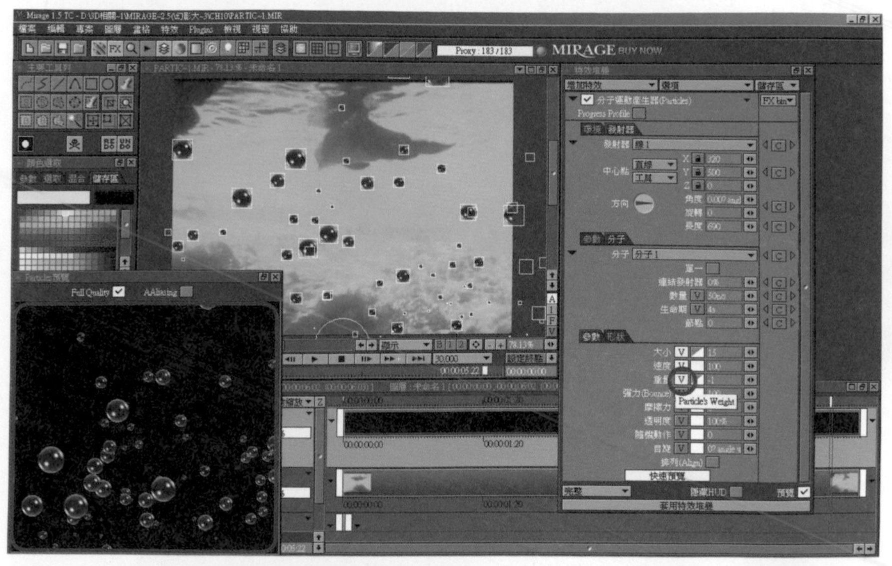

▲圖 17-39 完成氣泡重量變化的設定

讀者們是否發現「專案視窗」對話盒內的氣泡分子以「黑色」呈現分子顏色，這不是正確的顏色設定，可藉由將「特效堆疊」對話盒內的選項切換至「形狀」標籤，配合視訊檔案進一步改變特效顯像的效果（圖 17-40）。

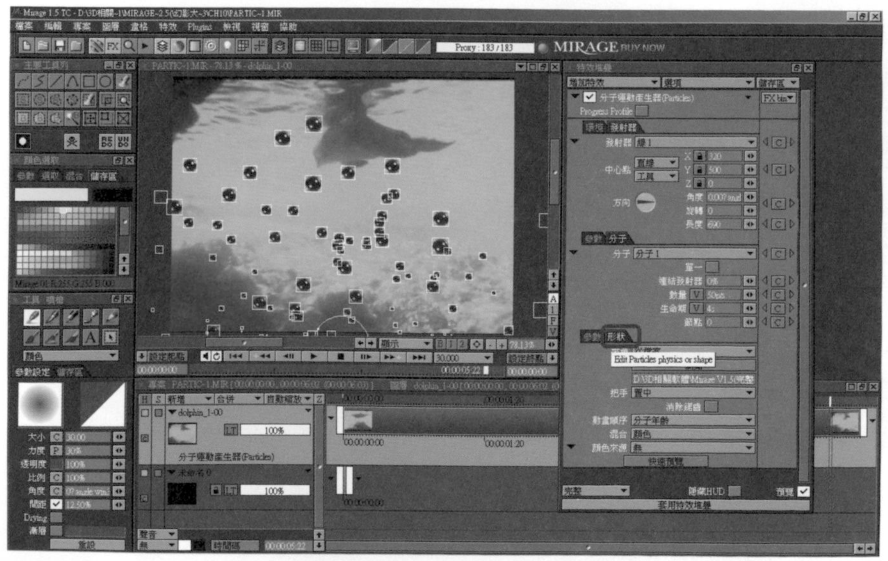

▲圖 17-40 切換至「形狀」標籤

於「形狀」標籤中可對「混合」功能進行變更顯像的效果，Mirage 的內定預是「顏色」顯像的方式，壓按「混合」功能按鈕，將出現一個選項對話盒，其中包含多項顯像方式可供設定，選取「Screen」- 螢幕覆疊的功能顯像方式，目地是使氣泡分子與視訊內容的顏色在彼此皆為動態的過程中仍保持相當程度的一致性、相容性與混合透明度等條件（圖 17-41）。

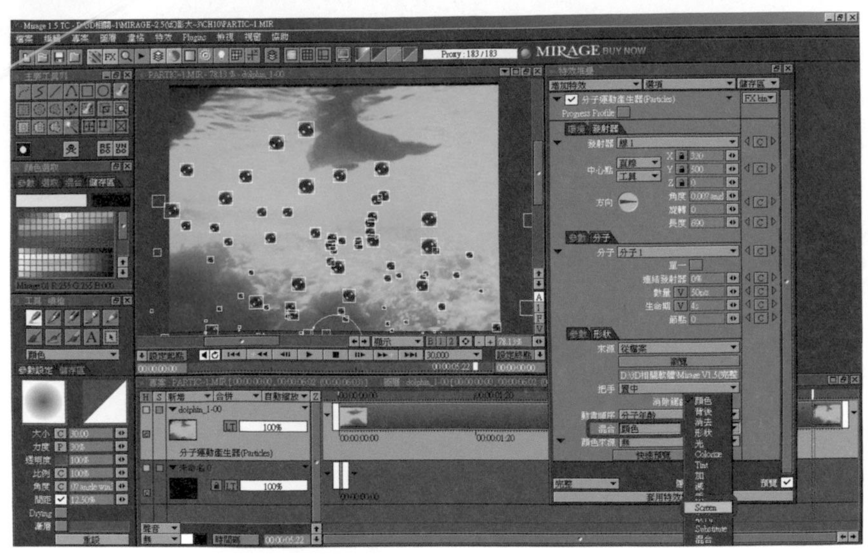

▲圖 17-41 選取「Screen」混合顯像

完成一連串設定後，按下播放按鈕檢視此特效，會看見「專案視窗」內的氣泡分子以隨機形態的方式，向上方任意且緩慢的由小氣泡變化成大氣泡後再消失於視窗中（圖 17-42）。

▲圖 17-42 檢視氣泡分子特效

氣所有的設定後，於圖層上執行 RMB 並選取「全選」畫格功能，按下「套用特效堆疊」鈕以結合所有氣泡分子特效（圖 17-43）。

▲圖 17-43 全選氣泡分子特效圖層

接著執行氣泡分子特效套用於圖層中（圖 17-44）。

▲圖 17-44 執行套用「氣泡分子」特效

以上完成以使用者自訂的氣泡分子特效，並融合應用於動態視訊影片中的實際範例，讀者們可以加以參考練習（圖 17-45）。

▲圖 17-45 完成「氣泡分子」特效

Mirage 幻影大師--影像大視界

作　　者：陳俊宏
企劃編輯：王建賀
文字編輯：詹祐甯
設計裝幀：張寶莉
發 行 人：廖文良

發 行 所：碁峰資訊股份有限公司
地　　址：台北市南港區三重路 66 號 7 樓之 6
電　　話：(02)2788-2408
傳　　真：(02)8192-4433
網　　站：www.gotop.com.tw
書　　號：AEU014000
版　　次：2014 年 08 月初版
　　　　　2024 年 03 月初版九刷
建議售價：NT$520

國家圖書館出版品預行編目資料

Mirage 幻影大師：影像大視界 / 陳俊宏著. -- 初版. -- 臺北市：
碁峰資訊, 2014.08
面；　公分
ISBN 978-986-347-168-4 (平裝)
1. 電腦繪圖 2. 電腦動畫
312.866　　103010608